Dunkelstern Planet X

1. Auflage Dezember 2008

Titel der amerikanischen Originalausgabe: *The Dark Star*
Published by arrangement with
Timeless Voyager Press, Santa Barbara, CA, USA
Aus dem Amerikanischen von Andreas Zantop, Berlin

Lektorat: Silvia Jelen, Herrenberg
Umschlaggestaltung: Peter Hofstätter, München
Satz und Layout: Bürodienstleistungen Rauch, Rosenfeld
Druck und Bindung: CPI – Clausen & Bosse, Leck

ISBN-13 978-3-938516-83-6

Gerne senden wir Ihnen unser Verlagsverzeichnis:
KOPP VERLAG
Pfeiferstraße 52
D-72108 Rottenburg
E-Mail info@kopp-verlag.de
Telefon (0 74 72) 98 06 10
Fax (0 74 72) 98 06 11

Unser Buchprogramm finden Sie auch im Internet unter
www.kopp-verlag.de

Andy Lloyd

Dunkelstern Planet X

Die Beweise

KOPP VERLAG

Inhalt

*Ich möchte dieses Buch
meiner Frau Fiona und
unseren beiden Söhnen
Chris und Robbie widmen,
deren Licht jeden einzelnen
unserer Tage erhellt und füllt.*

Danksagung

Ein großes Dankeschön geht an meine besten Freunde und Kollegen, Dave und Martin Cosnette, ohne die ich mich nie auf diese außergewöhnliche Entdeckungsreise begeben hätte. Was ursprünglich mit einem inspirierenden Gespräch bei einer Tasse Tee begann, wurde von uns Dreien konsequent weitergeführt, woraus eine der beliebtesten UFO-Webseiten der Welt, »Cosmic Conspiracies«, wurde. Ebenso möchte ich meinen großartigen Freunden Simon Faulkner für die »Dark Star«-Inspirationen und Pete Scott für das T-Shirt danken.

Lee Covino verdient besonderen Dank für seinen Zeit- und Arbeitsaufwand bei der Bearbeitung dieses Buchs, ganz zu schweigen von seinem beharrlichen Drängen, einen Verleger dafür zu finden. Ich möchte auch meinem Verleger, Bruce Stephen Holmes, meinen Dank ausdrücken, der immer an den hohen Stellenwert dieses Projekts glaubte, sowie Peter Gersten, ohne den sich diese Möglichkeit nie eröffnet hätte.

Der lange und schwierige Weg der Realisierung des »Dark Star«-Projekts wurde durch die Hilfe und den Zuspruch vieler Menschen abgekürzt und vereinfacht. Eine meiner Hauptinspirationsquellen war Zecharia Sitchin, große Unterstützung kam von Lloyd Pye und Monika Myers. Joan d'Arc und Al Hiddell vom *Paranoia Magazine* setzten sich aktiv für die Veröffentlichung vieler meiner Artikel ein; ihre Unterstützung und Beratung war über die ganze Zeit von unschätzbarem Wert.

Auch den folgenden Personen, die mir entlang des Wegs geholfen haben (mit einem Pardon gegenüber allen, die ich hier vergessen haben sollte), möchte ich meinen Dank ausdrücken: Rob Astor, Anthony Austin, die leider viel zu früh verstorbenen John Bagby und Graham W. Birdsall, außerdem Tom und Kerry Blower, Shad Bolling, das »Clockwork«-Team (Parameshwaran Ravindranathan, Samit Basu und Jaideep Undurti), Frank Cordell, William Corliss, Al Cornett, Maurice Cotterell, Roger Cunningham, Richard Day, Kathy Doore, Dr. Richard Fitzpatrick, Robert Frola, Mattia Galiazzo, Dr. Brett Gladman, Andy Goldie, Dr. Matthew Holman, Holger Isenberg, James Arthur Jancik, Greg Jenner, David Jinks, Allene Keller,Theo Kermanidis, Dr. Marc

Kuchner, John Lee, Lystra Maisey, Dr. Mark Marley, Ed Massey, Marshal Masters, Dr. John Matese, Ralph McConahy, Brant McLaughlin, Dr. Mario Melita, James Monds, Dr. John Murray, James Oberg, David Pearson, Enrique Pérez Porter, Dr. Alice Quillen, Angel Rapallo, John Rockley, Rick Savard, Robert Sepehr, Robertino Solarion, Pat Thomas, Barry Warmkessel, Michael Weinberger, Phil Whitley, Dr. Daniel Whitmire und Roel Wolfert.

Einführung

Es liegt in der Natur des Menschen, bestimmte augenscheinlich selbstverständliche Tatsachen als grundsätzliche Wahrheiten unhinterfragt zu akzeptieren.

Die Dauer eines Menschenlebens ist vergleichsweise kurz. Die Erziehung und Ausbildung, die wir als Kinder und Jugendliche genießen, ist für viele von uns die einzige für den Rest unseres Lebens. Die meisten Menschen rund um die Welt haben heutzutage keine Zeit mehr für die Lektüre von Büchern. Als Wissens- und Informationsquelle nutzen sie stattdessen das Fernsehen sowie Zeitungen, Zeitschriften und das Internet. Was uns also in der Schule beigebracht wurde, ist für viele von uns die Wahrheit – oft das ganze Leben lang. Doch mit neuen wissenschaftlichen Entdeckungen ändert sich nach und nach, manchmal auch recht plötzlich, unser Verständnis der Welt. Wissenschaftler müssen heutzutage eine Menge Zeit nur dafür aufbringen, mit dem Wissenswandel in ihrem eigenen Fachgebiet Schritt zu halten. Und es gibt tausende von Fachgebieten ... Gibt es also für alle anderen überhaupt Hoffnung, Zugang zu den neuesten Erkenntnissen in den Künsten und Naturwissenschaften zu erlangen?

Genau hier kommt dem Buch als solchem eine einzigartige Rolle zu. Ein gut 300-seitiges Buch kann uns helfen, uns eingehender mit modernem Wissen und Denken zu befassen, um so unsere in der Schule erworbenen Grundkenntnisse über die Welt zu erweitern. Manchmal müssen wir auch »umlernen«, denn was einmal als Tatsache galt, kann sich später als historischer Irrtum herausstellen. Doch mit diesem Umlernen tun sich Menschen schwer. Es fällt ihnen nicht leicht, ihre alten, lang gehegten Überzeugungen und Ansichten abzulegen, um Platz für neue zu schaffen. Dies führt zu einem gewissen Konservatismus in Wissenschaft und Gesellschaft im Allgemeinen.

Eine Form von kulturellen Zwängen existiert offenkundig auf dem Gebiet der Wissenschaft, ebenso wie in unseren religiösen und erzieherischen Institutionen. Das bedeutet nicht, dass Wissenschaftler nicht hin und wieder mit bizarren und wunderbaren neuen Theorien hervortreten, da viele von ihnen aufgeschlossen und vorurteilslos eingestellt sind. Die Institution »Wissenschaft« als solche hat jedoch ziemlich konservative Züge angenommen, was sich besonders daran zeigt, dass Forschungen, die in eine bestimmte Richtung gehen, von der modernen Wissenschaft genauso als ketzerisch gebrandmarkt werden, wie es die mittelalterliche Kirche mit der Hexerei getan hatte. Der britische Ägyptologe David Rohl hat das Dilemma des ultra-konservativen Konsenses, der die neuzeitliche Wissenschaft wie eine Plage befallen hat, treffend beschrieben[1]. Nach seiner Auffassung fehlt es den meisten Wissenschaftlern an einer gewissen Portion Vorstellungskraft, um Antworten auf die großen, noch offenen Fragen unserer Zeit zu finden. Dieses Vakuum wird mehr und mehr von nicht-akademischen »Freidenkern« gefüllt, denen es allerdings an Ressourcen und der für wissenschaftliche Arbeit so wichtigen Ausbildung mangelt, um ihre Arbeit objektiv und ausgewogen zu präsentieren.

Wir leben in einer ultra-skeptischen Welt, in der neue Ideen wie selbstverständlich verlacht und verspottet werden. Es entsteht der Eindruck, als ob sich die moderne Wissenschaft mit den zentralen Dogmen ihres Wissens bequem eingerichtet hat und glücklich damit zu sein scheint, sich von nun an mit Einzelheiten nur noch am Rande oberflächlich zu befassen. Die Hauptprobleme bestehen nach wie vor, werden aber einfach ignoriert, und Wissenschaftler, die entschlossen sind, diese Probleme anzugehen, werden oft ausgegrenzt oder sogar öffentlich der Lächerlichkeit preisgegeben.

Es ist mittlerweile kulturelle Norm geworden, Menschen zu verspotten, die die Idee vertreten, dass die Herkunft der menschlichen Spezies nicht das Meer, sondern die Sterne seien. Auch der Hinweis, dass eine Evolution durch natürliche Auslese die Entwicklung der Menschheit nicht hinlänglich erklären kann, oder dass »die Anderen« vielleicht schon in unserem eigenen »kosmischen Hinterhof« leben könnten, trifft immer noch häufig auf Ablehnung und Spott – während unsere SETI-Wissenschaftler [SETI: Search for Extraterrestrial Intelligence, Suche nach außerirdischer Intelligenz] gleichzeitig bei der Suche nach außerirdischen Lebensformen weit über den Zaun in die Tiefen des Weltalls schauen.

So seltsam es scheinen mag: Im steif-förmlichen viktorianischen und edwardianischen Zeitalter des letzten und vorletzten Jahrhunderts waren viel mehr Menschen aufgeschlossen für die Vorstellung, dass es in unserem Sonnensystem möglicherweise noch andere Lebensformen geben könnte als heutzutage. Wir leben in einem Hochtechnologiezeitalter, erforschen die Tiefen des Weltraums und genießen die Vorzüge blitzschneller Kommunikation rund um den Globus. Dies sind in der Geschichte unserer Spezies großartige, wenn nicht sogar monumentale Errungenschaften. Doch was uns darüber seit einiger Zeit verloren gegangen ist, ist eine bestimmte spekulative Form von Wissenschaft, der sich die Menschen des viktorianischen Zeitalters hingegeben hatten, wenn sie Überlegungen zu Themen anstellten wie etwa der Möglichkeit intelligenten Lebens auf anderen Planeten.

Die Hoffnung, dass wir nicht allein sind, musste sich allmählich gegen erbitterte Widerstände durchsetzen. Konnte man auf dem Mars oder der Venus keine außerirdischen Lebensformen finden, war die nächstbeste Möglichkeit die eventuelle Existenz von Leben auf Planeten, die andere Sterne umkreisen. Die ungeheuren Entfernungen und physikalischen Begrenzungen des Raumflugs bedeuten allerdings, dass diese Möglichkeit sehr viel weniger dramatisch, ja fast irrelevant erscheint. Dies ist auch der Grund für die relative Sterilität wissenschaftlicher Diskussionen rund um das Thema »außerirdisches Leben«. Die Erörterung dieses Themas wurde in den Bereich der Grenzwissenschaften abgedrängt, was seiner allgemeinen Popularität jedoch keinen Abbruch getan hat. Solch eine Position kann äußerst ärgerlich für Wissenschaftler sein, die sich unablässig dabei wiederfinden, im übertragenen Sinne »kaltes Wasser« über die weit verbreiteten Spekulationen hinsichtlich außerirdischen Lebens zu gießen.

Es heißt, dass ein Wandel im menschlichen Verstehen einiger fundamentaler »Wahrheiten« nicht Jahre, sondern ganze Generationen brauche. Große historische Durchbrüche in der Wissenschaft wie etwa die Entdeckung, dass die Sonne nicht um die Erde, sondern die Erde um die Sonne kreist, wie von Kopernikus (1543) und Galilei (1633) behauptet, wurden nicht von heute auf morgen allgemein akzeptiert[2]. Ganz im Gegenteil: Kirche und Klerus, die zu jener Zeit erhebliche Macht über unser Denken ausübten, wehrten sich jahrhundertelang mit Händen und Füßen gegen die Verbreitung solch »ketzerischer« Ideen. Der US-amerikanische Astrophysiker Carl Sagan erstellte eine Analyse dieser intellektuellen Unnachgiebigkeit hinsichtlich des zwanghaften menschlichen Verlangens, im Mittelpunkt des Universums zu stehen. Er kam zu dem Schluss, dass mit jeder Stufe wissenschaftlichen Fortschritts, die dem Menschen aufzeigt, dass er in den Augen des Kosmos eigentlich etwas ganz Gewöhnliches und nichts Besonderes ist, unsere Vorstellungen von »Eigenwichtigkeit« und Selbstherrlichkeit in sich zusammenfallen. Dies ist etwas, was die Menschheit immer abzulehnen schien – zumindest solange, bis es nicht mehr ging[3]. Das war in der Vergangenheit oft aufgrund unserer religiösen Empfindlichkeiten hinsichtlich unseres rechtmäßigen Platzes im Kosmos der Fall.

Sagan könnte mit seiner Analyse Recht haben. Wenn es jedoch um das Thema »außerirdisches Leben« geht, sind es heute nicht so sehr religiöse Institutionen, die eine Diskussion darüber unterdrücken, sondern das wissenschaftliche Establishment selbst. Seit Jahrzehnten haben sich Wissenschaftler damit hervorgetan, Nägel in den Sarg genannt »außerirdisches Leben im Sonnensystem« zu hämmern. Doch die sterblichen Überreste in diesem Sarg sind nun kurz davor, wieder aufzuerstehen. Es gibt nämlich eine weitere, nahezu unglaublich scheinende Möglichkeit, die so bemerkenswert ist, dass sie in Windeseile Anklang und Verbreitung unter denjenigen fand, die sich dafür interessierten und im Internet nach weiteren Informationen suchten. Seit die »Dark Star«-Theorie das erste Mal auf einer Internet-Website vorgestellt und auf diese neue Möglichkeit hingewiesen wurde, ist die Zahl der Besucher dieser Site schnell angewachsen. Warum? Weil die vorgestellte Theorie klare und plausible Argumente für die Möglichkeit liefert, dass sich Leben auch an anderen Stellen im Sonnensystem entwickelt haben könnte. Ein Planet jenseits von Pluto muss nicht unbedingt kalt und unbelebt sein! Astronomen wissen dies, es gibt unter ihnen keine kontroversen Diskussionen darüber. Sie wissen, was braune Zwergsterne sind, und es ist ihnen klar, dass Sterne dieser Art genügend Wärme und Licht abgeben, um auf Planeten, die diese »gescheiterten Sterne« umkreisen, für Umstände zu sorgen, die einfaches und höher entwickeltes Leben möglich machen. Und viele Astronomen gehen auch davon aus, dass einer dieser braunen Zwerge in den Kometenwolken, die den Großteil der Masse unseres Sonnensystems ausmachen, die Sonne umkreisen könnte. Sie wissen aber auch, wie schwierig es ist, einen solchen Himmelskörper zu entdecken und zu identifizieren. Doch wo die Menschen des viktorianischen Zeitalters sich wohl auf eine hoffnungsvolle Spekulation eingelassen hätten, verfallen die Wissenschaftler des modernen Mainstream bei diesem Thema in beharrliches Schweigen aus Angst, die vom Establishment gesetzte Grenze zu überschreiten und sich in den Augen ihrer Kollegen lächerlich zu machen.

Statt also diese Ideen in angesehenen Wissenschaftszeitschriften und darauf wiederum auch in den etablierten Mainstream-Medien wiederzufinden, lesen Sie, verehrte Leserinnen und Leser, nun ein Buch aus der Rubrik »Alternativwissenschaften« oder besser »Alternativ-Astronomie«, wie ich es gern bezeichne. Das intellektuelle Establishment wird die Ideen und Ansätze in diesem Buch verwerfen und ins Lächerliche ziehen, insofern als sich die Thematik sogar über den Interessenshorizont dieses Personenkreises hinausbewegt. Doch selbst, wenn dem so sei – eines kann ich Ihnen schon vorab versprechen: Sie werden in diesem Buch einige wohl durchdachte, logisch aufgebaute wissenschaftliche Thesen wiederfinden, die es wert sind, nach wissenschaftlichen Maßstäben erörtert und untersucht zu werden. Ich hoffe, dass dieses Buch die kontroversen Diskussionen um außerirdisches Leben in unserem Sonnensystem und dessen mögliche Lebensräume wieder neu aufleben lassen wird. Denn dieses Buch macht die ungeheuren Auswirkungen der möglichen Entdeckung eines braunen Zwergsterns im Sonnensystem zum Gegenstand öffentlicher Diskussion. Auf diese Weise ebnet es den Weg für zukünftige astronomische Entdeckungen und für ein neues Verständnis unserer selbst, das sich als Konsequenz aus diesen Entdeckungen zwangsläufig ergibt.

In der Schule haben wir im Physikunterricht gelernt, dass unsere Sonne von neun Planeten umkreist wird: Merkur, Venus, Erde, Mars, Jupiter, Saturn, Uranus, Neptun und Pluto. Vielleicht hatten einige Lehrer sogar noch hinzugefügt, dass Pluto eigentlich kein »richtiger« Planet sei. Was unsere Lehrer uns nicht gesagt haben, ist, dass Wissen nicht auf ewig in Stein gemeißelt wird, wie es bei Moses und Gott noch der Fall war ... Das liegt daran, dass unser gegenwärtiger wissenschaftlicher Stand in der Astronomie durch unsere mangelnde Fähigkeit beschränkt wird, weit entfernte dunkle Objekte zu entdecken und zu identifizieren. Wir können einfach nicht mit Sicherheit sagen, dass wir alle Planeten und sonstigen Himmelskörper, die unsere Sonne umkreisen, bereits entdeckt hätten.

Eines Tages werden wir vielleicht ein umfassenderes Verstehen unseres Sonnensystems erlangen und imstande sein, unsere eigenen wissenschaftlichen »Gesetzestafeln« anzufertigen. Wenn wir soweit sind, könnten sie, wie im Falle von Moses' Gesetzestafeln, zehn »Einträge« aufweisen. Doch im Moment fehlt uns noch ein wichtiges Gebot ...

Anmerkungen

1 *D. Rohl: »Legend: The Genesis of Civilization«, Arrow, 1999, S. 50*
2 *P. Moore: »Großer Atlas der Sterne«, Naumann & Göbel, 2000*
3 *C. Sagan: »Blauer Punkt im All«, Bechtermünz, 2000*

Kapitel 1

Leben jenseits der bekannten Grenzen

Unsere Untersuchung beginnt mit einem Blick auf unseren gegenwärtigen Kenntnisstand hinsichtlich der Existenz von Lebensformen im Sonnensystem. Früher spekulierten Wissenschaftler und Fiction-Autoren darüber, dass Leben auf anderen Planeten sicher weit verbreitet sei, und dass auf der Venus und dem Mars, unseren unmittelbaren Nachbarn im Sonnensystem, außerirdische Zivilisationen existieren könnten.

Als die Wissenschaft soweit war, die Lebensbedingungen auf diesen Planeten mit Raumsonden genauer zu erkunden, stellte sich heraus, dass sie nicht nur unbewohnt, sondern auch unbewohnbar sind – und dass Leben im Sonnensystem äußerst selten anzutreffen ist.

Leben benötigt Wasser in flüssiger Form, und diese Form nimmt Wasser nur in einem sehr eng begrenzten Temperaturbereich an. Die Oberflächen der meisten Planeten im Sonnensystem sind entweder extrem heiß, wie im Falle von Merkur und Venus, oder extrem kalt wie im Falle der äußeren Planeten. Auf der sonnenbeschienenen Seite des Merkur herrscht eine Gluthitze von über 400°C – keine Chance für Leben auf diesem Planeten.

Auf der Venus, dem zweitinnersten Planeten im Sonnensystem, verhindert eine dichte Atmosphäre aus Kohlendioxid (Wissenschaftler gehen hier von einem außer Kontrolle geratenen Treibhauseffekt aus) jegliche Existenz von Leben. Wie auch auf dem Merkur herrschen hier extrem heiße Temperaturen, und der atmosphärische Druck ist im Mittel etwa fünfzig Mal so hoch wie auf der Erde. Blei würde auf der Oberfläche der Venus schmelzen – keine allzu guten Voraussetzungen für die Existenz von Leben, auch wenn es möglich sein könnte, dass in den höheren Schichten der Atmosphäre niedere Lebensformen existieren.

Im Gegensatz zu diesen beiden Planeten befindet sich die Erde jedoch in genau der richtigen Entfernung zur Sonne; hier erlaubt der Temperaturbereich Wasser in flüssiger Form auf einem Großteil der Planetenoberfläche und schafft somit die Voraussetzungen für die Existenz von Leben. Dies ist schon seit Milliarden von Jahren der Fall, und den größten Teil dieser Zeit konnten Lebensformen sich hier entwickeln.

Die Erde liegt, wie Wissenschaftler es nennen, innerhalb der »Habitationszone« der Sonne (von lat. »habitare« = bewohnen). Wäre die Sonne größer und heißer, befände sich diese Habitationszone nicht auf der Erde, sondern auf dem nächstäußeren Planeten: dem Mars.

Wäre die Sonne kleiner und kühler, wäre vielleicht die Venus in den Genuss einer »fruchtbaren« Beziehung mit dem Leben gekommen. Doch in unserem Sonnensystem genießt nur die Erde diesen erhabenen und höchstwahrscheinlich einzigartigen Status. Die Entdeckung von Leben in den äußeren Regionen des Sonnensystems bleibt nach wie vor eine der großen unbeantworteten Fragen in der Wissenschaft.

Gibt es Leben auf dem Mars?

Wir wissen immer noch nicht mit Sicherheit, ob es auf dem Mars Leben gibt, und folglich auch nicht, ob es anderswo im Sonnensystem niedere oder höhere Lebensformen geben könnte. In den 1970er-Jahren erforschte die Marssonde *Viking* die Oberfläche des Planeten auf der Suche nach Leben, doch die Ergebnisse der Experimente mit Bodenproben auf der Oberfläche des Mars wurden als »nicht beweiskräftig« bewertet[1]. Der berühmte Meteorit *ALH 84001*, auch der »Marsmeteorit« genannt, der 1984 im Allan-Hills-Eisfeld in der Antarktis gefunden wurde, schien mit seinen Spuren fossilen Lebens den Beweis zu liefern, dass es einst auf dem Mars Leben gab[2]. Die Forschungsergebnisse bleiben umstritten, liefern jedoch zumindest ansatzweise einen Nachweis für außerirdisches Leben. Doch dieser Hoffnungsschimmer ist für viele Menschen schon ausreichend, um daran zu glauben, dass das Sonnensystem nicht völlig karg und leblos ist.

Die Bestätigung der Existenz außerirdischen Lebens war bisher untrennbar verbunden mit der Suche nach Leben auf dem Mars, hauptsächlich deshalb, weil dieser Planet nach der Erde die zweitgünstigsten Bedingungen für organisches Leben in unserem Sonnensystem bietet. Die atmosphärischen Bedingungen auf dem Mars sind für die meisten gegenwärtig auf der Erde lebenden höheren Lebensformen sicher tödlich. Doch unter dem Gesteinsschutt seiner kargen Oberfläche könnte es Seen und sogar Meere aus gefrorenem Wasser geben. Bestimmte Muster auf der Oberfläche des roten Planeten, vor allem die so genannten »Marskanäle«, deuten darauf hin, dass in der jüngeren oder weiter zurückliegenden Vergangenheit sich Wasser in flüssiger Form entlang der Oberfläche bewegt haben könnte.

Tausende von Mars-Enthusiasten durchkämmen detaillierte Bilder der Oberfläche des roten Planeten, die von NASA-Sonden zur Erde gefunkt wurden, um schlüssige Beweise dafür zu finden, dass der Mars Leben beherbergt. Andere wiederum sind fasziniert von der Tatsache, dass in der Atmosphäre des Planeten Spuren von Methan entdeckt wurden, was auf mikrobiologische Aktivität unter den Eisdecken hindeuten könnte. Vielleicht werden diese Enthusiasten von der Furcht getrieben, dass der Mars ihre letzte Bastion der Hoffnung sein könnte, was außerirdisches Leben betrifft, weil das Sonnensystem jenseits des Mars tatsächlich kein Leben beherbergt.

Weit jenseits der Sonne

Doch es gibt noch andere Möglichkeiten anderswo, viel weiter von der Sonne entfernt. Hier fällt jedoch die herkömmliche Vorstellung von einer so genannten »Habitationszone« in sich zusammen, und neue Möglichkeiten tun sich auf.

Der Asteroidengürtel zwischen Mars und Jupiter ist nichts weiter als eine Ansammlung von Felsgestein, genauso unbelebt wie unser Mond. Astronomen und Astrophysiker konnten bereits ausschließen, dass es auf den Riesenplaneten in unserem Sonnensystem, Jupiter und Saturn, irgendwelches Leben gibt, ebenso wenig wie auf den kalten äußeren Riesenplaneten Uranus und Neptun. Diese Planeten haben keine nachweisbare feste Oberfläche unter ihren Atmosphären, und selbst wenn, wäre aufgrund des ungeheuren Gasdrucks, der in den unteren Atmosphärenschichten dieser Planeten herrscht, kein Leben auf ihrer Oberfläche möglich. Pluto, als äußerster Planet des Sonnensystems, ist ein kleiner eiskalter Planet, der sehr unserem Mond ähnelt und genauso wie dieser keine Grundlage für Leben in irgendeiner Form bietet.

Im Ausschlussverfahren bleiben uns also nur zwei »Kandidaten« für mögliche Lebensräume in unserem Sonnensystem: Mars und Erde. Dies steht auch im Einklang mit der Vorstellung einer »Habitationszone«. Doch es könnte Ecken und Winkel auf anderen Himmelskörpern geben, wo Wasser in flüssiger Form existieren könnte. So unglaubwürdig das zunächst klingt – wir müssen bei unserer Untersuchung auch die Monde der äußeren Planeten in Augenschein nehmen.

Die große Mehrzahl dieser weit entfernten Monde, die die Riesenplaneten umkreisen, sind lebloses Felsgestein. Mittlerweile wissen wir aber, dass einige von ihnen Merkmale aufweisen, die auf gefrorene Ozeane hindeuten. Somit hat sich die Habitationszone auf den Bereich der Monde um die Planeten Jupiter und Saturn herum ausgeweitet. Es könnte sehr wohl sein, dass auf einem oder mehreren ihrer zahlreichen Monde Leben angetroffen werden könnte.

Die Wahrscheinlichkeit zukünftiger Entdeckungen organischen Lebens hat sich erhöht, da Biologen nachweisen konnten, dass bestimmte Lebensformen imstande sind, in Bereichen der Erde, die zuvor als »unbewohnbar«[3] galten, sehr wohl den dort herrschenden extremen Bedingungen zu trotzen. Die Entdeckung von »Wasseroasen«, die weit über das Sonnensystem verstreut sind, hat die Chancen auf Leben weiter erhöht, denn wo Wasser in flüssiger Form auftritt, ist auch Leben möglich.

Die vier Galiläischen Monde des Jupiter werden durch den Gravitationseinfluss des Riesenplaneten selbst »erwärmt« (Astrophysiker bezeichnen dies als »Gezeitenerwärmung«), und der Mond Europa weist unter seiner Eiskruste mit an Sicherheit grenzender Wahrscheinlichkeit Ozeane mit flüssigem Wasser auf.[4] Dieser vom Jupiter erzeugte »Tidenhub-Effekt« erwärmt das Innere von Europa und zeigt damit, dass unsere herkömmliche Auffassung davon, wie weit die Habitationszone um einen bestimmten Stern reicht, »zu sehr vereinfacht«[5] war. Die Entfernung zur Sonne ist nicht der einzige ausschlaggebende Faktor, selbst wenn er der wichtigste ist.

Leben auf Monden?

Die Galiläischen Monde des Jupiter bieten gute Bedingungen für die Entstehung von Leben, da die großen Wassermassen unter ihrer Oberfläche durch die Schwerkraft und den Tidenhub-Effekt erwärmt werden, den der Jupiter verursacht. Io ist der innerste der vier größeren Jupitermonde, und hier ist dieser Effekt so groß, dass dieser Mond starke vulkanische Aktivität aufweist. Europa ist der aussichtsreichste Kandidat für mögliches Leben, und unter seiner gefrorenen Oberfläche scheint ein tiefer Ozean zu liegen, der doppelt so viel Wasser enthalten könnte wie alle Ozeane auf der Erde zusammengenommen!

Aus dem All sieht Europa aus wie ein angekratzter, aber farbenfroher Billardball, und die NASA plant eine geographische Erkundung dieses Mondes mittels Radar und Raumsonden.[4] Die beiden anderen Galiläischen Monde, Callisto und Ganymed, könnten ebenfalls Ozeane unter ihren gefrorenen Oberflächen verbergen. Doch diese Welten sind fünf Mal so weit von der Sonne entfernt wie die Erde.

Ist es möglich, sich sogar noch weiter von der Sonne wegzubewegen und dieselben Prinzipien auf die Monde der weiter entfernten kälteren Planeten anzuwenden?

Der Hauptmond des schönen Ringplaneten Saturn ist Titan, eine »versmogte« kalte Welt, eingehüllt in Kohlenwasserstoffe. Wir wissen jetzt, dass Titan auf seiner Oberfläche Ozeane flüssiger Kohlenwasserstoffe, hauptsächlich Methan, aufweist. Er verfügt auch über Landmassen und Küstenlinien – für uns auf der Erde bekannte Merkmale. Flüssiges Methan geht auf diesem Mond durch einen ähnlich dynamischen Prozess wie Wasser auf unserem Planeten: Verdunstung, Niederschlag, Oberflächenabfluss und Trocknung. Wissenschaftler spekulieren, dass es unter der Oberfläche des Titan[6] Wasser geben könnte, das vom Tidenhub erwärmt wird, den der Saturn auslöst. Es ist durchaus möglich, dass Wasser aus den Tiefen des Mondes wie ein Geysir an die Oberfläche tritt und sich mit den Kohlenwasserstoff-Ozeanen verbindet, die reich an organischer Materie sind – ein erster Schritt zur Entstehung von Leben.[7]

Eines Tages, wenn die Sonne in ihrer Aktivität nachlässt und sich zu einem Roten Riesen ausdehnt, wird der Titan zu einer der begehrtesten »Immobilien« im Sonnensystem. Dann wird der Jupitermond für kurze Zeit an die Stelle der Erde treten und von einer riesigen roten Sonne erwärmt werden, die zu jenem Zeitpunkt schon sämtliche Wassermassen der Erde[8] verdampft hat.

Doch im Moment scheint der Titan, trotz Vorhandenseins von flüssigem Wasser, für höhere Lebensformen keine Grundlage zu bieten. Der dunkle atmosphärische Smog und die große Entfernung zur Sonne lassen keine Fotosynthese-Aktivitäten zu, so dass sich kein bedeutsames Ökosystem auf der Oberfläche dieses Mondes bilden kann. Doch wäre es möglich, dass bereits so genannte »Extremophile« (meist einzellige Mikroorganismen) entstanden sind – niedere Lebensformen, die auch unter extremen klimatischen und physikalischen Bedingungen imstande sind zu überleben. Schließlich existieren auf dem Titan alle Voraussetzungen für die Entstehung von Leben, und eine dynamische

Umgebung könnte bereits den »Initialzünder« dafür geliefert haben.

Der Hauptmond des sehr weit entfernten Planeten Neptun ist Triton. Er besitzt keine nennenswerte Atmosphäre und befindet sich am Rand der planetaren Zone unseres Sonnensystems. Seine Oberfläche ist angefüllt mit dunklen organischen Materialien und Stickstoffeis, von dem offensichtlich ein Teil in der Nähe seines Äquators als Schneefall Niederschlag fand. Aufgrund der Entfernung zur Sonne ist Triton einfach zu kühl, als dass sich dauerhaft eine Atmosphäre auf ihm hätte bilden können, trotz der Gezeitenerwärmung verursacht durch Neptun.

Jegliche Atmosphäre, die der Mond vielleicht einmal gehabt haben mag, hat sich in Form von Eis auf seiner Oberfläche niedergeschlagen[9]. Aufgrund der riesigen Entfernung zur Sonne ist einfach nicht genug Wärme vorhanden, um die Bedingungen für die Entstehung von Leben zu schaffen – trotz Gezeitenerwärmung durch den Mutterplaneten. Wasser in flüssiger Form ist hier draußen nicht vorhanden, und selbst der optimistischste Berichterstatter muss daran zweifeln, ob die erweiterte Habitationszone tatsächlich so weit reicht wie bis zum Neptun – der immerhin dreißig Mal so weit von der Sonne entfernt ist wie die Erde (in astronomischen Begriffen 30 Astronomische Einheiten, AE; 1 AE = Entfernung Erde-Sonne, ca. 150 Mio. km).

Kometen

Hier treffen wir wahrscheinlich auf die äußerste Grenze, was mögliches Leben im Sonnensystem betrifft. Jenseits von Neptun und Jupiter befinden sich zwei Kometengürtel. Der erste ähnelt sehr dem Asteroidengürtel zwischen Mars und Jupiter und umschließt die planetarische Zone. Er ist bekannt als »Edgeworth-Kuiper-Gürtel«, und die zur Zeit stattfindenden Entdeckungen hinsichtlich seiner Natur bilden die Grundlage für einen Teil dieses Buchs.

Der zweite Kometengürtel befindet sich in weit größerer Entfernung. Dies ist die so genannte »Oortsche Wolke«, die das Sonnensystem schalenförmig umschließt und Gesteins-, Staub- und Eiskörper verschiedener Größe enthält. Durch unterschiedliche Einflüsse geraten einige dieser Objekte ins innere Sonnensystem und erscheinen dort als langperiodische Kometen. Zwischen dem Edgeworth-Kuiper-Gürtel und der inneren Oortschen Wolke scheint eine große Lücke zu klaffen, in die nur wenige Kometen eindringen. Auch hierfür wird das Buch eine Erklärung liefern.

Es wurde schon öfter behauptet, dass Kometen die Saat des Lebens mit sich tragen, und das könnte auch durchaus sein. Ideen wie diese bilden die Grundlage für die so genannte Panspermie-Theorie, wonach das Leben in Form von Sporen oder Einzellern im Innern von Kometen aus dem All auf die Erde kam. Doch selbst wenn Kometen die Träger solch elementarer Lebensformen sind, bieten sie doch keine Voraussetzungen für die Entwicklung solchen Lebens. Vielmehr ruht das »Leben« in ihnen in einer Art Winterschlaf.

Unser Wissen darüber, welche Himmelskörper sich jenseits von Neptun und Pluto vielleicht noch versteckt halten, steckt immer noch in den Kinderschuhen. Mit zunehmender Entfernung von der Sonne verringert sich zusehends unsere Fähigkeit, dunkle Himmelskörper »dort draußen« zu entdecken. Der Harvard-Astrophysiker Matthew Holman bemerkte vor kurzem, dass wir ohne weiteres einen Himmelskörper von der Größe des Mars übersehen haben könnten, selbst wenn dieser nur 200 AE entfernt wäre[10]. Angesichts der Tatsache, dass eine Astronomische Einheit (AE) der Entfernung Erde-Sonne entspricht, ist dies tatsächlich eine beträchtliche Distanz. Ein noch unentdeckter Planet könnte jenseits dieses Punktes seine Bahn um die Sonne ziehen, ohne dass wir irgendetwas davon wüssten – trotz unserer fortgeschrittenen Erkennungsmethoden.

Die Ursache dafür ist, dass die scheinbare Helligkeit eines Objekts mit dem Quadrat der Entfernung abnimmt, das heißt, die Lichtstärke eines Objekts lässt mit zunehmender Entfernung rasch nach[11]. Dies ist auch der Grund, weshalb die Riesenplaneten Uranus und Neptun nicht mit bloßem Auge am Nachthimmel gesehen werden können. Bei noch größeren Entfernungen, also in den Edgeworth-Kuiper-Gürtel hinein und jenseits davon, steigt die Wahrscheinlichkeit, dass in diesen Regionen ein größerer Himmelskörper noch nicht entdeckt wurde.

Dies ist eine wichtige Frage, denn es besteht die Möglichkeit, dass unsere erweiterte Habitationszone sich in den Bereich des Kometengürtels erstreckt. Wenn es da draußen einen Himmelskörper mit ausreichender Masse gibt, könnte dieser seine eigene Wärme erzeugen. Ein Planet dieser Größe müsste schwerer sein als der Jupiter.

Der gesunde Menschenverstand legt uns nahe, dass Wissenschaftler solch einen Himmelskörper eigentlich schon entdeckt haben sollten.

Doch das ist nicht unbedingt der Fall. Erinnern wir uns daran, dass die scheinbare Helligkeit eines Objekts mit zunehmender Entfernung rasch abnimmt; ein dunkles Objekt unter den Kometen aufzuspüren ist deshalb für die Astronomen eine große Herausforderung, auch wenn sie das größte Teleskop dafür benutzen.

Die Existenz eines solch massiven Himmelskörpers wurde von mehreren Wissenschaftlern bereits postuliert, und in wissenschaftlichen Kreisen wird diese Möglichkeit ernsthaft erörtert. Solche Spekulationen sind alles andere als Fantasterei.

Der Unruhestifter

Es gibt indirekte Anhaltspunkte dafür, dass ein Himmelskörper die Sonne umkreist, der eine größere Masse aufweist als der Jupiter. Er wurde wegen seiner Einflüsse auf Kometen innerhalb der Oortschen Wolke als »Unruhestifter« bezeichnet. Er könnte groß genug sein, um in die Kategorie »gescheiterte Sterne« zu fallen, die als braune Zwergsterne [12, 13, 14] bekannt sind. Diese Himmelskörper sind zu klein, um einen Stern zu bilden; wahrscheinlich waren sie ursprünglich Splitter stellarer Materie, die von älteren Sternsystemen abgestoßen wurden. In ihrem Anfangsstadium leuchten sie hell und werden von den Astronomen zu diesem Zeitpunkt als »lichtemittierende Planeten« bezeichnet[15].

Nach einiger Zeit nimmt ihre Leuchtkraft ab, bis sie nur noch dunkel glühen und wenig oder gar kein Licht mehr abgeben. Die Astronomen, die von der Existenz eines kleinen braunen Zwergsterns ausgehen, der die Sonne umkreist, sind der Ansicht, dass dieser Himmelskörper dem Jupiter ähnelt, auch wenn er ein Vielfaches von dessen Gewicht hat. Dies ist nicht Science-Fiction, sondern reelle wissenschaftliche Spekulation[16].

Da bisher nur wenige dieser Himmelskörper entdeckt wurden, ist auch nur wenig über sie bekannt. Es wird unter Wissenschaftlern weiterhin über ihre Temperatur und die Fähigkeit, Licht abzugeben, kontrovers diskutiert. Doch mit steigender Masse nehmen diese Himmelskörper immer mehr die Eigenschaften eines Sterns statt eines Planeten an. Inmitten dieses noch unerforschten Wissensgebiets ist das angesiedelt, was ich als einen »Dark Star«, einen Dunkelstern, bezeichne: ein Planet/Stern-Hybridobjekt, dessen Wärme ausreicht, um Leben hervorzubringen, aber dessen schwache Leuchtkraft nicht ausreicht, um überhaupt entdeckt zu werden.

Seit Astronomen zum ersten Mal damit begannen, braune Zwergsterne direkt aufzusuchen und zu studieren, haben sich ihre stellaren Eigenschaften trotz ihrer relativ kleinen Größe[17] als überraschend erwiesen. Um dem Leser Aufschluss darüber zu geben, wie weit unser Wissen auf diesem Gebiet fortgeschritten ist, ist es interessant anzumerken, dass man einst davon ausging, Leben könnte auf einem braunen Zwergstern tatsächlich existieren[18]. Mittlerweile ist man von dieser Vorstellung wieder abgekommen. Doch hat sich die Auffassung gefestigt, dass es Leben auf einem Mond geben könnte, der diesen Zwergstern umkreist[19]. Dieser Mond könnte sowohl durch die Gezeitenerwärmung, die der Stern in ihm verursacht, als auch durch die Wärme, die der gescheiterte Stern selbst abgibt, Leben spendende Temperaturen aufweisen.

Die Implikationen, die dies hätte, wären einschneidend und tief greifend. Wenn man den »Störenfried« auf direktem Weg entdeckte, könnte dies bei der Suche nach Leben im Sonnensystem ein ganz neues Kapitel aufschlagen. Unabhängig von der riesigen Entfernung zur Sonne könnte ein kleiner brauner Zwergstern unter den Kometen bewohnbare Monde aufweisen. Dies ähnelt von der Konstellation her dem Mond Europa, der Jupiter umkreist. Doch der Mond eines braunen Zwergsterns hätte zusätzlich den Vorteil, die Glutwärme dieses gescheiterten Sterns zu genießen.

Dies ist ein wichtiger Punkt, den es hier zu bedenken gilt. Als wir uns den Jupitermond Europa anschauten, stellten wir Überlegungen an, wie Leben in einem flüssigen Ozean unter seiner Oberfläche existieren könnte. Dieser Ozean wurde vom Jupiter erwärmt, nicht nur von der Sonne. Doch Jupiter ist nur ein gewöhnlicher Planet.

Weit draußen in den Regionen der Kometenwolken spielt die Wärme, die von der Sonne ausgeht, praktisch keine Rolle mehr. Welche Voraussetzungen müssen gegeben sein für Leben auf einem Mond, der einen Dunkelstern umkreist? Der braune Zwergstern müsste nicht nur eine größere Masse als der Jupiter aufweisen, sondern auch eine genügend hohe Temperatur erzeugen, um die inneren Mode ausreichend zu erwärmen. Andererseits dürfte er nicht allzu groß sein, denn sonst wäre seine elektromagnetische Strahlung auf der Erde leicht nachweisbar.

Er müsste warm sein, doch ziemlich dunkel. Trotzdem könnte er noch genügend Licht abgeben, um seine Monde zu beleuchten, ähnlich wie die Glut eines zu Ende brennenden Feuers einen dunklen Raum im Winter schwach erhellen kann. Denn wie wir bereits wissen, nimmt die Leuchtkraft mit steigender Entfernung rasch ab. Außerhalb der Umlaufbahn seiner Monde wäre solch ein Dunkelstern am Nachthimmel also nahezu unsichtbar.

Dieses Konzept ist die zentrale Grundlage meiner Dunkelstern-Theorie. Sie weist auf die Möglichkeit hin, dass sich die Habitationszone des Sonnensystems bis in die Region der Kometenwolken hinaus erstreckt, und fügt dem ansonsten eher akademisch-nüchternen Streben nach Entdeckung weiterer Planeten jenseits von Pluto eine gewisse Dringlichkeit hinzu. Die Jagd nach Planet X wird zur Jagd nach Leben.

Auf der Suche nach Planet X

Obwohl solch ein Planet bisher nicht direkt in unserem Sonnensystem entdeckt werden konnte, haben Astronomen doch schon ähnliche Himmelskörper im Orbit von Nachbarsternen entdeckt. Wie kann das sein, wenn man bedenkt, wieviel weiter diese Sterne entfernt sind? Wenn wir solche Himmelskörper um weit entfernte Sterne herum finden

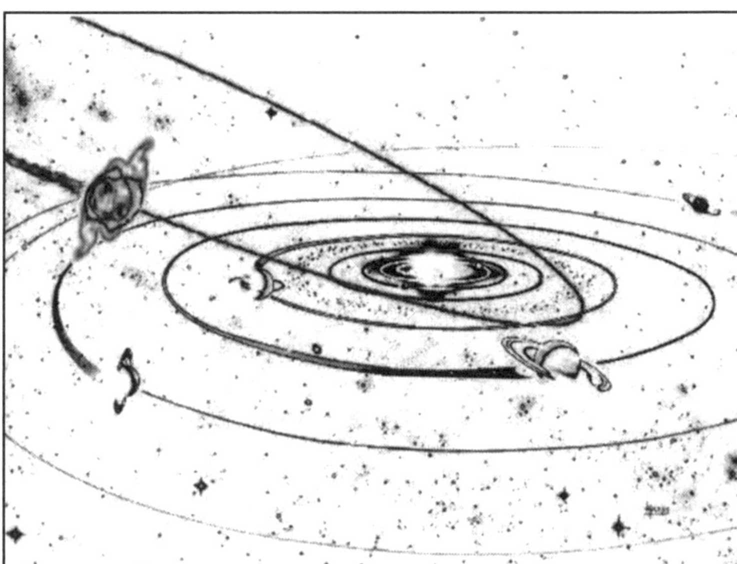

Darstellung der möglichen Umlaufbahn eines extra-solaren Himmelskörpers im Sonnensystem.

können, dann sollten wir doch eigentlich erst recht imstande sein, einen solchen in unserem Sonnensystem aufzufinden, oder? Doch seltsamerweise verhält es sich genau umgekehrt: Planeten um andere Sterne herum sind leichter zu entdecken. Dies ist so, weil sie auf andere Art und Weise aufgespürt werden.

Dunkle Himmelskörper um andere Sterne herum werden nicht auf direktem Wege, sondern mit indirekten Techniken entdeckt. Eine dieser Techniken ist die Messung der »Taumelbewegung« eines Sterns, da seine Position von dem massiven Himmelskörper beeinflusst wird, mit dem er in Wechselwirkung steht. Diese Taumelbewegung ist vielleicht nur sehr geringfügig, doch reicht sie aus, um mit modernen astronomischen Techniken registriert werden zu können. Berechnungen auf Grundlage dieser Beobachtungen können dann Informationen zu Größe und Orbit eines solchen den Stern umkreisenden planetarischen Himmelskörpers liefern. Mitunter lässt die Leuchtkraft des Sterns auch etwas nach, was dadurch verursacht wird, dass der Planet sich zwischen den Stern und unseren Gesichtspunkt auf der Erde bewegt und so einen winzigen Teil des Lichts blockiert.

Dies können beweiskräftige Beobachtungen sein, die Astronomen in die Lage versetzen, mit Zuversicht von der Existenz gigantischer Welten um Nachbarsterne herum in der Milchstraße auszugehen. Doch dieselben Techniken können wir nicht auf unsere eigene Sonne anwenden. Wenn die Sonne aufgrund eines Begleitsterns im All Taumelbewegungen vollführt, ist dieser Effekt wegen der ungeheuren Entfernung des Dunkelsterns vernachlässigbar.

Dies steht im Gegensatz zu Entdeckungen von Planeten außerhalb des Sonnensystems, deren Umlaufbahnen allesamt den inneren Planeten unseres Sonnensystems ähnlich sind. Wir wissen, dass die Sonne, verglichen mit ihren Nachbarn, sich in eine etwas merkwürdige Richtung bewegt. Sie steuert auf den so genannten Sonnenapex [Fluchtpunkt der Sonne im Vergleich zum Mittel der benachbarten hellen Sterne, Anm. d. Ü.] im Sternbild Herkules südwestlich der Vega zu, und dies könnte mit der Position des Dunkelsterns übereinstimmen. Doch das liefert in sich selbst noch nicht den Beweis für die Existenz dieses möglichen »Zwillingsbruders«. Um also solch einen möglicherweise um unsere Sonne kreisenden Himmelskörper aufzufinden, müssen wir auf andere Techniken zurückgreifen, obwohl er viel näher ist als die Sterne, die von »Planetenjägern« studiert werden.

Oft sind die Umlaufbahnen solcher extra-solaren Planeten oder auch »Exoplaneten« exzentrisch, und doch können sie weiterhin ein wesentlicher Teil eines stabilen Planetensystems sein. Dies war eine überraschende Entdeckung, steht aber im Einklang mit schon seit längerem angestellten Spekulationen zur Natur unseres Planeten X[20]. Diese Spekulationen entsprangen einigen äußerst bemerkenswerten Theorien, die in der zweiten Hälfte des 20. Jahrhunderts erstmals formuliert wurden.

Einige Forscher, darunter Immanuel Velikovsky und Zecharia Sitchin, waren der Auffassung, dass wir eine Menge über die Astronomie des Altertums aus antiken Mythen lernen könnten. Ihre Thesen beruhen darauf, dass – noch bevor sich die Schrift entwickelte – wissenschaftliche Erkenntnisse bereits von Generation zu Generation weitergegeben wurden, allerdings in Form von Mythen und Legenden. Wenn man sich dann von diesen Mythen ausgehend rückwärts in die Materie einarbeitete und verstand, dass die in ihnen erwähnten »Götter« gleichbedeutend waren mit kosmischen Himmelskörpern wie Sonne, Mond und Planeten, gelangte man zu antiken Modellen der Schöpfung des Sonnensystems.

Ein sorgfältiges Studium bestimmter antiker Mythen weist auf ein ziemlich genaues Verständnis des Sonnensystems hin, das Menschen im Altertum bereits hatten, und das möglicherweise auf fortgeschrittene Beobachtungstechniken vor tausenden von Jahren zurückzuführen ist. Doch die Mythen enthielten auch zusätzliche Elemente, die nicht mit unserem gegenwärtigen Kenntnisstand des Sonnensystems konform gehen. Ein wichtiger Planet, der in diesen Überlieferungen erwähnt wurde und einen zentralen Pfeiler in den Schöpfungsmythen bildete, fehlte. Ich persönlich glaube, dass dieser Himmelskörper ein Dunkelstern ist, was bedeutet, dass die Sonne einen Zwillingsbruder hat, auch wenn es nur »ein ganz kleiner Bruder« ist.

Die Möglichkeit, dass sich solch ein Himmelskörper auf einer stark exzentrischen Umlaufbahn bewegt, würde erklären, weshalb er gegenwärtig so schwer zu entdecken ist und doch in der früheren Menschheitsgeschichte am Himmel beobachtet wurde und so zu einem festen Bestandteil des mythologischen Erbes der Menschheit wurde.

Ein Planet von der Größe eines braunen Zwergsterns könnte sich den äußeren Planeten nähern oder durch den Edgeworth-Kuiper-Gürtel wandern, ohne »orbitales Chaos« anzurichten. Zu früheren Zeiten hätte er sich vielleicht sogar zwischen die sonnennäheren Planeten oder auch durch den Asteroidengürtel bewegen können – eine Region, die einst vielleicht die Heimat eines anderen, vor langer Zeit zerstörten Planeten gewesen sein mag. Dies scheint zunächst unglaublich, doch es hat sich gezeigt, dass ein kleiner brauner Zwergstern sich tatsächlich direkt durch das Sonnensystem bewegt haben könnte, ohne den anderen Planeten Schaden zuzufügen.

Computersimulationen haben gezeigt, dass ein Planet mit der zehnfachen Masse des Jupiter keinen erkennbaren Effekt auf die anderen Planeten ausüben würde, wenn er sich zwischen ihnen bewegte[21]. Dies ist für viele Menschen überraschend, die davon ausgegangen sind, dass der Transit eines großen Planeten durch das Sonnensystem doch eigentlich katastrophale Auswirkungen auf die anderen Planeten, einschließlich der Erde, gehabt haben müsste. Dies ist jedoch nicht unbedingt der Fall.

Auch wenn es möglich ist, bezweifle ich jetzt, dass der Dunkelstern sich in unserem gegenwärtigen Zeitalter durch das Sonnensystem bewegt. Stattdessen zieht er bei seiner größten Annäherung still seine Bahn durch den weiter entfernten Edgeworth-Kuiper-Gürtel. Er scheint dort draußen so etwas wie das »kosmische Äquivalent« zu schmutzigen Fußabdrücken im Schnee zu hinterlassen. Es könnte aber auch sein, dass er andere Planeten mit sich bringt, die sich uns dann weiter nähern und sichtbar werden. Dies ist ein weiteres Thema, das wir in diesem Buch erörtern werden – ein Thema, das uns gestatten wird, Wissenschaft und Mythos auf recht elegante Weise zu verknüpfen.

Die hier erwähnten Schöpfungsmythen deuten daraufhin, dass dieser Dunkelstern in weit zurückliegender Vergangenheit sich tatsächlich einmal im Bereich der Planeten unseres Sonnensystems aufgehalten hat, und dass die Wirkung seines Durchzugs durch diese uns vertrauten Welten in manchen Fällen katastrophal war. Auch hierfür gibt es Beweise in Form von Anomalien im Sonnensystem, die solch eine umstrittene These untermauern. Es scheint, dass sein katastrophaler Einfall vor etwa einer Milliarde Jahren auf einen kurzen, aber traumatisch nachwirkenden Zeitraum beschränkt war, und dass er sich seitdem wieder »in ruhigeres Fahrwasser« zurückgezogen hat.

Der hartnäckige Gott, der das Sonnensystem nach seiner Entstehung erstürmt hat, hat Vernunft angenommen und bleibt nun auf Distanz. Doch die glorreichen Tage seiner Jugend zeigen sich jedes Mal, wenn wir den Mond am Nachthimmel betrachten. Unser feuriger junger, bis an die Zähne bewaffneter Gott brachte nämlich ein verheerendes Waffenarsenal mit sich.

Mythologie und der Dunkelstern

Stellen wir uns für einen Moment vor, dass ein brauner Zwergstern vor Milliarden von Jahren durch das Sonnensystem gewandert ist. Hiervon können wir ernsthaft ausgehen, denn es gibt Belege dafür, dass es im Sonnensystem vor etwa 3,9 Milliarden Jahren, also etwa 500 Millionen Jahre nach seiner »Geburt«, zu mehreren katastrophalen Vorkommnissen kam. Erde und Mond wurden durch massive Himmelskörper, ob Asteroiden oder Kometen, buchstäblich »unter Beschuss genommen«.

Der Mond zeigt heute immer noch Narben, die diese katastrophalen Ereignisse vor langer Zeit zurückgelassen haben, bei denen man auch vom »letzten großen Bombardement« spricht. Dies ist der Fall, weil die Oberfläche des Mondes sehr alt ist. Andere ähnliche Himmelskörper im Sonnensystem zeigen ebenfalls dieses traumatische Muster der Kraterbildung.

Es existieren viele Theorien, warum es innerhalb eines so kurzen Zeitraums in der Geschichte des Sonnensystems so viele Einschläge gegeben hat. Niemand weiß es mit Sicherheit, doch es ist legitim, davon auszugehen, dass ein anderer kosmischer Himmelskörper zu jener Zeit ins Sonnensystem eingedrungen war und Chaos verursacht hat. Und je größer dieser Himmelskörper war, desto größer ist die Wahrscheinlichkeit, dass wir die Größenordnung des Unglücks einschätzen können, das über die inneren Planeten um die Sonne herum damals hereingebrochen war.

Wenn wir versuchen wollten, in nichtwissenschaftlichen Begriffen zu beschreiben, was zu jener Zeit geschehen ist, wie würden wir dann vorgehen? Wie hätte der Dunkelstern mit seinen eigenen Planetensystemen zu dem Zeitpunkt ausgesehen, als er in die Region des Sonnensystems eindrang?

Junge braune Zwergsterne geben trotz ihres Namens ein flammenrotes Licht ab. Theoretisch hätten Beobachter auf der Erde den »Halo«

oder die Korona dieses roten Sterns sehen können, die sich unter dem Einfluss des Sonnenwinds verformt hätte. Diese Kraft hätte den braunen Zwergstern am Himmel wie einen hellen roten Feuervogel erscheinen lassen können, dessen rückwärts gerichtete Korona wie Flügel ausgesehen hätten.

Wie der sagenumwobene Phönix wäre der unsichtbare braune Zwergstern wiedergeboren worden, um für kurze Zeit am Himmel entlangzuziehen, bevor er sich wieder in die Dunkelheit der Kometenwolken zurückgezogen hätte. Solange dieser planetarische Phönix einem der anderen Planeten nicht zu nah käme, würde das Leben im Sonnensystem so weitergehen, als ob nie etwas geschehen wäre. Hätte er kosmisches Unheil angerichtet, wären dadurch Anomalien entstanden, die selbst heute noch Geheimnisse sind – wie etwa die Tatsache, dass die Rotationsachse des Uranus nahezu parallel zu seiner Bahnebene liegt, also um nahezu 90° versetzt zu den Rotationsachsen fast aller anderen Planeten, oder dass die Umlaufbahn des Pluto stark exzentrisch ist, oder sogar, dass es auf der Erde Wasser gibt!

Seit einigen Jahren habe ich Studien angestellt, um die Existenz eines Dunkelsterns nachzuweisen, der die Sonne umkreist, und zwar aus zwei verschiedenen Gesichtspunkten: einem mythologischen und einem wissenschaftlichen. Die beiden Studien scheinen sich für Wissenschaftler des Mainstream gegenseitig auszuschließen, was meine Forschungsarbeiten für sie auf ihrem Niveau inakzeptabel macht. Doch ich persönlich glaube, dass sich diese beiden Disziplinen für diejenigen, die genau hinschauen, immer mehr überschneiden. Die wissenschaftlichen Belege für die Existenz eines Zwillingsbruders unserer Sonne häufen sich, und diese aufsehenerregenden Entdeckungen werden die Grundlage für einige in diesem Buch vorgestellte Gedanken und Ansätze bilden.

Zecharia Sitchin

Die mythologischen Aspekte dieser Studie gehen näher auf Forschungsarbeiten zu den Schriften der alten Sumerer in Mesopotamien ein[22], die von Zecharia Sitchin vor 25 Jahren begonnen wurden. In seinen Arbeiten stellte er die Behauptung auf, dass die Menschen in der Antike einen mysteriösen Planeten namens »Nibiru« beobachtet hatten, dem viele Kulturen höchste Verehrung entgegenbrachten. Sein Name

Zecharia Sitchin

bedeutet im übertragenen Sinne »das Fährschiff«, womit seine Natur als ein Kreuzungspunkt zwischen zwei Orten angedeutet wird[23]. Dies ist ein ziemlich rätselhafter Name und einer, von dem ich nicht glaube, dass Zecharia Sitchin ihn jemals zufrieden stellend erklärt hatte. Doch im Verlauf dieses Buchs sollte die Bedeutung klar werden.

Sitchin setzte Nibiru mit dem babylonischen Gott Marduk aus dem Weltschöpfungsepos *Enuma Elish* gleich. Ich persönlich glaube, dass dieser Marduk der Dunkelstern, der Zwillingsstern der Sonne war. Marduk war der ehrgeizige und hitzköpfige junge Gott, der beschlossen hatte, es mit allen anderen Göttern in einem titanischen Machtkampf um die kosmische Vorherrschaft aufzunehmen. Er ist der »Sohn der Sonne«, ein Ausdruck, der in Bezug auf den Dunkelstern eine wirkliche Bedeutung erlangt. Dieser Planet wurde von den Babyloniern als ein »roter Stern ..., der die Himmel zweiteilt[24]« und als »Himmlischer Herr« beschrieben, der größer als alle anderen Planeten ist.

Wie hätten die Menschen der Antike von solch einem Planeten wissen können, wenn er nicht zu jenen Zeiten durch das Sonnensystem gezogen wäre? Sie hatten keine modernen Teleskope, mit denen sie weit entfernte Planeten unter den Kometen hätten entdecken können; sie mussten sich auf ihre eigenen historischen Beobachtungen oder Informationen zu diesem »Nibiru« aus anderen Quellen verlassen. An diesem Punkt werden die Thesen von Zecharia Sitchin sehr kontrovers diskutiert. Er behauptet, dass Nibiru die Heimat der Götter Mesopotamiens ist – und zwar aus Fleisch und Blut.

Seine unkonventionellen Ansätze wurden vom wissenschaftlichen Establishment nahezu einhellig zurückgewiesen. Ich glaube jedoch, dass die von Zecharia Sitchin präsentierten Kernthesen korrekt sind, aber einiger technischer Modifizierungen bedürfen. In diesem Buch wird auch dieser Fall noch genauer erörtert.

Ein Planet mit großer Masse in einer Umlaufbahn um die Sonne ähnlich der eines Kometen steht übrigens im Einklang mit den Erkenntnissen der modernen Wissenschaft. Er könnte auf seinen Monden lebensfördernde Bedingungen bieten – jedoch nicht in der Art und Weise wie von Sitchin ursprünglich gedacht. So oder so: Seine These hinsichtlich eines unentdeckten Planeten ist grundsätzlich korrekt, und ich persönlich gehe davon aus, dass dieser Planet nur auf seine Entdeckung wartet.

Und das wird ein monumentales Ereignis! Die zukünftige Entdeckung des Dunkelsterns wird uns ein größeres Lebenspotenzial bescheren als der Mars es je könnte. Und wenn Sitchin Recht hat, könnte dies uns auch Aufschlüsse über unsere eigenen Ursprünge als menschliche Spezies geben.

Dieses Buch wird detaillierte Belege dafür liefern, dass die Präsenz eines Dunkelsterns unter den Kometen Realität ist. Es wird einen gründlichen Blick auf Wesen und Natur dieses Himmelskörpers genannt »Nibiru« werfen und zeigen, wie seine Existenz mit rationalen wissenschaftlichen Mitteln nachgewiesen werden kann. Es wird Mythos und Wissenschaft zu einem geschlossenen Ganzen zusammenführen.

Doch bevor wir beginnen, dass Puzzle zusammenzusetzen, müssen wir erst einige der in diesem ersten Kapitel vorgestellten Ideen gründlicher untersuchen. Wir werden mit Zecharia Sitchins Ansätzen beginnen und dann einen Blick auf die bisherige Geschichte der Jagd nach dem Planeten X werfen. Dies wird uns ein ausgezeichnetes Fundament liefern, von dem aus wir dann fortfahren können.

Quellen

[1] P. Moore: »Patrick Moore on Mars«, 1998, Casell, Kapitel 11
[2] I. Wright & M. Grady: »Focus: Life on Mars«, Astronomy Now, Okt. 1996, S. 39-46
[3] »Horizon«, BBC2, »Snowball Earth«, Sendung vom 22.2.2001
[4] M. Milstein: »Astronomy«, Okt. 1997, S. 38-43, »Diving into Europa's Ocean«
[5] D. Kalk: »Alien Haven«, New Scientist, Sept. 1999, S. 32-35
[6] S. Battersby: »One Hour on Titan, Forever Bathed in Glory«, New Scientist, 22.1.2005, S. 6-8
[7] Redding.com, Seattle (AP): »Mysteries of distant moons await earthly oceanographers«, 15.2.2004, http://redding.com/news/national/20040215nat048.shtml
[8] T. Radford: »Titan, Mystery Moon where it Rains Liquid Methane«, The Guardian, 22.1.2005, S. 6
[9] C. Sagan: »Blauer Punkt im All«, Headline Book Publishing, 1995, S. 127, 140-141; dtsch. Ausgabe Bechtermünz, 2000
[10] J. Kelly Beatty: »Big-orbit Object Confounds Dynamicists«, http://www.skypub.com/news/news.shtml#bigorbit, 5.4.2001
[11] A. Quillen, D. Trilling, E. Blackman: »The Impact of a Close Stellar Encounter on the Edgeworth-Kuiper Belt«, arXiv:astro-ph/0401372vl, 2004
[12] J.B. Murray: Mon. Not. R. Astron. Soc., 309, S. 31-34, 1999
[13] J.J. Matese, P.G. Whitman, D.P. Whitmire: Icarus, 141, S. 336-354, 1999
[14] The Economist Newspaper Ltd.: »X Marks the Spot« http://www.economist.com/editorial/freeforall/16-10-99/st7748.html, 7.10.99
[15] http://news.bbc.co.uk/hi/english/sci/tech/newsid_957000/957518.stm, 5.10.2000, »Mystery of free-floating ›planets‹«
[16] A. Lloyd: »Winged Disk: The Dark Star Theory«, 2001, http://www.darkstar1.co.uk, © 7.2.2000
[17] K. Leutwyler: »Bright X-rays, Dim Dwarfs«, 17.7.2000, http://sciam.com/exhibit/2000/071700dwarf/
[18] C. Sagan: »Blauer Punkt im All«, Headline Book Publishing, 1995, S. 392; dtsch. Ausgabe Bechtermünz, 2000
[19] Korrespondenz mit M. Marley, 28.1.2000
[20] Associated Press: »We Prefer Not to Call It a Failed Star. We Call It a Specially Challenged Brown Dwarf«, http://www.aci.net/kalliste/, 9.1.2001
[21] J.G . Hills: »The Passage of a 'Nemesis‹-like object through the Planetary System«, The Astronomical Journal, 90, Nr. 9, Sept. 1985, S. 1876-1882
[22] Z. Sitchin: »Der zwölfte Planet«, Kopp, 2003
[23] G. de Santillana, H. von Dechend: »Hamlet's Mill«, Ahg. 39, S. 430 – 451, dtschspr. Ausgabe »Die Mühle des Hamlet«, Springer, Wien, 1994 http://apollonius.net/trees.html. Dank an Robertino Solarion.
[24] B. van der Waerden: »Science Awakening«, Oxford University Press, 1974, S. 66-68

Kapitel 2

Der sumerische Planet Nibiru

Das Kernstück der »Dark Star«-Theorie ist, dass bestimmte antike Mythen bezüglich unseres Sonnensystems korrekt sind, und dass die moderne Wissenschaft nun schnell den Anschluss an sie findet. Solche Mythen und Legenden wurden im Laufe der Zeit diffus und Gegenstand von Fehldeutungen. Doch sie weisen in die Richtung einer Reihe bestimmter astronomischer Geschehnisse, die die Welt geformt haben, in der wir heute leben.

Die besagten antiken Mythen stammen aus der ersten geschichtlich nachgewiesenen Zivilisation der Menschheit, bekannt als Sumer, die vor etwa 6.000 Jahren ziemlich plötzlich in Mesopotamien entstand. Seine antiken Ruinenstädte befinden sich im heutigen Irak, und diese geographische Region wird berechtigterweise als »Wiege der Menschheit« bezeichnet. Seine Ursprünge sind geheimnisumwoben, nicht zuletzt, weil sich die sumerische Zivilisation scheinbar aus dem Nichts entwickelte. Experten sind sich uneinig, ob die Sumerer in das Land zwischen Euphrat und Tigris eingewandert sind, oder ob es sich bei ihnen um einheimische Ureinwohner handelte[1]. Doch geographische Veränderungen in der Region spielten eine wichtige Rolle; als sich das Wasser bis zum Ufer des heutigen Persischen Golfs zurückzog, entstand der »Fruchtbare Halbmond«, aus dem die Sumerer ein »Gartenparadies« schufen.

Vor ungefähr 6.000 Jahren schien Sumer zu vollem Leben zu erwachen. Die ersten sumerischen Städte waren hoch organisierte Siedlungen mit einer Zentralregierung und gesellschaftlichen Klassenstrukturen. Jede Stadt hatte etwa 10.000 Einwohner, und bis 2700 v. Chr. war die Einwohnerzahl auf durchschnittlich 50.000 angewachsen. Die Mehrheit der arbeitenden Bevölkerung betrieb Landwirtschaft, doch durch die stabile Versorgung der Städte mit Nahrungsmitteln konnte ein Teil ihrer Einwohner anderen Tätigkeiten nachgehen, unter anderem dem Maurerhandwerk, der Weberei, dem Handel und anderen Berufen, wobei ein städtisches Behördenwesen die Aufsicht über die verschiedenen Berufsstände führte. Dies war der Anfang des Zeit-

Der Autor im Pariser Louvre

alters der spezialisierten Handwerkskunst[2].

Man sollte die Errungenschaften der Sumerer in dieser Zeit, die dem Aufstieg der ägyptischen Dynastien noch vorausging, nicht unterschätzen. Sie stellten »ausgezeichnete bemalte Tonwaren« und »prachtvolles« Mauerwerk her, waren die ersten genialen Erbauer von monumentaler Architektur und verfassten epische Gedichte auf hohem lyrischen Niveau.[1] Durch die Wanderung des sumerischen Patriarchen Abraham nach Ägypten bildeten ihre Schöpfungsmythen die Grundlage für viele Darstellungen im Alten Testament. Doch Sumer war vom Steinzeitalter nur einen Schritt entfernt. Der dänisch-amerikanische Sumerologe Thorkild Jacobsen geht davon aus, dass der plötzliche Übergang zu einer Hochzivilisation in direktem Zusammenhang mit der Erfindung der Schrift steht.[3] Er brachte sein Erstaunen darüber zum Ausdruck, wie die Blaupause einer fortgeschrittenen Gesellschaft so plötzlich entstanden sein konnte. Vielleicht sollte es uns deshalb auch nicht überraschen, dass es auch für viele Experten immer noch ein Rätsel ist, wie das antike Sumer so schnell entstand und woher seine Bevölkerung kam.

Der Einfluss, den diese aufstrebende Zivilisation auf die Welt ausübte, kann nicht unterschätzt werden. Obwohl Sumer seinem jungsteinzeitlichen Vorgänger, der Jäger-und-Sammler-Gesellschaft, nur einen

Schritt voraus war, schaffte es diese Kultur, einige der grundlegenden Aspekte einer zivilisierten Gesellschaft, wie wir sie heutzutage verstehen, zu erschaffen.

Erfindungen und Entdeckungen, die erstmals in Sumer gemacht wurden

Die Sumerer gelten als Erfinder der Schrift sowie als erste Schöpfer politischer und religiöser Infrastrukturen. Sie waren auch für ihre komplexen Bauwerke wie etwa die Zikkurate (pyramidenartige Stufentempel), mehrstöckige Häuser und Torbögen bekannt. Sie entwickelten den versierten Umgang mit Metallen, einschließlich dem Einschmelzen, der Raffination (Verfeinerung) und Legierung. Sie waren auch die ersten, die Bitumen als Brennstoff sowie zur Abdichtung, Imprägnierung, Färbung, Zementierung und Modellierung verwendeten. Sie verfügten über fortgeschrittene Kenntnisse auf dem Gebiet der Medizin, der Chirurgie und der Tiermedizin. Ihre Landwirtschaft war gut entwickelt, es gab sogar umfangreiche künstliche Bewässerungssysteme mit Kanälen. Ihre astronomischen Kenntnisse waren bemerkenswert, und sie waren die Ersten, die einen Kalender erfanden und benutzten. Ebenso hatten sie ein fortgeschrittenes Erziehungs- und Bildungssystem; in ihren Schulen wurde nicht nur Sprache und Schrift gelehrt, sondern auch Botanik, Zoologie, Geographie, Mathematik und Theologie. Sie waren auch zivilisiert genug, ein vielschichtiges Rechtssystem zu entwickeln. Und nicht zuletzt entwickelten sie ein verfeinertes und komplexes mathematisches Zählsystem, das so genannte Sexagesimalsystem.[4]

Das Sexagesimalsystem scheint nicht unbedingt die auf der Hand liegende Wahl einer mathematischen Zählmethode für eine Zivilisation in ihren gesellschaftlichen Anfängen zu sein, die gerade erst sesshaft geworden ist. Es beruht auf der numerischen Basis 12, und dies scheint eine Unterteilung des Tierkreises in zwölf Häuser widerzuspiegeln, die die Sumerer schon früh vorgenommen hatten. Ihr Kalender beruhte auf zwölf lunaren Monaten mit einem periodisch eingefügten Schaltmonat, um den Kalender an den jährlichen Sonnenzyklus anzugleichen.

Aufzeichnungen des sumerischen Tierkreissystems stammen aus einer Zeit mindestens 3800 Jahre v. Chr., der Zeit des Sargon von Akkad, mit dem – lange vor dem Aufkommen des prädynastischen

Ägyptens – eine neue Ära in der Geschichte Mesopotamiens begann. Im Jahre 1903 beschrieb Emmeline Plunket das damals auftauchende Wissen, das in den akkadischen und sumerischen astronomischen Werken bereits vorhanden war: »Dass die Tierkreiskonstellationen aus einem weit zurückliegenden Zeitalter stammten, über das sich die Bewohner Mesopotamiens bewusst waren, wird kaum angezweifelt. Auf den Grenzsteinen des Britischen Museums finden wir Darstellungen von einigen ihrer Figuren. Der Stier, die Schildkröte (anstelle des Krebses), eine weibliche Figur mit Flügeln, der Skorpion, der Schütze und der Fisch sind alle dort porträtiert – nicht nur auf den Grenzsteinen, sondern auch auf den Zylindersiegeln und Edelsteinen.«[5]

Die Sumerer erschufen also den Tierkreis, eine willkürliche Unterteilung der Konstellationen entlang der Ekliptik, einer unsichtbaren Linie, auf der die Sonne am Himmel ihre Bahn zieht. Dieselben zwölf Häuser des Tierkreises tauchen nahezu überall in der Menschheitsgeschichte auf, und heutzutage haben wir sie immer noch, wenn auch in etwas abgeänderter Form. Dies ist bemerkenswert – nicht nur aus der Perspektive, dass der Tierkreis von der ersten, aus der Jungsteinzeit hervorgetretenen Zivilisation geprägt wurde, sondern auch angesichts der Tatsache, dass dieser Beitrag zur Astronomie uns über die ganzen 6.000 Jahre erhalten geblieben ist, die seitdem vergangen sind.

Der wissenschaftliche Kenntnisstand, der zur Erklärung des umfassenden Wissens der Sumerer erforderlich ist, übertrifft bei weitem das, was diese Zivilisation an Kenntnissen und Fähigkeiten eigentlich gehabt haben sollte, wenn man von einer linear verlaufenden Entwicklungskurve des Wissens ausgeht. Wie all die anderen bemerkenswerten Errungenschaften der Sumerer schien auch ihr Wissen, einschließlich des astronomischen Wissens um die Präzession der Tagundnachtgleichen, wie aus dem Nichts aufzutauchen. Dieses astronomische Verstehen, das die Sumerer bereits hatten, beruht auf einer sorgfältigen Untersuchung der scheinbaren Rückwärtsbewegung des Frühlingspunkts [der Punkt, an dem die Sonne den Himmelsäquator von Süden nach Norden überschreitet] durch den Tierkreis über lange Zeiträume.

Diese Bewegung vollzieht sich sehr langsam, mit nur einem Bogengrad in der Spanne eines durchschnittlichen Menschenlebens. In ungefähr 2150 Jahren durchläuft der Frühlingspunkt ein Haus des Tierkreises, und sein Eintritt in ein neues Haus kündigt nach alten Prophezeiungen die Dämmerung eines neuen Zeitalters an. Dieses Wissen kann man also nicht durch ein Studium der Astronomie während nur eines Menschenlebens erlangen; vielmehr sind solche langzyklischen Veränderungen erst nach vielen, vielen Generationen überhaupt wahrnehmbar. Man würde erwarten, dass Wissen dieser Art zu einem späteren Zeitpunkt der Entwicklung der Menschheit hervortreten würde, aber nicht schon zu Beginn unserer ersten Zivilisation auf Erden!

Wir können also sehen, dass die Sumerer ein außergewöhnliches Verständnis der Astronomie und Kosmologie hatten.

Wie so viele Dinge, die die Sumerer als Erstes entdeckt oder erfunden haben, deutet dies auf ein Wissenserbe aus einer Zeit, bevor Sumer als Hochzivilisation hervortrat. Die Schriften, die sie uns hinterlassen haben, beinhalten jedoch etwas sehr Außergewöhnliches. Sie sagen uns, dass ihnen ihr Wissen und ihre Gesetze von den Göttern gegeben worden waren.

Die Sumerer haben uns eine erstaunliche Fülle an schriftlichem Material in Form ihrer Keilschrifttafeln und -zylinder hinterlassen. Diese Zylindersiegel wurden von ihnen für die Prägung der Tafeln verwendet. Die Sumerer waren bekannt dafür, ausführliche Aufzeichnungen zu führen. Sie hinterließen uns ein Vermächtnis von Texten, einschließlich des berühmten »Epos von Gilgamesch«, der Geschichte eines ihrer heldenhaften jungen Männer, der zu einem Drittel menschlich und zu zwei Dritteln göttlich war.

Ihr kulturelles Vermächtnis wurde an spätere mesopotamische Zivilisationen weitergegeben, u.a. Akkad, Assyrien und Babylon, ebenso wie Persien, Ägypten und wohl auch Indien. In vielen ihrer Berichte aus ihrer eigenen Vergangenheit und Gegenwart äußerten sie sich ziemlich klar dazu, wie sie ihr fortgeschrittenes Wissen erlangt hatten. Es kam von den »Göttern«, die, so die Überlieferung, unter ihnen lebten und ihnen das Geschenk der Zivilisation hinterließen.

Angesichts der bemerkenswerten Kultur, die das Sprungbrett für einen Großteil der Entwicklung der Menschheit in den folgenden Jahrtausenden lieferte – wie kann es sein, dass nur so wenige Menschen sich überhaupt der geschichtlichen Existenz der Sumerer bewusst sind? Im Gegensatz zu ihnen hat die altägyptische Kultur im Weltgedächtnis viel stärker Spuren hinterlassen. Die Antwort ist teilweise auch historischer

Natur. Die westliche Kultur hat ihre Wurzeln nach ihrem eigenen Selbstverständnis bei den Römern und Griechen.

Unsere antiken Sprachen waren Latein und Griechisch, und diese Kulturen waren zu ihrer jeweiligen Zeit die europäischen Superstaaten. Sie repräsentieren das moderne westliche Ideal des Imperialismus und der kulturellen Vorherrschaft. Außerdem entfaltete sich die Kirche unter den Römern, und jegliches offiziell erlernte Wissen während des frühen und späteren Mittelalters, der Reformation und darüber hinaus wurde von der Institution Kirche direkt kontrolliert, wobei Latein ihre heilige Sprache war. Die Vorstellung einer europäischen und nordamerikanischen intellektuellen Überlegenheit ist in der modernen Wissenschaft tief verwurzelt. Obwohl also die Griechen einen Großteil ihrer religiösen und intellektuellen Ideen eindeutig von den Ägyptern bezogen hatten, sind die Griechen für uns immer noch die ursprünglichen Philosophen und Kulturschöpfer. Wir staunen über die technischen Fähigkeiten der Ägypter, ziehen es aber vor, den Einfluss zu übersehen, den sie auf die Entwicklung der westlichen Kultur ausübten. Und von Ägypten aus sind die mesopotamischen Zivilisationen noch einen Schritt weiter entfernt. Die Bibelstellen, die sich mit den Babyloniern befassen, wurden aus der Sicht eines unterjochten Volkes, der Hebräer, verfasst, die im sechsten Jahrhundert v. Chr. in Babylon gefangen gehalten worden waren. Als solches wird die babylonische (und demzufolge auch die assyrische, akkadische und sumerische) Kultur allgemein in einem negativeren Licht gesehen. Die weit ältere sumerische Kultur hatte keine allzu große Chance, sich ihren wahren Platz in der Geschichte zu sichern, seit sie in den letzten beiden Jahrhunderten durch Ausgrabungen entdeckt worden war.

Teil des Problems war, dass die Altertumsforscher immer deutlicher erkannten, dass die Schöpfungsgeschichte des Alten Testaments ihr zeitlich früher liegendes Äquivalent in der Literatur Mesopotamiens fand, womit die biblische Genesis zu einer späteren Entwicklung der sumerischen und akkadischen Kultur wurde. Dies empfanden viele christliche und hebräische Gelehrte als beleidigend und ignorierten deshalb diese kontroversen Funde weiterhin.

Als Assyriologen mit der Übersetzungsarbeit an sehr alten Tontafeln begannen, die vor 150 Jahren in den akkadischen Städten ausgegraben wurden, wurde klar, dass Akkadien aus einer älteren Kultur hervorgegangen war, die eine Keilschrift entwickelt hatte, die anders war als alles bis dahin entdeckte. Diese uralten Tontafeln enthüllten die Geheimnisse des plötzlichen Aufstiegs der sumerischen Zivilisation aus dem Nichts. Die Sumerer behaupteten, sie hätten alles, was ihnen beigebracht worden war, von einer Gruppe machtvoller Götter gelehrt bekommen, die unter ihnen lebten und die sie als »Anunnaki« bezeichneten.

Die Sumerer dienten ihren göttlichen Meistern und beschrieben detailliert deren irdische Aktivitäten. In vieler Hinsicht waren die Anunnaki genau wie wir, nur machtvoller und mit einem bemerkenswerten Wissen ausgestattet. Die ganze Entwicklung, so wie sie sich herauskristallisiert hatte, ging nach Überlieferung der Sumerer direkt auf die Intervention dieser rätselhaften »Götter« zurück. Diese Götter oder Anunnaki waren jedoch nicht unsterblich, sondern dem Tod genauso unterworfen wie sterbliche Menschen, lebten also nur eine gewisse Zeitspanne. Und doch haben Altertumsforscher die Götter Mesopotamiens mit dem Deckmantel eines Mythos versehen.

Der »zwölfte Planet«

Einen alternativen Ansatz zur Auslegung mesopotamischer Mythen und Legenden wagte in den 1970er-Jahren Zecharia Sitchin, der während seiner Arbeit als Journalist in Israel ein privates Studium der Archäologie und orientalischer Sprachen betrieb[6]. Sitchin las die antiken Texte und kam zu einer anderen Schlussfolgerung bezüglich der Ursprünge der sumerischen Zivilisation als seine Kollegen. Nach seiner Auffassung bezogen sich die Sumerer nicht auf mythische Allegorien, als sie von ihren Göttern sprachen, sondern beschrieben im wörtlichen Sinne Wesen aus Fleisch und Blut, die ihre historischen Zeitgenossen waren. Die Dienste, die sie ihren Göttern erwiesen, waren weniger religiöser Natur als vielmehr gewöhnliche Alltagsarbeit zur Unterstützung einer Infrastruktur, die sich um diese machtvollen Wesen drehte.

Nach eingehenden Studien dachte Sitchin an die Erstellung einer komplexen und weitreichenden Abhandlung über die geschichtliche Entwicklung der Zivilisation – ein Bericht, der die üblichen Versionen der Geschehnisse infrage stellte. Er ging daran, sein Hauptwerk in einer Reihe populärwissenschaftlicher Bücher zusammenzufassen, die als »Earth Chronicles« bekannt sind[7]. Das fortlaufende Thema der

Bücher beruhte auf dem konzeptionellen Rahmen des so genannten »Zwölften Planeten«, der Heimat der Götter. Sitchin schrieb, dass dieser neue Planet den Sumerern als »Nibiru« und den Babyloniern als »Marduk« bekannt war.

Sitchins ungewöhnlicher Denkansatz beruht auf einer ziemlich wörtlichen Interpretation der Texte, besonders des babylonischen Schöpfungsmythos, der *Enuma Elish*. Viele Kritiker bringen ihr Unbehagen über Sitchins Form der Textauslegung zum Ausdruck, und alle Sumerologen des Mainstream lehnen seine Theorien aufs Schärfste ab. Für manche Theoretiker mag es sicher gute Gründe geben, sich Zecharia Sitchins Behauptungen mit Vorsicht zu nähern. Doch es ist unbestreitbar wahr, dass dieser rätselhafte »Nibiru« in den alten mesopotamischen Texten als roter Stern beschrieben wird, der seine Bahn am Himmel zieht.

In ihrem Klassiker »Die Mühle des Hamlet« erforschten Giorgio de Santillana und Hertha von Dechend im Jahre 1969 die mysteriöse Natur von »Nibiru« und zeigten, dass zu jener Zeit keine wissenschaftliche Theorie seine himmlische Natur angemessen erklärte: »Die Bedeutung von ›Nibiru‹ ist ›Fährschiff‹, ›Fährmann‹, ›Furt‹. ›Mikis nibiri‹ ist die Fährmaut, die für die Überquerung des Flusses zu zahlen ist – vom Ursprungswort *eberu*, was ›überqueren‹ bedeutet. Alfred Jeremias bestand darauf, dass Nibiru ›in allen späteren Sternentexten‹ auf den Stern Canopus hinwies, und er hielt diesen Stern für den Namensgeber des Ortsmeridians der Stadt Babylon. ›Nibiru‹ wurde auch mit anderen Begriffen identifiziert, unter anderem ›Sommersonnenwende‹ oder ›Himmelsnordpol‹. Die von Gossmann gesammelten Meinungen und Urteile zeigen klar, dass ›Nibiru‹ bis auf weiteres ein unbekannter Faktor bleibt.«[8]

Die meisten Wissenschaftler gehen heute davon aus, dass Nibiru einfach der Planet Jupiter ist, doch diese ziemlich einfache Erklärung muss man bezweifeln, denn in allen Überlieferungen wird die Farbe von Nibiru einheitlich mit rot wiedergegeben. Jupiters Licht ist allerdings von eher langweiligem Weiß. 36 Jahre nach der »Mühle des Hamlet« existiert hier also immer noch ein Mysterium. Im Mittelpunkt dieses Mysteriums steht der Name »Fährschiff«. Wir werden zu einem späteren Zeitpunkt zu diesem Thema zurückkehren.

Sitchin behauptet, dass die Sumerer alle Planeten kannten, die die

Sonne umkreisen – sowohl die mit bloßem Auge sichtbaren als auch die, die nur mit einem modernen Teleskop zu sehen sind. Er behauptet außerdem, dass die Sumerer die Planeten von außen nach innen zählten. Somit war die Erde der siebte Planet. Dies soll die Erscheinung des Sonnensystems aus der Perspektive eines Reisenden widerspiegeln, der sich dem Sonnensystem aus den Tiefen des Alls nähert – mit anderen Worten, der Anunnaki.

Nur die fünf sonnennächsten Planeten sind mit bloßem Auge sichtbar. Unter sehr guten Bedingungen ist auch der Uranus sichtbar, wenn man genau weiß, wo man nach ihm schauen muss. Neptun und Pluto sind nicht mit bloßem Auge sichtbar.

Ist es möglich, dass diese Zivilisationen des Altertums, die gerade die Steinzeit hinter sich gebracht haben, imstande waren, weit entfernte unsichtbare Planeten ausfindig zu machen? Robert Temple hat gezeigt, dass viele Kulturen des Altertums über die Möglichkeit verfügten, optische Linsen herzustellen und so theoretisch hätten imstande sein können, rudimentäre Teleskope zu bauen.[9] Doch selbst wenn dies der Fall gewesen wäre, ist es sicher kaum vorstellbar, dass Neptun von mesopotamischen Astronomen im dritten Jahrtausend v. Chr. entdeckt worden wäre!

Zecharia Sitchin hat allerdings nicht behauptet, dass die Sumerer diese weit entfernten Welten eigenständig entdeckt hätten. Sein Argument ist, dass ihnen dieses Wissen von ihren Göttern gegeben wurde, woraus sich dann die Wissenschaft der Astronomie entwickelt hatte. Spätere Zivilisationen hätten dann mit diesem Wissen die Astrologie begründet. Diese frühen Ansätze einer systematischen Wissenschaft verstehen wir heute als reine Mythen und verwerfen die Möglichkeit, dass die Sumerer unser Sonnensystem vielleicht genauso gut kannten wie wir – oder vielleicht sogar noch besser!

Die Vorstellung, dass die Planeten Götternamen tragen sollten, ist nicht neu. Schließlich stammen all die »deutschen« Namen der Planeten und anderer Himmelskörper aus dem Pantheon der griechischen und römischen Götter und Göttinnen. Dies folgt einer uralten Tradition, und es ist mit Sicherheit nicht ungewöhnlich zu behaupten, dass die Götter des antiken Mesopotamiens mit der Astronomie in Verbindung gebracht wurden. Sitchins Arbeit unterscheidet sich dadurch, dass er die Dinge konsequent zu ihrer logischen Schlussfolgerung geführt hat und die *Enuma Elish* als korrekte Wiedergabe der physischen Schöpfung des Sonnensystems ansieht.

Die Geschichte, die dieser wichtige babylonische Schöpfungsmythos erzählt, weicht allerdings von unserem Verständnis des Sonnensystems etwas ab. Dieser Epos erwähnt Geschehnisse von einer kosmischen Größenordnung mit einem erbitterten Kampf zwischen zwei großen Planeten – oder Göttern –, der sich angeblich vor 4 Milliarden Jahren zugetragen haben soll. Doch keiner der beiden Krieger ist uns bekannt. Wir erkennen viele der Planeten wieder, doch nicht die beiden Schlüsselfiguren Marduk und ein »wässriges Monster« namens »Tiamat«. Die Schlacht dieser beiden nahm nach diesem Schöpfungsmythos katastrophale Ausmaße an. Dieser Unterschied zwischen den Überlieferungen aus der *Enuma Elish* und dem, was unsere Wissenschaftler heute über das Sonnensystem wissen, bildet den Kern von Sitchins Theorie zu dem zwölften Planeten.

Sohn der Sonne

Nach Sitchins Interpretation der babylonischen *Enuma Elish* existierte im ursprünglichen Sonnensystem kein Planet zwischen Venus und Mars, wo sich heute die Erde befindet. Im Anfangsstadium des Sonnensystems befand sich die Erde nicht in derjenigen Umlaufbahn, die für uns heute selbstverständlich ist: die klassische »Habitationszone«. Ebenso war Pluto ein Mond (oder »Beistand« und »Abgesandter«) des Saturn, und dann gab es da noch ein »wässriges Monster« mit dem Namen »Tiamat«, die »Jungfrau, die Leben schenkte«, zwischen Mars und Jupiter. Sein Hauptmond trug den Namen »Kingu«. Diese Konfiguration war nicht stabil, und der von den Göttern verursachte Lärm brachte unregelmäßige Umlaufbahnen mit sich. Dann kam ein Planet hinzu, der nicht vom Gott Apsu geboren wurde, sondern von außen dazu stieß und versuchte, sich der Schar der Himmelsgötter anzuschließen. Mit anderen Worten: Ein wandernder »Planet« drang ins Sonnensystem ein und verursachte eine Katastrophe. Er griff den Wasserplaneten Tiamat – die Meeresgöttin – an und bezwang sie mit schrecklichen Waffen. Aus dieser kosmischen Schlacht geht Marduk als zentrale Gottheit des babylonischen Schöpfungsmythos hervor.

Seine Geburt wird in der *Enuma Elish* beschrieben, und obwohl er wie die anderen Götter in Begriffen dargestellt wird, die auf eine

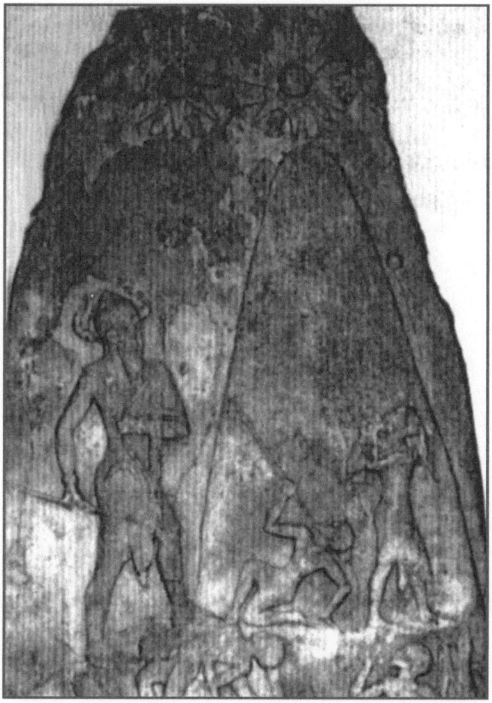

Marduk, »Sohn der Sonne«

menschliche Gestalt hindeuten, ist seine Vorherrschaft über sie eindeutig. Diese Beschreibung von Macht – wenn man sie auf einen Planeten überträgt – vermittelt den ausgeprägten Eindruck von etwas Massivem und Feurigem:

»Seine (Marduks) *Göttlichkeit war bemerkenswert,*
er wurde sehr hoch, sie in seinen Eigenschaften überragend.
Seine Gliedmaßen waren unvorstellbar wunderbar, unmöglich zu begreifen, mit Mühe nur zu betrachten.
Vier waren seine Augen, vier seine Ohren,
wenn er seine Lippen bewegte, schoss Feuer hervor.
Seine vier Ohren wurden groß und seine Augen nahmen gleicherweise alles auf.
Hervorgehoben unter den Göttern und übergroß war seine Gestalt,
seine Gliedmaßen waren unvergleichlich, sein Wesen war übergroß.
Sohn, Sonne, Sonnengott der Götter.
Er war bekleidet mit dem Glanz der 10 Götter,
so erhaben war seine Stärke,
die 50 Schrecken waren auf ihm versammelt.

(Tafel I, 92-105)[10]

Beachten Sie auch die Anspielung auf den »Sonnengott der Götter« – ein weiterer Hinweis, der uns zum Dunkelstern führt. Fünfzig verschiedene Namen werden Marduk gegeben, von denen der neunundvierzigste »Nibiru« oder »Nebiru« ist. Dieser Name weist eindeutig auf die Erscheinung eines tatsächlichen Sterns am Himmel hin – eines Sterns, der ganz offensichtlich von zentraler Wichtigkeit für die Bewegungen der Planeten im Sonnensystem ist:

> *»(49) Als Nebiru möge er den Übergang von Himmel und Unterwelt halten, man sollte weder oben noch unten hinübergehen, sondern auf ihn warten.*
> *Nebiru ist sein Stern, welchen er am Himmel leuchten ließ, möge er auf der himmlischen Leiter seinen Stand nehmen, so dass man ihn sehen kann.*
> *Ja, wer immer wieder ohne zu ruhen das Meer überschreitet, dessen Name sei Nebiru, der die Mitte einnimmt.*
> *Möge er den Pfad der Sterne des Himmels beständig machen und wie Schafe alle Götter weiden.«*
>
> *(Tafel VII, 125-133)*[10]

Marduk ist behilflich dabei, die »himmlischen Standorte« zu bestimmen – möglicherweise durch Beeinflussung der Umlaufbahn und Achsneigung der Erde. Als Teil davon bestimmt er den himmlischen Standort von »Nebiru«:

> *»Nachdem er das Jahr eingeteilt hatte,*
> *bestimmte er den himmlischen Standort von Nebiru,*
> *um die Sternabstände festzulegen,*
> *damit keiner sündige oder nachlässig sei.«*
>
> *(Tafel V, 6-7)*[10]

Marduk war ein gigantisches »Exemplar«, das einen feurigen Atem zu haben schien. Seine Farbe war rot, und seine »Augen« funkelten. Er hatte einen ungeheuer großen »Halo«, der ihn umgab – nach der Überlieferung das Äquivalent von zehn Göttern. Folgt man Sitchins Logik, dann beschreiben die obigen Darstellungen von Marduk einen feurigen Planeten, der seinesgleichen sucht. Es liegt sicher nahe, dass Marduk eng mit dem rätselhaften Phänomen Nibiru in Verbindung gebracht wurde, der in der *Enuma Elish* in erkennbar astronomischen Begriffen beschrieben wird.

Doch diese Verbindung bedeutet nicht, dass die beiden Namen vollkommen austauschbar wären. Während Marduk offensichtlich eher mit einem dominanten und machtvollen Gott in Verbindung gebracht wird, ist Nibiru augenscheinlich ein Himmelsphänomen, das von der Erde beobachtet werden konnte. Dies macht die Sache etwas komplizierter.

Die kosmische Schlacht

Nach Zecharia Sitchin wütete Marduk durch das Sonnensystem, traf mit einem seiner Monde (genannt »Nordwind«) den Wasserplaneten Tiamat und spaltete ihn in zwei Teile. Dies könnte ein direkter Treffer gewesen sein oder es könnte bedeuten, dass ein Großteil der Wassermassen der ursprünglichen Erde als Resultat der Begegnung mit dem Dunkelstern vergossen wurde. Vermutlich ist auch der »Nordwind« verloren gegangen. In der obigen Beschreibung von Marduk heißt es, dass er vier Augen und vier Ohren gehabt hätte, was auf ursprünglich acht Monde hinweisen könnte. Dies ist natürlich Spekulation. Doch es scheint, als ob der Dunkelstern letztendlich sieben »Monde« gehabt hat und der achte bei der oben beschriebenen traumatischen Begegnung verloren ging.

Das größere der beiden Bruchstücke von Tiamat wurde zur Erde, die kleineren Trümmerteile bildeten später das, was wir heute als Asteroidengürtel kennen. Der größte Teil dieser Überbleibsel war Wasser aus den großen Ozeanen von Tiamat. Daher auch die »Teilung von Himmel und Erde« in der Bibel, als der »Herr« über die Wasser der ursprünglichen Welt schritt.

Die verwundete Tiamat zog in eine neue Umlaufbahn, die »Habitationszone«, und wurde zur Erde. Es gelang dem »Unfallopfer« irgendwie, seinen Hauptmond bei sich zu behalten, der nun im Vergleich zum gastgebenden Planeten »Erde« Übergröße aufwies. Dem Mond wurde so die Möglichkeit verweigert, selbst zu einem Planeten zu werden.

Marduk selbst wanderte als Ergebnis dieses »Nahkampfs« mit Tiamat in eine neue exzentrische Umlaufbahn, die ihn bis in die Kometenwolken hinaustrug. Viele Kometen, ihrerseits Trümmerteile von Tiamat, bildeten sich als Folge dieser Geschehnisse. Während der »Schlacht« verursachte Nibiru auch, dass ein Mond des Saturn, Pluto, von seinem Mutterplaneten weggeschleudert wurde und in eine exzentrische Umlaufbahn am Rande des Sonnensystems geriet.

Die *Enuma Elish* beschreibt Nibiru als eine enorm große, feurige Welt. Sitchin behauptet jedoch auch, dass Nibiru der Heimatplanet der

Anunnaki gewesen sei. Die Schlussfolgerung ist, dass die Anunnaki aus einer enorm großen, feurigen Welt kamen, die als »Sohn« des Himmlischen Vaters, der Sonne, beschrieben wird. Wie könnte ein riesiger feuriger Planet eine irdische Heimatwelt sein?

Ein stellarer Charakter?

Eine akkadische Darstellung des Besuchs des Gottes Anu auf der Erde um etwa 3760 v. Chr. beschreibt die Erscheinung der »Sonnenscheiben« im Plural – ein Punkt, der von Sitchin hervorgehoben wurde:

»Enlil und Enki warteten auf Anu bei der ›Goldenen Säule‹, standen bereit oder hielten verschiedene Gegenstände; die akkadischen Begriffe, deren exakte Bedeutung nicht klar ist, werden am besten übersetzt als ›das, was die Geheimnisse lüftet‹, ›die Sonnenscheiben‹ *(Plural!, Anm. d. Verf.)* und ›die glänzenden/scheinenden Säulen‹. Anu kam dann in den Hof, begleitet von einer Prozession der Götter.«[11]

Bedeutet dies, dass Anu von einer anderen »Sonne« kam, die am Himmel erschien? Ich habe behauptet, dass diese zusätzliche Sonne der Dunkelstern ist. Ich ging davon aus, dass dieser große feurige Planet

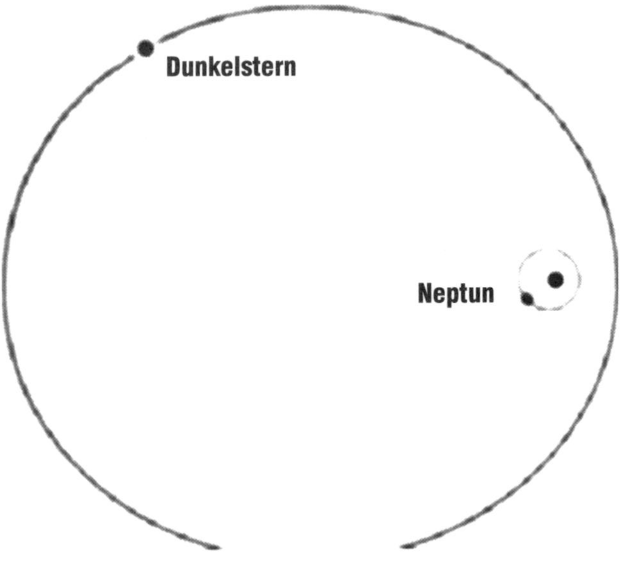

Die exzentrische Umlaufbahn des Dunkelsterns im Vergleich zur Umlaufbahn des Neptun

während seines Perihels (sonnennächster Punkt der Umlaufbahn) am Himmel sichtbar wurde und so der Beschreibung von Nibiru entspricht.

Doch nun glaube ich, dass das beobachtbare Phänomen Nibiru lediglich mit dem Dunkelstern in Verbindung steht, der während seines Periheldurchgangs in weiterer Entfernung selbst unsichtbar bleibt. So oder so: Der Hinweis auf zwei Sonnen am Himmel deutet für mich auf den Periheldurchgang des Dunkelsterns hin, und es ergibt Sinn, dass dieses Geschehnis mit der Rückkehr der Götter zur Erde, in diesem Fall mit dem Besuch des Gottes Anu, assoziiert wird. Diese Beschreibung liefert uns auch einen Zeitpunkt, an dem Nibiru in unserem Sonnensystem fürs bloße Auge sichtbar war: 3760 v. Chr.

Eine Heimatwelt unter den Kometen

Einer der Hauptkritikpunkte, denen sich Zecharia Sitchin stellen musste, war seine Behauptung, dass die Götter »aus Fleisch und Blut« seien und auf einem Planeten, Nibiru, leben, der sich zwischen den Kometen aufhält. Dies scheint jedoch nahezu unmöglich. In diesem Bereich des Alls gibt es einfach nicht genug Wärme, um überhaupt irgendwelche Lebensformen hervorzubringen.

Betrachten wir zunächst die äußeren terrestrischen (erdähnlichen) Planeten. Sie sind so weit von der Sonne entfernt, dass ihre Atmosphären – wenn sie denn überhaupt eine aufrechterhalten können – äußerst kalt sind. Terrestrische, also vollständig aus festen Bestandteilen bestehende Planeten entwickeln aufgrund ihrer relativ kleinen Größe nicht genug innere Hitze, so dass ihr äußerer Mantel kalt ist. Die meisten Gase schlagen sich als Eis nieder.

Triton zum Beispiel, der größte Mond Neptuns, scheint auf seiner Oberfläche dunkles organisches Material und Stickstoffeis aufzuweisen, von dem ein Teil in Form von Schneefall am Äquator niedergegangen zu sein scheint. Tritons Atmosphäre ist sehr dünn, einzig und allein aufgrund seiner großen Entfernung zur Sonne. Wäre er der Sonne näher, sagen wir im Umkreis des Saturn, dann würde dieses Eis verdampfen und ähnlich wie auf dem Titan eine relativ dichte Atmosphäre bilden.

Triton zeigt uns, was mit der Atmosphäre eines terrestrischen Planeten geschieht, wenn er extrem weit von der Sonne entfernt ist: Seine Atmosphäre wandelt sich zu Oberflächeneis. Bei so großer Entfernung ist die Erwärmung der Oberfläche durch die Sonne zu gering, als dass Triton eine Atmosphäre aufrechterhalten könnte. Stattdessen kristallisieren sämtliche atmosphärischen Gase und setzen sich auf der Oberfläche dieses Neptunmonds in Form von leicht verdampfendem Eis ab. Wenn man die Erde von ihrer jetzigen Position plötzlich in die Nähe von Neptun versetzte, würde sie dasselbe Schicksal ereilen; nicht nur die Ozeane, auch die Luft würde gefrieren und sich als eine Schicht aus Stickstoff- und Sauerstoffschnee mit einer Dicke von zehn Metern auf der gesamten Oberfläche des Planeten absetzen. Unsere Atmosphäre wäre fort, und die Oberfläche unseres Planeten wäre der Eiseskälte des Weltraums ausgesetzt[12].

Dies wirft die Frage auf: Wie könnte Nibiru dort draußen in den Kometenwolken eine Atmosphäre aufrechterhalten? Die Wärme von der Sonne spielt hier praktisch keine Rolle mehr, was bedeutet, dass Nibiru seine eigene Wärme erzeugen müsste. Doch terrestrische Planeten erzeugen nur unzureichend Wärme in ihrem Kern, um eine Atmosphäre ohne eine äußere Wärmequelle wie die Sonne aufrechtzuerhalten.

Die gigantischen Gasplaneten erzeugen jedoch – bis auf den Uranus – reichlich innere Wärme. Aber der Druck in ihren Atmosphären würde potentiellen Lebensformen ernsthafte Probleme bereiten. Diese Planeten haben auch keine nennenswerte feste Oberfläche. Im Zentrum von Jupiter und Saturn ist der Gasdruck so hoch, dass die »Luft« – größtenteils Wasserstoff und Helium – zu Metall kristallisieren würde.

Im Gegensatz dazu scheint es, dass der Uranus nicht dieselbe Menge an Wärme aus seinem Innern abgibt, obwohl er dem Neptun sehr ähnlich ist. Der Uranus weist noch andere Anomalien auf, u.a. die bereits erwähnte Neigung der Rotationsachse um fast 90°, doch dies erklärt nicht unbedingt, warum er in seinem Innern keine Wärme erzeugt. In mancher Hinsicht hindert dieses Mysterium die Astronomen und Astrophysiker daran, zu behaupten, sie verstünden die Mechanismen, die im Innern der Gasgiganten am Wirken sind – und dies lässt Sitchin recht wenig Spielraum.

Könnte ein Planet von der Größe der Erde eine interne Wärmequelle aufweisen, die wir zum jetzigen Zeitpunkt noch nicht voll verstehen? Könnte seine Atmosphäre in gewissem Maße selbstleuchtend sein und somit die Evolution komplexer Lebensformen gestatten? Diese

Hypothese wird von den Anhängern der Theorie des zwölften Planeten vorgebracht, um sich der verschiedenen oben erörterten Schwierigkeiten zu entledigen. Doch mit diesen Überlegungen befinden wir uns bereits im Bereich der Fiktion statt der Fakten. Aber es gibt eine bessere Lösung.

Wann ist ein Stern kein Stern?

Marduk wurde als ein Gott beschrieben, der größer als alle anderen Götter war, die wir als Planeten interpretieren, doch Sitchins Nibiru musste eine bewohnbare Welt sein. Ein Planet, der groß genug wäre, im Innern seine eigene Wärme zu erzeugen, würde letzten Endes einen derart hohen atmosphärischen Druck aufweisen, dass Leben auf ihm keine Chance hätte. Doch wenn Nibiru ein viel kleinerer Planet wäre, würde die fehlende Wärme dazu führen, dass seine Atmosphäre sich als Eis niederschlägt und nur alle 3.600 Jahre, wenn er auf seiner Umlaufbahn der Sonne am nächsten kommt, verdampfen würde – wie ein Komet von der Größe eines Planeten.

Marduks Erscheinung ist den Überlieferungen zufolge feurig, sein »Halo« äquivalent zu zehn Göttern. Doch seine Atmosphäre müsste ausreichend Sauerstoff enthalten, um menschlichen Wesen einen Lebensraum zu ermöglichen – den Anunnaki. Nibiru wäre in der Tat eine recht seltsame Welt: selbsterwärmend, selbstleuchtend und doch terrestrisch. Ist es ein Wunder, dass so viele Astronomen die Vorstellung eines kometenartigen Planeten, der höhere Lebensformen unterstützt, ablehnen?

Lassen Sie uns noch einmal zu den Überlieferungen zurückkehren und neu beginnen. Versuchen wir, die Geheimnisse um Marduk und Nibiru zu lüften.

Das sumerische Wort »MUL«, das »Himmelskörper« bedeutet, könnte verwendet werden, um sowohl einen Planeten als auch einen Stern zu beschreiben[13]. Das entsprechende Wort im Akkadischen, »Kakkab«, hat dieselbe Doppelbedeutung. Dies bedeutet entweder, dass die Sumerer nicht fortgeschritten genug waren, zwischen Sternen und Planeten zu unterscheiden – was angesichts ihres allgemein hohen Wissensniveaus höchst unwahrscheinlich ist –, oder sie waren hinsichtlich der Natur von Himmelskörpern einsichtsvoller als wir von ihnen denken.

Der rote Stern Nibiru

Sitchins astronomische Deutung des Schöpfungsmythos in der *Enuma Elish* wird durch einen Beleg untermauert, der in einem babylonischen Astrolabium (Messgerät zur Winkelmessung am Himmel) gefunden wurde, wie Van der Waerden zitiert: »Der rote Stern, der die Himmel zweiteilt, wenn die Sterne der Nacht vorübergezogen sind, steht dort, woher der Südwind kommt; dieser Stern ist der Gott Nibiru-Marduk«.[14]

Dies ist eine unzweideutige babylonische Aufzeichnung, in der Nibiru/Marduk als roter Stern bezeichnet wird – eine Beschreibung, die ihn klar vom weißen Jupiter unterscheidet. Die Textstelle besagt, dass dieser Stern am frühen Morgen am Südhimmel zu sehen ist. Dies ist wichtig, denn es unterscheidet dieses Objekt von einem geröteten, heliakisch aufgehenden (unmittelbar vor der Sonne aufgehenden) Planeten wie etwa Venus oder Jupiter, die man gewöhnlich im Osten sehen würde. Die Babylonier fügten ihn einer Sternenliste hinzu, wie man bei den »12 Sternen von Elam, Akkad und Amurru« in APIN, BM 86378 col. 1, 36 – 38, nachlesen kann: »Wenn die Sterne von Enlil verschwunden sind, steht da noch der große blasse Stern, der die Himmel zweiteilt: Marduk-Nibiru, SAG.ME.GAR. Er ändert seine Position und wandert die Himmel entlang.«[14]

Das astronomische Wissen der Babylonier ist weithin anerkannt. Nibiru-Marduk wurde eindeutig in astronomischen Begriffen beschrieben, doch diese Beschreibung passt nicht wirklich zu irgendeinem Himmelskörper, der den Astronomen heute bekannt ist.

Diese Passagen zeigen auch, dass Sitchins Interpretationen der alten Texte weder betrügerisch noch fehlgeleitet waren, wie viele behauptet haben.

Die Passagen geben uns auch einen Hinweis darauf, dass Nibiru/Marduk den Mesopotamiern zu ihrer Zeit als roter Stern erschien und der Durchzug dieses Himmelskörpers etwas Ungewöhnliches war. Er war blass, rot, stand still am Himmel und wanderte dann wieder wie ein Planet. Dies ist gelinde gesagt höchst ungewöhnlich. Es ist kein Wunder, dass die Natur von Nibiru nach wie vor kontrovers diskutiert wird.

Die aufgezeichneten Beobachtungen der Erscheinung von Nibiru entsprechen am ehesten einem unbekannten und nur selten gesehenen Himmelskörper. Ein Komet wäre die offensichtliche Wahl, doch weist er keine rote Farbe auf. Es müsste schon ein sehr spezieller Komet sein. Doch selbst dann gäbe es da immer noch einige Probleme.

Wenn wir uns Kometen anschauen, sehen wir nur das Gesteinsmaterial, das durch die Hitze der Sonne von seiner Oberfläche weggerissen wird. Den eigentlichen Kern des Kometen können wir innerhalb dieses gigantischen Gasstroms nicht sehen. Doch wenn der Kern dieses Kometen groß genug wäre – etwa von der Größe eines Planeten –, wäre der relative Anteil der freigesetzten Gase geringer und wir wären imstande, den Kometenkörper selbst zu sehen.

So scheint Nibiru ein massiver Komet von planetarischen Proportionen zu sein, dessen Schwerkraft einen größeren Teil seiner flüchtigen Gase nicht entweichen lässt, während er sich unter den bekannten Planeten dahinbewegt. Seine Oberfläche ist rot, was im Einklang mit vielen Himmelskörpern im äußeren Sonnensystem steht, deren Oberflächen mit rötlichem organischen Material übersät sind. Und doch erscheint er wie ein Komet.

In dieser Hinsicht würden die antiken mesopotamischen Mythen einen Sinn ergeben. Mit der Ausnahme, dass Marduk ein doch beträchtlich größerer Gott zu sein scheint als es aus dieser Beschreibung eines rötlichen planetarischen Kometen hervorgeht. Marduk wird in monumentalen Begriffen beschrieben: der »Sohn der Himmel«. Nach meinem Verständnis beschreibt dies einen Himmelskörper, der seine eigene Wärme erzeugt – ein brauner Zwergstern, der der Zwillingsbruder der Sonne ist. Eben diese Fähigkeit, als Himmelskörper dort draußen unter den Kometen Wärme zu erzeugen, ist entscheidend dafür, eine Atmosphäre, flüssiges Wasser und Leben zu bilden.

Es ist klar, dass Nibiru ein planetarischer Komet ist, doch im Moment habe ich meine Zweifel, dass Nibiru absolut identisch mit Marduk ist, so wie er im babylonischen Schöpfungsepos beschrieben wird. Marduk »erschuf« Nibiru am Himmel und nimmt einen von fünfzig Namen an. Doch sind sie wirklich völlig identisch?

Ich glaube, des Rätsels Lösung ist, dass Marduk tatsächlich der Zwillingsstern der Sonne ist, der Dunkelstern, der die Sonne auf einer stark exzentrischen Umlaufbahn wie ein Komet umkreist.

Vor etwa vier Milliarden Jahren brach Marduk in das Sonnensystem ein und verursachte großes Chaos, wie von Zecharia Sitchin bereits beschrieben. Als Resultat dieser Begegnung mit den anderen Planeten der Sonne wanderte er hinaus auf eine größere Umlaufbahn.

Was die Mesopotamier sahen und in ihren Astrolabien und Sternenlisten aufzeichneten, war einer von Marduks Monden oder Planeten, die für eine kurze Weile unter unseren Planeten auftauchten und sich sehr seltsam verhielten.

Dies ist eine komplexe Erklärung. Der Grund, warum ich mich jedoch nach vielen Jahren der Forschung für sie entschieden habe, hat mit den wissenschaftlichen Belegen zu tun. Um Nibiru zu verstehen, reicht es nicht, sich nur mit Mythen zu beschäftigen.

Wir müssen auch verstehen, wie dieser Mythos sich in die physikalische Realität einfügen könnte. In den letzten Jahren hat die Wissenschaft unglaublich viel über unser äußeres Sonnensystem in Erfahrung gebracht. Dieses neue Wissen muss bei der Jagd nach dem Planeten X mit einbezogen werden. Dieses Wissen, so glaube ich, weist auf die Erklärung, die ich hier vorgestellt habe, und dieses Buch wird die dahinter liegende Logik darstellen, von der ich glaube, dass sie überzeugend und zwingend ist.

Zu diesem Zeitpunkt wäre ein Rückblick auf die Geschichte der Suche nach einem zehnten Planeten hilfreich, um dann die neuesten Erkenntnisse der Wissenschaft vorzulegen. Wir müssen die Mythen und Legenden, die sich ums antike Sumer ranken, beiseite legen und eine Zeitreise ins vorige Jahrhundert unternehmen, um die Informationen, die sich in den letzten Jahren angesammelt haben, mit in Betracht zu ziehen.

Quellen

[1] *D. Rohl: »Legend: The Genesis of Civilization«, Arrow, 1999, S. 29ff*

[2] *»The Cassell Atlas of World History«, Casell, 1997*

[3] *C. Sagan, I. Shklovskii: »Intelligent Life in the Universe«, Holden Day Inc., 1966, S. 456ff*

[4] *Z. Sitchin: »Der zwölfte Planet«, Kopp, 2003*

[5] *E. Plunket: »Calendars and Constellations of the Ancient World«, John Murray, 1903, S. 8*

[6] *L. Lawhon: »Nephilim«. The Theories of Zecharia Sitchin«, http://ufos.about.com/science/ufos/library/weekly/aa010801a.htm*

[7] *Z. Sitchin: »Der zwölfte Planet«, Kopp, 2003, Kap. 7*

[8] *G. de Santillana, H. von Dechend: »Die Mühle des Hamlet«, Ahg. 39, S. 430ff, 1992 (dtsch. Ausg.), http://apollonius.net/trees.html Dank an Robertino Solarion.*

[9] *R. Temple: »Die Kristall-Sonne«, Kopp, 2002*

[10] *Das babylonische »Enuma Elish«; dtsch. Quelle: http://www.uni-essen.de/Ev-Theologie/courses/course-stuff/enuma%20elish.doc*

[11] *Z. Sitchin: »Das erste Zeitalter«, Kopp 2004*

[12] *C. Sagan: »Blauer Punkt im All«, Headline Book Publishing, 1995, S. 140f, S. 127; dtsch. Ausgabe: Bechtermünz, 2000*

[13] *Z. Sitchin: »Das erste Zeitalter«, Kopp, 2004*

[14] *B. van der Werden: »Science Awakening II«, Oxford University Press, 1974, S. 66ff. Dank an Pat Thomas..*

Kapitel 3

Planet X – Vergangenheit und Gegenwart

Die Idee, dass es einen großen, noch unentdeckten Himmelskörper gibt, der die Sonne umkreist, ist mittlerweile fast hundert Jahre alt. Somit ist es sicherlich keine neue Idee, doch eine, deren Popularität über die Jahre Höhen und Tiefen erlebte. Im Moment scheint es so, als ob dieses Konzept wieder ein gewisses Maß an wissenschaftlicher Glaubwürdigkeit zurückgewinnt. Vielleicht ist es die sprichwörtliche Idee, deren Zeit gekommen ist.

Die Fortschritte in Wissenschaft und Technologie scheinen immer schneller vonstatten zu gehen, und dies bringt uns dazu, etwas selbstgefällig zu reagieren, was all die Dinge betrifft, die noch ihrer Entdeckung harren. Der gesunde Menschenverstand sagt uns eigentlich, dass ein mittlerweile hundert Jahre altes wissenschaftliches Unterfangen doch schon zu einem abschließenden Ergebnis gekommen sein sollte, da uns mehr und bessere Mittel zur Verfügung stehen. Doch viele der wichtigsten wissenschaftlichen Fragen bleiben weiterhin unbeantwortet: ein Heilmittel gegen Krebs, eine erneuerbare Energiequelle, eine einheitliche Feldtheorie in der Physik, um nur einige zu nennen. Diese Probleme erinnern uns daran, dass unser Wissen um den Kosmos, die Erde und uns selbst noch sehr lückenhaft ist und die Wissenschaft noch viel dazuzulernen hat.

Ähnlich verhält es sich mit unseren Kenntnissen über das Sonnensystem. Da wir mit immer größeren und moderneren Teleskopen weiter und weiter in den Weltraum hinausschauen können, neigen wir dazu anzunehmen, dass »alles dazwischen« mittlerweile entdeckt, katalogisiert und verstanden wurde. Tatsächlich ist dies weit von der Wahrheit entfernt.

Die Astronomie ist nur so leistungsfähig, wie sie imstande ist, Lichtquellen oder andere Arten von Strahlung aufzufangen und von anderen ähnlichen Quellen zu unterscheiden. Wenn wir mit unseren Augen bei Nacht den Himmel absuchen, vollführen wir die einfachste Form von Astronomie, indem wir das Licht von weit entfernten Sternen betrachten. Und doch können wir sehr viel nähere Objekte wie etwa die äußeren Planeten des Sonnensystems jenseits von Saturn, den Asteroidengürtel und die Kometenwolken nicht sehen.

Wir wissen trotzdem, dass es diese Objekte gibt, da wir sie mit unseren Teleskopen und Raumsonden entdecken und fotografieren konnten. Wir müssen sie nicht unbedingt mit unseren eigenen Augen sehen. In ähnlicher Weise können wir auch sehr viel weiter entfernte Objekte als die Sterne in unserer unmittelbaren Nachbarschaft, zum Beispiel weit entfernte Galaxien, sehen. Teleskope und manchmal sogar Ferngläser gestatten uns, diese unglaublich weit entfernten wirbelnden Massen von Sternen zu erblicken. Und da wir offenkundig so weit »sehen« können, glauben wir, dass wir nahezu alles über das Weltall wissen.

Um dieses Wissen zu erlangen, sind wir jedoch von Licht abhängig. Fast alle Objekte, die wir am Himmel sehen können, geben ihr eigenes Licht ab. Andere wie unser Mond und die fünf mit bloßem Auge sichtbaren Planeten reflektieren einfach nur das Licht der Sonne, während wir zum Himmel schauen.

Je weiter diese Planeten von der Sonne entfernt sind, desto weniger Licht wird von ihnen reflektiert, wie im Falle der äußeren Riesenplaneten Uranus und Neptun. Im äußeren Sonnensystem lässt die Helligkeit sehr stark nach. Während wir also mit Leichtigkeit Tausende von Sternen sehen können, die Lichtjahre von uns entfernt sind, ist es extrem schwierig, Himmelskörper von der Größe eines Planeten jenseits des Neptun-Orbits zu entdecken.

In der Astronomie ist es so ähnlich, als würde man bei Nacht in einen langgestreckten Garten hinunterschauen.

Sie könnten vielleicht das Licht aus dem Haus hinter Ihrem Zaun sehen, doch mit zunehmender Entfernung fällt die Dunkelheit über Ihren Garten. Innerhalb dieser Dunkelheit, so könnte man übertragen behaupten, befindet sich unser Wissen über das äußere Sonnensystem – selbst nach einhundert Jahren prüfender Blicke durch die Dunkelheit.

Nur weil wir die Lichter über unserem Zaun sehen, bedeutet dies noch nicht, dass wir annehmen sollten, wir wüssten, was sich da unten in unserem Garten alles abspielt. Das Ausmaß des Einflusses der Schwerkraft unserer Sonne mag bei etwa 50.000 Astronomischen Einheiten (AE) liegen, also 50.000 Mal die Entfernung Erde-Sonne. Unser gegenwärtiges

Wissen über Objekte im Sonnensystem schließt nur solche innerhalb von etwa 50 AE ein, also nur $^{1}/_{1000}$ der Entfernung bis zum Rand des Einflussbereichs der Sonne.

Um meine Analogie fortzuführen: Wenn unser nächtlicher Garten einhundert Meter lang ist, dann reicht unser gegenwärtiger Blick aus dem Fenster bei Nacht gerade einmal zehn Zentimeter hinaus auf die Terrasse! Wir haben keine Ahnung, was sich jenseits davon dort draußen befindet; es bleiben uns nur deduktive Schlüsse und theoretische Überlegungen.

Doch aus irgendwelchen Gründen glauben wir, von der Annahme ausgehen zu können, dass wir genau wissen, was sich dort draußen jenseits von Neptun befindet. Doch das können wir nicht.

Seit vielen Jahren gibt es immer wieder Spekulationen, dass es jenseits von Neptun und Pluto noch andere Planeten gebe, die auf ihre Entdeckung warten. Nun sind einige Belege dafür aufgetaucht, dass diese Vermutung korrekt sein könnte, und auf der anderen Seite gibt es auch Argumente von Kritikern, die sich gegen eine solche Möglichkeit aussprachen. Das Ergebnis davon ist, dass der gegenwärtige wissenschaftliche Konsens besagt, wir hätten ein relativ gutes Verständnis davon, wie die anderen $^{999}/_{1000}$ des Sonnensystems aussehen, ohne jemals einen Blick darauf geworfen zu haben. Es herrscht allgemeine Übereinstimmung darüber, dass es dort draußen keine großen Überraschungen für unsere Astronomen mehr geben kann, und jeder, der anderer Meinung ist, wird als Fantast oder gar »Spinner« hingestellt.

Nun, ich bin anderer Ansicht. Es gibt eine Fülle von Belegen für den so genannten »Planeten X« auf der Grundlage astronomischer Forschungen und Entdeckungen und viele gute Gründe, für diese Möglichkeit aufgeschlossen zu bleiben. Und nicht nur das, denn hier könnte eine große wissenschaftliche Entdeckung bevorstehen.

Pluto und der Planet X

Der Begriff »Planet X« wurde das erste Mal von Percival Lowell geprägt, dem Begründer des Lowell Observatory in Flagstaff, Arizona, USA. Lowell ist auch berühmt für seine Deutung der charakteristischen Kennzeichnungen der Marsoberfläche als »Kanäle«. Doch trotz seines angekratzten Rufs (er glaubte an intelligentes Leben auf dem Mars und Wunderdinge wie außerirdische Technik) war er ein großartiger Wissenschaftler.

Ursprünglich beruhten die wissenschaftlichen Spekulationen um Lowells unentdeckten Planeten X auf Taumelbewegungen der äußeren Planeten Uranus und Neptun im Orbit, die Astronomen im letzten Jahrhundert nachweisen konnten. Zu jenem Zeitpunkt schien es unwahrscheinlich, dass es noch mehr unentdeckte Planeten geben könnte. Die Wissenschaft genoss ein goldenes Zeitalter, und große Entdeckungen veränderten das Leben der Menschheit zum Positiven. Nichts schien unmöglich. Dieser massive Störeinfluss am Rande des Sonnensystems war nur eine neue Herausforderung zu einer weiteren großen Entdeckung.

Wie es sich herausstellte, entdeckte man einen neuen Planeten – doch nicht den, den man erwartete. Clyde Tombaugh entdeckte den Planeten Pluto im Jahre 1930, während er im Lowell Observatory auf der Suche nach dem Planeten X war. Tombaugh war ein junger Amateur-Astronom, der von Vesto Slipher, dem Leiter des Lowell Observatory, eingestellt worden war.

Auf der Suche nach Lowells Planeten X vertiefte sich der ehemalige Sohn eines Farmers aus Kansas in das Studium hunderter Fotografien – ein zeitaufwändiges und mühseliges Unterfangen.

Am 18. Februar 1930 wurde er schließlich belohnt. Es stellte sich jedoch heraus, dass Pluto zu klein war, um den erwähnten Störeinfluss auf die äußeren Planeten auszuüben. Tombaugh setzte seine Suche weitere dreizehn Jahre fort, doch es gelang ihm nicht, den Planeten

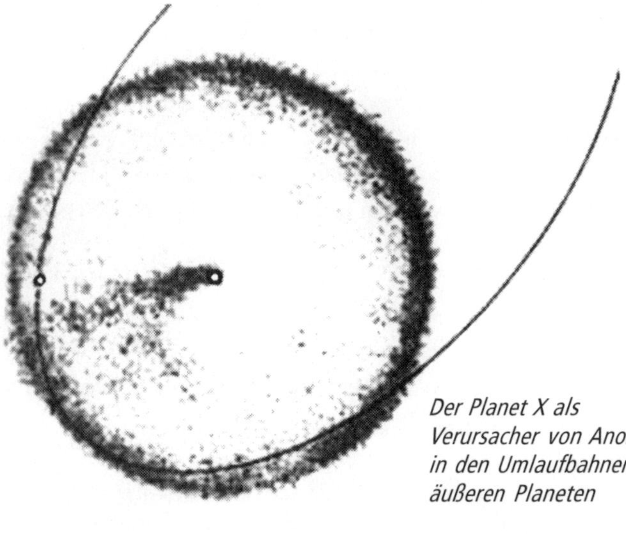

Der Planet X als Verursacher von Anomalien in den Umlaufbahnen der äußeren Planeten

X zu finden. Nach Ablauf dieser Zeit hatte er den Himmel so intensiv abgesucht, dass Astronomen davon ausgingen, es gäbe keinen Planeten X, der da noch auf seine Entdeckung warte.[1]

Die Behauptung, dass der Planet X immer noch irgendwo dort draußen unentdeckt seine Bahn zieht, wurde unter Astronomen sehr kontrovers diskutiert, und allen Hoffnungen, dass dies tatsächlich der Fall ist, wurde anscheinend ein Ende gemacht, als E. Myles Standish Jr. vom *Jet Propulsion Laboratory* (JPL) der NASA in Pasadena, Kalifornien, öffentlich seine Zweifel darüber zum Ausdruck brachte, dass es je irgendwelche Probleme mit den Umlaufbahnen von Uranus und Neptun gegeben hätte. Sein überzeugendes Argument war, dass solche Anomalien, wie sie in den letzten beiden Jahrhunderten entdeckt worden waren, »durch systematische Fehler bei den Beobachtungen und in manchen Fällen durch fehlerhafte Datenreduktion und -interpretation zu erklären sind«.[2]

Im Jahre 1993 verfasste Standish ein Papier, in dem er einen Überblick über seine theoretische Arbeit lieferte, die auf verbesserten Messungen der Massen der äußeren Planeten beruhte.[1] Möglich gemacht hatte dies die Raumsonde *Voyager* während ihres Vorbeiflugs an den äußeren Riesenplaneten. Er behauptete, dass der von Lowell beschriebene Effekt nun negiert werden könne, und dass Lowell einen Fehler gemacht hätte, als er die angeblichen Taumelbewegungen einem massiven, noch unentdeckten Planeten zuschrieb. Doch Pluto war genau an dem Ort entdeckt worden, den Lowell für den Planeten X vorhergesagt hatte, nämlich im Sternzeichen Zwillinge, selbst wenn es offensichtlich nicht der große schwere Planet war, nach dem man gesucht hatte. In den Augen von Standish und anderen war dies nur Zufall, und da Tombaugh sechzig Jahre zuvor den Himmel bereits gründlich abgesucht hatte, sah man dies als weiteren Beleg dafür, dass der Planet X nicht existierte.

Seit der Veröffentlichung von Standishs einflussreichem Papier 1993 beherrschte diese Meinung die Astronomie (zumindest bis vor kurzem, als neue Anomalien entdeckt wurden). Doch vor 1993 stellten viele Wissenschaftler noch öffentlich Überlegungen zur Möglichkeit eines Planeten jenseits von Pluto an.

Der 1996 verstorbene Astronom und Astrophysiker Carl Sagan, ein populärer und brillanter Wissenschaftler, der ursprünglich an der

Cornell University im US-amerikanischen Bundesstaat New York arbeitete, beschrieb 1985 die Möglichkeit eines dunklen Schwestersterns, der die Sonne umkreist.[3] Sagan bestätigte die Spekulationen um einen möglichen »Nemesis-Stern«, der in großer Entfernung um die Sonne kreisen könnte. Er schlug sogar ein fiktives Szenario vor, in dem Völker des Altertums diesen »Todesstern« als dunkle Schwester der Sonne mythologisierten. Der »Todesstern« – vermutlich hat er seinen Namen von der genauso fiktiven mondähnlichen Kampfstation aus der »Star Wars«-Trilogie von George Lucas – könnte regelmäßig das Sonnensystem mit Kometen bombardieren, wenn sein elliptischer Orbit ihn durch die Kometenwolken führt. Dies wiederum könnte zu einem periodischen Zyklus der Auslöschung aller Lebensformen führen.

Diese Idee war nicht besonders neu, selbst 1985 nicht. Ein kontroverser Artikel in der Zeitschrift *Newsweek* (28.6.1982) beschrieb die Möglichkeit, dass es in beträchtlicher Entfernung jenseits der Umlaufbahn von Pluto einen Dunkelstern geben könnte, der mit der Sonne ein Zwillingssternsystem bildet. Außerdem könnte ein zehnter Planet dieses Doppelsternsystem umkreisen: »Ein ›dunkler Begleiter‹ könnte die unsichtbare Kraft erzeugen, die auf Uranus und Neptun einwirkt, sie an bestimmten Punkten ihrer Umlaufbahn beschleunigt und beim Passieren abbremst ... John Anderson vom JPL glaubt, am wahrscheinlichsten wäre ein Dunkelstern, der sich in einem Orbit in mindestens 80 Milliarden Kilometer Entfernung zum Pluto befindet, der seinerseits fast sechs Milliarden Kilometer von der Sonne entfernt ist. Höchstwahrscheinlich ist es entweder ein Brauner Zwerg – ein leichtgewichtiger Stern, der nie die kritische Masse erreichte, um den Prozess der Kernfusion in Gang zu setzen – oder ein Neutronenstern, also die Überbleibsel einer normalen Sonne, die ausgebrannt und kollabiert ist«.[4]

Anfang der 1980er-Jahre genossen Katastrophenszenarien erneut Popularität. Ungefähr zu jener Zeit kam die Welt zu der Einsicht, dass die Dinosaurier durch einen Asteroiden- oder Kometeneinschlag ausgelöscht worden waren, wie es Luis und Walter Alvarez mutmaßten.[5] Es war eine gewaltige Vorstellung, die auf bemerkenswerten Mengen an Iridium beruhte, das man in Gesteinsschichten am Übergang von der Kreidezeit zum Tertiär gefunden hatte. Im Jahre 1984 wiesen zwei Paläontologen, David Raup und John Sepkoski, darauf hin, dass es ein bestimmtes Muster gab, nach dem die Auslöschung allen Lebens auf der Erde stattfand.[6] Aus ihren Daten ging hervor, dass dieser Zyklus 26 Millionen Jahre betrug.

Dies bedurfte anscheinend einer Art Periodizität von kosmischer Größenordnung zur Erklärung des Zyklus. Die These eines dunklen Nemesis-Sterns, der die Sonne alle 26 Millionen Jahre einmal umkreist, wurde von zwei unabhängigen Gruppen von Physikern, Daniel Whitmire und Albert Jackson[7] sowie M. Davis[8] und seinem Team aufgestellt. Der Orbit dieses massiven Begleitsterns – ein »Schwarzer Zwerg« – könnte in regelmäßigen Abständen durch die Oortsche Wolke ziehen und anschließend das Sonnensystem mit einem Kometenschauer heimsuchen, wodurch sich im Einklang mit den Daten von Raup und Sepkoski ein periodischer Zyklus der Auslöschung allen Lebens ergeben hätte.[9]

Das Infrarot-Weltraumteleskop IRAS

Wie wir sehen können, war das Ausmaß an Spekulationen um den Planeten X beziehungsweise einen weit entfernten »Dunkelstern« Mitte der 1980er-Jahre beträchtlich, bevor dann das skeptische Papier von E. Myles Standish erschien. Doch Zweifel hinsichtlich der Nemesis-These waren unter den Wissenschaftlern des Mainstream bereits weit verbreitet, und die Anhänger der Katastrophenszenarien zunächst einmal in der Minderheit. Tatsache war, dass solch ein Objekt nicht durch das 1983 gestartete IRAS-Projekt entdeckt werden konnte. Hierbei handelte es sich um ein Infrarot-Weltraumteleskop, mit dem der Himmel systematisch nach Objekten abgesucht wurde, die Strahlung im Infrarotspektrum abgaben – warme, aber im Lichtspektrum unsichtbare Objekte. Diese methodische Suche, so wurde (und wird immer noch) argumentiert, hätte alle bisher noch nicht entdeckten Planeten auffinden und identifizieren sollen.

Schließlich war das mit einem Satelliten ins All geschossene Infrarotteleskop durchaus imstande, »durch all die Gase und den Staub hindurchzublicken, der Sterne und andere Himmelskörper verschleiert, wenn man sie durch ein optisches Teleskop betrachtet.[10] Durch ein Infrarot-Teleskop, so erwartete man, hätte man den Planeten X wie ein Leuchtfeuer in der Dunkelheit sehen sollen, wenn er tatsächlich dort draußen wäre.

Tatsächlich gab es zu jener Zeit Meldungen, in denen eine »Sichtung« des Planeten X durch das IRAS-Team erwähnt wurde, doch ergab sich daraus nichts weiteres. Die Wissenschaftsredaktion der *Washington Post* veröffentlichte die Story als Erstes und berichtete: »Ein Himmelskörper, möglicherweise so groß wie der Planet Jupiter und so nah an der Erde, dass er Teil des Sonnensystems wäre, wurde mit Hilfe eines Weltraumteleskops, genannt ›Infra-red Astronomical Observatory‹ [Infrarot-Weltraumteleskop], entdeckt.«[11]

Nach Auskunft des PR-Büros des *Jet Propulsion Laboratory* (JPL), das 1984 von Zecharia Sitchin kontaktiert wurde, war das Ergebnis nicht eindeutig. War das vielleicht ihre Methode, einem Reporter der *Washington Post* vorzuwerfen, den Fall überzubewerten? Dieser in der *Washington Post* erschienene Artikel wurde viele, viele Male kopiert und ins Internet gestellt. Seitdem stellt er die Hauptquelle dieser These für all diejenigen dar, die der Ansicht sind, dass in offiziellen Kreisen sehr wohl bekannt ist, dass ein zehnter Planet existiert, dies aber vor der Öffentlichkeit geheim gehalten wird.

Zweifellos entspringt ein Teil dieser Ansicht einem unzureichenden Verständnis der Reichweite und Wirkungskraft des IRAS-Projekts. Hier waren auch Mainstream-Astronomen nicht gerade hilfreich, als sie zwischendurch den Fehlschlag der IRAS-Studie, einen weiteren Planeten im Sonnensystem zu entdecken, künstlich hochstilisierten. Dieser wahrgenommene Fehlschlag war für viele der endgültige Beweis, dass es einen Planeten X nicht gibt, und man läutete gewissermaßen seine »Totenglocke«.

Tom Chester, einer der Mitarbeiter am IRAS-Projekt und ein Skeptiker, was die Existenz des Planeten X betrifft, informierte mich einmal darüber, dass die Suche mit dem Infrarot-Weltraumteleskop zu 95 Prozent abgeschlossen sei. Glaubt man dies unbesehen, scheint dies ein Problem für einen möglichen großen Himmelskörper dort draußen zu schaffen. Patrick Moore teilte uns mit, dass das IRAS-Teleskop nicht weniger als 200.000 Infrarot-Signaturen am Himmel entdeckt hätte.[12] Angesichts dieses außergewöhnlich großen Ausmaßes an Daten wird man zu der Schlussfolgerung verleitet, dass eine gründliche Suche nach dem Planeten X im Wesentlichen durch das IRAS-Projekt abgeschlossen wurde.

Doch die Enttäuschung über das Ergebnis der IRAS-Studie könnte in der Tat eine »falsch negative Diagnose« gewesen sein. John Anderson, ein angesehener Wissenschaftler am *Jet Propulsion Laboratory*, der auch an der *Pioneer*-Mission mitgearbeitet hatte, vertrat die Ansicht, dass ein möglicher Planet X sehr leicht übersehen worden sein könnte. Er erklärte dazu, dass es viele Himmelsobjekte gebe, deren Infrarot-Signatur der von Planeten sehr ähnelt. Um also einen möglicherweise noch unentdeckten Planeten genau zu lokalisieren, müsse man seine Bewegung am Himmel genau bestimmen. Wenn sich diese Bewegung über einen Zeitraum von Wochen oder Monaten nur minimal vollzöge, könnte es sehr gut sein, dass IRAS diesen Himmelskörper einfach übersehen habe.[2]

Kürzlich kam mir die Information zu, dass diese Ansicht auch von einem renommierten Experten für Braune Zwerge, Professor J. Davy Kirkpatrick, geteilt wird. Er äußerte sich optimistisch, dass zwischen unserer Sonne und dem nächsten uns bekannten Stern, Proxima Centauri, ein Brauner Zwerg entdeckt werden könnte. Das IRAS-Projekt konnte solch einen Himmelskörper natürlich nicht nachweisen, doch das bedeutet nicht zwangsläufig, dass er nicht existieren könnte. Ein Kollege, John Lee, der oft unter dem Alias »Rajasun« arbeitet, stimmte zu, dass IRAS eine dunkle Masse mit nur geringfügiger Eigenbewegung nicht von einem stationären Objekt hätte unterscheiden können. Und was noch überraschender war: Er zitierte einen Artikel[1], der beschrieb, wie die Entdeckung eines möglichen Objekts mit einer auffallend deutlichen Bewegung entlang des Himmels als »fragwürdige Daten« von der Hand gewiesen worden wären!

Diese Forscher gehen davon aus, dass die besten Chancen für die zukünftige Entdeckung eines braunen Zwergsterns in der NASA-Mission WISE [**W**ide-field **I**nfrared **S**urvey **E**xplorer, ein noch im Bau befindliches verbessertes Infrarot-Weltraumteleskop, *Anm. d. Ü.*] liegen. Es mag den Leser vielleicht überraschen zu erfahren, dass die erhoffte Entdeckung eines braunen Zwergsterns, der sich näher zur Sonne befindet als der sonnennächste Stern, Proxima Centauri, eines der erklärten Hauptziele dieser Mission ist![14]

Die Bereitstellung von Finanzmitteln für das WISE-Projekt ist eine Herausforderung für viele Wissenschaftler mit ihrer allgemeinen negativen Einstellung hinsichtlich der Aussicht auf einen Begleitstern der Sonne. Diese zukünftige Mission, deren Start für Juni 2009 geplant ist, wird vor allem gezielt nach solch einem Braunen Zwerg suchen. Es ist möglich, dass ein Brauner Zwerg als frei schwebendes Objekt im interstellaren Raum jenseits des Sonnensystems entdeckt werden könnte; ebenso wäre es möglich, dass man ein kaltes Objekt findet, das tatsächlich die Sonne umkreist.

Eine weitere positive Anmerkung zur Möglichkeit eines unentdeckten Planeten im näheren Umkreis der Sonne machte eine Gruppe von Astrophysikern der Harvard-Universität, als sie Details zu einem ungewöhnlichen Objekt im Kuiper-Gürtel mit der Bezeichnung *2000 CR105* veröffentlichte. Ein Mitglied der Gruppe, Dr. Matthew Holman, wies darauf hin, dass die seltsame Umlaufbahn dieses Objekts das Ergebnis eines massiven »Unruhestifters« in den Kometenwolken jenseits der planetaren Zone sein könnte. Er trat an die Öffentlichkeit und sagte, dass ein Himmelskörper von der Größe des Mars in einer Entfernung von nur 200 AE »leicht« hätte übersehen worden sein können.[5] Dies steht im klaren Widerspruch zu der allgemeinen Meinung, dass der Misserfolg des IRAS-Projekts bei der Suche nach dem Planeten X bedeute, dass es keinen Planeten X gebe.

Es gibt also viel Spielraum für eine aufgeschlossene Haltung gegenüber einer möglichen Existenz des Planeten X. Ganz offensichtlich umkreist er die Sonne nicht in so naher Entfernung wie die äußeren Planeten Neptun und Pluto, doch wir brauchen uns gar nicht allzu weit von der Sonne wegzubewegen, bevor die mögliche Existenz dieses Planeten wieder zu einer offenen Frage wird. Natürlich sind das theoretische Überlegungen, denn viele Astronomen lehnen die Existenz eines massiven Planeten »dort draußen« ab – er würde einige Probleme aufwerfen, was unsere gegenwärtigen Modelle zur Entstehung des Sonnensystems betrifft. Doch es findet ein allgemeiner Wandel in den Ansichten statt, da neue Entdeckungen in Bezug auf andere Sternsysteme nun zutage treten.

Vor kurzem hatte ich die Gelegenheit, den US-amerikanischen Raumfahrttechniker und »wohlwollenden Skeptiker« James Oberg zu befragen, mit welcher Einstellung die NASA an den Planeten X herangeht, und seine Antwort war bezeichnend. Er deutete an, es gäbe wohl keine offizielle Position zu diesem Thema, aber man würde eine in Erwägung ziehen, wenn dies relevant für bestimmte Missionen wäre, wie etwa die Raumsonde Pluto-Kuiper-Express (deren Start vorerst verschoben wurde). In den letzten Jahren stellte er ein neu aufkeimendes Interesse an der äußeren Grenze des Sonnensystems fest (womit wir uns in Kürze beschäftigen werden), und er äußerte seine persönliche Begeisterung über die Möglichkeiten, die sich damit bieten würden.[16]

Es scheint, als ob Publizisten und Kommentatoren, die oft als Skeptiker bezeichnet werden, nun für die Idee gewonnen werden können, dass der Planet X tatsächlich dort draußen sein könnte. Doch das hindert Astronomen nicht daran, sich bei diesem Thema sehr zugeknöpft und verschlossen zu geben. Öffentlich für die These eines größeren, noch unentdeckten Planeten oder Braunen Zwergs in der Wissenschaftsliteratur die Werbetrommel zu rühren bedeutet, den Zorn vieler skeptischer Wissenschaftler auf sich zu ziehen.

Ich weiß nicht, warum das gerade bei diesem Thema so ist, doch offensichtlich ist dies die Wahrheit. Astronomie und Kosmologie können beizeiten als Wissenschaften ziemlich mutig und spekulativ sein; man könnte also erwarten, dass solche Ideen – wenn sie in der Literatur richtig präsentiert werden – in derselben Manier willkommen geheißen würden wie etwa neue Ansichten und Spekulationen zu Schwarzen Löchern. Doch dies scheint so leider nicht der Fall zu sein. Man kann nur mutmaßen, dass die bloße Andeutung der möglichen Existenz eines Planeten X größere Konsequenzen heraufbeschwört als die Fortschritte, die wir im wissenschaftlichen Verständnis unseres Sonnensystems gemacht haben.

Wurde der Dunkelstern bereits entdeckt?

Im Jahre 1999 präsentierten zwei Forscher Ergebnisse, die auf die Existenz eines kleinen Braunen Zwergs hindeuten, der die Sonne umkreist. Einer von ihnen, Dr. John Murray von der *Open University* in England, sah sich anfangs sogar mit Schwierigkeiten konfrontiert, sein Papier veröffentlicht zu bekommen. Vielleicht war dies so, weil er kein Astronom, sondern ein eher »der Erde zugewandter« Wissenschaftler war. Doch es ging wohl vielmehr um die Natur seiner These, die ihm in der Folge viel Kritik einbrachte – aber auch eine Menge Publicity, denn jegliche Andeutung, dass es einen noch nicht entdeckten Planeten in unserem Sonnensystem geben könnte, ist natürlich schon an sich berichtenswert. Weit verbreitetes Interesse in der Öffentlichkeit und akademische Geringschätzung gehen oft Hand in Hand.

John Murray hatte die Umlaufbahnen langperiodischer Kometen untersucht, um festzustellen, ob sie irgendwelche auffälligen Muster zeigen.[17] Astronomen gehen davon aus, dass langperiodische Kometen ihren Ursprung in der Oortschen Wolke haben – eine hypothetische, aber allgemein akzeptierte Ansammlung von Kometen in einer Entfernung von über 2.000 AE.[18] Besagte Kometen treten aus der äußeren Oortschen Wolke heraus, die sich von einer Entfernung von etwa 20.000 AE bis zur äußersten Grenze des Einflussbereichs der Sonne erstreckt. Dies sind in der Tat beträchtliche Entfernungen.

In seinem Papier erklärt John Murray, warum er davon ausging, dass ein sehr massiver Planet in der Region dieser weit entfernten Kometen die Sonne umkreisen könnte: Die Kometen waren aus Bereichen des Weltalls zusammengekommen, die hinsichtlich ihrer Ursprünge auf ein bestimmtes Muster hinwiesen. Er merkte an, dass – auch wenn andere Erklärungen für dieses Phänomen möglich wären – die Umlaufbahnen der Kometen diese bestimmten Anordnungen eingenommen hätten, weil ein unbekannter, weit entfernter Himmelskörper die Sonne in einem Abstand zwischen 30.000 und 50.000 AE umkreist.[17] Dies ist eine ungeheure Entfernung und eine große kreisförmige Umlaufbahn um die Sonne, für die ein Himmelskörper Millionen von Jahren brauchte, um sie einmal zu vollenden.

John Murray lieferte ein starkes Argument für folgende Anomalie: Die Oortsche Wolke sollte eine zufällige, aber sphärische Verteilung um die Sonne aufweisen – ähnlich wie die sehr dicke Schale einer Orange. Wenn wir davon ausgehen, dass sich Kometen nach dem Prinzip der Zufallsverteilung aus der Wolke herausbewegen, um in die planetarische Zone des Sonnensystems vorzurücken, dann sollten die Stellen am Himmel, von denen sie kommen, ebenfalls zufällig verteilt sein, genauso wie ihre ursprünglichen Entfernungen zur Sonne. Seine Analyse zeigte jedoch, dass dies nicht der Fall war; es gab eine signifikante statistische Abweichung. Diese Clusterbildung [Häufung] deutet auf einen weiteren Einfluss auf die Kometen hin, die auf ihren großen Umlaufbahnen um die Sonne einem Störeinfluss ausgesetzt sind. Ein möglicher »Anwärter« dafür scheint ein massiver »Unruhestifter« unter diesen weit entfernten Kometen zu sein.

Dr. Murray wagte dann auf der Basis der wahrgenommenen rückläufigen Bewegung dieses Himmelskörpers um die Sonne eine Vorhersage des ungefähren Ortes am Himmel, wo sich dieser massive Planet oder Braune Zwerg aufhält. Als ich sein Papier las, war ich verblüfft und fasziniert. Nach Dr. Murrays Angaben befand sich dieses Objekt etwas nördlich des Sternbilds Schütze in der kleinen Sternkonstellation mit dem Namen »Delphin«. Der Planet schien sich, was seinen Orbit betraf, sehr ähnlich wie Zecharia Sitchins Nibiru zu verhalten.

Er bewegte sich im Vergleich zu den anderen Planeten »falsch herum« um die Sonne. Seine Bahn war gegenüber der Bahnebene der anderen Planeten um 30° geneigt, wie auch Sitchin erklärt hatte. Und er stand an der richtigen Stelle am Himmel. In meinen Augen ist dieser »Dunkelstern« von Dr. Murray identisch mit Sitchins Nibiru. Er hatte eindeutige physische Belege dafür gefunden, dass dieser sagenumwobene Planet tatsächlich existiert.

Mythos und Realität

Meine Aufregung steigerte sich noch durch die Tatsache, dass ich bereits unabhängig von anderen darauf hingewiesen hatte, dass die Art und Weise, in der Nibiru in den Mythen und Legenden beschrieben wurde, ziemlich genau unseren Vorstellungen von einem Braunen Zwerg oder gescheiterten Stern entspricht. In der *Enuma Elish* wurde der babylonische »Gott« Marduk, dessen neunundvierzigster Name Nibiru ist, in Worten beschrieben, die einen starken kosmologischen Beigeschmack haben.[19] Die Beschreibung schien mit einem außergewöhnlichen und massiven Planeten übereinzustimmen, der Feuer und Blitze von sich gab. Mit anderen Worten, es war ein Planet, der größer war als Jupiter und bestimmte Eigenschaften eines Sterns aufwies.

Sein dramatischer Einbruch in die Welt der Mythen scheint für uns darauf hinzudeuten, dass Marduk einst zum ersten Mal ins Sonnensystem eingedrungen war, wobei er wie Feuer loderte und wie eine Sonne schien. Es gibt sogar eine noch eindeutigere Stelle in der *Enuma Elish* in Bezug auf Marduks sonnenähnliche Eigenschaften, wo er ziemlich wörtlich als »Sohn der Sonne« bezeichnet wird:

> *»Marduk, wie ihn sein Vater Anu von Geburt an nannte, der Weide und Tränke bestellt, den Stall gedeihen lässt. Der mit seiner Waffe, der Sturmflut, die Prahler band, und seine göttlichen Väter aus der Not rettete.*
> *Er ist der Sohn, der Sonnengott der Götter, der blendende, in seinem strahlenden Licht mögen sie ewig wandeln!«*
>
> *(Tafel VI, 124-129)*[20]

Ich glaube, diese Bezeichnung als »Sohn der Sonne« ist von wichtiger Bedeutung. Wenn der »Dunkelstern«, der gleichbedeutend mit dem babylonischen Gott Marduk im babylonischen Schöpfungsmythos ist, existiert, dann ist unser Sonnensystem schon seit langer Zeit ein Doppelsternsystem, dessen kleinerer »Zwillingsbruder« nun alt und kalt ist. Doch zu der Zeit, als er auf dramatische Weise ins Sonnensystem eindrang, war er ein hell leuchtender und mächtiger Planet, dessen sternähnliche Attribute klar beschrieben werden. Der von Marduk repräsentierte Planet schien einst wie ein kleiner Stern geleuchtet zu haben und wurde so zum »Sohn der Sonne«.

Sumerologen und Skeptiker im Allgemeinen mahnen, dass man die *Enuma Elish* nicht in astronomischen Begriffen interpretieren sollte, dass die im Schöpfungsmythos beschriebenen Götter nicht mit stellaren Gottheiten gleichzusetzen sind – ob in der Form von Planeten, Sternen oder Konstellationen. Hier stimmen sie nicht mit den Verbindungen überein, die Zecharia Sitchin geknüpft hat.[21] Doch die *Enuma Elish* ist randvoll mit kosmischen Beschreibungen, was im Einklang mit den fortgeschrittenen astronomischen Kenntnissen der Babylonier steht.

Dies ist ein altes Argument, das schon viele Jahre herangezogen wird. Obwohl viele der Götter des antiken Pantheon in direkten Bezug zu Planeten, zur Sonne und zum Mond gesetzt werden, interpretieren Wissenschaftler dies im Allgemeinen nicht so, als hätten die Menschen der Antike nicht den Versuch gemacht, uns etwas über die physikalische Natur des Sonnensystems mitzuteilen. Mythen sind nun mal nur Mythen und sonst nichts.

Wir werden uns jedoch immer bewusster darüber, welch bemerkenswertes astronomisches Wissen die Menschen der Antike hatten, wozu vor allem die komplexen archäo-astronomischen Anordnungen vieler Monumente aus megalithischen Zeiten beigetragen haben.[22,23] Die Mythen scheinen ein ausgezeichnetes Werkzeug für die Weitergabe mündlicher Überlieferungen des astronomischen Wissens zu sein, über das die Menschen der Antike rund um die Welt verfügten. Dieses Argument bildet auch den Kern der bereits erwähnten, sehr aufschlussreichen These von Georgio de Santillana und Hertha von Dechend mit dem Titel »Die Mühle des Hamlet«.[24]

Diese Ideen wurden Teil meines eigenen Ansatzes, um zu verstehen, was die Mythen uns über unser Sonnensystem sagen können, und ich glaube, wir müssen immer noch mehr von ihnen lernen als unser gegenwärtiger wissenschaftlicher Kenntnisstand suggeriert. Nach meiner Auffassung finden sich in vielen verschiedenen Mythen, Legenden und Überlieferungen Andeutungen zur Existenz eines unentdeckten Planeten mit massiven Proportionen, die überall auf dem Planeten in Chroniken verzeichnet sind.[25]

Synchronizität

Nur wenige Monate vor der Veröffentlichung von John Murrays Papier hatte ich einen Vortrag rezensiert, den der britische Forscher Alan Alford gehalten hatte, und benutzte diese Kurzrezension, um auf die Verbindungen zwischen Sitchins Planeten Nibiru und einem Braunen Zwerg hinzuweisen. Alan hatte sich vormals mit den Ansätzen von Zecharia Sitchin befasst und ein sehr populäres Buch zum Thema geschrieben.[26] Später widerrief er diese Ideen und äußerte seine Kritik an Sitchins Arbeit während eines Vortrags, den er im Sommer 1999 in Gloucestershire gehalten hatte.

Er wies unter anderem – nach meinem Empfinden zu Recht –, auf die Schwierigkeiten hin, die Nibiru hätte, unter solchen Umständen, wie sie im Sonnensystem jenseits von Neptun herrschen, Leben zu unterstützen. In einem Brief, der im britischen *UFO Magazine* veröffentlicht wurde, ging ich auf Alan Alfords Vortrag ein und wies darauf hin, dass Sitchins Dilemma gelöst werden könnte, wenn man Nibiru nicht als Planeten, sondern als braunen Zwergstern betrachtete, denn als solcher könnte Leben auf seinen Monden existieren:

»Hier liegt der Knackpunkt des Problems: Die älteste Zivilisation der Welt, die Sumerer, überlieferte uns, dass die Götter von einem Planeten zur Erde gekommen waren, der sich in einer kometenähnlichen Umlaufbahn um die Sonne befindet. Um ausreichend Wärme und somit Wasser in flüssiger Form bereitzustellen, muss der Planet entweder eine so starke Gravitation oder als Stern eine so hohe Radioaktivität aufweisen, dass Leben weder auf der einen noch auf der anderen Art von Himmelskörper eine Chance hätte. Fall also abgeschlossen.

Doch heutzutage ringen Astronomen mit der Tatsache, dass das Sonnensystem ein zu starkes Maß an Schwerkraft aufweist, und dass es eine riesige Menge an fehlender Masse im Universum gibt. Eini-

Der britische Forscher und Autor Alan Alford

ge Astronomen verwiesen auf braune Zwergsterne, die für beide Anomalien verantwortlich sein könnten. Wenn unsere Sonne einen winzigen Zwillingsstern hat, der zu weit entfernt und lichtschwach ist, um entdeckt zu werden, dann könnte dieser Stern der zwölfte Planet sein.

Warum würden also die Sumerer einen Stern als Planeten bezeichnen? Tatsächlich zählten sie auch schon die Sonne als Planeten, genauso wie unseren Mond. So kamen sie auf die Zahl 12 als Gesamtzahl aller Planeten im Sonnensystem. Sie erwähnten auch, dass der zwölfte Planet eine Reihe von ›Begleitern‹ hätte, die wir als sein eigenes Planetensystem betrachten können. In den Überlieferungen wird der zwölfte Planet als prächtiger Himmelskörper mit einem großen Halo beschrieben. Nun, vielleicht beschreiben sie einen Braunen Zwerg, der mit bloßem Auge sichtbar wurde, als er auf seiner exzentrischen Umlaufbahn um die Sonne das äußere Sonnensystem durchquerte.«[27]

Auch wenn ich dies nun etwas anders geschrieben hätte, hat sich an den wesentlichen Eckpunkten dieses Ansatzes seitdem nichts geändert. Sie bilden die Basis für spätere Artikel, die im Internet veröffentlicht wurden und viele Menschen zu einem Umdenken hinsichtlich der Natur von Sitchins Nibiru veranlassten.

Der Grund, warum ich dies hier mit einfüge: Ich wollte aufzeigen, dass das Gedankengebäude hinter der »Dark Star«-Theorie bereits zwei Monate vor Erscheinen von John Murrays Papier zum Planeten X veröffentlicht worden war, in dem er den Himmelskörper als groß genug beschrieb, um ihn möglicherweise als Braunen Zwerg zu klassifizieren. Wir gingen das Problem sicher von verschiedenen Seiten an, kamen aber zur selben Zeit zu ähnlichen Schlussfolgerungen. Natürlich wurde die Existenz eines »Dunkelsterns«, der die Sonne als Zwillingsstern umkreist, schon viel früher, nämlich 1982, erstmals postuliert; dies ist also nichts wirklich Neues! Doch 1999 schien diese Entwicklung wieder berichtenswert zu sein. Hier war sicher eine Form von Synchronizität am Werk, aber ich möchte auch betonen, dass ich nicht John Murrays Papier hergenommen und dazu benutzt hatte, Sitchin umzuschreiben. Vielmehr hatte ich mir – unabhängig von anderen Forschern – Gedanken zum Problem des »bewohnbaren Planeten« gemacht, eine brauchbare Lösung ausgearbeitet und dann später entdeckt, dass die Grundlage für diesen Ansatz die wissenschaftliche Arbeit von Dr. Murray bestätigt.

Wäre mein Leserbrief nicht im Spätsommer 1999 im *UFO Magazine* veröffentlicht worden, wäre es für mich schwierig gewesen, diesen Verlauf der Ereignisse nachweisen zu können, und ich bin dem leider viel zu früh verstorbenen Graham W. Birdsall immer dankbar dafür gewesen, dass er meinen Artikel seinerzeit in seinem Magazin veröffentlicht hat, ebenso wie einen Folgeartikel zwei Jahre später.[28]

John Matese und Daniel Whitmire

Zu jener Zeit trat noch eine zweite Synchronizität auf, denn es war nicht nur John Murray, der eine genaue Untersuchung der Umlaufbahnen langperiodischer Kometen angestellt hatte. In den USA hatte das Forschungsteam von John Matese eine ähnliche Analyse erstellt und war unabhängig von John Murray zu einem ähnlichen Ergebnis gekommen. Sein Papier wurde genau zur selben Zeit wie Murrays veröffentlicht, weicht jedoch in Einzelheiten von diesem ab. John Matese ist Professor der Physik an der Universität von Louisiana in Lafayette, USA, und bei seinen Forschungsarbeiten schlossen sich ihm Patrick Whitman und Daniel Whitmire an. Letzterer war Mitverfasser des 1984 erschienenen bekannten Artikels im Magazin *Nature* über den postulierten »Nemesis«-Himmelskörper und seine Verbindung zum 26-Millionen-Jahre-Zyklus der Auslöschung allen Lebens auf der Erde.

Wie John Murray kamen sie zu dem Schluss, dass ein massiver Planet oder kleiner Brauner Zwerg die Sonne umkreisen und Kometen in unsere Richtung schicken könnte. Anders als Dr. Murray gingen sie jedoch nicht so weit, einen möglichen Ort für das Objekt zu benennen. Auch andere Einzelheiten wichen von der These von Dr. Murray ab, einschließlich der ungefähren Entfernung und des Orbits. Sie hielten es auch für wahrscheinlich, dass die so genannten »galaktischen Gezeiten« durch diesen Effekt verstärkt wurden, was das vorherrschende Merkmal in den signifikanten statistischen Abweichungen war.[29]

In dem Papier wurde auch darüber spekuliert, dass der Orbit dieses Planeten, den sie den »Unruhestifter« nannten, gelegentlich ziemlich nah bis an die äußere planetare Zone heranreichte. Denn ein Himmelskörper in einem Orbit mit einem Radius von 25.000 AE kann diesen nicht über die ganze Lebensspanne des Sonnensystems aufrechterhalten, was auch von John Murray eingeräumt wurde. Sie zitierten ein sehr interessantes Papier von Jack Hills aus dem Jahre 1985 und wiesen darauf hin, dass jede Umlaufbahn in der äußeren Oortschen Wolke durch den Einfluss der galaktischen Gezeiten über Hunderte Millionen von Jahren Änderungen unterliegt.

Während die Sonne um das Zentrum der Galaxis rotiert, bewegt sie sich zyklisch oberhalb und unterhalb der galaktischen Ebene, ähnlich wie ein Karussellpferd auf dem Jahrmarkt auf und ab wippt. Die periodischen Veränderungen der Umlaufbahn dieses Unruhestifters stehen in Bezug zu dieser Bewegung relativ zur galaktischen Ebene, und nach Berechnungen von Dr. Matese könnte dies zu bestimmten Zeiten zu einer Minimaldistanz von nur 125 AE führen. Dies ist ein wichtiger Punkt. Gehen wir davon aus, dass die Sonne in Verbindung mit einem braunen Zwergstern als Zwilling entstand, der sich ursprünglich in einer Entfernung gebildet hat, wo sich nun Kometen befinden. Über einen Zeitraum von mehreren hundert Millionen Jahren hätte der Einfluss der galaktischen Gezeiten dazu geführt, dass der Braune Zwerg in die äußere planetarische Zone der Sonne gedriftet wäre.

Dies ist genau das, was meiner Meinung nach vor 3,9 Milliarden Jahren geschehen ist, also etwa 700 Millionen Jahre nach Entstehung unseres Sonnensystems. Der Zwillingsstern der Sonne wurde aufgrund der gravitativen Wechselwirkungen in der Galaxis in seiner Umlaufbahn destabilisiert und zur Sonne gezogen. Dann durchquerte er das Sonnensystem mit den katastrophalen Folgen, die in den babylonischen Mythen beschrieben werden, bevor er sich anschließend wieder zu den Kometen hinausbewegte.

Dr. Matese vertrat außerdem die Ansicht, dass sich dieser Vorgang über einen längeren Zeitraum periodisch wiederholt, ohne die Umlaufbahnen der anderen Planeten im Sonnensystem merklich zu destabilisieren.[29] Unfassbar, nicht wahr? Die von Dr. Matese und seinen Kollegen vorgenommenen mathematischen Berechnungen schufen ein Modell, das beschreibt, wie es einen weit entfernten Begleitstern der

Sonne gelegentlich bis in ihre Nähe verschlagen könnte.

Wenn ein kleiner Brauner Zwerg sich von Zeit zu Zeit dem Sonnensystem auf eine Entfernung von weniger als des Dreifachen der Entfernung Sonne-Pluto nähert – auch wenn er den größten Teil der Zeit viel weiter entfernt ist –, dann würde er einen erheblichen Einfluss auf kleinere planetarische Himmelskörper im Edgeworth-Kuiper-Gürtel ausüben. Wie wir noch sehen werden, wurde genau dies in den letzten Jahren beobachtet. Dort, wo der Braune Zwerg seine Spur gezogen hat, sind Kometen nicht mehr vorhanden, was die Astronomen als »Kuiper-Lücke« bezeichnen.

Schließlich ist es auch klar, dass ein Brauner Zwerg in einer relativ ungebundenen Umlaufbahn um die Sonne auch dem Einfluss anderer äußerer Faktoren ausgesetzt ist, die eine Änderung seines Orbits verursachen können. Um überhaupt in der äußeren Oortschen Wolke anzukommen, so mutmaßte das Team von Matese, hatte der Braune Zwerg Gas und Staub aus einer protoplanetaren Scheibe angehäuft oder geformt, die sich näher zur Sonne befand – und ist dann als Resultat stellarer Impulse über die Zeitspanne des Sonnensystems wieder in die tieferen Weiten des Alls hinausgewandert.[30] Hier ist ein dynamischer Prozess im Spiel, der die Angelegenheit etwas verkompliziert.

Wenn die Umlaufbahn des Dunkelsterns über die Zeit hinweg Schwankungen unterworfen ist, dann unterliegt auch das bindende Verhältnis zwischen ihm und der Sonne im Laufe der Zeit Veränderungen. Dies hat für den Rest des Sonnensystems möglicherweise dramatische Konsequenzen. Meine These ist, dass dieser dynamische Prozess einen einzigartigen Mechanismus für kosmische Katastrophen erschafft, einschließlich des Aufkommens und Abflauens der großen Eiszeiten.

Kritiker auf beiden Seiten

Diese Überlegungen öffneten mir die Augen für den möglichen »Handlungsspielraum« im äußeren Sonnensystem. Die Umlaufbahnen der Braunen Zwerge im Sonnensystem sind nach Beschreibung der Wissenschaftler so groß, dass ein Himmelskörper auf dieser Umlaufbahn mehrere Millionen Jahre für eine Umkreisung der Sonne brauchte. Doch Zecharia Sitchins Planet Nibiru hat den Angaben zufolge eine relativ kurze Umlaufzeit von nur 3.600 Jahren. Dies deckt sich nicht wirklich mit den obigen Angaben bezüglich der Umlaufbahnen Brauner Zwerge, auch wenn sich einige andere Ergebnisse auf den ersten Blick hier einzufügen scheinen.

Dr. Matese und sein Team waren sich der Vergleiche bewusst, die ich zwischen ihrer Arbeit und den kontroversen Ideen von Zecharia Sitchin zog. Ihre Hauptbedenken hinsichtlich solch einer Verbindung waren, dass ihr Brauner Zwerg eine Umlaufzeit aufweisen muss, die einen Vergleich mit Sitchins Nibiru (3.600 Jahre) niemals zulässt. John Murray äußerte ähnliche Einwände. Ich denke, es ist fair, hier davon auszugehen, dass ihre Bedenken und Einwände nicht irgendeiner dogmatisch fixierten Haltung entsprangen und auch keine Reflexreaktion auf eine unerwünschte Assoziation mit dem Gebiet der Alternativwissenschaften darstellten. Um es einfach auszudrücken: Sie waren der Ansicht, dass man diese beiden Theorien nicht miteinander in Verbindung bringen kann, weil die einschlägigen Daten dafür einfach keine Grundlage liefern.

Man sollte diese Einwände auch im Kontext der hitzigen Atmosphäre innerhalb der Wissenschaftsgemeinde im Allgemeinen sehen; das wissenschaftliche Establishment war von der wieder aufflackernden Diskussion um den Planeten X alles andere als begeistert.

Die hier erwähnten Forscher und ihre Teams erhielten hinsichtlich dieser Ideen natürlich Feedback von ihren Kollegen, doch das Echo in wissenschaftlichen Kreisen war eher ablehnend (im Gegensatz zu den Medien, die sich dafür begeistern konnten). Der einflussreiche englische Astronom Brian Marsden wurde von der Zeitung *The Telegraph* um eine Stellungnahme gebeten, was die Möglichkeit eines solchen Planeten X betrifft. Er gab sich etwas unterkühlt: »›Es könnte schon auf etwas hindeuten‹, sagt Brian Marsden, stellvertretender Direktor für Planetarische Wissenschaften am Harvard-Smithsonian Center for Astrophysics in Cambridge, Massachusetts, USA. ›Ich möchte aber keine Wetten abgeben. Ganz sicher werden wir dies nicht thematisieren‹«.[31]

Doch mittlerweile wurden in der Öffentlichkeit weitere, noch schwierigere Fragen zu John Murrays Forschungsarbeiten gestellt, wie etwa von Harold Levison vom Southwest Research Institute in Boulder, Colorado, USA. Als er im Jahre 2001 vom Magazin *Discover* interviewt wurde, behauptete er, dass die Daten zu den Kometen so »frisiert« werden könnten, dass der Anomalie-Effekt einfach zum Verschwinden gebracht würde.[32]

Man muss sich in Erinnerung rufen, dass John Murray kein Astronom ist. Und doch erhielt sein Papier die Genehmigung der britischen Royal Astronomical Society zur Veröffentlichung durch diese angesehene Gesellschaft. Aber im Rang steht er leider nicht so hoch wie ein anerkannter Experte auf dem Gebiet der Oortschen Wolke. Doch auf solche Einwände aus der Wissenschaftsgemeinde ist Professor Matese direkt eingegangen; er zitiert andere Forscher, die die Daten langperiodischer Kometen analysierten und zu einem etwas positiveren Ausblick gelangten.[33] Die Möglichkeit der Existenz eines Begleitsterns von der Größe des Jupiter scheint also durchaus zu bestehen.

Tatsächlich fährt das Team von Dr. Matese damit fort, die Daten langperiodischer Kometen zu analysieren und entdeckt auch weiterhin nichtzufällige Häufungen, die auf die Existenz des Braunen Zwergs hindeuten. Und sie stehen weiterhin zu ihrer Arbeit. Sie sehen jedoch absolut keinen Grund, warum der von ihnen postulierte Himmelskörper sich näher an der planetarischen Zone in der Gestalt von Sitchins sagenumwobenem Nibiru befinden sollte.[34]

Was diese Forscher und ihre Arbeiten betrifft, bin ich mir nicht so sicher. Ihre Erörterung des Umstands, dass ihr Brauner Zwerg einige Zeit in einem Orbit verbringt, der ihn nahe ans äußere Sonnensystem führt, ist sehr interessant. Die Tatsache, dass eine Umlaufbahn mit einem Radius von mehr als 25.000 AE über einen längeren Zeitraum »instabil« ist, deutet auf ein bestimmtes Bahnmuster für den Braunen Zwerg hin. Und dann, wie wir noch sehen werden, gibt es diese große Lücke zwischen dem Edgeworth-Kuiper-Gürtel und der inneren Oortschen Wolke – ein Bereich, aus dem keine Kometen hervorgehen. Die einzige Antwort, die mir hierzu einfällt: Diese »Lücke« markiert den Einzugsbereich des massiven »Unruhestifters«, der die Region von kosmischen Trümmerteilen freigefegt hat. Dies bringt mich zu der These, dass der Braune Zwerg sich gegenwärtig näher zur Sonne befindet als das Team von Dr. Matese annimmt. Nur im »Kleingedruckten« des Papiers von Matese aus dem Jahre 1999 erscheint ein Hinweis darauf, dass ein Durchzug dieses Himmelskörpers näher am Sonnensystem durchaus möglich wäre.

Quellen

1. *J. Davies: »Beyond Pluto«, 2001, S. 9 – 10*
2. *J. Shirley, R. Fairbridge (Hrsg.): »Encyclopedia of Planetary Sciences«: ›Planet X‹ von John Anderson, http://dosxx.colorado.edu/Pluto/PlanetX.Anderson.html.*
3. *C. Sagan, A. Druyan: »Comet«, Headline, 1985, S. 300 – 306*
4. *»Does the Sun have a Dark Companion?«, Newsweek, 28.6.1982, S. 83. Dank an Greg Jenner.*
5. *W. Alvarez: »T. Rex and the Crater of Doom«, Penguin,1998*
6. *R. Corfield: »Architects of Eternity«, Headline, 2001, Kap. 6*
7. *D. Whitmire, A. Jackson in: Nature, 1984, S. 308, S. 713*
8. *M. Davis, P. Hut, R. Muller in: Nature, 1984, S. 308, S. 715*
9. *D. Raup, J. Sepkoski in: Proc. Natl. Acad. Sci., 1984, 81, S. 801*
10. *P Moore: »Atlas of the Universe«, George Philip Ltd., 1999, S. 195*
11. *Z. Sitchin: »Die Hochtechnologie der Götter«, Kopp, 2004*
12. *P. Moore: »Guide to Stars and Planets«, Chancellor Press, 2001, S. 100*
13. *D.W. Hogg, G.D. Quinlan, S. Tremaine: »Dynamical limits on dark mass in the outer solar system«, Astronomical Journal, 101, 1991, S. 2274 – 2286*
14. *Privatkorrespondenz mit J.D. Kirkpatrick in Anwesenheit von John Lee (»Rajasun«), 9.6.2003*
15. *J. Kelly Beatty: »Big-orbit Object Confounds Dynamicists«, http://skypub.com/news/ shtml#bigorbit, 5.4.2001*
16. *Korrespondenz mit Jim Oberg, 13.1.2002, www.jamesoberg.com, E-Mail: joberg@houston.rr.com*
17. *J. Murray: »Arguments for the presence of a distant large undiscovered solar system planet«, Monthly Notes of the Royal Astronomical Society, Vol. 309, 1999, S. 31 – 43*
18. *J. Oort: »The structure of the cloud of comets surrounding the solar system, and a hypothesis concerning its structure«, Bulletin of the Astronomical Institute of the Netherlands, Vol. 11, 1950, S. 91 – 110*
19. *Enuma Elish, Tafel 1, Verse 87 –105*
20. *Enuma Elish, Tafel 4, Verse 124 –129*
21. *»Waiting for the Apocalypse«, Videodokumentation, 2003*
22. *E. Krupp (Hrsg.): »In Search of Ancient Astronomies«, Doubleday & Co, 1978*
23. *E. Krupp (Hrsg.): »Echoes of the Ancient Skies: The Astronomy of Lost Civilizations«, Oxford University Press,1983*
24. *G. de Santillana, H. von Dechend: »Die Mühle des Hamlet«, Springer, 1994*
25. *A. Lloyd: »Winged Disk: The Dark Star Theory«, 2001 – 2004 in Manuskriptform verfügbar*
26. *A. Alford: »Gods of the New Millenium«, Hodder & Stoughton, 1997*
27. *A. Lloyd: »Ancient to Modern«, UFO Magazine, Sept./Okt. 1999, S. 76*
28. *A. Lloyd: »Synopsis of the Dark Star Theory«, UFO Magazine, Aug. 2001, S. 50 – 55*
29. *J.J. Matese, P.G. Whitman, D.P. Whitmire: »Cometary Evidence of a Massive Body in the Outer Oord Cloud«, Icarus, Vol. 141, 1999, S. 336 – 354*
30. *J.G. Hills: »The Passage of a ›Nemesis‹-like Object through the Planetary System«, The Astronomical Journal, Vol. 90, Nr. 9, Sept. 1985, S. 1876 – 1882*
31. *P. Blakemores Artikel im Telegraph vom 22.11.2002, http://www.viewzone.com/nemesis.html*
32. *Kathy A. Svitil: »Dogged scientist looks for ›Planet X‹«, Discover Magazine, 5.12.2001*

[33] *Dr. Mateses Webseite: http://ucs.louisiana.edu/~jjm9638, bezugnehmend auf J. Horner und N.W. Evans: »Biases in Cometary Catalogues and Planet X«, MNRAS, 2002*

[34] *L. Moulton Howe im Interview mit Dr. John Matese, 2001, http://www.earthfiles.com/earth317.htm*

Kapitel 4

Die Sonne – Teil eines Doppelsternsystems?

Im letzten Kapitel blickten wir auf einige Aspekte der Geschichte der Jagd nach dem Planeten X. Diese Suche ist seit etwa einhundert Jahren im Gange und war zu bestimmten Zeiten »en vogue«, zu anderen wieder nicht. Das »X« steht entweder für einen möglichen zehnten Planeten (in römischen Ziffern) oder einfach für den Faktor des Unbekannten. Doch der Begriff »Planet« selbst steht für eine Vielzahl von Himmelskörpern im All.

Am einen Ende dieses Spektrums von Himmelskörpern haben wir kleine Festplaneten, die eigentlich große Asteroiden sind. Der Punkt, an dem ein Asteroid nicht mehr als solcher, sondern als Planet bezeichnet wird, ist nicht eindeutig, doch im Allgemeinen ist es der Punkt, an dem ein Himmelskörper eine sphärische Form annimmt, statt von unregelmäßiger Gestalt zu sein. Deshalb wird Pluto allgemein als Planet akzeptiert.

Der Leser wird jedoch zweifellos zu Recht darauf verweisen, dass auch der Mond sphärisch ist, wie die meisten anderen Monde im Sonnensystem. Sind dies also selbst ebenfalls Planeten? Der entscheidende Faktor hier scheint wohl zu sein, ob der Himmelskörper selbstständig die Sonne umkreist, ebenso, wie es auch unserem Verständnis von einem Planeten entspricht. Ein sphärischer Mond mag wie ein Planet erscheinen, doch da er einen Mutterplaneten umkreist, fassen wir ihn allgemein als Mond auf.

Beispiele dafür sind unser eigener Mond, die Galiläischen Monde des Jupiter und die des Titan. Letzterer ähnelt sogar mehr einem Planeten, denn er hat eine dicke Atmosphäre und ein dynamisches Wettersystem mit flüssigen Ozeanen und festen Landmassen. Uns bleibt die unangenehme Feststellung, dass der Mond Titan eher unseren Vorstellungen eines Planeten entspricht als, sagen wir, Pluto, der klein und karg ist und die Sonne auf recht sonderbare Weise umkreist.

Es ist also klar, dass die Bezeichnung »Planet« selbst am unteren Ende des Spektrums von Himmelskörpern weiter gefasste Definitionen hat. Doch diese Schwierigkeiten verblassen angesichts der Herausforderung, einen Planeten am oberen Ende des Spektrums zu definieren. Während wir einst dachten, wir könnten leicht zwischen Sternen und Planeten unterscheiden, stellt sich nun heraus, dass solche Schwarz/Weiß-Klassifizierungen zur genauen Bestimmung der Natur eines Himmelskörpers nicht mehr ausreichen.

Unser gesunder Menschenverstand sagt uns, dass ein Planet im Gegensatz zu einem Stern nicht sein eigenes Licht abgibt. Es gibt jedoch eine Reihe von Himmelskörpern, die sich in einer Grauzone zwischen diesen beiden Definitionen befinden. Dies sind Planeten, die sich in gewisser Weise wie Sterne verhalten; einige von ihnen tun dies eine Weile und lassen dann in ihren Aktivitäten nach, andere sind beinahe Sterne, aber nicht ganz.

In Kapitel 5 werden wir uns mit den wissenschaftlichen Grundlagen zum Verständnis dieser Objekte beschäftigen, von denen viele Braune Zwerge genannt werden. »Brauner Zwerg« ist nicht gerade die ideale Bezeichnung für diese Art Hybridobjekt zwischen Planet und Stern, doch die Bezeichnung setzte sich irgendwann durch, weil niemand mit etwas Besserem aufwarten konnte. Sie sind das kosmische Äquivalent zu einem schwierigen Teenager: nicht allzu leicht zu verstehen und voller Überraschungen.

Es sind eine Menge Überlegungen, die man bei diesen Braunen Zwergen anstellen muss. Doch zunächst möchte ich noch einmal einen Blick auf die Jagd nach dem Planeten X werfen. Gelegentlich konzentrierte sich diese Jagd auf die Möglichkeit, dass der zehnte Planet ein Brauner Zwerg oder vielleicht etwas Größeres sein könnte. Viele Mutmaßungen liefen darauf hinaus, dass wir in einem Doppelsternsystem leben.

Nun, dies bedeutet nicht, dass wir es etwa mit einem »ausgewachsenen« Stern in der Nähe der Sonne zu tun haben, der in den letzten 6.000 Jahren der Aufmerksamkeit der Menschheit irgendwie entgangen ist. Nein, der Ansatz zielt eher in die Richtung, dass es einen unentdeckten Planeten geben könnte, der so massiv ist, dass er seine eigene Wärme und sein eigenes Licht erzeugt. Würde er sehr viel eigenes Licht erzeugen, dann müsste er sehr, sehr weit entfernt sein. Wäre er im Wesentlichen dunkel, könnte er sich näher zur Sonne befinden und bisher tatsächlich unentdeckt geblieben sein.

Als grobe Richtschnur könnten wir uns also Folgendes als annehmbare Möglichkeiten vorstellen: Ein terrestrischer zehnter Planet wie der Mars oder die Erde könnte in einer Entfernung von etwa 100 bis 150 AE auf seine Entdeckung warten. Ein Planet, der schwerer als Jupiter, aber im Wesentlichen immer noch dunkel ist, könnte sogar in noch größerer Entfernung, vielleicht 1.000 AE, entdeckt werden. Dies wäre irgendwo zwischen dem Edgeworth-Kuiper-Gürtel und der inneren Oortschen Wolke. Und schließlich könnte sich ein Brauner Zwerg, der groß genug ist, um sein eigenes Licht abzugeben, unbemerkt in der äußeren Oortschen Wolke aufhalten, also in einer Entfernung von mehr als 10.000 AE.

Jede dieser Möglichkeiten ist nach meiner Ansicht gegeben und plausibel, auch wenn viele Astronomen dies eher rundheraus ablehnen. Dies hat zu tun mit der gegenwärtig allgemein akzeptierten Theorie der Entstehung von Planeten, wonach die Bildung von Planeten in so großer Entfernung von der Sonne nicht möglich ist. Doch so einfach gestalten sich die Dinge heutzutage nicht mehr, wie wir schon bald feststellen werden, weshalb ich vorschlage, zunächst einmal allen Möglichkeiten gegenüber aufgeschlossen zu bleiben.

Große Himmelskörper, die Wärme abgeben, strahlen im Infrarotbereich des elektromagnetischen Wellenspektrums. Das schließt auch relativ kalte Objekte mit ein, da die Hintergrundtemperatur des Alls so niedrig ist. Im Jahre 1983 wurde eine umfangreiche Erkundung des Weltraums mit dem bereits erwähnten Infrarot-Weltraumteleskop IRAS vorgenommen, und tausende und abertausende von »warmen« Objekten wurden als Ergebnis der Mission katalogisiert. Mit dieser Erkundung erhoffte man sich unter anderem, einen eventuellen zehnten Planeten zu entdecken. Zwei Jahrzehnte später gibt es immer noch widersprüchliche Ansichten in Bezug auf bestimmte angebliche Entdeckungen, die mit dem IRAS gemacht worden sein sollen, und die zu jener Zeit breit veröffentlicht wurden und das Interesse der Öffentlichkeit an einem neuen Planeten weckten.

Die IRAS-»Entdeckung«

Eine weithin bekannte »Sichtung« eines Planeten X machte das IRAS im Jahre 1983; sie war Anlass für verschiedene Verschwörungstheorien, die behaupteten, die NASA hätte versucht, die Entdeckung des

Planeten X zu vertuschen. Der Bericht scheint die Existenz eines Dunkelsterns zu bestätigen, denn er beschrieb das Objekt als eines von ungefähr der richtigen Größe (wie Jupiter, der in etwa so groß ist wie ein schwerer Brauner Zwerg) und in der richtigen Entfernung (etwa 500 AE). Es könnte sich sogar in die richtige Richtung bewegen (auf uns zu), obwohl dies von Gerry Neugebauer, dem damaligen IRAS-Projektleiter von der Cal Tech-Universität, energisch bestritten wurde.[1]

Der Ort am Himmel, wo man den Himmelskörper fand, war auch ein wichtiger Punkt. Das kontroverse »Objekt« wurde im Sternbild Orion aufgefunden – für viele Forscher abseits des Mainstream ein bevorzugter möglicher Ort für den Planeten Nibiru. Der Orion ist eines der bekanntesten Sternbilder am Himmel, trotz der Tatsache, dass es sich südlich der Ekliptik (scheinbare Sonnenbahn am Himmel) befindet und kein Sternbild des Tierkreises ist. Doch sein Erscheinen am nördlichen Sternenhimmel in den Herbstmonaten ist eindrucksvoll; es zeigt deutlich das Bild eines Jägers, der in seiner rechten Hand eine Keule schwingt, während er in seiner linken symbolisch ein Löwenfell hält.

Vor über einhundert Jahren stellte Emmeline Plunket Überlegungen an, dass das Sternbild des Orion den Menschen der Antike auf dem indischen Subkontinent in ähnlicher Weise bekannt war wie später den Griechen, denen der Name »Orion« zugeschrieben wurde. Etymologen [Wissenschaftler, die sich mit der Herkunft von Wörtern beschäftigen, Anm. d. Ü.] haben darauf hingewiesen, dass sich der griechische Name ursprünglich von dem Sanskrit-Namen *Nakshatra* [eine in der indischen Astronomie vorgenommene Einteilung der Ekliptik in 27 Sterngruppen, Anm. d. Ü.] ableitet und »der zuerst Gehende« bedeutet.

Auf dieser Grundlage behauptet Plunket, dass dieses Sternbild schon 4600 Jahre v. Chr. beschrieben worden ist – eine ziemlich außergewöhnliche Behauptung.[2] Ob diese weit zurückreichende Datierung nun korrekt ist oder nicht – es ist offenkundig, dass der Orion bei den Menschen in der Antike in hohem Ansehen stand. Die Babylonier benannten die Konstellation zum Beispiel nach Tammuz, einem ihrer Monate mit demselben Namen, in dem der berühmte Gürtel des Orion mit seinen drei Sternen kurz vor der Sonne am Morgenhimmel erschien.

Der Forscher und Autor Adrian Gilbert ist der Ansicht, dass der Orion von entscheidender Bedeutung für unser Verständnis antiker

Religionen sei[3], und sein Kollege Robert Bauval erlangte Berühmtheit für seine einflussreiche Theorie, dass die Anordnung der Pyramiden von Giza exakt mit der der Gürtelsterne des Orion übereinstimmt.[4] Selbst der angesehene Archäo-Astronom E.C. Krupp erkennt die Bedeutung des Sterns Sirius und des Sternbilds Orion für die antiken Ägypter, wenn er den Bericht in den antiken ägyptischen Pyramidentexten erwähnt, in dem der Aufstieg des verstorbenen Königs zum Orion (Osiris) beschrieben wird, wobei Sirius sein »Reiseführer« ist.[5]

Ist es also ein Wunder, dass die Lokalisierung eines angeblich neuen Himmelskörpers im Sonnensystem durch das IRAS-Teleskop enormes Interesse wecken würde? Ich vermute jedoch, dass sich der Dunkelstern gegenwärtig in genau entgegengesetzter Richtung am Himmel befindet, nämlich nördlich des Sternbilds Schütze. Ich habe einige sehr gute Gründe für diese Vermutung, die ich im weiteren Verlauf noch näher erläutern werde.

In den letzten Jahren haben mich viele Personen gefragt, warum ich offensichtlich die mit dem IRAS-Teleskop gemachten Entdeckungen übergangen habe, wo doch zu jener Zeit dieser Fund als eine Sensation galt. Die Antwort hierauf ist, dass das kontroverse Ergebnis nie mit optischen Hilfsmitteln bestätigt wurde. Es gab viele zeitgenössische Astronomen, die am Planeten X interessiert waren, einschließlich Brunini, Matese, Whitmire, Anderson und Harrington, um nur einige zu nennen. Wenn das JPL über die *Washington Post* diesen Kollegen damals im Jahr 1983 eine Schatzkarte in die Hand gab, dann sollte man eigentlich davon ausgehen, dass der verborgene Planet schon längst entdeckt worden wäre. Stattdessen mutierte er zum Stoff für Mythen und Legenden im Internet.

Zu jener Zeit gab es verschiedene Vorstellungen und Anregungen, was die Identität dieses »Objekts« betrifft. Es hätte ein Planet von der Größe des Jupiter sein können, dessen Entfernung zur Sonne irgendwo zwischen der des Pluto und der des nächsten Fixsterns, Proxima Centauri, gelegen hätte. Dies umfasst in der Tat eine beträchtliche Bandbreite von Möglichkeiten. Eine andere Vorstellung war die Möglichkeit, dass das »Objekt« nicht ein einzelner Himmelskörper, sondern eine »dunkle junge Galaxis« sei, die bisher noch nicht entdeckt wurde, oder es könnte sich sogar um eine proto-planetare Gaswolke handeln.[1]

Ungefähr zur selben Zeit erschien ein zweiter Bericht über einen massiven Planeten, der vom IRAS-Teleskop entdeckt worden war. Die Gerüchte um diesen Fund schlugen in der Wissenschaftsgemeinde hohe Wellen.

Ein IRAS-Objekt, das in Vergessenheit geraten war

Im Jahre 1986 veröffentlichte ein sehr gewissenhafter Forscher namens William Corliss sein Buch »The Sun and Solar System Debris – A Catalog of Astronomical Anomalies« [Die Sonne und Trümmerteile im Sonnensystem – ein Katalog astronomischer Anomalien]. Er erwähnt mehrere beobachtete Anomalien, die auf den Planeten X oder einen dunklen Begleiter der Sonne hindeuten könnten. Diese Anomalien blieben bisher natürlich unbestätigt, doch unabhängig davon ergeben sie eine interessante Lektüre. Eine von ihnen beschreibt ein vom IRAS-Projekt erfasstes Objekt, das der »Orion«-Sichtung sehr ähnelt, nur dass es sich diesmal im Sternbild des Schützen befindet.[6]

Dieser Bericht wurde von zwei britischen Wissenschaftsjournalisten, Martin Redfern und Nigel Henbest, verfasst.[7] Ich schrieb William Corliss in der Hoffnung, mehr herausfinden zu können, doch sein Archiv war einfach zu umfangreich, als dass ich es gründlich hätte durchgehen können. Er musste meine Bitte höflich ablehnen. Mein Forscherkollege Greg Jenner schickte mir jedoch letztes Jahr freundlicherweise eine Auswahl von Dokumenten zum Thema »Planet X«, und unter ihnen war auch der Artikel, den ich gehofft hatte zu entdecken. Er ist wirklich außerordentlich interessant.

Der Artikel wurde am 10. November 1983 im Magazin *New Scientist* veröffentlicht und erwähnt die Entdeckung eines Objekts im All, dessen Temperatur 230° Kelvin beträgt – zu kalt für einen Stern, aber auch zu warm für eine Staubwolke. Es wurde vom IRAS-Infrarot-Teleskop im Sternbild Schütze entdeckt und entspricht den Anforderungen, »einige Male schwerer als der Jupiter« zu sein. Bemerkenswerterweise warfen britische Wissenschaftler ihren US-amerikanischen Kollegen damals vor, die Informationen zu diesem Fund für sich behalten zu haben. Die britischen Wissenschaftler stellten in der Öffentlichkeit die Frage, warum die Amerikaner ihnen in den letzten Wochen »ihre Entdeckungen verschwiegen« hatten. Es wurde auf breiter Ebene spekuliert, dass die Entdeckung ein cleverer Trick war, um die Chancen auf weitere finanzielle Fördermittel von der NASA für ein neues Infrarot-Weltraumobservatorium zu erhöhen.[7]

Aus den wenigen Wochen der Stille, die auf den Bericht über einen neuen Planeten im Sonnensystem von der Größe des Jupiter folgten, sind nun zweiundzwanzig Jahre geworden! Teil des Problems könnte gewesen sein, dass die Finanzierung des Projekts auslief, bevor alle beobachteten Wärmequellen im All ausreichend analysiert werden konnten. Die entdeckten Himmelskörper wurden zwar korrekt katalogisiert, doch es blieb ein geschätzter Zeitraum von drei Jahren bis zur vollständigen wissenschaftlichen Analyse aller Objekte, was dann nicht mehr geschah.

Manche Menschen würden sich mit dieser Erklärung vielleicht zufrieden geben; wenn Sie sich nicht ganz damit abfinden können, stellen Sie sich vielleicht auch die Frage, warum diese bemerkenswerten Daten nie in angemessener Form an die Weltöffentlichkeit gelangten. Irgendwie waren die Informationen zu den britischen Forschern, die an dem Projekt mitarbeiten, durchgesickert, die das Thema dann offen in der Wissenschaftsliteratur erörterten. Es scheint, sie hatten ihre eigene politische Agenda, die wahrscheinlich diesen transatlantischen Zank aufheizte. Doch unterm Strich ist das Ergebnis, dass wir einen hochspannenden Bericht im *New Scientist* über die Entdeckung eines Dunkelsterns in unserem Sonnensystem, und zwar im Sternbild Schütze, zur Verfügung haben.

Ich vermute, dass das, was dort durchsickerte, von erheblicher Bedeutung war. Persönlich bin ich der Ansicht, dass sie den Dunkelstern wirklich gefunden haben – ein Planet mit der vielfachen Masse des Jupiter und einer tatsächlichen Temperatur von 230° Kelvin. Irgendwo entlang des Wegs hatten die Amerikaner seine Entdeckung heimlich, still und leise zu den Akten gelegt – sehr zum Ärger ihrer europäischen Kollegen. Doch aufgrund des fehlenden Zugangs zu den tatsächlichen Informationen kam das hitzige Wortgefecht schließlich zu einem Ende.

Ohne diesen Artikel im *New Scientist* hätte niemand irgendetwas anderes gewusst oder vermutet. Wo Rauch ist, ist normalerweise schließlich auch Feuer. Doch warum würde jemand eine solch unglaublich wichtige Entdeckung in aller Ruhe zu den Akten legen?

Argumente für das Sternbild Schütze

In seiner Analyse antiker Texte erwähnte Zecharia Sitchin eine Reihe von Sternkonstellationen als mögliche Punkte entlang der Bahn, die der Planet Nibiru durchläuft. Dazu zählen der Große Wagen (Ursa Major), Orion (zusammen mit dem Stern Sirius) sowie die Tierkreiszeichen Stier, Widder und Schütze. [8, 9, 10] Das letzte dieser Sternzeichen ist nicht als eine Konstellation verzeichnet, die von Nibiru durchlaufen wird, sondern eher eine, in der er gewöhnlich während seiner Durchquerung unseres Sonnensystems verschwindet.

Wenn man Sitchins Textzitate als korrekt akzeptiert, dann ist der Bestimmungsort des sagenumwobenen Planeten – zum Zeitpunkt seines erneuten Verschwindens in den Tiefen des Alls – das Sternbild Schütze. Diese Himmelsregion deckt sich mit dem Ort, an dem das in unserem Bericht erwähnte IRAS-Objekt mit der vielfachen Masse des Jupiter entdeckt wurde. Das Sternbild des Schützen befindet sich auf der Ekliptik bzw. in der Bahnebene der Planeten des Sonnensystems. Wenn dies die tatsächliche Aphel-Position [äußerster Punkt der Umlaufbahn, Anm. d. Ü.] des Dunkelsterns wäre, ließe sich daraus folgern, dass seine Bahnebene gegenüber den anderen Planeten des Sonnensystems nicht allzu stark geneigt ist. Mehr dazu später.

Ich glaube, dass das Ausmaß der Abweichung des Dunkelsterns von der Ekliptik nicht so groß ist wie von Sitchin angenommen. Ich glaube, dass sich Nibiru im Perihel [sonnennächster Punkt der Umlaufbahn] etwas südlich der Ekliptik in der Nähe von Sirius und Orion befindet.

Dies steht im Einklang mit den aufgelisteten Sternkonstellationen in antiken Texten. Es handelt sich um eine Region des Himmels, die den alten Ägyptern als »Duat« bekannt war, ein Ort am Himmel mit herausragender Bedeutung. Doch im Moment befindet sich der Dunkelstern nicht an dieser Stelle, sondern sehr, sehr weit weg in der gegenüberliegenden Sternhemisphäre, im Schützen.

Der fleißige Bogenschütze

Der Schütze ist eine große Sternkonstellation, durch die die Bahn der Planeten, die Ekliptik, hindurchläuft. Das Sternbild ist auf der nördlichen Halbkugel nicht leicht zu sehen, da es ein Sommersternbild tief in der Südhemisphäre des Himmels ist. Dies ist schade, denn innerhalb dieser Konstellation liegt das Zentrum unserer Galaxis, » ... übersät mit Sternhaufen und wunderschönen Nebeln«.[11] Im Zentrum dieser Sternhaufen liegt das Herz unserer Milchstraße in etwa 30.000 Lichtjahren Entfernung.

Dies ist von herausragender Bedeutung, denn die Milchstraße ist am hellsten in den Sternbildern Aquila (Adler) und Cygnus (Schwan) in der nördlichen Hemisphäre, sowie Skorpion und Schütze in der südlichen. Unsere Suche nach diesem entfernten »Planeten« wird also noch zusätzlich durch die von diesen Sternansammlungen erzeugte Hintergrundhelligkeit erschwert. Und nicht nur dies, denn es gibt außerdem ein breites Band von Objekten im Sonnensystem, vor allem Asteroiden, die sich allesamt in der Nähe der Ekliptik befinden. Die Suche nach weiter entfernten Objekten entlang dieser Ekliptik bringt oft diese Objekte ins Blickfeld, ob sie nun Asteroiden oder kurzperiodische Kometen sind.

Der Versuch, den weit entfernten Dunkelstern inmitten dieser hellen Nebel, Sterne und Sternhaufen zu finden, führt zu denselben Schwierigkeiten, mit denen sich Astronomen bei der Suche nach anderen näheren Objekten konfrontiert sehen. Der Schütze ist nun mal nicht gerade erste Wahl für die Jagd nach neuen Himmelskörpern, und viele Astronomen geben unumwunden zu, dass sie wegen dieser Schwierigkeiten diese Region des Himmels lieber meiden. Die Bahnebene der Planeten des Sonnensystems, die Ekliptik, und die »Scheibe« der Milchstraße sind wie zwei große Kreise, die sich am Himmel unter einem bestimmten Winkel schneiden.

Von diesen Schnittpunkten gibt es zwei: einen im Schützen und den anderen in der gegenüberliegenden Hemisphäre, zwischen den Sternbildern Zwillinge und Stier. Diese Regionen sind deshalb ungünstige Orte für die Jagd nach einer blassen, lichtschwachen und nahezu stationären Lichtquelle vor dem Hintergrund von Millionen anderer hellerer Sterne.[12] Und nicht nur das, denn das Sternbild des Schützen ist auf der Nordhalbkugel im besten Falle nur knapp über dem Horizont zu sehen. Dies gleicht der berühmten Suche nach der Nadel im Heuhaufen – ohne Licht in der Scheune.

Aufgrund dieser Probleme meiden Astronomen wie Dave Jewitt und Jane Luu, die wegen ihrer Entdeckung des ersten trans-neptunischen Objekts hohen Bekanntheitsgrad erreichten, die Suche nach

Edgeworth-Kuiper-Objekten (EKOs) an diesen Schnittpunkten von Ekliptik und Galaxis-»Scheibe«. Stattdessen richten sie ihre Aufmerksamkeit auf dunklere Sternkonstellationen wie etwa die Fische.[12] Als Ergebnis davon werden in diesen dunkleren Konstellationen mit an Sicherheit grenzender Wahrscheinlichkeit weit entfernte Objekte entdeckt werden, und wenn der Dunkelstern sich tatsächlich in den helleren Regionen der Milchstraße befinden sollte, dann wird er wohl weiterhin unentdeckt bleiben. Da außerdem seine Bewegung entlang des Himmels vernachlässigbar ist, wird er auch auf einige Generationen hinaus in dieser Region des Himmels bleiben.

John Bagby und der Zwillingsstern im Sternbild Schütze

Der Ingenieur und Amateurastronom John Bagby ist seit langer Zeit Verfechter der These eines zehnten Planeten. Er verfasste mehrere Papiere, in denen er seine Belege für die Existenz eines massiven Begleiters der Sonne aufführte.[13] Bagby war sich ziemlich sicher, dass ein solcher Himmelskörper existierte, und er behauptete, im Besitz von Daten zu sein, die dies bewiesen – wenn er nur bei irgendjemandem Gehör fände. Er gab diese Informationen auch an Astronomen vom US Naval Observatory weiter, einschließlich Dr. Harrington, Dr. Van Flandern, Dr. Anderson am JPL und Dr. Marsden, der neue Sichtungen von Himmelskörpern im Sonnensystem katalogisiert und abgleicht. In den 1970er-Jahren stellte er seine Arbeit auch auf Seminaren und Treffen von Wissenschaftlern vor.

Zwischen 1978 und 1980 verfasste Bagby eine Reihe weiterer, jedoch unveröffentlichter Papiere, die seine Beobachtungsdaten und theoretischen Ansätze entweder für einen zehnten Planeten oder einen massiven Begleiter der Sonne darlegten. Er behauptete, dass der Ort der Entdeckung des Planeten Pluto im Sternbild Zwillinge genau 180° gegenüber der Position dieses großen, noch unentdeckten Planeten liege, und dass die der Entdeckung vorausgegangene Vorhersage von Lowell und Pikkering als eine klassische »Zweideutigkeit hinsichtlich Bestimmung von Richtung und Entfernung«[13] angesehen werden könnte. Mit anderen Worten: Lowell hatte richtig gelegen, nur in die falsche Richtung geschaut. Der Planet X befinde sich im Schützen, behauptete Bagby.

Diese Ende der 1970er-Jahre aufgestellte These steht im Einklang mit meiner eigenen Analyse des Aufenthaltsorts des Dunkelsterns. War

John Bagby da an etwas dran?

Probleme ergeben sich allerdings für Bagby, wenn wir uns näher mit seinen Vorschlägen hinsichtlich Größe und Entfernung dieses Zwillingssterns befassen.

Im Grunde vertrat Bagby die Ansicht, dass sich ein »vollwertiger« Brauner Zwerg im Edgeworth-Kuiper-Gürtel aufhält.[14] Wäre das der Fall, könnten wir dieses Objekt mit einem herkömmlichen Lichtteleskop sehen. Wie kam er zu diesem fantastischen, vollkommen unmöglichen Schluss?

Es stellte sich heraus, dass Bagby Interesse an der Arbeit eines gewissen E.R. Harrison zeigte, der im Jahre 1977 die Existenz eines massiven, nahen Himmelskörpers im Sternbild Schütze postulierte.[15] Die Existenz dieses Himmelskörpers war gewissermaßen notwendig, um Anomalien hinsichtlich der »abgeleiteten Periodenzeit eines Pulsars« zu erklären. Klingt, als hätte da jemand den Mund ziemlich voll genommen, oder? Einfach ausgedrückt: Pulsare sind eine Quelle starker und gleichmäßiger radioaktiver Strahlung. Wenn sich ein Gravitationsfeld zwischen einen Pulsar und uns, den Beobachtern auf der Erde, bewegt, dann kommt es zu einer leichten Abänderung der hoch spezifischen Pulsardaten. Dies gestattet uns, auf die Existenz eines dunklen Schwerkraftfeldes zu schließen, und das ist, was Harrison im Sternbild Schütze postuliert hat. Seine Ergebnisse könnten also Rückschlüsse auf den Ort des Dunkelsterns erlauben.

Es gab noch einige andere interessante Ideen, die der Feder von John Bagby entflossen waren. Er fragte sich, ob diese massiven Begleiter der Sonne eine bestimmte Massenverteilung aufweisen und ob ein bestimmter Anteil der Masse eines solchen Begleitsystems bei den so genannten Lagrange-Punkten seiner Umlaufbahn gefunden werden könnte – vermutlich in Form kleinerer Himmelskörper, die sich in ähnlicher Weise um das Zentralgestirn bewegen.[14] Dieser Ansatz könnte helfen, Anomalien zu erklären, auf die man bei mehreren Raumsonden – vor allem den beiden *Pioneer*-Sonden – traf, deren Flugbahnen auf dem Weg hinaus aus dem Sonnensystem offensichtlich ohne ersichtlichen Grund Abweichungen aufzuweisen schienen.[16] Sie scheinen »irgendwie« zur Sonne zurückgezogen zu werden. Könnte dies irgendetwas mit zusätzlichen Quantitäten verteilter Massen im Sonnensystem zu tun haben?

Murray und das Sternbild Schütze

Das Sternbild des Schützen ist also ein spannenderer Ort, wenn wir die abgeleiteten Periodenzeiten von Pulsaren betrachten. Der Dunkelstern könnte sich in dieser Konstellation in weiter Entfernung von der Sonne befinden und die Gravitationseffekte erzeugen, die wir als »ungeklärte Anomalien« verzeichnen. Gibt es noch weitere Belege, die auf diese Konstellation als Hüter unseres wohl wundervollsten Geheimnisses hinweisen?

Im Jahre 1999 gab Dr. John Murray eine vorsichtige Einschätzung, wo der Dunkelstern wohl zu finden sei. Wie im letzten Kapitel bereits erwähnt, fiel sein wissenschaftliches Papier Ende 1999[17] zeitlich mit einem ähnlichen Papier zusammen, das von einer Gruppe unter der Leitung von Professor John Matese in Louisiana[18] verfasst worden war. Doch wo John Matese Vorsicht walten ließ und sich nicht dazu äußerte, wo er den Dunkelstern vermutete, entschied sich Dr. Murray für eine winzige Sternkonstellation mit Namen »Delphin« in unmittelbarer Nähe zum Sternbild Aquila (Adler).[17]

Diese Konstellation befindet sich am Himmel nördlich vom Schützen, in dem großen Sternhaufen der Milchstraße. John Murray kam zu seiner Schlussfolgerung nach der Auswertung der Daten von Kometenbahnen, wobei er annahm, dass ein Störeinfluss innerhalb der äußeren Oortschen Wolke von Kometen verantwortlich für ihren Eintritt in das Sonnensystem sei, und zwar auf systematischere Weise als vorhergesagt. Er arbeitete sich rückwärts durch die Daten historischer Kometendurchläufe, um den Ort dieses Unruhestifters oder Dunkelsterns genau zu bestimmen, von dem er glaubte, dass er ein Vielfaches der Masse des Jupiter hätte.

Für meinen Geschmack ist Dr. Murrays Planet zu weit entfernt, und wir sollten uns bewusst sein, dass seine Arbeit von Kollegen recht kritisch kommentiert wurde.[19] Trotzdem gibt es in Bezug auf seine Schlussfolgerungen einige interessante Aspekte: Die angenommene Größe des Himmelskörpers, die Neigung seiner Bahn zur Ekliptik und seine Position am Himmel – all dies stimmt mit meinen eigenen Schlussfolgerungen in Bezug auf den Dunkelstern überein, beruht allerdings auf ganz anderen Belegen.

Es existiert jedoch ein grundsätzlicher Unterschied in unseren Ansichten hinsichtlich der Entfernung dieses Objekts. Murrays »Unruhestifter« ähnelte eher dem vermuteten »Nemesis«-Stern am äußersten Rand des Einflussbereichs der Sonne, zehntausende von Astronomischen Einheiten entfernt. »Nemesis« war der Name, den man einem Proto-Stern gegeben hatte, von dem man annahm, dass er die Sonne in einer Entfernung von 90.000 AE umkreist – eine beträchtliche Distanz. Man glaubte, dass solch ein Objekt die Sonne etwa alle 27 Millionen Jahre einmal umkreist und dabei einen tödlichen Kometenhagel auf die planetarische Zone unseres Sonnensystems abgäbe. Diese These wurde dann geschickt als Erklärung für die zyklische Auslöschung allen Lebens auf der Erde über ähnlich lange Zeitintervalle präsentiert. Deshalb auch der Name »Nemesis«.

Vergleichen Sie dies mit meiner Version des Dunkelsterns, der die Sonne in einem Abstand von 500 AE im Aphel [sonnenfernster Punkt der Umlaufbahn, Anm. d.Ü.] umkreist, also von mir sehr viel näher und kleiner postuliert wird! Der von Matese und Murray postulierte Braune Zwerg befindet sich irgendwo in der Mitte zwischen diesen beiden Extremen, in einer Entfernung von etwa 20.000 bis 50.000 AE.

Es existiert kein uns bekannter Mechanismus, der uns helfen könnte zu verstehen, wie sich im letzteren Fall ein Planet so weit weg von einem Stern gebildet haben soll, und viele halten es für unwahrscheinlich, dass ein »frei schwebender« Planet in eine so ausgedehnte Umlaufbahn gezogen werden könnte. Wenn jedoch nachgewiesene Daten auf die Existenz eines solchen Orbits hinweisen würden, würde die Wissenschaftsgemeinde sich wohl recht schnell einen plausiblen Mechanismus ausdenken, mit dem man seine Existenz erklären könnte.

Die »Nemesis«-These erhielt durch einen kürzlich von Astronomen entdeckten Präzedenzfall Auftrieb. Im Jahre 2002 fotografierten Wissenschaftler einen jungen, hellen Planeten mit der Bezeichnung *S Ori70*. Er befand sich in einer Region, in der sich Sterne bilden, doch seine Entfernung vom nächsten Stern betrug über 100.000 AE. Die Entfernung zu seinem möglichen Mutterstern ist also unglaublich groß. Er sollte eigentlich nicht so weit weg sein, und für die Astronomen ist es ein Mysterium, wie er an den Ort gelangte, wo er sich befindet.[20]

Umkreist dieser Planet von der Größe des Jupiter den Stern oder bewegt er sich einfach frei schwebend durch die Region? Im Moment ist dies schwer zu bestimmen, doch stellen Sie sich vor, dieser Stern wäre die Sonne und der helle Planet *S Ori70* ein ähnlicher Dunkelstern, der mit dieser Sonne ein Doppelsternsystem bildet. Dies würde einen Präzedenzfall für einen ziemlich außergewöhnlichen Orbit im Einklang mit Murrays Hypothesen schaffen.

Ein interaktiver Zwillingsstern

Die Existenz eines Dunkelsterns in einer Entfernung von mehr als 20.000 AE ist also durchaus möglich. Er hätte sich in solch einer Entfernung aus Gas- und Staubmassen der proto-planetaren Scheibe der Sonne von selbst bilden oder zu einem späteren Zeitpunkt in eine Umlaufbahn um die Sonne gezogen werden können (auch wenn die Wahrscheinlichkeit dafür geringer scheint).

Es könnte auch sein, dass hier ein dynamisches Prinzip am Werk ist, wodurch solch ein Objekt einem Störeinfluss unterliegt, der es in die Nähe der Sonne bringt, ähnlich wie bei einem Kometen. Außerhalb des Sonnensystems gibt es viele Gravitationseinflüsse, die so etwas verursachen könnten, und dieses Szenario würde uns gestatten, die Existenz eines weit entfernten Zwillingssterns mit einem vor vielen, vielen tausend Jahren beobachteten Phänomen zu verknüpfen.[21]

Nach Ansicht des unabhängigen Forschers John Lee hätte ein Brauner Zwerg in der Oortschen Wolke in einer Entfernung von zehntausenden Astronomischen Einheiten nach Wechselwirkungen mit verschiedenen äußeren Gravitationseinflüssen durchs Sonnensystem ziehen können.[22] Ich denke, dies ist eine brauchbare These. Das Problem ist allerdings, dass dies ein komplexes Szenario ist, und dies schreckt viele Leute ab. Doch diese These hat eindeutig ihre Vorzüge, und sie deckt sich auch mit den Szenarien um einen »Nemesis«-Stern und einen Zehnten Planeten.

Lassen Sie mich die Grundlagen, auf denen diese Idee beruht, kurz verdeutlichen: Der Dunkelstern würde sich in einem instabilen Orbit befinden, in dem er leicht äußeren Störeinflüssen unterliegen könnte. Vor Millionen von Jahren hatte er sich vielleicht auf einer Bahn bewegt wie von Dr. Murray und Dr. Matese postuliert, also auf einem mehr oder weniger kreisförmigen Orbit in einer Entfernung von mehr als 20.000 AE. Dies verursachte seinerseits, dass sich langperiodische Kometen ins Sonnensystem hineinbewegten. Wissenschaftler beobachten diese Kometen heute und zeichnen ihre Bewegungen auf. Einige hatten sich gefragt, ob man bestimmte Muster in diesen Bewegungen erkennen kann, die die Existenz eines weit entfernten Planeten in der äußeren Oortschen Wolke beweisen würden.

Es gibt hier eine Ursache-Wirkung-Konstellation, die sich über einen Zeitraum von Millionen von Jahren erstreckt, wobei die Ursache ein Störeinfluss auf die Kometen in der äußeren Oortschen Wolke ist und die Wirkung die Beobachtung derselben Kometen durch die heutigen Astronomen.

In der Zwischenzeit wird der Dunkelstern selbst aus seiner Umlaufbahn um die Sonne herausgerissen. Er verhält sich ebenfalls wie ein Komet und schwenkt auf eine neue elliptische Umlaufbahn ein. Dies verursacht dann eine Veränderung der Energiekonfigurationen der Planeten im Sonnensystem – etwas, womit wir uns später noch beschäftigen werden.

Wissenschaftler könnten dann den Dunkelstern entdecken, indem sie die Wirkungen betrachten, die er in jüngerer Zeit auf den Edgeworth-Kuiper-Gürtel ausgeübt hat.

Mit anderen Worten: Der Dunkelstern liefert uns zwei Datensätze, jedoch mit unterschiedlichen Zeitrahmen. Sein dynamischer Orbit schafft ein komplexes Bild, das auf zwei Himmelskörper hinzudeuten scheint, wo es in Wirklichkeit nur einen gibt. Das Sternbild Schütze

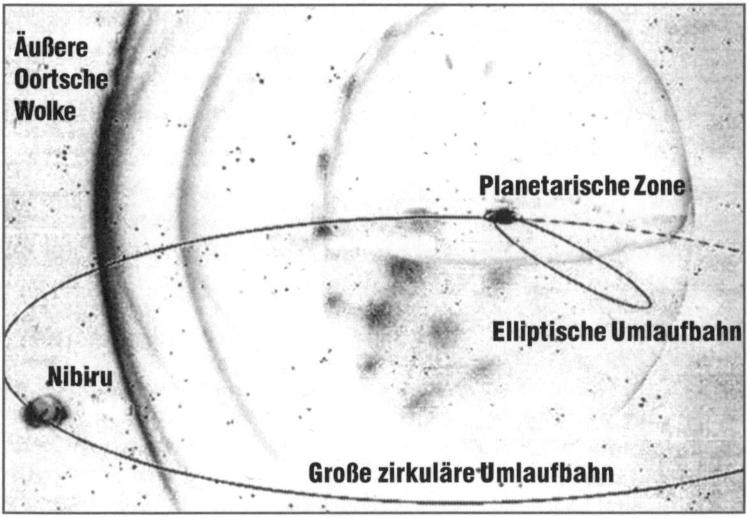

Die Umlaufbahn des Planeten Nibiru im Verhältnis zur Oortschen Wolke und zur planetarischen Zone des Sonnensystems

wird so zum Ort, wo der Dunkelstern aus seiner ursprünglichen Bahn in einen neuen Orbit gelangt und dabei wahrscheinlich eine beträchtliche Anzahl von Kometen von ihren ursprünglichen Orten verdrängt. Es ist also gleichzeitig der Ort von Murrays Braunem Zwerg und von meinem Dunkelstern im Aphel.

Wenn der Dunkelstern vor Millionen von Jahren einem Störeinfluss unterlag, der ihn auf eine Umlaufbahn »nahe« des Sonnensystems geführt hat – und dabei die Art von Wirkungen erzeugt hat, die kürzlich im äußeren Sonnensystem entdeckt wurden –, dann könnte er noch auf seine Entdeckung innerhalb der Grenzen der inneren Oortschen Wolke warten.

Sie, liebe Leserinnen und Leser, können nun wohl erfassen, wie groß hier die Bandbreite wissenschaftlich begründeter Möglichkeiten ist – und es könnten sogar noch ein oder zwei weitere hinzugefügt werden.

Die jüngsten Vertreter der Zwillingsstern-Theorie

Im Herbst 2003 veröffentlichte eine Organisation mit dem Namen *Binary Research Institute* ein gut geschriebenes Papier mit wissenschaftlichem Charakter, das im Internet Verbreitung fand. Es wurde flankiert von einer professionell produzierten Webseite, komplett mit ins Auge springenden Grafiken und Karten, wozu kürzlich noch ein Werbevideo hinzukam. Die Autoren dieser mit reichlich finanziellen Mitteln ausgestatteten Arbeit sprechen sich ebenfalls für ein Zwillingssternsystem aus und verwendeten ihre These für einen radikalen neuen Erklärungsansatz hinsichtlich der beobachteten Präzession (»Wanderung«) der Tagundnachtgleichen.

Sie spekulierten auch über einen dunklen Begleiter der Sonne in einer Entfernung von über 1.000 AE, der aber in ihrem Falle groß genug ist, um einen messbaren Effekt auf die Bewegung der Sonne auszuüben – eine radikale These.[23]

Das Problem für Walter Cruttenden und Vince Dayes, der den Artikel verfasste, ist, dass die von ihnen berechnete Größe des Begleiters enorm ist – entweder ist es ein massiver Brauner oder Roter Zwerg oder ein normaler Stern. Doch angesichts der dadurch hervorgerufenen Massenverhältnisse im Sonnensystem wäre der von ihnen postulierte Begleiter viel zu groß, als dass er nicht schon entdeckt worden wäre. Sie fügen allerdings hinzu, dass die stark elliptische Umlaufbahn dieses Begleiters bedeuten könnte, dass er gegenwärtig zwanzig Mal weiter weg ist als die Durchschnittswerte nahe legen.[23]

Cruttenden und Dayes plädieren für eine Umlaufzeit von etwa 24.000 Jahren, was fast an die Dauer des Präzessionszyklus [auch genannt »Weltjahr«, 25.800 Jahre, Anm. d. Ü.] heranreicht. Ihre Antwort auf den Einwand, dass so ein Himmelskörper schon längst hätte entdeckt worden sein müssen, ist, dass er sich im Moment im Aphel befindet und somit viele tausend Astronomische Einheiten entfernt ist, was in etwa der Beschreibung von John Mateses Braunem Zwerg entspricht. Mit der Ausnahme, dass Mateses kleiner Brauner Zwerg bei dieser Entfernung einige Millionen Jahre für einen Umlauf um die Sonne bräuchte.[18]

Dieselbe Strecke in nur 12.000 Jahren zurückzulegen, scheint an ein Wunder zu grenzen. Unglücklicherweise würde eine solch halsbrecherische Bahnkurve ihren Zwillingsstern in einen hyperbolischen Orbit hinausschicken und somit aus dem gesamten Sonnensystem schleudern, was dann doch ein kleines Problem darstellen würde.

Ein massiver Himmelskörper, der groß genug ist, um die Eigenbewegung der Sonne zu beeinflussen, kann sich gegenwärtig nicht in der Region des Sonnensystems aufhalten; er müsste seinen Platz vielmehr in der äußeren Oortschen Wolke haben, sonst wäre er bereits entdeckt worden. Doch eine solche Entfernung setzt eine Umlaufzeit von weit mehr als 24.000 Jahren voraus – oder der Himmelskörper würde aufgrund seiner hohen Fluchtgeschwindigkeit von der Sonne im All verloren gehen. Ich sah mich mit demselben Dilemma konfrontiert. Die einzige Antwort ist ein kleinerer Himmelskörper oder eine erst kürzlich aufgetretene Änderung in seinem Orbit. Keiner dieser beiden Ansätze steht im Einklang mit der vom *Binary Research Institute* postulierten Erklärung für die Präzession der Tagundnachtgleichen.

Trotzdem erwähnen die Autoren einige sehr interessante Dinge über den Drehimpuls des Sonnensystems und beschreiben die Wichtigkeit der so genannten »steilen Flanken« innerhalb des Edgeworth-Kuiper-Gürtels.[24] Doch so wie auch schon John Bagby vor ihnen erscheint mir ihre finale These zu ambitioniert, um brauchbar zu sein. Wie Bagby würde ich also auch ihre Arbeit wegen ihrer Originalität und ihres zum Nachdenken anregenden Materials schon empfehlen, doch was ihre Thesen und Schlussfolgerungen betrifft, wäre ich eher vorsichtig bis skeptisch.

Ein weiterer Verfechter der Zwillingsstern-Theorie ist der Autor Joseph H. Cater. In seinem Buch »Die ultimative Realität: Die neue Kosmologie und Physik des Äthers und der weichen Elektronen« stellt er die Behauptung auf, dass der Mars teilweise von den Strahlen eines Zwillingssterns erwärmt wird.[25]

Dies ist natürlich so gut wie unmöglich – zumindest insofern, als kein möglicher Zwillingsstern der Sonne nah oder hell genug ist, um das Klima auf einem der inneren Planeten des Sonnensystems in irgendeiner Weise zu beeinflussen. Jedenfalls ist dies nach den physikalischen Gesetzen des Universums, so weit wir mit ihnen vertraut sind, nicht möglich.

Diese beiden letztgenannten Beispiele sind einfach nur zwei aus einer Vielzahl von Thesen und Theorien rund um das Thema »Planet X« und mögliche Zwillingssterne der Sonne. Das offenkundig mangelnde Interesse professioneller Astronomen an diesem Thema hat wohl weniger damit zu tun, dass sie sich hierzu keine Gedanken machen; vielmehr wollen sie nicht von ihresgleichen bei solchen Gedankengängen erwischt werden. In dieser besonderen Nische der Wissenschaft ist ein Vakuum entstanden, das unabhängigen Freigeistern manchmal gestattet, mit radikalen Ideen und Thesen hervorzutreten.

Auch ich bin natürlich einer dieser unabhängigen Forscher. Ich bin mir auch bewusst, wieviele andere Freidenker sich ähnlichen Gedankengängen hingeben. Das Resultat davon sind eine Inflation von Spekulationen um den Planeten X im Internet und verwirrende bis rätselhafte Theorien um ihn. Eines der Ziele dieses Buchs ist, dieses Thema näher zu beleuchten.

Die Zwillingsstern-Theorie

Es ist vollkommen klar, dass wir nicht in einem »richtigen« Zwillingssternsystem leben. Wenn wir Begriffe verwenden wie »Zwillingsstern« oder »Begleiter«, sprechen wir bestenfalls über einen Zwergstern in beträchtlicher Entfernung zur Sonne oder über einen »gescheiterten« Stern oder einen kleinen Braunen Zwerg, der sich irgendwo unter den Kometen aufhält. Wie wir sehen konnten, haben sich viele Forscher und Wissenschaftler in den letzten Jahrzehnten für solch eine These ausgesprochen – von angesehenen Universitätsprofessoren bis hin zu Alternativwissenschaftlern, die oft als »durchgeknallte Spinner« bezeichnet werden.

Nach meiner Einschätzung existiert hier ein breites Spektrum von Möglichkeiten, und manche von ihnen erscheinen durchaus plausibel. Angesichts der Ergebnisse verschiedener Analysedaten aus den tieferen Weiten unseres Alls glaube ich nicht, dass irgendjemand die Möglichkeit der Existenz eines Planeten X, der nur noch auf seine Entdeckung wartet, rundheraus ablehnen sollte.

In den folgenden Kapiteln werden wir uns verschiedene wissenschaftliche Beweise anschauen, die in den letzten Jahren hervorgebracht wurden und eindrucksvoll für die Existenz eines solchen Zwillingssterns der Sonne, der seiner Entdeckung harrt, sprechen. Einige dieser Beweise sind tatsächlich zwingend; es handelt sich dabei um Anomalien, die im Widerspruch zu unserem konventionellen Verständnis des Sonnensystems stehen. Weitere Belege wurden bei der Beobachtung bestimmter Sternsysteme gefunden, wo Präzedenzfälle für die von mir vorgeschlagene Art von Modellen vorliegen.

So ist zum Beispiel das Objekt *Epsilon Indi B* ein klares Beispiel für einen verhältnismäßig großen Braunen Zwerg, der seinen Mutterstern in einer Entfernung umkreist, die ich auch für unseren Dunkelstern als Begleiter der Sonne befürworten würde. Dies bezeugt die Möglichkeit, dass solch ein Objekt in einer Entfernung von ungefähr 1.500 AE von der Sonne aufgefunden werden könnte. Denn was immer an theoretischen Zweifeln geäußert wurde, wie sich das denn ereignet haben könnte – es gibt bereits Beweise, die andernorts vorgebracht wurden und welche die hier vorgebrachte These stützen.

»Der gescheiterte Stern und sein Begleiter bilden ein Zwillingssystem, wobei die beiden Protagonisten mehr als 1.500 AE voneinander entfernt sind (...). Astronomen schätzen, dass *Epsilon Indi B* ungefähr die 45-fache Masse des Jupiter hat, unseres größten Planeten im Sonnensystem, und eine Oberflächentemperatur von nur 1.000°C«.[26]

Andere Sternsysteme bilden ebenfalls einige wundervolle Präzedenzfälle, und viele der neu entdeckten extrasolaren Planeten sind erstaunlich und vielgestaltig – und eine Herausforderung für viele Astronomen, alte Dogmen zu hinterfragen. Sie zwingen uns dazu, aufgeschlossen zu bleiben und uns daran zu erinnern, dass das Element des Unerwarteten dem wissenschaftlichen Fortschritt nicht fremd ist. Es gibt natürlich keine fremdartigeren Himmelskörper als Braune Zwerge, und ihre Existenz ist nicht länger nur reine Spekulation, sondern eine untermauerte wissenschaftliche Tatsache. Im nächsten Kapitel werden wir das »Reich« dieser Sonderlinge am Himmel erkunden.

Quellen

1 J. d'Arc: »Space Travellers and the Genesis of the Human Form«, The Book Tree, 2000, S. 43 – 44

2 E. Plunket: »Calendars and Constellations of the Ancient World«, 1903, S. 227-228, Random House, 1997

3 A. Gilbert: »Signs in the Sky«, Corgi, 2000

4 R. Bauval, A. Gilbert: »Das Geheimnis des Orion«, Droemer Knaur, 2001

5 E.C. Krupp: »In Search of Ancient Astronomies«, Penguin, 1984, S. 218

6 W. Corliss: »The Sun and Solar System Debris – A Catalog of Astronomical Anomalies«, 1986, S. 172. Dank an Greg Jenner.

7 M. Redfern, N. Henbest: »Has IRAS found a Tenth Planet?«, New Scientist, 10/11, 1983

8 Z. Sitchin: »Die Hochtechnologie der Götter«, Kopp 2004

9 Enuma Elish, Tafel VII, Verse 125 – 133

10 Enuma Elish, Tafel V, Verse 1 – 10

11 R. Kerrod: »The Illustrated Guide to the Night Sky«, Quarto, 1993, S. 88

12 J. Davies: »Beyond Pluto«, Cambridge University Press, 2001, S. 63

13 J. Bagby: »Evidence for a Tenth Planet or Massive Solar Companion beyound Uranus«, 1982

14 Postskriptum des Herausgebers des Kronos Journals, Vol. IX, Nr. 3, Sommer 1984.

15 J. Bagby: »Further Speculations on ›Planet X‹«, Korrespondenz mit dem Kronos Journal, Vol. IX, Nr. 3, Sommer 1984

16 B. Akins: »Pioneer Home: Mission Status«, http://spaceprojects.arc.nasa.gov/Space_Projects/pioneer/PNStat.html; aktualisiert am 22.2.2001

17 J. B. Murray, Mon. Not. r. Astron. Soc., Vol. 309, 1999, S. 31 – 34

18 J.J . Matese, P.G. Whitman, D.P. Whitmire, icarus, vol. 141, 1999, S. 336 – 354

19 Korrespondenz mit John Lee bzgl. wissenschaftlicher Kritik, 17.3.2004

20 R. Britt: »Mysterious Object Might be First Extrasolar Planet Photographed«, http://www.space.com/scienceastronomy/astronomy/brown_dwarfs_020522.html, 22.5.2002. Dank an Theo.

21 A. Lloyd: »Winged Disc: The Dark Star Theory«, 2001, über den Autor erhältlich.

22 Korrespondenz mit John Lee alias Maurice Devon, »The Real Deal«, 22.3.2004

23 W. Cruttenden, V. Dayes: »Understanding Precession of the Equinox: Evidence our Sun may be Part of a Long Cycle Binary System«, Herbst 2003, http://newfrontiersinscience.com/Members/v02n01/a/NFS0201a.shtml

24 Binary Research Institute: »Evidence: Angular Momentum«, http://www.binaryresearchinstitute.org/evidence/angular.shtml

25 J. Cater: »Die ultimative Realität: Die neue Kosmologie und Physik des Äthers und der weichen Elektronen«, Ferzak, 2000

26 D. Whitehouse: »›Failed Star‹ found nearby«, 15.1.2003, http://news.bbc.co.uk/2/hi/science/nature/2660953.stm

Kapitel 5

Braune Zwerge

Im letzten Kapitel warfen wir einen Blick auf die verschiedenen Arten von Himmelskörpern, die als Teil eines möglichen Doppelsternsystems über die Jahre hinweg von verschiedenen Forschern und Wissenschaftlern vorgeschlagen wurden. Einige dieser Himmelskörper sind Zwergsterne, von denen die »schwarzen« und »roten« Versionen ziemlich groß sind und ihr eigenes Licht erzeugen. Um die Sonne zu umkreisen und trotzdem bisher der Entdeckung entgangen zu sein, müssten diese Arten von Zwergsternen sich auf halber Strecke zum nächstgelegenen Stern befinden – also Lichtjahre entfernt.

Deshalb untersuchten wir Argumente, die für einen kleineren Himmelskörper sprechen, und plädierten für ein kleineres dunkles Objekt mit einem Vielfachen der Masse des Jupiter und einer exzentrischen Umlaufbahn um die Sonne. Dieser Himmelskörper ähnelt der Art von Planeten, wie sie John Matese und John Murray postuliert haben. Gegenwärtig ist dieser massive Planet sehr blass und lichtschwach und wurde wahrscheinlich noch nicht direkt entdeckt (obwohl die Möglichkeit besteht, dass er bereits bemerkt, aber als weiter entfernter Stern missdeutet wurde). Der Zehnte Planet ist ein dunkler, weit entfernter Himmelskörper, der trotz seiner Größe nur sehr wenig Licht von der Sonne zu uns reflektiert.

Ist dieser Dunkelstern, wie ich ihn nenne, ein »Brauner Zwerg«?

Braune Zwerge sind weder richtige Sterne noch Planeten, sondern »irgendetwas dazwischen«. Lange Zeit existierten sie nur in der Theorie bestimmter Astrophysiker. Sie scheinen nicht mit der Intensität von Sternen und sind größtenteils »dunkle« Objekte am Himmel. Sterne und Planeten bilden sich durch die Anhäufung von Materie. Sterne bilden sich in »stellaren Horten« neben anderen Schwestersternen, oft dicht beieinander.

Das ist auch der Grund, weshalb es so viele Doppelsternsysteme gibt. Danach breiten sie sich aus, wie junge Vögel, die das Nest verlassen. Gewöhnlich zieht jeder von ihnen eine riesige protoplanetare

Scheibe aus Gas- und Staubpartikeln mit sich, die um den Stern herumwirbeln und sich langsam zu Planeten und anderen Himmelskörpern verdichten. Diese Planeten können sehr verschiedenartig sein, was Größe und Eigenschaften betrifft.

Es ergibt Sinn, dass eine große Bandbreite unterschiedlich geformter Objekte in der Galaxis existieren sollte – von den kleinsten Kometen über die Fest- und Gasplaneten, Braunen und Roten Zwerge bis hin zu den größten bzw. hellsten Sternen. In der Galaxis ist Vielfalt die Würze des Lebens.

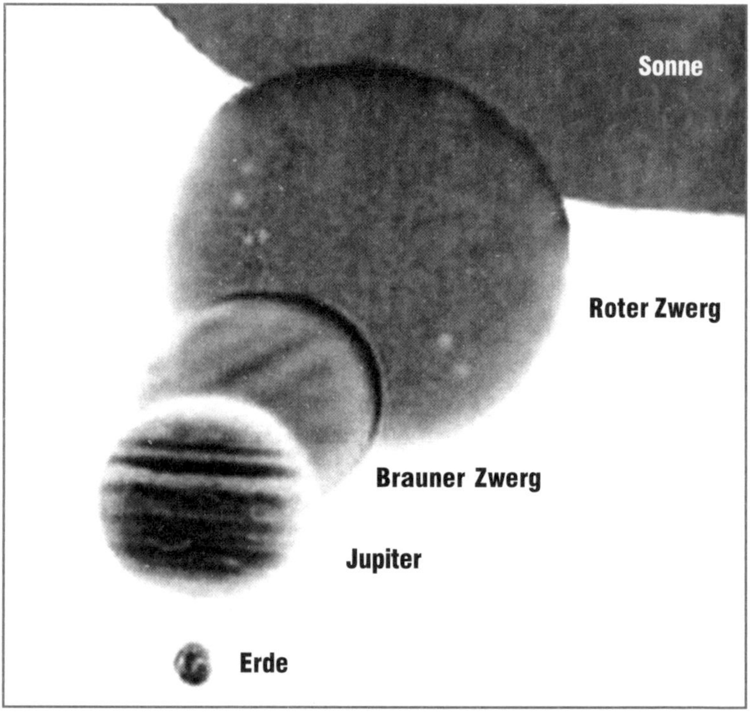

Größenvergleich: Erde, Jupiter, Brauner Zwerg, Roter Zwerg und Sonne

Bis vor kurzem war unser Wissen über Sterne und Planeten recht überschaubar und unkompliziert. Sterne geben durch den Kernfusionsprozess Licht ab, und Planeten sind nicht selbstleuchtende Objekte, die Sterne umkreisen und ihr Licht reflektieren.

Dies sagte uns unser »gesunder Menschenverstand«. Niemand

verbrachte allzu viele schlaflose Nächte mit Sorgen darüber, was wohl passieren würde, wenn ein Himmelskörper, der Massenpartikel zur Bildung eines Sterns anhäuft, in einem Zustand irgendwo zwischen Stern und Planet endet.

Braune Zwerge sind genau diese Himmelskörper, die nicht genügend Masse angehäuft haben, um den Kernfusionsprozess in Gang zu setzen, der Sterne zum Leuchten bringt. Die kleinsten von ihnen haben ungefähr das Zwölffache der Masse des Jupiter, der größte ist achtzig Mal so groß wie der größte Planet unseres Sonnensystems, was immer noch weniger als ein Zehntel der Masse unserer Sonne ist. Je schwerer ein Zwergstern ist, desto heller scheint er.

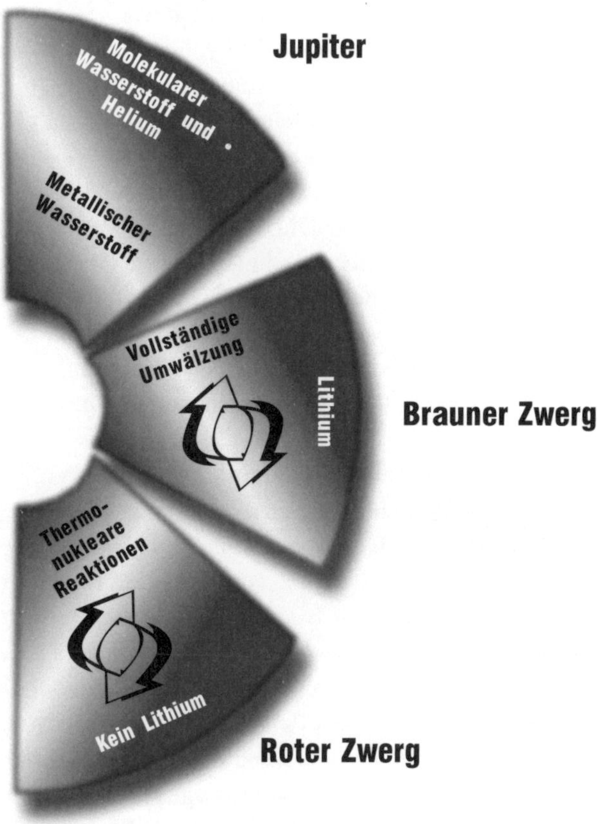

Innerer Aufbau im Vergleich

Sterne dieser Sorte sind imstande, ihr eigenes Licht und ihre eigene Wärme zu erzeugen, auch wenn dies auf andere Weise geschieht als beim Kernfusionsprozess in der Sonne. Ihre Fähigkeit, Licht und Wärme zu erzeugen, hängt auch stark von ihrem Alter ab. Selbst sehr kleine Braune Zwerge sind am Anfang ziemlich hell, doch mit fortschreitendem Alter sinkt ihre Leuchtkraft rasch. Man könnte sagen, dass sie schnell altern; die »Blüte ihrer Jugend« verwelkt schnell durch die intensive Aktivität zu Beginn ihrer Lebensspanne.

Man geht davon aus, dass es eine »50:50«-Chance für die Existenz eines Braunen Zwergs zwischen unserer Sonne und dem nächstgelegenen Stern, Proxima Centauri, gibt.[1] Braune Zwerge sind ungefähr so groß wie der Planet Jupiter, doch um ein Vielfaches schwerer. Sie sind dichter und deshalb heißer und aktiver. Sie verfügen über Wasserstoffkerne wie unsere großen Gasplaneten und können sehr schnell um ihre eigene Achse rotieren, manche bis zu einer vollen Umdrehung pro Stunde. Den größten Teil ihrer Energie geben sie im Infrarotbereich des elektromagnetischen Wellenspektrums ab.

Unser Wissen um diese Objekte ist immer noch sehr lückenhaft, da sie durch ihre relative Dunkelheit nur sehr schwer direkt zu beobachten sind, was vor allem für die älteren unter ihnen gilt, deren Leuchtstärke schon stark abgenommen hat. Unter Wissenschaftlern werden unterschiedliche Ansichten vertreten, was die Entstehung dieser Braunen Zwerge betrifft; manche glauben, sie entstehen mehr oder weniger so wie gewöhnliche Sterne auch, andere mutmaßen, dass sie eher Eigenschaften charakteristisch für Planeten aufweisen, die aus sich neu bildenden Sternsystemen herauskatapultiert werden. Gegenwärtig herrscht die Ansicht, dass sie sich genauso bilden wie gewöhnliche Sterne, doch aufgrund zu starker Hin- und Herbewegungen nicht genug Masse anhäufen, um sich zu »vollwertigen« Sternen zu entwickeln.

Die kritische Größe, ab der ein Himmelskörper durch die von seiner eigenen Gravitation verursachten Temperaturen und Druckzustände den Kernfusionsprozess aufrechterhalten kann, liegt bei ungefähr achtzig Jupitermassen.[1] Das ist der Punkt, an dem ein neuer Stern geboren wird. Über die Entstehung von Planeten wissen wir vergleichsweise noch nicht so viel, und die jüngsten Entdeckungen extrasolarer Planeten stellen Astrophysiker vor die Herausforderung, ihre Theorien nochmals zu überdenken. So oder so: Wenn ein Planet entsteht – auch wenn er die mehrfache Masse des Jupiter aufweist –, dann bleibt er eben genau das: ein Planet. Erhöht sich die Masse dieses Objekts weiter, fangen die Dinge an, etwas komplizierter zu werden.

Die Geschichte der Braunen Zwerge

Der Begriff »Brauner Zwerg« ist schon seit einiger Zeit im Umlauf, obgleich bis vor kurzem keine verlässlichen astronomischen Daten dazu verfügbar waren. Carl Sagan erwähnte einmal den Astronomen Harlow Shapley, der in den 1950er-Jahren tätig war. Shapleys These war, dass Braune Zwerge (oder »Liliputaner-Sterne«, wie er sie nannte) warme Oberflächen hätten, die Astronauten erkunden und auf denen sie überleben könnten.[2] Heute wissen wir, dass dies nicht der Wahrheit entspricht: Braune Zwerge sind im Grunde warme Versionen des Planeten Jupiter. Dieser Riesenplanet hat keine feste Oberfläche, nur eine gewaltige Gasatmosphäre mit Wolken und schweren Stürmen. Vor einigen Jahren führte ich eine Diskussion mit einem Experten auf dem Gebiet der Braunen Zwerge, und sein Fazit war: »Braune Zwerge mögen vielleicht nicht bewohnbar sein, aber sie könnten Monde haben, die Leben unterstützen.«[3] Diese gescheiterten Mini-Sterne könnten in ihren eigenen Planetensystemen Leben beherbergen.

Der Begriff »Brauner Zwerg« wurde erstmals von Jill Tarter vom SETI-Institut in ihrer 1975 verfassten Doktorarbeit verwendet. Sie benutzte ihn, um den Gebrauch des früheren Begriffs »Schwarzer Zwerg« zu korrigieren. Dieser wurde als unpassend angesehen, denn er war bereits zur Beschreibung der Endphase eines voll entwickelten Sterns benutzt worden, der sich nach seiner Phase als Weißer Zwerg abkühlte.

Braune Zwerge sind sehr schwer aufzufinden. Sie leuchten äußerst schwach und geben den größten Teil ihrer Strahlung im Infrarotbereich ab, weil ihre Masse-Leuchtkraft-Relation mit einem Wert von 0,08 unterhalb der Schwelle liegt, an der der Kernfusionsprozess in Gang gesetzt wird. Stattdessen geben sie Energie in Form von langwelliger Infrarotstrahlung ab, die von ihrer ursprünglichen Entstehung übriggeblieben ist.

Je jünger ein Brauner Zwerg ist, desto heller erscheint er. Wir haben also bessere Chancen, Braune Zwerge zu entdecken, die sich gerade erst gebildet haben. Je älter sie dann werden, desto mehr erscheinen sie wie der Planet Jupiter, nur eben viel massiver. Der allgemeine Richtwert ist, dass ein Brauner Zwerg ungefähr ein Hunderttausendstel der Leuchtstärke unserer Sonne aufweist.[4] Sein Spektrallinienmuster unterscheidet sich von dem sehr kühler Sterne und zeigt eine ungewöhnliche Absorptionslinie des kurzlebigen Elements Lithium.

Braune Zwerge leuchten übrigens abweichend von ihrem Namen in einem intensiven Rot. Im Jahre 1997 entdeckte die Astronomin Maria Theresa Ruiz vom *European Southern Observatory* (ESO, Europäische Sternwarte) in Chile einen Braunen Zwerg, mit dem sich erstmals die Möglichkeit bot, diese schwer erfassbaren Objekte besser studieren zu können. Sie nannte das Objekt *KELU-1*, wobei «Kelu« das Wort für die Farbe Rot in der Sprache der Eingeborenen von Zentralchile ist.

Obwohl dieser Himmelskörper nur dreiunddreißig Lichtjahre entfernt ist, liegt seine scheinbare Helligkeit bei +22.3 mag (mag = Größenklasse), was ungefähr der Helligkeit des Objekts entspricht, das Dr. Murray in der Oortschen Wolke vermutet. Somit bildet dies einen Präzedenzfall für die Entdeckung eines Planeten/Braunen Zwergs in der Oortschen Wolke.[5] Wenn ich mit meiner These jedoch richtig liege und Murrays Planet nun enger an die Sonne gebunden ist, sollte er wesentlich heller als dieses Objekt sein.

Gliese 229B

Der wohl bekannteste Braune Zwerg und einer, den man tatsächlich durch ein irdisches 1,50-Meter-Teleskop sehen kann, ist *Gliese 229B*, der im Jahre 1995 entdeckt wurde. Er ist Teil eines Doppelsternsystems, zu dem der Rote Zwerg *Gliese 229A* gehört. Er befindet sich in einer Entfernung von nur 19 Lichtjahren zur Sonne. Die Entfernung zwischen dem Braunen Zwerg und seinem Begleitstern entspricht in etwa der zwischen der Sonne und dem Planeten Pluto. Seine Lichtstärke entspricht ungefähr einem Zehntel des lichtschwächsten Sterns. Die Spektralanalyse weist auf große Mengen an Methan und Wasserdampf hin. Methan wäre nicht vorhanden, wenn die Oberflächentemperatur des Sterns höher als 1500° Kelvin wäre.
Astronomen gehen von einer Temperatur von etwa 900° Kelvin aus (die Oberflächentemperatur des Jupiter liegt im Vergleich dazu bei 130° Kelvin). Die Masse schätzen sie auf zwanzig bis fünfundfünfzig Jupitermassen und das Alter des Doppelsternsystems auf eine bis fünf

Art des Objekts	Gasriese	Brauner Zwerg	Brauner Zwerg	Roter Zwergstern	Gelber Zwergstern
Masse (Jupiter-Masse)	1	30 – 40	55	300	1000
Durchmesser (km)	71.500	65.000	150.000	250.000	696.000
Temperatur (Kelvin)	100	1000	2600	3400	5800
Alter (Jahren)	4,5 Mrd.	2 – 4 Mrd.	120 Mio	2 – 4 Mrd.	4,5 Mrd.
Wasserstoffverbindung	nein	nein	nein	ja	ja
Deuterium-Verbindung	nein	ja	ja	ja	ja

Fünf verschiedene Himmelskörper
und ihre wichtigsten physikalisch-chemischen Merkmale.

Milliarden Jahre. Der Braune Zwerg hat eine dunstig-trübe Schicht tief in seiner Atmosphäre, die verursacht, dass er im sichtbaren Licht viel lichtschwächer erscheint als es sonst der Fall wäre. Es ist möglich, dass das ultraviolette Licht seines Begleiters seine atmosphärischen Eigenschaften ändert und er deshalb nicht wie ein isolierter Brauner Zwerg wie etwa *KELU-1* erscheint.[1]

Der nächste uns bekannte Braune Zwerg

Im November 2000 analysierte ein Team von Wissenschaftlern ein lichtschwaches Objekt mit der sechzig- bis neunzigfachen Masse des Jupiter, das in einer Entfernung von nur dreizehn Lichtjahren von der Sonne entdeckt wurde.[6] Abhängig von seiner tatsächlichen Masse könnte es entweder ein schwerer Brauner Zwerg oder ein leichter normaler Stern sein. Die Abwesenheit von Lithium in seinem Analysespektrum scheint auf Letzteres hinzudeuten.

Dieser Stern/Braune Zwerg befindet sich relativ isoliert im All und ist das nächstgelegene Objekt seiner Art, das bisher entdeckt wurde. Wissenschaftler gehen davon aus, dass wohl noch mehr Objekte dieser Art auf ihre Entdeckung warten, von denen einige vielleicht sogar unserem Sonnensystem noch näher sind als dieser Braune Zwerg. Unser Wissen über unseren eigenen »kosmischen Hinterhof« mit Blick auf benachbarte Sterne ist immer noch sehr lückenhaft.

Braune Zwerge geben also sichtbares Licht ab, wenn auch nur sehr schwach, doch sie sind kühl genug, um eine planetenähnliche Atmosphäre beizubehalten! Sterne und Planeten scheinen also nicht mehr vollkommen unterschiedliche Himmelskörper zu sein. Stellen Sie sich das Leben auf einem Mond vor, der einen Braunen Zwerg umkreist: Der »Dunkelstern«, um den Ihr Mond kreist, würde rotes Licht und Wärme abgeben, doch in Bezug auf seine Größe und atmosphärische Konsistenz erschiene er wie der Planet Jupiter. Wohl eher wie Jupiter in Flammen!

Ihr Mond würde nicht nur durch die intensive Infrarotstrahlung erwärmt werden, die der Braune Zwerg abgibt, sondern auch durch den bereits erwähnten »Tidenhub-Effekt« der Gezeitenerwärmung (wie bei Io und Europa, die durch den ansonsten kühlen Jupiter erwärmt werden) und sein rotes Licht. Würde es sich um einen terrestrischen Mond handeln, das heißt, würde er Wasser in flüssiger Form und eine stickstoffhaltige Atmosphäre aufweisen, wäre es dann vielleicht möglich, dass sich unter solchen Voraussetzungen Leben entwickeln könnte? Ohne die gefährliche ultraviolette und sonstige kosmische Strahlung, wie sie von der Sonne ausgeht, könnte man sogar behaupten, dass diese Art von Umgebung für die Entstehung von Leben tatsächlich vorteilhafter wäre als die Bedingungen auf der Erde!

Eruptionen auf Braunen Zwergen

Braune Zwerge zeigen mitunter auch ein unvorhersagbares Verhalten. Sie können plötzliche intensive Eruptionen abgeben, deren Strahlung im Röntgenspektrum messbar ist und den Eruptionen ähnelt, die gewöhnliche Sterne abgeben. Da man bisher davon ausging, dass sich Braune Zwerge eher wie Gasgiganten verhalten, war dies eine unerwartete Entdeckung.[7] Die starke Eruptionsaktivität scheint das Ergebnis von Wirbelströmen magnetisierter Materie direkt unter der Oberfläche des Braunen Zwergs zu sein, die seine Atmosphäre aufheizen und zu intensiven Strahlungsausbrüchen im Röntgenspektrum führen – ähnlich wie Stürme auf der Erde Blitze erzeugen.[8, 9]

In Kapitel 2 warfen wir einen Blick auf Beschreibungen des Dunkelsterns aus der Antike, der in den babylonischen Schöpfungsmythen als »Marduk« bezeichnet wurde. Die von Braunen Zwergen ausgehenden Eruptionen entsprechen eindeutig der in den Mythen beschriebenen Fähigkeit des Gottes, »Feuer zu atmen«! Auch wenn Braune Zwerge sehr lichtschwach sind, geben sie doch zu einem gewissen Grade Licht ab – mitunter sogar eine ganze Menge.

Braune Zwerge strahlen am hellsten, wenn sie noch jung sind, vor allem weniger als eine Million Jahre. Im Jahr 2000 konzentrierten sich die Wissenschaftler bei der Arbeit mit dem Hubble-Weltraumteleskop auf zwei Arten dieser jungen Braunen Zwerge, als sie aus ihren jeweiligen »Geburtsorten« in etwa 1500 Lichtjahren Entfernung hervortraten. Die Aufnahmen zeigen stechend rote Sterne, wie von den verschiedenen Modellen zur Beschreibung sehr junger Brauner Zwerge vorhergesagt.[10] Je älter Braune Zwerge werden, desto schneller lässt ihre Leuchtkraft nach. Dies erklärt, weshalb es offenkundig leicht war, diese Anhäufungen viel jüngerer Brauner Zwerge in einer Entfernung von 1500 Lichtjahren zu fotografieren. Ältere Braune Zwerge in unserer Nähe sind nach wie vor nur schwer zu fotografieren. Der Dunkelstern ist so alt wie die Sonne, weshalb die Menge an Licht, die er abgibt, im Vergleich zu diesen Objekten merklich geringer ist, und zwar um einige Größenordnungen.

Doch die Tatsache, dass ältere Braune Zwerge starke Strahleneruptionen abgeben, deutet darauf hin, dass ein Dunkelstern alles andere als »tot« ist. Einige Experten auf dem Gebiet der Braunen Zwerge halten es für wahrscheinlich, dass die kleinere ältere Variante noch einige Überraschungen birgt. Trotz des Alters unseres Dunkelsterns erzeugt die Dichte dieser Objekte eine starke Schwerkraft an ihrer Oberfläche, die ihrerseits Einfluss auf magnetische Aktivitäten ausübt, was zu Eruptionen und starken Stürmen führt.

Wettermuster von Braunen Zwergen

Astronomen, die sich auf das Studium von Braunen Zwergen spezialisieren, haben versucht zu erklären, warum viele dieser Objekte heller sind, als nach den gängigen Theorien zu erwarten wäre. Der gesunde Menschenverstand würde uns zu der Annahme verleiten, dass die Helligkeit Brauner Zwerge nachlassen sollte, wenn sie sich über einen gewissen Zeitraum hinweg abkühlen. Doch offensichtlich ist dies nicht unbedingt der Fall.

Aus Wettermodellen, die man vom atmosphärischen System des Jupiter abgeleitet und auf Braune Zwerge angewendet hatte, ist ein besonderes Modell hervorgetreten, mit dem die Anomalie erklärt werden könnte. Braune Zwerge glühen schwach, wie auch die Holzkohle eines erlöschenden Feuers sowohl Wärme als auch Licht abgibt.[11] Wissenschaftler können dieses Glühen mit Infrarot-Teleskopen erkennen.

Die mit zunehmendem Alter des Braunen Zwergs abnehmende Helligkeit verläuft nicht linear, wie man zuvor glaubte. Zumindest für eine Weile scheinen Braune Zwerge heller zu werden, während sie sich abkühlen. Dies könnte aufgrund von schwankenden Umständen in der oberen Atmosphäre der Fall sein. Die höhere Wolkenschicht könnte sich zerteilen, dadurch die inneren Regionen des Braunen Zwergs zum Vorschein bringen und starke Hitzequellen hervortreten lassen. Mit anderen Worten: Die Wettersysteme eines Braunen Zwergs erzeugen Schwankungen in der Menge des abgegebenen Lichts und der Wärme, was sie als Studienobjekte weniger vorhersagbar macht.

Licht emittierende Planeten

Der Begriff »Licht emittierender Planet« wurde verwendet, um »frei schwebende« Planeten zu beschreiben, die so jung sind, dass sie Licht abgeben und fotografiert werden können.[12] Solche Entdeckungen stellen unser gesamtes Wissen über die Unterschiede zwischen Sternen und Planeten in Frage.

Von besonderem Interesse ist dabei die Tatsache, dass es sich hier um »freischwebende« Planeten handelt, ähnlich wie Nibiru, bevor er vor vier Milliarden Jahren in die planetarische Zone unseres Sonnensystems eindrang. Diese frei beweglichen, Licht emittierenden Planeten könnten uns ein Modell dafür liefern, wie es unserem eigenen Sternsystem kurz nach seiner Geburt vielleicht ergangen war; vielleicht gab es auch hier »Nomaden«-Objekte in der Größe von Planeten, die von ihren Muttergestirnen hinausgeschleudert wurden und in »stellaren Horten« umherziehen.

War der Dunkelstern vielleicht solch ein Objekt, das von der protoplanetaren Scheibe eines anderen Sterns hinausgeschleudert wurde und in das noch junge planetarische System unserer Sonne einbrach?

Wir wissen jetzt, dass viele der neu entdeckten »extrasolaren Planeten« sehr exzentrische Umlaufbahnen haben, was darauf hindeutet, dass nicht-kreisförmige Orbits in Sternsystemen die Normalität sein könnten.[13] In mindestens einem Fall entdeckte man einen Braunen Zwerg eingebettet in ein »normales« extrasolares Planetensystem, ohne dass seine Anwesenheit unter den anderen Planeten Chaos verursacht zu haben scheint.[14, 15] Die Geburt von Planetensystemen erscheint alles andere als einfach und leicht verständlich.

In Bezug auf die Dunkelstern-Theorie scheint das neue Verständnis, das wir über diese gescheiterten Sterne erlangen, eine ideale Plattform zur Erkundung des Konzepts einer bewohnbaren Welt in unseren Kometenwolken zu bieten, wie es die Sumerer bereits beschrieben. Eine Welt, die um einen Dunkelstern kreist, der für uns praktisch unsichtbar ist, aber große Mengen an Wärme und langwelligem Licht abgibt, ohne jedoch die Bewohner jener Welt der Art von schädlicher Strahlung auszusetzen, wie sie die Sonne abgibt.

Könnte dies auch die ungeheuer lange Lebenszeit der Anunnaki erklären, die Sitchin in seinen Werken nennt? Man könnte nämlich spekulieren, dass unsere schmerzhaft kurze Lebenszeit nur deswegen so kurz ist, weil wir ständig den hochenergetischen Strahlungspartikeln ausgesetzt sind, mit denen unsere Sonne uns bombardiert. Astronauten-»Götter« zu Besuch in unserem Lebensumfeld könnten feststellen, dass ihre Lebenszeit hier beträchtlich kürzer ausfällt, was auch für die Lebenserwartung ihrer Kinder zutreffen würde. Das Leben auf der Erde ist zwangsläufig sterblich. Vielleicht könnte die weniger lebensfeindliche Umgebung eines bewohnbaren Mondes im Umkreis um einen Braunen Zwerg helfen, die Lebenszeit des Menschen zu verlängern.

Braune Zwerge haben ebenfalls Planeten!

Wenn wir über Braune Zwerge sprechen, bewegen wir uns in der Grauzone zwischen Sternen und Planeten. Ihre Eigenschaften entsprechen entweder mehr der einen oder der anderen Kategorie, und eine der wichtigeren Unterscheidungen, die man vornehmen muss, ist, unter welchen Umständen sich der Braune Zwerg bildet. Entsteht er auf dieselbe Weise wie ein Stern, also in einem »stellaren Hort«, oder ist der Braune Zwerg einfach ein überdimensionierter Planet? Die Forschungsergebnisse von Ray Jayawardhana, einem wissenschaftlichen Mitarbeiter an der Universität von Toronto, legen nahe, dass sie dem Entwicklungsweg der Sterne folgen.[16]

Dr. Jayawardhana erwähnt auch, dass junge Braune Zwerge protoplanetare Scheiben mit Gas- und Staubpartikeln aufweisen, ähnlich wie es bei gewöhnlichen Sternen der Fall ist, und dass dies auch ein

»fruchtbarer Nährboden« für die Entstehung von Planeten um diese Braunen Zwerge herum sein könnte. In der Tat scheint es sehr wohl möglich, dass Braune Zwerge ihr eigenes »Gefolge« von Asteroiden, Kometen und Planeten haben könnten, die zu Beginn der Lebensspanne des Muttersterns entstanden.[16]

Wir könnten dann sagen, dass die Sonne in einem »stellaren Hort« geboren wurde, und dass sich in ihrer unmittelbaren Umgebung auch andere Sterne gebildet hatten. Lassen Sie uns einmal davon ausgehen, dass ein Brauner Zwerg das Licht des Lebens in der Nähe der Sonne erblickte und als weiter entfernter Zwillingsstern in ihrem Schwerkrafteinfluss blieb. Wenn dieser gescheiterte Zwillingsstern oder kleine Braune Zwerg dem Erklärungsmodell von Dr. Jayawardhana folgen würde, hätte er seine eigene protoplanetare Scheibe und somit die Möglichkeit, sein eigenes System von Planeten/Monden, Kometen und Asteroiden zu bilden. Diese wären dann getrennt von der Sonne entstanden, womit wir ihre Bildung nicht mehr auf Akkretionsmodelle [Theorien zur Entstehung] zurückführen müssten, bei denen diese Himmelskörper aus der protoplanetaren Scheibe der Sonne entstanden sein müssten. So könnten wir auf einen Schlag eine Vielzahl von Einwänden gegen die mögliche Existenz eines massiven Begleiters der Sonne vermeiden.

Das Chaos einer Sterngeburt

Die »stellaren Horte«, in denen sich diese neugeborenen Sterne befinden, sind oft »überfüllt«. Astronomen, die die chaotischen Zustände analysieren, die während der Geburt eines Sterns herrschen, stellten fest, dass Sterne sich so nah beieinander bilden können, dass sie während des Entstehungsprozesses nicht nur miteinander in Wechselwirkung, sondern in einen regelrechten Wettbewerb um das verbleibende Material in der stellaren Umgebung treten.[17] Dies führt zu chaotischen, aber dynamischen Umständen, unter denen Protoplaneten aus ihren ursprünglichen kreisförmigen Orbits hinausgezogen werden. In ähnlicher Weise könnten Braune Zwerge hinausgeschleuderte Protosterne sein, die nie wirklich die Chance hatten, genug Masse zur Bildung eines »richtigen« Sterns anzuhäufen. Dieser Mechanismus könnte erklären, warum es genauso viele Braune Zwerge in der Milchstraße gibt wie tatsächliche Sterne.

Wenn Braune Zwerge aus jungen Sternsystemen herausgeschleudert werden, ziehen sie das Material aus ihrer unmittelbaren Umgebung mit sich. Dies entzieht dem jungen Sternsystem einen Teil der Masse seiner äußeren protoplanetaren Scheibe. Man glaubt, dass dieser Mechanismus erklärt, weshalb manche protoplanetaren Scheiben sichtbar kleiner und ausgedünnter sind – etwas, das Astronomen als »Trunkierung« [Kürzung, Stutzung, Am. d. Ü.] bezeichnen.[1] Wenn Braune Zwerge tatsächlich so weit verbreitet sind wie man glaubt, dann sollten auch diese »gestutzten« protoplanetaren Scheiben häufiger vorkommen, und es sollte eine messbar verkürzte »Grenze« zur planetarischen Zone eines bestimmten Sterns geben, dem ein Brauner Zwerg als Zwillingsstern entzogen wurde.

Unser eigenes Sonnensystem scheint eine intakte Reihe von Planeten zu haben, was darauf hindeutet, dass die Sonne in der Frühphase ihrer Entstehung keinen Verlust eines Braunen Zwergs erlitten hat. Andererseits existiert jedoch auch eine messbare «Lücke« in den äußeren Regionen des Sonnensystems, die Astronomen als »Kuiper-Lücke« bezeichnen. Daraus lässt sich schließen, dass dort ein dynamischer Prozess stattgefunden haben muss, für den es bisher jedoch keine Erklärung gibt.

Doch der Verlust von Braunen Zwergen aus Sternsystemen ist nicht der einzige neue Mechanismus, über den sich Astronomen Gedanken machen. Man hat auch schon Braune Zwerge fotografiert, die ihren Mutterstern in einer Entfernung von nur 14 AE umkreisen, was in unserem Sonnensystem ungefähr einer Position zwischen Neptun und Uranus entspricht.[18] Nach unserem gegenwärtigen Verständnis der Entstehung von Planeten in den äußeren Regionen der planetaren Zonen war dies eigentlich nicht möglich. Offensichtlich spielt sich hier ein anderer Vorgang ab. Dies öffnet wiederum die Tür für neue wissenschaftliche Erkenntnisse und erhöht die Wahrscheinlichkeit, dass wir vielleicht doch noch einen Dunkelstern im Orbit um unsere Sonne entdecken.

Das Alter des Begleitsterns

Wenn wir die Möglichkeit in Betracht ziehen, dass unsere Sonne einen Zwillingsstern hat oder in weiter zurückliegender Vergangenheit einen hatte, dann haben wir es mit zwei Szenarien zu tun: Erstens, dieser

Stern bildete sich neben der Sonne als klassisches Zwillingssternsystem, oder zweitens, er wurde »eingefangen«, nachdem die Sonne bereits geboren war.

Im ersten Fall wäre er genauso alt wie die Sonne, also etwa 4,6 Milliarden Jahre. Ein Brauner Zwerg als Begleitstern wäre höchstwahrscheinlich im selben Cluster [Anhäufung von Gas- und Staubpartikeln, Anm. d. Ü.] wie die Sonne entstanden, komplett mit einer eigenen protoplanetaren Scheibe.

Wenn der Zwillingsstern ein eingefangenes Objekt ist, dann geschah dies wahrscheinlich vor 3,9 Milliarden Jahren während des »letzten großen Bombardements«. Doch die Wahrscheinlichkeit, dass ein Brauner Zwerg aus dem interstellaren Raum sich der Sonne so sehr genähert hätte, dass er unter ihren Schwerkrafteinfluss geriet und so in einen Orbit um sie gezogen wurde, ist ziemlich gering. Natürlich ist nichts unmöglich, doch statistisch ist dies eher unwahrscheinlich, selbst wenn man die Möglichkeit in Betracht zieht, dass es ungefähr genauso viele Braune Zwerge wie Sterne in der Galaxis gibt.

Als sich jedoch das Sonnensystem ursprünglich bildete, war die Dichte von Sternen und Braunen Zwergen in der unmittelbaren Umgebung wesentlich höher, und damit auch die Wahrscheinlichkeit einer »Vereinnahmung« durch die Sonne. In diesem Fall weist das eingefangene Objekt höchstwahrscheinlich auch in etwa dasselbe Alter wie die Sonne auf, da sie demselben »stellaren Hort« entstammen.

Das wahrscheinliche Alter eines Braunen Zwergs als Zwillingsstern entspräche also dem der Sonne, es sei denn, das oben genannte zweite Szenario hätte sich abgespielt, bei dem der Braune Zwerg erst später als interstellares Objekt in den Einflussbereich der Sonne geraten wäre. Das bedeutet, dass ein postulierter Zwillingsstern mit großer Wahrscheinlichkeit alt, klein und deshalb sehr leuchtschwach wäre. Dies ist natürlich der Grund, warum angesichts der Orbitaldistanzen, von denen hier die Rede ist, bisher keiner im Umkreis um die Sonne entdeckt wurde. Doch nur weil wir bisher keinen Stern gefunden haben, bedeutet das nicht, dass wir die Möglichkeit seiner Existenz ausschließen können.

Selbst die Suche mit dem IRAS-Infrarotteleskop ließ noch Platz für Zweifel, wie wir bereits gesehen haben. Einige vom IRAS-Teleskop entdeckte Objekte müssen immer noch genauer untersucht werden, was bedeutet, dass einige aus der zwanzigjährigen Suche angefallene Daten noch auf ihre wissenschaftliche Analyse warten.

Offensichtlich ist sich eine große Zahl neuer Himmelsforscher dieses Defizits bewusst und beabsichtigt, in den nächsten Jahren ihre Arbeit in dieser Richtung aufzunehmen. Unsere jetzigen Möglichkeiten und Fähigkeiten, kalte und lichtschwache Objekte in der Nachbarschaft unseres Sonnensystems zu entdecken, sind um einige Größenordnungen besser als noch zu Zeiten des IRAS-Projekts. Dies gestattet Wissenschaftlern, den Himmel nach einer viel größeren Bandbreite von kalten und dunklen Objekten in der Nähe der Sonne abzusuchen. Dies bedeutet auch, dass Wissenschaftler innerhalb des nächsten Jahrzehnts imstande sein sollten, mit höherer Sicherheit Aussagen darüber zu treffen, ob die Sonne mit ihren Planeten wirklich allein ist oder doch Teil eines Doppelsternsystems.

Der Dunkelstern

Als ich dieses Thema Ende der 1990er-Jahre erstmals erforschte und darüber schrieb, arbeitete ich auf der Grundlage, dass jeder Himmelskörper, der größer als Jupiter, aber kleiner als die Sonne ist, als Brauner Zwerg klassifiziert werden könnte. Als ich deshalb über Sitchins mythologischen Planeten sprach und ihn als Braunen Zwerg bezeichnete, berücksichtigte ich eine große Bandbreite von Möglichkeiten ... Schließlich ist die Sonne tausend Mal so schwer wie der Jupiter.

Doch damit sich meine Theorie weiterhin behaupten konnte, stellte es sich immer klarer heraus, dass die Masse meines Dunkelsterns viel eher der des Jupiter als der Sonne entsprechen musste. Tatsächlich war er wahrscheinlich kleiner als mindestens erforderlich, um als Brauner Zwerg durchzugehen. Es war ein »sehr kleiner Brauner Zwerg« mit weniger als zwölf Jupitermassen. Der Grund für meine Schlussfolgerung war, dass ein Objekt, das eher als klassischer Brauner Zwerg klassifiziert, genug Licht abgeben würde, um entdeckt zu werden – selbst bei den ungeheuer großen Entfernungen, die hier im Spiel sind.

Es ist eine Tatsache, dass »Planeten«, die einige Male größer als der Jupiter sind, auch dichter als dieser und deshalb auch in Wirklichkeit kleiner sind. Ebenso trifft es zu, dass sie wärmer wären, doch weniger Sonnenlicht reflektieren würden, da die oberen Wolkenschichten dunkler wären und so mehr Licht absorbierten. So wäre zum Beispiel ein sehr kleiner Brauner Zwerg mit mehreren Jupitermassen in unmittelbarer Nähe zum Jupiter tatsächlich kleiner und lichtschwächer als sein heller Bruder. Er wäre jedoch wärmer, ähnlich wie die Glut eines erlöschenden Feuers.

Doch der Dunkelstern befindet sich nicht in der Nähe des Jupiter, sondern höchstwahrscheinlich mindestens 100 Mal weiter weg. So könnte er sich bisher der Entdeckung entzogen haben, zumindest für den Augenblick. In den nächsten Jahren könnte sich dies jedoch leicht und schnell ändern, da neue Such- und Entdeckungssysteme neue Möglichkeiten bieten.

Die beste Chance hat wohl das bereits erwähnte System mit Namen WISE (**W**ide-field **I**nfrared **S**urvey **E**xplorer, ursprünglich NGSS).[19] Ein Teil der Aufgabe dieses Projekts ist tatsächlich die Entdeckung Brauner Zwerge in der Nachbarschaft des Sonnensystems. Ein weiteres System mit der Bezeichnung SIRTF soll ähnlich wie das IRAS-Teleskop Infrarotquellen ausfindig machen, jedoch mit viel höherer Genauigkeit als sein Vorläufer. Man erwartet, dass alle Dunkelsterne im Umkreis von etwa dreißig Lichtjahren entdeckt werden sollten.[20]

Leserinnen und Leser, denen dieses Thema neu ist, mögen dies alles vielleicht ziemlich weit hergeholt finden. Wie kann es sein, dass wir solch massive Himmelskörper in unserer unmittelbaren Nähe bisher nicht entdecken konnten, wo wir doch andererseits imstande sind, Galaxien in einer ungeheuren Entfernung ausfindig zu machen? Und doch ist dies nicht so unwahrscheinlich.

Der Autor und Astronom Charles J. Lada vom *Smithsonian Astrophysical Observatory* hat öffentlich die Möglichkeit ausgesprochen, dass wir demnächst Planeten entdecken könnten, die einen freischwebenden Braunen Zwerg in unserer Nähe umkreisen. Nach seinen Erwartungen würde man diesen Braunen Zwerg außerhalb des Sonnensystems in einer Entfernung von einem Lichtjahr[21], also einem Viertel der Entfernung bis zum nächsten Fixstern, Proxima Centauri, entdecken. Dieser Denkansatz ist alles andere als Science-Fiction.

Eine neue Art Brauner Zwerge

Obwohl es immer noch schwierig ist, unumstößliche Tatsachen hinsichtlich dieser Braunen Zwerge zu etablieren (was besonders auf die kleineren von ihnen zutrifft), wurden sie bereits in Unterkategorien eingeteilt. Hier herrscht eine große Bandbreite, was Massen betrifft; am unteren Ende finden sich Objekte mit ungefähr der zwölffachen Masse des Jupiter. Diese kühleren Braunen Zwerge werden als »T-Zwerge« bezeichnet. Es wird angenommen, dass sie nach der »Blüte ihrer Jugend« in einem dunklen Magenta leuchten[22], was uns eine mögliche Farbe für unseren Dunkelstern gibt.

Doch es ist auch möglich, dass der Dunkelstern am Rande des Spektrums Brauner Zwerge liegt. Er ist zu groß, um nur ein massiver Gasgigant zu sein, doch seine stellaren Eigenschaften reichen vielleicht nicht aus, um ihn als Braunen Zwerg zu klassifizieren. Er befände sich in einer Kategorie von Objekten, die erst noch genauer studiert und korrekt definiert werden müssen. Doch Astronomen stellen bereits Überlegungen an, welcher Natur diese sehr kleinen Braunen Zwerge sein könnten, wobei auch spekuliert wird, dass es noch mindestens eine Sternklasse unterhalb der T-Zwerge gibt.[23]

Würde man den Dunkelstern hier in unserem Sonnensystem entdecken, wäre das natürlich für unsere Astronomen genau die Gelegenheit, auf die sie gewartet haben. Gegenwärtig ist unser Wissen um diese sehr kleinen Braunen Zwerge sehr beschränkt, selbst auf theoretischer Ebene. Wir wissen nicht, wie warm sie sind, wie aktiv ihre jeweilige Atmosphäre ist und wie viel Licht sie abgeben – wenn überhaupt.

Ihre ausgedehnten Magnetfelder sind für die Astrophysiker immer noch ein Mysterium, und man weiß nicht, ob sie sich wie gewöhnliche Sterne bilden oder nicht. Bei so vielen Fragezeichen können wir nicht vorhersagen, was Wissenschaftler wohl als Nächstes in Bezug auf diese Objekte entdecken werden, und was uns dies über einen möglichen Dunkelstern im Orbit um unsere Sonne sagen wird. Was wir aber sicher vorhersagen können, ist, dass es in naher Zukunft zu einigen neuen Entdeckungen kommen wird, und dass – auf der Grundlage der bisherigen Studien über Braune Zwerge – solche Entdeckungen auch Unerwartetes einschließen werden.

Kleine Braune Zwerge haben ihre eigenen Planeten

Die Entdeckung eines braunen Zwergsterns als Zwillingsbruder unserer Sonne könnte heute zu jedem Zeitpunkt erfolgen. Wenn dies einträte, würden die Spekulationen um die Existenz eines Planetensystems, das selbst die kleinste Art von Braunem Zwerg umkreist, überhand nehmen. Denn wenn man erst einmal *ein* Beispiel für solch ein Planetensystem gefunden hat, wird dies natürlich zu Spekulationen führen, dass man im Falle von winzigen Braunen Zwergen ähnliche Beispiele finden könnte.

Eine bahnbrechende direkte Beobachtung dieser Art wäre tatsächlich möglich, denn solch ein junger Brauner Zwerg überstrahlt seine unmittelbare Umgebung viel weniger als »gewöhnliche« Sterne, so dass Astronomen imstande wären, Gas- und Staubpartikel in seiner protoplanetaren Scheibe direkt zu fotografieren. Ein Teil dieses Materials wäre vielleicht schon dabei zu aggregieren [Klumpen zu bilden, Anm. d. Ü.], was auf die Bildung von Planeten hindeuten könnte. Man glaubt, dass die Gesamtmasse eines protoplanetaren Systems, das einen Braunen Zwerg umkreist, in etwa zehn Prozent der Masse dieses Braunen Sterns ausmacht. Das ergäbe genug Material, um einen Planeten von der Größe und Beschaffenheit des Saturn zu bilden, ebenso wie eine Reihe terrestrischer Welten.

Der in Frage kommende Braune Zwerg befindet sich in einer Entfernung von ungefähr fünfhundert Lichtjahren, und zwar in einer Region, die die Astronomen als *Chamaeleon I* bezeichnen – ein bekannter »stellarer Hort«. Die protoplanetare Scheibe wurde vom NASA-Weltraumteleskop Spitzer entdeckt und erscheint im Infrarotspektrum relativ hell. Diese Entdeckung gab Spekulationen Auftrieb, dass man um Braune Zwerge herum Planeten entdecken könnte, die Leben unterstützen. Die beobachtete planetare Scheibe deckte die Habitationszone des Braunen Zwergs (1,5 bis 7 Millionen Kilometer Umkreis) ab. Bei einer Temperatur von etwa 2.000°C auf der Oberfläche des Muttersterns könnte man auf Planeten innerhalb der obigen Habitationszone Wasser in flüssiger Form finden.[24]

Es könnte tatsächlich leichter sein, in diesen Systemen bewohnbare Welten zu finden als nach Planeten in klassischen Sternsystemen zu suchen, denn die Helligkeit gewöhnlicher Sterne überstrahlt fast immer ihre unmittelbare Umgebung und macht so lichtschwächere Objekte nahezu unsichtbar.

Das von Kevin Luhman vom Harvard-Smithsonian Center für Astrophysik in Cambridge, Massachusetts, USA, geleitete Team hofft, dass es seine Suche vielleicht auf noch kleinere Braune Zwerge ausdehnen könnte, um herauszufinden, wie klein sie sein und trotzdem

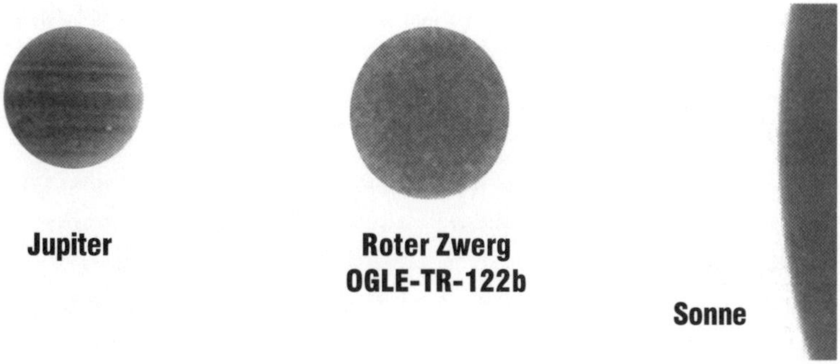

noch die Entstehung von Planeten ermöglichen könnten. Sie haben diese bestimmte Himmelsregion auf der Jagd nach kleinen Braunen Zwergen schon seit einer Weile studiert. Im Jahre 2004 entdeckten sie ein Zwillingssystem Brauner Zwerge mit einem Abstand von 240 AE zwischen ihnen. Dies ist eine beträchtliche Entfernung, ähnlich der Distanz, die wir auch bei unserem eigenen Zwillingsstern vermuten, was somit einen interessanten Präzedenzfall schafft.

Der Unterschied hier ist, dass der Dunkelstern die Sonne höchstwahrscheinlich in einem stark elliptischen Orbit umkreist, wodurch er am sonnenfernsten Punkt eine viel größere Distanz zur Sonne hätte.

Astronomen sind im Allgemeinen Skeptiker, wenn es darum geht, in dieser Entfernung Planeten zu entdecken, denn sie glauben, dass die Umlaufbahnen solcher Planeten leicht gestört werden könnten, was zu einem Auseinanderbrechen solcher Zwillingssternsysteme führen würde. Doch diese Entdeckung stellt die von ihnen lang gehegte Ansicht in Frage. Es läuft nämlich darauf hinaus, dass die Braunen Zwerge nicht in einem größeren Sternsystem entstanden sind, wie es das bereits erörterte »Hinauswurf«-Szenario beschrieb. Stattdessen müssen sie sich langsam in der Nähe des jeweils anderen gebildet haben, was uns zu der Vermutung führt, dass zumindest einige Braune Zwerge unabhängig von irgendwelchen Muttersternsystemen entstanden sind.[25]

Diese Erkenntnisse werfen nicht nur Fragen zur Entstehung und Entwicklung von Sternen und ihren Planetensystemen auf – sie öffnen auch die Tür zu weit wichtigeren Fragen hinsichtlich der Natur eines Braunen Zwergs als Begleitstern unserer Sonne, sollte solch ein Objekt irgendwann in der Zukunft entdeckt werden. Die Wahrscheinlichkeit, dass sich in solch einem System Leben entwickelt haben könnte, steigt. Das ist zumindest das Urteil der Experten!

Ein Brauner Zwerg als »Sonne«

Wir haben festgestellt, dass Braune Zwerge sub-stellare Objekte mit einem Vielfachen der Masse des Jupiter sind. Und doch haben sie ungefähr dieselbe Größe. Als Ergebnis davon konzentriert sich ihre Masse auf einen Raum von der Größe des Jupiter, was sie zu extrem dichten Objekten macht. Dies wiederum erhöht das Ausmaß ihrer atmosphärischen Aktivität im Vergleich zu den Gasgiganten, da die Schwerkraft an ihren Oberflächen proportional zu ihrer Dichte ist. Und dies verleiht diesen planetengroßen Objekten die Fähigkeit, im Frühstadium ihrer Entwicklung hochenergetische Strahlung sowohl in Form von Eruptionen als auch Licht abzugeben.

Auf theoretischer Ebene herrscht allgemeine Akzeptanz über diese Vorstellung, doch bis vor kurzem wurden nur wenige kleine Braune Zwerge genauer beobachtet, um diese Theorie einem Test zu unterziehen. Man glaubte, Braune Zwerge würden allmählich an Größe zunehmen, während sie sich ähnlich wie ein Roter Zwerg zu einem eher typischen Zwergstern weiterentwickelten. Angesichts fehlender Beweise für das Gegenteil könnte man annehmen, dass dieser Trend eine gleichmäßige Linearität aufweist.

Doch Wissenschaftler, die am *OGLE*-Programm mitarbeiteten, haben einen bestimmten Braunen Zwerg analysiert, der Teil eines Doppelsternsystems ist und einen sonnenähnlichen Stern in Richtung Galaxienzentrum in naher Umlaufbahn umkreist – und eine ungeheuer hohe Dichte aufweist. Sie entdeckten – zu ihrer Überraschung –, dass dieser Zwillingsstern wie die Sonne scheint, aber nur sechzehn Prozent größer als der Jupiter ist.[26] Dies ist erstaunlich, denn sein Pendant ist fünfzig Mal so schwer wie der Jupiter und somit von immenser Dichte.[27] Bisher ging man davon aus, dass Braune Zwerge von dieser Helligkeit viel größere Objekte sein müssten.

Dieses »sub-stellare Objekt« widerspricht dem theoretischen Trend, denn es liegt zwar im Massenbereich der Braunen Zwerge, scheint aber gleichzeitig wie die Sonne und hat nur die Größe eines gewöhnlichen Planeten! Dies bringt eine Vielfalt unter diesen Objekten hervor, die selbst Experten auf dem Gebiet Brauner Zwerge überrascht hat. Soweit es also die Dunkelstern-Studien betrifft, versetzen uns diese Entdeckungen in eine flexible Lage, wenn wir die Eigenschaften der kleinsten dieser Objekte erörtern. Selbst wenn unser brauner Begleiter nur die Größe eines Gasplaneten wie des Jupiter hätte, könnte er immer noch äußerst dicht und somit auch sehr aktiv sein.

Das heißt natürlich nicht, dass unser Zwillingsstern so hell wie die Sonne leuchtet, denn sonst hätten wir ihn natürlich schon längst entdeckt. Doch es bleibt uns ein breites Spektrum von Möglichkeiten, die früheren Versuchen, meine allgemeine These hinsichtlich des tatsächlichen Verhaltens eines solchen Zwillingssterns zu diskreditieren, die Stirn bieten.

In naher Zukunft, wahrscheinlich schon nächstes Jahr, wird die WISE-Mission zweifellos noch weitere Geheimnisse um diese fremdartigen Objekte genannt »Braune Zwerge« lüften. Der Start dieser NASA-Mission ist für Ende 2009 vorgesehen. Das Infrarotteleskop wird mit Instrumenten ausgestattet sein, die 500.000 Mal empfindlicher sind als die der IRAS-Mission aus den 1980er-Jahren.[28] Diese Mission wird sicher die beste Gelegenheit sein, den Dunkelstern zu entdecken – ein unglaubliches Objekt in beträchtlicher Entfernung, doch immer noch innerhalb unseres eigenen Sonnensystems.

Quellen

1 *R. Naeye, Astronomy, Aug. 1999, S. 36 - 42*

2 *C. Sagan: »Blauer Punkt im All«, Headline Book Publishing, 1995, S. 392, dtsch. Ausgabe: Bechtermünz, 2000*

3 *Korrespondenz mit M. Marley, 28.1.2000*

4 *D. Griffin: »How can we detect brown dwarfs?«, 1998*

5 *ESO-Pressemitteilung Juli 1997, http://www.eso.org/outreach/press-rel/pr-1997/pr-07-97.html »A Faint and Lonely Brown dwarf in the Solar Vicinity«*

6 *R. Britt: »New Neighbor may be Closest Known Brown Dwarf«, http://www.space.com/scienceastronomy/astronomy/brown_dwarf_001122.html, Space.com, 27.11.2000*

7 *Reuters, 11.7.2000, von Deborah Zabarenko, Washington*

8 *K. Leutwyler: »Bright X-Rays, Dim Dwarfs«, 17.7.2000, http://www.sciam.com/exhibit/2000/071700dwarf/*

9 *»TWA 5B: X-Rays Found From a Lightweight Brown Dwarf«, http://chandra.harvard.edu/photo/2003/twa5b/. Dank an James Monds.*

10 *»Hubble Focuses on Rare ›Brown Dwarfs‹«, The Unopened Files, Okt./Nov. 2000, S. 82*

[11] »Astronomers Find Jupiter-Like Weather On Brown Dwarfs«, http://www.spacedaily.com/news/extrasolar-021.html, http://www.ucla.edu/Templates/NewsItem1.html, 23.5.2002. Dank an Brant.

[12] http://news.bbc.co.uk/hi/english/sci/tech/newsid_957000/957518.stm 5.10.2000, »Mystery of free-floating planets«

[13] G. Marcy, P. Butler: Astromomy, März 2000, S. 42-47

[14] J. Foust: »Bizarre new planets puzzle astronomers«, Spaceflight Now, 10.1.2000

[15] Associated Press, »We Prefer Not to Call It a Failed Star. We Call It a Specially Challenged Brown Dwarf«, http://www.aci.net/kalliste/, 9.1.2001

[16] P. Bond: »Brown dwarfs form in the same way as stars«, Astronomy Now, März 2004, S. 13

[17] »Young Stars in Chaos«, Pressemitteilung vom 12.4.2002, http://www.astro.ex.ac.uk/people/mbate/Research/pr.html, bezugnehmend auf M. Bate, I. Bonnell, V. Bromm: »The Formation Of Stars And Brown Dwarfs And The Truncation Of Protoplanetary Discs In A Star Cluster«. Dank an Rob Astor.

[18] R. Stenger: »In a first, object near a star caught on camera«, 7.1.2002, Dank an Allene Keller und Theo, http://www.cnn.com/2002/TECH/space/01/07/brown.dwarf/index.html

[19] J.D. Kirkpatrick: »The Next Generation Sky Survey and the Quest for Cooler Brown Dwarfs«, IAU-Symposium 211, 2003, S. 497 – 504

[20] A. Burrows, D. Sudarsky, J.I. Lunine: »Beyond the T Dwarfs: Theoretical Spectra, Colors, and Detectability of the Coolest Brown Dwarfs«, zur Veröffentlichung im Astrophysical Journal geplant

[21] R. Britt: »Dark Planets May Orbit Strange Nearby Objects«, 7.6.2001, http://www.space.com/scienceastronomy/astronomy/aas_browndwarfs_010607.html

[22] »An Artist's View of Brown Dwarf Types«, Dr. Robert Hurt vom Infrared Processing and Analysis Center, http://spider.ipac.caltech.edu/staff/davy/2mass/science/comparison.html

[23] A. Burrows, D. Sudarsky, J.I. Lunine: »Beyond the T Dwarfs: Theoretical Spectra, Colors, and Detectability of the Coolest Brown Dwarfs«, Astrophysical Journal 0304226, April 2004. Dank an J. D. Kirkpatrick und John Lee.

[24] H. Muir: »Brown Dwarf may Someday Harbour Habitable Planets«, 8.2.2005, http://www.newscientist.com/article.ns?id=dn6977. Dank an Peter Gersten u.a.

[25] A. Avasthi: »Brown Dwarfs win Star Status«, 9.7.2004, http://www.newscientist.com/news/news.jsp?id=ns99996133, Dank an David Pearson.

[26] »Hot Star Shines in Tiny Role«, The Guardian, 5.3.2005, S. 11

[27] R. Britt: »Newfound star smaller than some planets«, 3.3.2005, http://msnbc.msn.com/id/7081156/

[28] W. Clavin, »NASA Approves Mission To Seek Nearest Stars, Brightest Galaxies«, Pressemitteilung des JPL, 6.10.2004, http://www.jpl.nasa.gov

Kapitel 6

Anomalien im Sonnensystem

Es gibt eine Reihe wissenschaftlicher Anomalien im Sonnensystem, die bisher nicht zufrieden stellend erklärt werden konnten. Einige zwingende Gründe führen uns zu der Vermutung, dass im planetarischen Puzzlespiel ein Stück fehlt. Ich persönlich glaube, dass es einen Braunen Zwerg gibt, der mit der Sonne ein Doppelsternsystem bildet und irgendwo jenseits des Edgeworth-Kuiper-Gürtels auf seine Entdeckung wartet.

Die Belege weisen darauf hin, dass ein Eindringen dieses sehr kleinen Braunen Zwergs ins planetarische Sonnensystem – und jegliche damit ausgelöste Katastrophe – im Frühstadium der Existenz unserer Sonne geschehen sein müsste. Es scheint, als ob die Dinge seitdem etwas zur Ruhe gekommen sind. Es gibt jedoch immer noch ungelöste Anomalien, mit denen wir uns eingehender in den nächsten Kapiteln befassen werden. Dies sind wichtige Überlegungen, denn die Anomalien weisen darauf hin, dass unser Verständnis der Natur unseres Sonnensystems nicht so gut ist, wie wir allgemein glauben.

Wenn wir unser Sonnensystem betrachten, glauben die meisten von uns fest daran, dass das, was wir sehen, schon immer so war. Die regelmäßige Anordnung der Planeten zeigt auf, wie sie entstanden sind, auch wenn das Sonnensystem im Frühstadium angeblich in einem chaotischen Zustand gewesen sein soll. Man nimmt an, dass ein »normales« Planetensystem aus einer Reihe von Planeten in großen, annähernd kreisförmigen Umlaufbahnen besteht.

Bodes Gesetz über den gegenseitigen Abstand der Planeten gestattet Astronomen, stabile Positionen von Planeten innerhalb harmonischer Distanzen von der Sonne vorherzusagen. Doch das neue Bild, das aus der Untersuchung riesiger extrasolarer Planeten resultiert, wirft bestimmte Probleme für dieses Modell auf. Die Exzentrizität und bemerkenswerte Nähe zu ihren jeweiligen Sternen widersprechen unserem Verständnis, das uns unser System zu liefern scheint.

Wir neigen dazu zu glauben, dass das Sonnensystem ein recht stabiles Szenario bietet, in dem die Planeten alle in derselben Richtung und in annähernd kreisförmigen Umlaufbahnen um die Sonne kreisen, wobei ihre Eigenrotation in Bezug auf die anderen Planeten einheitlich ist.

Nun, das ist nicht ganz der Fall.

Pluto

Pluto und Charon, die Doppel-Kleinplaneten, die im Allgemeinen die äußere Grenze des planetarischen Sonnensystems markieren, bewegen sich auf elliptischen Umlaufbahnen, deren Ebene gegenüber der Ekliptik um 17 Bogengrade geneigt ist. Pluto ist ein kleiner, felsiger Planet, der etwa zwei Drittel der Größe unseres Erdmondes aufweist. Sein Mond, Charon, ist im Verhältnis zum Mutterplaneten sehr groß, ähnlich wie bei unserem Mond und der Erde. Astronomen halten es für wahrscheinlich, dass Pluto einst ein Mond des Planeten Neptun war, dem er vor langer Zeit entkommen ist.[1]

Wie der Mond dem Planeten entkommen ist, ist unbekannt. Vergleichen Sie dies mit Sitchins Beschreibung, die sich in der *Enuma Elish* findet, wo Pluto ursprünglich ein Mond des Saturn war, der nach dem ersten Durchzug des Planeten Marduk durchs Sonnensystem seinem Mutterplaneten entrissen wurde. Pluto wurde damals von den Babyloniern »Gaga« genannt.[2]

In gewissem Sinne steht Sitchins Interpretation des mesopotamischen Mythos im Einklang mit der heutigen Auffassung der Astronomen, dass Pluto ein abtrünniger Einzelgänger unter den Himmelskörpern ist. Sie sind nur unterschiedlicher Auffassung, wer sein ursprünglicher »Mutterplanet« gewesen sein könnte. Es könnte sein, dass zukünftige Raumsonden zu Pluto und Charon diese Frage beantworten, wenn wir das Felsgestein dieser Himmelskörper analysieren und mit dem ähnlicher Monde äußerer Planeten vergleichen könnten.

Astronomen sind sich auch immer noch nicht einig, ob Pluto überhaupt als Planet klassifiziert werden sollte, obwohl die Fürsprecher in dieser Diskussion bisher noch die Oberhand behalten. Unabhängig davon werfen Plutos elliptischer Orbit und die Neigung seiner Bahnebene gegenüber den anderen Planeten Fragen auf, weshalb sich dieser Himmelskörper so verhält, wie er es tut – Fragen, die nicht durch ein stabiles, zirkulares Modell für das gesamte Sonnensystem beantwortet werden können.

Titan

Die Auswirkungen des ursprünglichen Vorbeizugs des Planeten

Nibiru/Marduk am Saturn, wie von Sitchin beschrieben, kann man auch an einer relativ unbekannten Anomalie erkennen, die sein größter Mond, Titan, aufweist. Dieser Mond hat eine dichte, kalte Atmosphäre gefüllt mit Kohlenwasserstoffen, vor allem Methan. Man weiß jetzt, dass Titan auch über Ozeane aus flüssigem Methan verfügt, und dass es wohl auch Methan regnet.

Die Umlaufbahn des Titan um den Saturn weicht von einer exakten Kreisbahn ab – eine Eigenschaft, die darauf hindeutet, dass der Mond eine glatte Oberfläche aufweist. Dies ist eine weitere Anomalie, denn der Saturn, der riesige Mutterplanet, sollte auf die Oberfläche des Titan starke Gezeitenerwärmungseffekte ausüben, die ihrerseits den Mond in eine mehr kreisförmige Umlaufbahn um den Saturn hätten zwingen sollen – und zwar über einen Zeitraum, der kleiner ist als das Alter des Sonnensystems.

Im Jahre 1982 vertraten Carl Sagan und Stanley Dermot die Ansicht, dass der elliptische Orbit des Titan darauf hindeute, dass seine Oberfläche entweder vollkommen flüssig sei oder überhaupt keine Flüssigkeit aufweise. Sie zeigten auf, dass »die Gezeitenerwärmung an Stellen, wo der Ozean flach ist, ihren Tribut gefordert hätte«, wodurch die Umlaufbahn des Mondes anders verlaufen würde als beobachtet.[3]

Sagan erwähnt Radarmessungen auf der Oberfläche des Titan, die aufzeigen, dass seine Oberfläche sowohl Ozeane von Kohlenwasserstoffen als auch kontinentale Landmassen aufweist – etwas, das genauso nicht hätte auftreten sollen. Heutzutage herrscht allgemeine Akzeptanz darüber, dass die Oberfläche des Titan vielgestaltig ist, und die

NASA/ESA-Raumsonde *Cassini-Huygens* hat dies auch nachgewiesen. Doch diese widersprüchlichen Entdeckungen erzeugten bei Dr. Sagan ein gewisses Unwohlsein, und er begab sich in eine Art Gewissenskampf. Er lieferte einige komplexe Argumente, die den exzentrischen Orbit des Titan mit seinen Oberflächenmerkmalen irgendwie in Einklang bringen sollte, doch er selbst schien nicht allzu überzeugt davon gewesen zu sein, dass diese Argumentation wirklich den Tatsachen entspricht. Hier liegt eindeutig eine Anomalie vor.

Vielleicht kann der Dunkelstern die Antwort liefern, und zwar sowohl in Bezug auf den exzentrischen Orbit des Titan als auch hinsichtlich der Frage, warum dieser Orbit seit der »großen himmlischen Schlacht« vor vier Milliarden Jahren sich nicht zu einer Kreisbahn entwickelt hat. Der Dunkelstern könnte weiterhin Welten mit verschiedenartigen Oberflächenmerkmalen in den äußeren Regionen des Sonnensystems beeinflussen, was diese Anomalie erklären könnte. Himmelskörper mit eher gleichartigen Oberflächen, ob trocken wie die des Pluto oder ozeanisch wie die des Mondes Europa, unterliegen nicht demselben Einfluss. Die Frage ist: Wie zieht der Dunkelstern den Mond Titan in einen exzentrischeren Orbit als den, den der Himmelskörper aufgrund seiner Oberflächenbeschaffenheit durchlaufen sollte? Und war die Wanderung des Planeten Pluto in eine Umlaufbahn jenseits des Neptun auch irgendwie Teil dieses Puzzles?

Zyklische Stratigraphie

Bedeutet dies also, dass der Orbit der Erde aufgrund der Vorbeizüge eines einzelgängerischen Himmelskörpers ebenso bestimmten Abweichungen ausgesetzt ist?

Die Untersuchung irdischer Gesteinsschichten könnte darauf hinweisen. Die Erde zeigt eine Reihe von Rotations- und Spin-Effekten, die kleinere Abweichungen in Bezug auf ihre relative Position im Sonnensystem verursachen.

Diese Effekte können nur über einen längeren Zeitraum beobachtet werden, und der bekannteste von ihnen ist die Präzession der Tagundnachtgleichen. Dieser Effekt resultiert aus der Tatsache, dass die Rotationsachse der Erde eine kegelförmige Kreiselbewegung ähnlich der eines angestoßenen »Brummkreisels« vollführt, wobei die Erdachse für einen vollen Kegelumlauf 25.800 Jahre braucht, was umgerechnet auf einem Kreis mit 360 Bogengraden einem Zeitraum von 72 Jahren pro Bogengrad entspricht.

Die Zivilisationen der Antike wussten um diesen Präzessionseffekt, der verursacht, dass der Punkt des Sonnenaufgangs zur Frühjahrs-Tagundnachtgleiche (»Frühlingspunkt«) von Jahr zu Jahr weiter rückwärts durch die Häuser des Tierkreises wandert. Im bereits erwähnten bahnbrechenden Buch »Die Mühle des Hamlet« vertraten Santillana und von Deschend ursprünglich die Ansicht, dass es zwischen antiken Mythen, antiker Architektur und der Präzession der Tagundnachtgleichen Verbindungen gebe.[4] Später wurde ihre Theorie von Robert Bauval aufgegriffen, als er das astronomische Prinzip der Präzession auf den Grundriss der Pyramiden von Giza und die Sphinx anwandte.

Im Verlauf der beschriebenen Präzessionsbewegung tritt die Sonne alle 2.160 Jahre in ein neues Tierkreiszeichen ein, was den Wechsel von einem historischen Zeitalter zum anderen markieren soll. Bauval benutzte die Präzessionsdaten, um eine Datierung des Pyramidenfelds vorzunehmen, wobei er einen Vergleich mit den Gürtelsternen des Orion vornahm und errechnete, dass die Anfänge der Bauarbeiten auf dem Giza-Plateau um 10.450 v. Chr., im Zeitalter des Löwen, erfolgt sein mussten. Die löwenartige Sphinx schaut genau nach Osten und scheint damit auf die Wichtigkeit der Frühjahrs-Tagundnachtgleiche hinzuweisen, die den Ägyptern heilig war. Sie untermauert auch die Symbolik jenes Zeitalters.[5] Dies wurde durch geologische Untersuchungen an der Sphinx bestätigt, die auch Erosionen am Bauwerk durch Regenwasser aufzeigten. Diese Ergebnisse lassen darauf schließen, dass das Giza-Plateau und seine Bauwerke zeitlich viel weiter zurückreichen als das »Pyramidenzeitalter« der Vierten Dynastie.[6] Als Folge dieser Ergebnisse rankten sich später um archäo-astronomische Studien mehr und mehr Kontroversen.

Das Phänomen der Präzession selbst stellt die Astronomen vor ein gewisses Dilemma. Die Ursache dieser Kreiselbewegung lässt sich nicht durch Wechselwirkungen zwischen Erde, Sonne, Mond und anderen Planeten erklären. Das wissenschaftliche Studium der Stratigraphie liefert Belege für einen »Fingerabdruck«, den die Präzession in Gesteinsmaterial hinterlassen hat.

Der Forscher Roger Cunningham behauptet, dass die Präzessionsbewegung der Erdachse und andere ungewöhnliche kleine Unregelmäßigkeiten in der Erdumlaufbahn in den Gesteinsschichten der Erde aufgezeichnet sind und eine harmonische Schwingung aufweisen. Er behauptet auch, dass die Periode dieser Schwingung, mit anderen Worten der zeitliche Abstand zwischen jedem neu geschaffenen Effekt, etwa 3.600 Jahre beträgt. Dies wiederum steht im Einklang mit Sitchins Berechnung der Umlaufzeit des Planeten Nibiru.[7] Es sollte auch erwähnt werden, dass andere Forscher behauptet hatten, die Präzession der Tagundnachtgleichen lasse sich direkt auf einen noch nicht entdeckten Zwillingsstern im Sonnensystem zurückführen, wie bereits in Kapitel 4 ausgeführt.

Die Ninive-Konstante

Cunninghams Forschungsarbeiten auf dem Gebiet der zyklischen Stratigraphie weisen einige Parallelen zu der des NASA-Wissenschaftlers Maurice Chatelain auf dem Gebiet der so genannten »Ninive-Konstante« auf. Die Ninive-Konstante hat die Form eines 15-stelligen Sexagesimal-Äquivalent. Sie wurde auf einer Tontafel in der Bibliothek des gelehrten assyrischen Königs Assurbanipal entdeckt, der in Ninive von 669 bis 626 v. Chr. geherrscht hat. Ins Dezimalsystem übertragen ergibt die Zahl 195.955.200.000.000 – also eine Zahl im Hunderte-von-Billionen-Bereich und eine für damalige Zeiten erstaunlich große Zahl, unabhängig von irgendeiner sinnstiftenden Bedeutung, die wir mit ihr assoziieren wollen.

Chatelains Forschungsarbeiten zeigten, dass diese Zahl das alles umfassende, (annähernd) ganzzahlige Vielfache aller Umlaufzeiten und Zyklen im Sonnensystem war, einschließlich der Präzessionsbewegung des Frühlingspunktes, wenn man den Zyklus in Sekunden angab. Jede zyklische Periode, durch die er diese riesige Zahl teilte, fügte sich auf vier Dezimalstellen genau ein, einschließlich der siderischen Zyklen von Uranus, Neptun und Pluto. Chatelain behauptete, dass dies auf das astronomische Wissen hinweist, das die Sumerer und später auch die Assyrer über diese Planeten hatten.[8] Daraus folgte, dass die alten Mesopotamier »irgendwie« das Kunststück vollbracht hatten, diese astronomischen Daten über das Sonnensystem zu erlangen.

Chatelain behauptete auch, dass die »Ninive-Konstante« eine Art begehrter magischer Formel war, die als die »Große Konstante des Sonnensystems« bekannt war.[8] Träfe dies zu, würde es auf eine Art von kosmischer Resonanz hinweisen, die sich überall im Sonnensystem finden lässt. Es ist bekannt, dass benachbarte Planeten Umlaufbahnen aufweisen, die harmonische Verhältnisse zum Ausdruck bringen. Nach alter Denkweise könnten wir dies als »Sphärenmusik« oder so ähnlich bezeichnen. Ist es möglich, dass antike Zivilisationen sich solch detaillierter mathematischer Zahlenverhältnisse bewusst waren?

Es existiert eine physikalische Beziehung zwischen den Energien der planetarischen Umlaufbahnen. Sie stehen in einem gegenseitigen Abhängigkeitsverhältnis, und eine Veränderung in den Umständen für einen Planeten führt zu einer Änderung der Orbitalparameter eines anderen (einige Forscher fragen sich hier, ob dieses Verhältnis zwischen den planetarischen »Bindungsenergien« das in den sumerischen Schriften erwähnte DUR.AN.KI, das »Band zwischen Himmel und Erde« ist). Vielleicht ist es das, worauf die Ninive-Konstante anspielt. Die Bedeutung, die diesem gegenseitigen Abhängigkeitsverhältnis beigemessen wurde, ist nun verloren gegangen. Der Grund dafür könnte sein, dass wir unser eigenes Sonnensystem bis heute noch nicht wirklich verstehen.

Die Umlaufbahnen der Planeten haben jeweils ihre eigenen Drehimpulse, die wiederum mit den Bindungsenergien in Beziehung stehen. Ein weiter entfernter Dunkelstern würde dem Sonnensystem als Ganzem einen zusätzlichen und sicher beträchtlichen Drehimpuls hinzufügen. Würde seine Umlaufbahn variieren, wären auch seine »Bindungsenergien« Veränderungen ausgesetzt.

The »Winged Disk«: die geflügelte Scheibe

Innerhalb eines solchen Systems muss es jedoch eine Erhaltung der Gesamtenergie geben. Eine plötzliche Veränderung in der variablen Umlaufbahn eines einzelgängerischen »Gefährten« der Sonne würde die Ordnung des gesamten Sonnensystems erschüttern. Eine Kenntnis dieser Umstände würde die Wichtigkeit der Verhältnisse zwischen den planetarischen Himmelskörpern in den Mittelpunkt der Aufmerksamkeit rücken. Dies ist so, weil jede Änderung dieser Art desaströse Auswirkungen auf diesen Planeten haben könnte.

Der solare Polsprung

Der Forscher und Autor Maurice Cotterell hat die zyklische Natur der Sonnenfleckenaktivität und ihr mögliches Verhältnis zu anderen orbitalen Parametern im Sonnensystem, vor allem zur Umlaufbahn der Erde und zur Rotation der Sonne um ihre eigene Achse, untersucht. Ein »Großer Sonnenzyklus« lässt sich offensichtlich in seinen Entdeckungen feststellen, der interessanterweise in Wechselbeziehung mit der Umlaufbahn des Dunkelsterns steht. Cotterell nahm die Rohdaten von Experimenten mit Sonnensatelliten und gab sie in einen Supercomputer ein, der sich in der Universität befand, an der er arbeitete. Die in seinen Berechnungen verwendeten Solardaten standen in Verbindung zum Rotationszyklus der Sonne.

Da die Sonne ein Flüssigkörper ist, rotiert sie am Äquator schneller als an den Polen, und so wurde das arithmetische Mittel aus diesen beiden Extremwerten gewählt. Unter Einbeziehung der orbitalen Umlaufzeit der Erde war Cotterell imstande, eine Datenbank anzulegen und die zyklischen Perioden zu studieren, die sich aus den Berechnungen ergäben. Er sollte nicht enttäuscht werden.

Er konnte tatsächlich ein Verhältnis zwischen diesen Rotationsperioden und dem Zyklus der Sonnenfleckenaktivität von etwa 11,5 Jahren feststellen, obwohl der beobachtbare Zyklus 11,1 Jahre beträgt. Doch seine Berechnungen ergaben auch noch andere Zyklen, und der bedeutsamste unter ihnen war ein Zyklus von 3.740 Jahren, innerhalb dessen die magnetisch neutrale Zone der Sonne sich vollkommen umkehrte.[9, 10] Dies schien in Beziehung zu einem äußeren Phänomen zu stehen, das das gesamte Sonnensystem beeinflusste. Meine These ist, dass dieses äußere Phänomen der Dunkelstern sein könnte, dessen Periheldurchgang sehr wohl diese Art von Effekt auf die Sonne und die bekannten Planeten ausüben könnte.

Wie wir im letzten Kapitel sahen, sind die magnetischen Felder Brauner Zwerge tatsächlich sehr ausgedehnt und erzeugen die beobachteten Effekte im Röntgenspektrum, die viel stärker sind als die Größe sonst vermuten lassen würde. Ähnlich wie wenn man zwei starke Magnete in unmittelbare Nähe zueinander bringt, könnte die Bewegung des Dunkelsterns um die Sonne sowohl in ihrem gesamten magnetischen Feld als auch im Sonnensystem als Ganzem eine Reaktion hervorrufen.

Wenn Maurice Cotterells Arbeit korrekt ist, könnte sie als direkter Beleg für die Existenz eines gescheiterten Sterns dienen, der die Sonne mit einer Umlaufzeit von etwa 3.740 Jahren umkreist. Doch diese relativ neue Idee ist wissenschaftlich noch nicht untermauert und fristet eine Randexistenz im wissenschaftlichen Denken. Als solche kann sie nur als ein möglicherweise nützliches Beweisstück für einen Orbitalzyklus von dieser Länge dienen. Und tatsächlich ist es überhaupt nicht sicher, dass die Dinge so einfach gelagert sind, wie wir später noch sehen werden.

Uranus

Der Planet Uranus liefert möglicherweise weitere Belege für die ursprüngliche Gegenwart von Nibiru. Die Rotationsachse des Riesenplaneten liegt praktisch in seiner Bahnebene, ist also gegenüber denen der anderen Planeten um nahezu 90° geneigt. Sein Mond umkreist ihn in dieser Neigungsebene und erscheint wie ein Dartboard, das der Sonne zugewandt ist. Alle anderen Planeten befinden sich auf Umlaufbahnen, bei denen ihre Rotationsachsen mehr oder weniger »aufrecht« stehen. Astronomen vermuten seit langer Zeit, dass der Uranus von einem anderen Himmelskörper sozusagen »umgestoßen« wurde.[1]

Die *Enuma Elish* beschreibt eine unmittelbare Begegnung zwischen dem Dunkelstern Marduk und dem Uranus, den die Sumerer »Anu« nannten. Der Text beschreibt, wie Anu und Marduk als Folge dieser Begegnung Monde erlangten.[11] Das Uranus-System ist voller unvorhersagbarer Anomalien. Es gibt kohlenstoffreiche Ablagerungen auf seinen Monden und schnell zirkulierende elliptische Ringe um den Planeten selbst.

Im August 2000 vergab die Generalversammlung der Internationalen Astronomischen Union formelle Zahlen und Namen an drei zusätzliche Kleinstmonde im Umkreis des Uranus: *Prospero*, *Setebos* und *Stephano*. Die Namen dieser Himmelskörper wurden allesamt Shakespeares Theaterstück »Der Sturm« entnommen. Diese Kleinstmonde wurden im Jahre 1999 mit dem Lichtteleskop entdeckt und den neuen Monden hinzugefügt, die bereits 1997 im Umkreis des Uranus entdeckt wurden und die Namen *Caliban* und *Sycorax* tragen. Die astronomische Fachzeitschrift *Sky & Telescope* berichtete über ihre exzentrischen Umlaufbahnen: »Anders als die inneren Monde des Planeten werden die neu entdeckten Himmelskörper als ›irregulär‹ angesehen, denn sie bewegen sich auf weit entfernten, exzentrischen und stark geneigten Umlaufbahnen in entgegengesetzter Richtung zur Rotation des Uranus.«[12]

Die Schlussfolgerung aus diesen Entdeckungen ist wiederum, dass das System des Uranus einige Anomalien aufweist und offensichtlich von einem anderen großen Himmelskörper beeinflusst worden ist.

Wie es also aussieht, stützen die Daten über den Uranus und seine Monde die Idee, dass der Planet vor 3,9 Milliarden Jahren von einem Himmelskörper terrestrischer Größe getroffen wurde, was zu einem Ausstoß von Trümmerteilen und der bizarren Achsneigung des Uranus führte. Doch das ist nicht die einzige Möglichkeit.

Nehmen wir an, Marduk wäre ein »gescheiterter« Stern, nicht ein Planet. Dann hätte er ein Vielfaches der Masse des größten Planeten im Sonnensystem, Jupiter. Mit Sicherheit hätte eine unmittelbare Begegnung zwischen diesem Riesenplaneten und dem Uranus ausgereicht, um die Achsneigung des Uranus um nahezu 90° herbeizuführen – ohne eine katastrophale Kollision. Dies stünde auch im Einklang mit den Überlieferungen in der *Enuma Elish*, wo die Beschreibung einer tatsächlichen Schlacht zwischen Anu und Marduk auffallenderweise fehlt. Man kann vermuten, dass die Rotationsachse des Uranus »auf die Seite geworfen« wurde, weil er einen Beinahe-Zusammenstoß mit einem »gescheiterten« Stern hatte, und nicht weil er mit irgendetwas kollidiert war. Während dieser Begegnung sammelte er einen Teil der kosmischen Trümmer, die den Dunkelstern bis dahin begleitet hatten: »Anu brachte die vier Winde hervor.«

Der Mond

Die Schwerkraft des Mondes beträgt nur ein Sechstel der Erde, doch seine Gegenwart im Umkreis unseres Planeten ist für die Wissenschaftler nach wie vor ein Rätsel. Die anderen Planeten terrestrischer Größe im Sonnensystem haben entweder gar keine Monde oder nur Himmelskörper in der Größe von Asteroiden wie etwa *Phobos* und *Deimos* um den Mars oder *Charon* um den Pluto. Es gibt viele mögliche Erklärungen für die Gegenwart unseres Mondes im Orbit der Erde, doch keine von ihnen ist wirklich vollständig überzeugend, sondern sie sind eher recht widersprüchlich. Es scheint, als ob in wissenschaftlichen Kreisen das letzte Wort dazu noch nicht gesprochen ist. Das Hauptproblem mit unserem Mond ist nämlich, dass er im Verhältnis zur Erde erstaunlich groß ist.

Es ist eher unwahrscheinlich, dass ein Planet von der Größe der Erde einen solch großen Himmelskörper in eine Umlaufbahn gezogen haben könnte – einfach weil er zu klein ist, um solch einen großen Begleiter anzuziehen und bei sich zu behalten. Einige Wissenschaftler sind der Ansicht, dass sich Erde und Mond ursprünglich als Doppelsystem gebildet haben. Ich persönlich schließe mich denen an, die davon ausgehen, dass der Mond ursprünglich ein Bruchstück der Erde war und als Folge einer zeitlich weit zurückliegenden Kollision zum Mond unserer Erde wurde. Das würde wiederum ein ursprüngliches Chaos im Sonnensystem voraussetzen, bei dem Protoplaneten heftig miteinander kollidierten.

Zecharia Sitchin ist ein starker Befürworter der Idee, dass es im noch jungen Sonnensystem katastrophale Ereignisse gab, die bei der Bildung vieler Planeten und der Anordnung ihrer Umlaufbahnen, einschließlich derer von Erde und Mond, eine beherrschende Rolle spielten.[13] Die meisten Wissenschaftler würden mit der Annahme übereinstimmen, die diesem Ansatz zugrunde liegt. Sie würden jedoch einwenden, dass die plötzliche Gegenwart eines fremden Planeten nicht notwendig sei, um die Verwüstung zu erklären, die viele Monde aus ihren Umlaufbahnen um die jeweiligen Planeten hinausgeschleudert und die Rotationsachse des Uranus um 90° auf die Seite geworfen hat.

Viele von ihnen räumen allerdings auch ein, dass sie sich immer noch nicht erklären können, wie Planeten von der Größe des Uranus und Neptun sich in der äußeren Zone des Planetensystems überhaupt bilden konnten, denn ihre Computermodelle zeigen auf, dass es nicht genug Zeit gegeben zu haben scheint, um all dies Material anzuhäufen. Sie fragen sich, ob sich dies mit der Verschiebung planetarischer

Umlaufbahnen erklären lässt, doch gehen sie nicht so weit, die Möglichkeit in Betracht zu ziehen, dass die inneren Planeten selbst ebenfalls andere Umlaufbahnen eingenommen haben könnten. Es ist ein gewagter Ansatz.

Die von Sitchin geäußerte These, dass unsere Erde und unser Mond ursprünglich unterschiedliche Schicksale im Sonnensystem geteilt hatten, ist nach Ansicht vieler Kollegen unhaltbar. Schließlich scheint die Umlaufbahn der Erde auf den ersten Blick völlig normal zu sein. Sie nimmt eine der Positionen ein, die von Bodes Gesetz vorhergesagt wurden.

Doch das trifft auch auf einen fehlenden »fünften« Planeten zwischen Mars und Jupiter zu. Hier befindet sich der Asteroidengürtel, ein Ring aus kosmischen Trümmerteilen. Ist es möglich, dass die Erde sich aus dieser Zone nach innen bewegt hat und dabei die verstreuten Trümmer einer verheerenden Kollision zwischen sich selbst und einem anderen, kleineren Planeten hinter sich gelassen hat? Ist der Mond selbst vielleicht eine weithin sichtbare Erinnerung an diese Katastrophe, die sich schon zum Beginn der Bildung des Sonnensystems ereignet hat?

Kürzlich durchgeführte astronomische Forschungsarbeiten haben Argumente für die These geliefert, dass der Mond an derselben Stelle relativ zur Sonne entstanden ist wie die Erde. Es könnte sich herausstellen, dass er ein »Ableger« der Erde selbst ist. Im März 1999 veröffentlichten NASA-Wissenschaftler eine Pressemitteilung zu den Ergebnissen, die bei der *30. Lunar and Planetary Science Conference* in Houston, Texas, USA, präsentiert wurden, mit folgendem Inhalt: »Eine Analyse der Daten, die die NASA-Raumsonde *Lunar Prospector* geliefert hat, bestätigt, dass der Mond einen kleinen Kern hat. Dies wiederum stützt die These, dass der Mond ursprünglich Teil der Erde war und aus ihr herausgerissen wurde, als ein Objekt von der Größe des Mars mit der Erde kollidierte.«[14]

Nach Angaben der Wissenschaftler geschah diese Kollision vor 4,45 Milliarden Jahren, also nur 100 Millionen Jahre nach der ursprünglichen Entstehung der Erde. Doch kürzlich entdeckte Spuren flüssigen Wassers in einem Zirkonkristall, der mindestens 4,404 Milliarden Jahre alt ist, haben an dieser Datierung Zweifel aufkommen lassen, denn dieser Fund könnte bedeuten, dass es auf der Erde schon kurze Zeit nach dieser

Kollision flüssige Ozeane gab.[15] Es scheint mir, als ob die Erde vor dieser vermeintlichen Kollision größer gewesen sein muss, und dass sie als Ergebnis davon einen großen Teil ihrer ursprünglichen Ozeane verloren hat.

Ebenso wie Sitchin vor mir frage ich mich, ob eine solch massive Kollision die Erde in eine neue Umlaufbahn näher zur Sonne hätte werfen können. Im Laufe der Zeit hätte sich ein solch instabiler Orbit zu einer mehr oder weniger kreisförmigen Umlaufbahn entwickeln können. Ein weiteres Beispiel wäre der Asteroidengürtel; er wurde eindeutig durch solch ein frühes zerstörerisches Ereignis gebildet. Doch die Bewegung seiner Asteroiden vollzieht sich relativ geordnet, und sie ziehen ihre ewige Bahn um die Sonne genau wie alle anderen Planeten. Niemand fragt sich, warum sie sich nicht viel ungleichmäßiger bewegen.

Die Ähnlichkeit zwischen der Erde und dem Felsgestein des Mondes bestätigt Hypothesen, wonach der Mond erst in jüngerer Zeit ein Begleiter der Erde wurde. Der Autor Immanuel Velikovsky versuchte, verschiedene antike Mythen zu erklären, die auf eine frühere Abwesenheit des Mondes hindeuten, und vertrat die unsägliche These, dass der Mond erst in jüngerer Zeit nach einer Katastrophe in eine Umlaufbahn um die Erde geriet.[16] Wenn wir die von der NASA vorgelegten Beweise unbesehen akzeptieren, scheint es, als ob Velikovsky falsch gelegen hat. Doch stehen diese Beweise im Einklang mit Sitchins Version der Ereignisse, wonach der Mond schon sehr früh in der Entstehungsgeschichte der Erde durch eine kosmische Kollision gebildet wurde. Die Forscherin und Autorin Joan d'Arc hat die Wichtigkeit anderer Funde hervorgehoben, die die NASA auf derselben Konferenz 1999 präsentiert hat: »Die bei dieser Konferenz vorgestellten wissenschaftlichen Papiere wiesen auch darauf hin, dass ›Ähnlichkeiten in der mineralischen Zusammensetzung von Erde und Mond darauf hindeuten, dass sie einen gemeinsamen Ursprung haben‹. Es wurde jedoch auch angemerkt, dass der Mond einen Kern von ähnlichen Proportionen wie dem der Erde hätte, wenn sich beide Himmelskörper aus derselben Anhäufung von Staub und Felsgestein gebildet hätten. Aufgrund von Informationen, die man zur Zeit der Apollo-Missionen gewonnen hatte, so die Pressemitteilung, wurde die Möglichkeit erörtert, dass ›ein Himmelskörper von der Größe des Mars‹ die Erde in ihrem Frühstadium, nachdem sich ihr Eisenkern gebildet hatte, getroffen haben könnte. Dieser Einschlag warf ›Felsgestein mit geringem Eisengehalt‹ aus dem äußeren Mantel in eine Umlaufbahn um die Erde, aus dessen Anhäufung sich der Mond bildete, der dann in einen Orbit um die Erde eingefangen wurde.«[14]

War dieser Körper von der Größe des Mars einer der frühen Monde des Dunkelsterns? Es scheint für solch ein katastrophales Ereignis zwei Möglichkeiten zu geben. Die erwähnten wissenschaftlichen Beweise der NASA deuten darauf hin, dass solch ein Einschlag schon sehr früh in der Entstehungsgeschichte des Sonnensystems, nur 150 Millionen Jahre nach Entstehung der Sonne und ihrer protoplanetaren Scheibe, stattgefunden hat. Wenn dieser ungeheure Einschlag durch einen Mond des Dunkelsterns verursacht wurde, würde dies bedeuten, dass dieser »Fremdkörper« tatsächlich schon sehr früh in das Sonnensystem eingetreten war.

Dies stünde im Einklang mit der These, dass sich der Dunkelstern von Anfang an als Zwillingsgestirn der Sonne gebildet hat, und dass er durch die Schwerkraft eines vorbeiziehenden Sterns im »überfüllten stellaren Kinderhort« in das nähere Umfeld der Erde gezogen wurde – eine faszinierende Möglichkeit. Der Mond selbst hätte aus solch einem Einschlag als Himmelskörper hervorgehen können. Sitchin geht jedoch davon aus, dass der Mond sich schon vor dem Auftauchen von Nibiru/Marduk in einer Umlaufbahn um die noch junge Erde befunden hat. Hieraus könnten wir also schließen, dass der Mond durch die Kollision mit einem kleinen Planeten innerhalb des Chaos des frühen Sonnensystems entstanden ist.

Es bleiben immer noch einige Zweifel hinsichtlich der tatsächlichen Herkunft des Mondes. Untersuchungen an irdischen Felskristallen haben gezeigt, dass flüssiges Wasser schon zu einem sehr frühen Zeitpunkt der Entwicklung der Erde vorhanden war, was eine Kollision auszuschließen scheint, die stark genug gewesen wäre, den Festkörper der Erde erneut zu schmelzen, wie es bei einer Kollision mit einem Himmelskörper von der Größe des Mars mit Sicherheit geschehen wäre.

Kürzliche Forschungsarbeiten hoben ein Hilfsmittel hervor, mit dem die ursprüngliche Entfernung des Systems Erde/Mond von der Sonne ermittelt werden könnte. Wir wissen aus radiologischen Untersuchungen, dass die Erde und der Mond in etwa gleich alt sind. Es scheint auch, dass sie dieselben stabilen Sauerstoff-Isotope aufweisen, was ein Hinweis darauf ist, dass sie sich in ungefähr derselben Entfernung zur Sonne gebildet hatten.[17] Diese Isotopenanalyse stützt die These, dass Erde und Mond aus derselben Quelle stammen.

Wenn Erde und Mond sich schon immer in derselben Umlaufbahn um die Sonne befunden hätten, wäre die Isotopenzusammensetzung ihres Felsgesteins in der Tat ein einzigartiger »kosmischer Fingerabdruck«. Die Frage, die sich mir stellt, ist, ob dieser Fingerabdruck bei anderen Himmelskörpern im Sonnensystem wie etwa den Asteroiden derselbe ist. Hätte die Erde zu einem früheren Zeitpunkt einen größeren Abstand von der Sonne gehabt als jetzt, sollte dieser isotopische Fingerabdruck derselbe sein wie der der Asteroiden. Dies wäre ein einfacher Test für diese These.

Das »letzte große Bombardement«

Wie ich bereits erwähnte, gibt es zwei Möglichkeiten, wann ein Wechselspiel mit dem Dunkelstern und seinem »Gefolge« stattgefunden haben könnte. Astronomen sind immer noch am Rätseln, was die Katastrophe betrifft, die Erde und Mond vor etwa 3,9 Milliarden Jahren ereilt hat. Dies scheint nicht der Anfang des ursprünglichen Chaos im Sonnensystem zu sein, sondern eher ein späteres Bombardement mit kosmischen Trümmerteilen, das etwa 100 Millionen Jahre andauerte. Denn mindestens eine der Arten von Felsgestein, die untersucht wurden, enthielt hohe Anteile an Eisen, weshalb man davon ausgeht, dass die Einschläge nicht von Kometen, sondern von Asteroiden stammen.[18]

Zu jener Zeit gab es verheerende Kometenschauer, von denen einige extrem stark waren. Als Folge davon lag die Erde in Trümmern, und der Mond trägt immer noch sichtbar die Narben, die diese zerstörerischen Einschläge hinterlassen haben. Dieses Bombardement ereignete sich nicht zu der Zeit, als der Mond entstand, sondern später. Es steht nicht in direkter Verbindung zu dem Chaos, das im noch jungen Sonnensystem herrschte. Wir wissen dies aufgrund des Alters des Mondgesteins, das den Analysen zufolge größtenteils 3,9 Milliarden Jahre alt ist, also 600 Millionen Jahre jünger als erwartet. Dies korreliert sowohl mit der Datierung älteren Felsgesteins auf der Erde und dem Mars als auch mit bestimmten Merkmalen der Kraterbildung auf den Asteroiden. Daraus folgt, dass das gesamte Sonnensystem zu jener Zeit einem massiven Bombardement ausgesetzt war, und dass 3,9 Milliarden Jahre altes Felsgestein eines Tages auch auf den Oberflächen der Venus und des Merkur entdeckt werden wird. Wissenschaftler, die dieses Muster der Kraterbildung studiert haben, mutmaßen, dass das Bombardement während dieser Periode kosmischer Katastrophen in Intervallen von jeweils etwa 10.000 Jahren stattfand.[18]

Daraus folgt, dass eine ursprüngliche Katastrophe den Asteroidengürtel auseinandergesprengt hat, worauf über einen Zeitraum von 100 Millionen Jahren zyklische »Nachbeben« folgten. Vielleicht stand dieses zeitweilige Bombardement in Verbindung mit der Bewegung eines massiven Planeten mit einer entsprechenden Umlaufzeit von 10.000 Jahren durch das innere Sonnensystem. Offensichtlich bewegte sich dieser Planet danach wieder aus dem Sonnensystem hinaus, woraufhin erst einmal Ruhe einkehrte.

Ein Teil des Felsgesteins vom Mond war allerdings tatsächlich 4,5 Milliarden Jahre alt, was darauf hindeutet, dass es zwei verschiedene katastrophale Ereignisse gab, die zur Bildung der Mondoberfläche

Bombardement mit kosmischen Trümmerteilen

beitrugen.[20] Die Oberflächen anderer Himmelskörper im Sonnensystem sprechen eine ähnliche Sprache: massive Einschläge vor etwa 3,9 Milliarden Jahren. Die Quelle dieser umwälzenden Katastrophe scheint sich innerhalb des Sonnensystems zu befinden. Dies ist höchstwahrscheinlich der Asteroidengürtel selbst, von dem man festgestellt hat, dass er weniger Asteroiden enthält als erwartet.

Hierfür gibt es zwei mögliche Erklärungen. Entweder waren die Asteroiden früher Teil eines Planeten, der sich vor seiner Zerstörung dort befand, wo jetzt der Asteroidengürtel ist, oder ein Planet konnte sich an dieser Stelle aufgrund des starken Schwerkraftfeldes des Jupiter und der daraus resultierenden Destabilisierung der Region von Anfang an nie bilden. Beide Szenarien können zeigen, wie Asteroiden in großer Zahl verloren gingen. Die meisten Wissenschaftler ziehen die letztere Variante vor, die Anhänger von Katastrophenszenarien natürlich erstere. Interessanterweise unterscheiden sich die Asteroiden an dieser Stelle auch in ihrer chemischen Zusammensetzung, was auf unterschiedliche Ursprünge und Herkünfte hindeutet.[20] Ich persönlich neige zur Annahme, dass es sich tatsächlich um eine Katastrophe handelte, die mit dem »letzten großen Bombardement« in Verbindung steht. Und ich bin ziemlich sicher, dass der Dunkelstern in all dies verwickelt ist.

Wissenschaftler ringen zur Zeit mit dem Problem, wie die sehr primitiven Lebensformen auf der Erde, die den Kollisionen vor 3,9 Milliarden Jahren vorausgingen, die Einschläge überlebt haben. Das Leben ist zäh, das steht fest. Die Zeit dieses Bombardements scheint im Einklang zu stehen mit Sitchins Analyse, dass Nibiru/Marduk zu jener Zeit in das Sonnensystem einbrach, und dass sein verheerender »Angriff« den Mond zerschlagen und die Erde eines Großteils ihres Meerwassers beraubt hat[21] Es ist auch möglich, dass der nahe Durchzug des Dunkelsterns, von dem ich ausgehe, dass es Marduk ist, einen Gravitationseffekt hatte, der die Erde weiter ins innere Sonnensystem zog.

Es gibt also zwei Möglichkeiten für eine solche mögliche Verlagerung der Position der Erde. Die erste ist, dass die Erde durch denselben Einschlag, der die Bildung des Mondes hervorrief, nach innen Richtung Sonne gezogen wurde. Die zweite ist, dass Erde und Mond später Einschläge von Trümmern im Sog des Dunkelsterns erlitten, und dass die Aktivität dieses Braunen Zwergs an sich ausreichte, um diese

Verlagerung herbeizuführen. Die Gegenwart des Asteroidengürtels lässt allerdings eher auf Ersteres schließen.

Vielleicht fragen Sie sich an diesem Punkt, warum ich so fest davon überzeugt bin, dass die Erde sich ursprünglich in einer Umlaufbahn in der Nähe der gegenwärtigen Position des Asteroidengürtels befand. Warum nicht einfach akzeptieren, dass Erde und Mond sich schon immer in derselben Entfernung zur Sonne befanden? Schließlich geht doch sonst jeder auch davon aus ... Die Antwort gibt das einfachste aller Moleküle: Wasser.

Wasser in der Wüste

Mit stetig neu hinzugewonnenen Kenntnissen über unser Sonnensystem wurde es immer klarer, dass Wasser ein viel wichtigerer Bestandteil von Planeten ist als ursprünglich angenommen. Die Gasgiganten Jupiter und Saturn, wie auch Uranus und Neptun, weisen alle beträchtliche Mengen an Wasser in ihren Atmosphären auf – eine Tatsache, die Astronomen überrascht hat.[22]

Als die Fragmente des Kometen *Shoemaker-Levy 9* im Jahre 1994 auf dem Jupiter einschlugen[23], gab dies Astronomen die Möglichkeit, atmosphärische Gase in den tieferen Wolkenschichten des Planeten zu analysieren. Dies war das erste Mal, dass sie solch eine Fülle an Daten über die bisher verborgen gebliebenen tieferen Schichten des Riesenplaneten zusammentragen konnten. Dabei fanden sie auch Wasser, und zwar in Mengen, die sie nicht erwartet hatten. Ohne die Einschläge der Kometentrümmer auf der Oberfläche des Planeten wäre diese Entdeckung nicht möglich gewesen.

Dies war eine einmalige Gelegenheit für uns, die Kräfte der Natur am Himmel in Wirkung zu sehen. Mitunter schlagen Kometen tatsächlich auf Planeten ein, und die Auswirkungen sind wirklich katastrophal – selbst für einen Planeten von der Größe des Jupiter. Wenn also die Fragmente eines Kometen dies verursachen können, wie wären dann erst zeitlich weiter zurückliegende Kollisionen zwischen tatsächlichen Planeten im Vergleich dazu ausgefallen?

Es war nicht nur die Kollision mit dem Kometen *Shoemaker-Levy 9*, die es Astronomen gestattete, die atmosphärischen Geheimnisse des Jupiter zu lüften. Durch eine, man könnte sagen, »Fügung« war nämlich die Raumsonde *Galileo* zum selben Zeitpunkt, 1994, auf dem Weg zum

Jupiter und fing die Einschläge der Kometenfragmente auf dem Riesenplaneten mit der Kamera aus einem anderen Blickwinkel als dem auf der Erde ein. Doch *Galileo* trug auch eine Sonde bei sich, mit der die atmosphärischen Schichten des Jupiter untersucht werden sollten. Am 7. Dezember 1995 wurde diese Sonde abgekoppelt und sank in die atmosphärischen Schichten des Planeten. Sie sandte zwar nur für eine weitere Stunde Daten, bevor sie durch den ungeheuren Druck und die steigenden Temperaturen zerstört wurde. Doch diese Daten waren von unschätzbarem Wert.[24] Und auch diese Sonde wies Mengen an Wasser nach, die höher waren als erwartet.

Galileo hat uns auch einen beispiellosen Zugang zu den Jupitermonden gewährt, einschließlich der bemerkenswerten Welt von Europa. Es ist nun allgemein akzeptierte Tatsache, dass Europa unter seiner Eisoberfläche flüssige, wasserhaltige Ozeane birgt. Tatsächlich könnten auch die beiden größeren Galiläischen Monde, Callisto und Ganymed, verborgene Ozeane aufweisen.

Diese Erkenntnisse haben sich alle aus den Detailaufnahmen ergeben, die beim Vorbeiflug von *Galileo* entstanden. Einige Bilder zeigten riesige Brocken Eis, die offensichtlich zuvor in Bewegung waren und bestimmte Bereiche des Mondes bedeckten. Einige dieser Brocken sehen aus wie irdisches Treibeis, und Astronomen vermuten, dass die kilometerdicke Eisschicht, die Europa bedeckt, als Reaktion auf das erhitzte, ozean-ähnliche Innere und die Gezeitenerwärmung des Mutterplaneten schmelzen und in Bewegung geraten könnte.[25]

Jupiters große Masse wirkt wie ein Magnet für Kometen und Asteroiden. Seine sechzehn Monde stellen sich diesem Trommelfeuer entgegen, wie vom Kometen *Shoemaker-Levy 9* schonungslos demonstriert, und die meisten von ihnen zeigen auf ihren Fels- und Eisoberflächen die Narben dieser Einschläge in Form von einer Unzahl von Kratern. Im Gegensatz dazu ist Europa glatt wie ein Billardball, und doch muss dieser Mond seinen Anteil an Einschlägen genauso erfahren haben. Es ist also offenkundig, dass eine Oberfläche sich ständig neu bildet.

Eine ähnliche Neuformierung vollzieht sich auf dem innersten Galiläischen Mond, Io, der die stärkste vulkanische Aktivität im Sonnensystem aufweist, ausgelöst durch das ungeheuer starke Schwerkraftfeld des Jupiter. Diese Gezeitenkräfte sind es, die die kilometertiefen Ozeane Europas erwärmen – Ozeane, die sich um den ganzen Planeten ziehen und von einer dicken Eisschicht bedeckt sind. Mittlerweile gibt es viele Spekulationen über mögliches außerirdisches Leben, das in den Tiefen von Europas Ozeanen gedeihen könnte. In ähnlicher Weise könnten auch Ganymed und Callisto in etwas größerer Entfernung vom Jupiter Leben beherbergen.[26]

Hier wird ein Muster sichtbar. Wasser ist im Sonnensystem weit verbreitet. Es ist von zentraler Bedeutung für das Leben auf der Erde – und ein Hauptbestandteil der Kometen. Es existiert im Überfluss in Form von verborgenen Ozeanen auf den Monden des Jupiter. Wasser ist ebenfalls ein Hauptbestandteil auf den Oberflächen der Monde, die die äußeren Planeten umkreisen.[25]

Dank der NASA-Mondsonde *Clementine* wissen wir nun, dass es auch auf dem Mond einen gefrorenen See aus Wasser gibt, der tief im Innern eines Kraters in der Nähe eines der Pole »überlebt« hat, da die Strahlen der Sonne an dieser Stelle nicht stark genug waren, um das Eis zum Sublimieren zu bringen. Vielleicht gab es in der Vergangenheit auf dem Mond Wasser in größeren Mengen, doch der größte Teil davon dürfte durch das gnadenlose Strahlenbombardement der Sonne verdampft worden sein. Das hohe Alter der Mondoberfläche weist darauf hin, dass Wasser auf diesem Himmelskörper schon seit vielen Milliarden Jahren keine Rolle mehr gespielt hat. Und doch wurde Wasser auf unserem irdischen Begleiter gefunden.

Wasser auf dem Mars

Der Mars war der letzte Planet, der seine Geheimnisse in Bezug auf das Vorkommen von Wasser preisgegeben hat. Wissenschaftler haben schon seit längerem spekuliert, dass es auf dem Mars einst Wasser im Überfluss gab – darauf deuten die großen Flussbetten hin, die sich in seine Oberfläche gegraben haben. Sie glauben auch, dass es große Mengen von Wasser direkt unter seiner Oberfläche geben könnte. Sie gingen allerdings davon aus, dass Wasser in Bezug auf die gegenwärtige Geographie der Oberfläche keine aktive Rolle spielt. Die von der Marssonde *Global Surveyor* angefertigten Detailaufnahmen zeigten Hunderte von Rinnen und Kanälen – die sich augenscheinlich erst kürzlich durch blitzartige Überflutungen gebildet hatten.[27]

Der atmosphärische Druck auf der Marsoberfläche beträgt nur ein Hundertstel des Drucks auf der Erde auf Meereshöhe. Dies bedeutet, dass Wasser in der Atmosphäre des Mars verdampfen sollte, wenn es dort vorhanden ist. Doch es scheint, als ob es unter diesen Bedingungen auf der Oberfläche entlanggeflossen ist, was Wissenschaftler zu der Vermutung veranlasst hat, dass die Wasserströme plötzlich eingesetzt haben und sehr ungestüm gewesen sein müssen – obwohl es weiterhin ein Geheimnis bleibt, was diese plötzlichen »Wassereruptionen« herbeigeführt haben mag. Klar ist auf jeden Fall, dass Wasser trotz der widrigen atmosphärischen Bedingungen auf dem Mars existiert.

Kürzliche Entdeckungen haben bestätigt, dass es bis vor kurzem flüssiges Wasser auf der Marsoberfläche gegeben haben muss. Aufnahmen der ESA-Marssonde *Mars Express*, die den Roten Planeten umkreist, scheinen Eisschollen in der Region mit dem Namen *Elysium* zu zeigen. Eine Pressemitteilung des *University College London* (UCL) bestätigte die Entdeckung eines Sees, der vor nur fünf Millionen Jahren zugefroren war und nun mit vulkanischem Staub bedeckt ist, was die Sublimation des Eises in der kalten und dünnen Atmosphäre des Planeten verhindert.

Diese Entdeckung knüpft an eine frühere an, bei der in derselben Region Methangas gefunden wurde. Diese Kombination einer großen Menge von Wasser und Methangas erweckt den starken Eindruck, dass es gegenwärtig unter der Oberfläche des Mars Leben geben könnte. Wasser ist also, wie schon erwähnt, nicht nur auf der Erde, sondern im gesamten Sonnensystem weit verbreitet.[28, 29]

Wenn Wasser in flüssiger Form vorkommt, wie auf dem Jupitermond Europa, möglicherweise auch auf Ganymed und Callisto sowie nun auch auf dem Mars, dann ist die Wahrscheinlichkeit, auf diesen Himmelskörpern Leben zu finden, deutlich höher. Doch woher kam all dieses Wasser? Es gibt eine Reihe von Möglichkeiten, doch die beträchtlichen Mengen an Wasser im Sonnensystem stimmen mit Sitchins radikalen Beschreibungen des Sonnensystems überein.

Als die Erde in ihrem Frühstadium – eine Welt mit einem Übermaß an Meerwasser – sowohl von einem Planeten von der Größe des Mars als auch später durch das Kometen-Bombardement zerteilt wurde, wurden Wasser und feste Trümmerteile weit ins Sonnensystem hinausgeschleudert. Die Planeten und Monde um die Sonne wurden mit Wasser überschwemmt, was wir heute mit den jüngsten Entdeckungen belegen können.

Die Erde schaffte es jedoch, einen Großteil dieses wertvollen Guts für sich zu behalten – was in sich selbst auch wieder ein Mysterium darstellt, wie wir im nächsten Kapitel noch genauer erforschen werden. Einer der Gründe, weshalb ich glaube, dass die Erde ursprünglich weiter von der Sonne entfernt war, hat genau damit zu tun.

Anmerkungen

1 *W. Lee: »To Rise from Earth«, Casell & Co, 2000, S. 239 – 242*

2 *Z. Sitchin: »Der Zwölfte Planet«, Kopp, 2003*

12 *C. Sagan: »Blauer Punkt im All«, Headline book Publishing, 1995, S. 111 /–117, dtsch. Ausg. Bechtermünz 2000*

23 *G. de Santillana, H. von Dechend: »Die Mühle des Hamlet«, Springer, Wien, 1994*

5 *R. Bauval, A. Gilbert: »Das Geheimnis des Orion«, Droemer Knaur 1996*

6 *R. Bauval, G, Hancock: »Der Schlüssel zur Sphinx«, Kopp, 2007*

7 *L. Pye: »Cyclostratigraphy«, http://www.coastvillage.com/origins/articles/pye/cyclostratigraphy.htm, 2000*

8 *M. Chatelain: »Our Ancestors Came From Outer Space«, Pan, 1979, Kap. 1*

9 *D. Wilcock: »Convergence«, http://www.dprins.demon.nl/convergence/9903.html, »Maurice Cotterell and the Great Sunspot Cycle«*

10 *Gilbert, A. & Cotterell, M.: »Die Prophezeiungen der Maya«, Econ, 2002*

11 *Z. Sitchin: »Das erste Zeitalter«, Kopp, 2004, Kap. 2*

12 *»New Names for Uranian Moonlets«, Sky & Telescope, Nov. 2000, S. 32*

13 *Z. Sitchin: »Das erste Zeitalter«, Kopp, 2004*

14 *J. d'Arc: »Space Travellers and the Genesis of the Human Form«, The Book Tree, 2000, S. 29. Widergegeben mit freundlicher Genehmigung.*

15 *Hecht: »Old Timer: The Oldest Mineral on Earth is Found, Challenging Ideas about the Birth of the Moon«, 10.1.2001, http://www.newscientist.com/news/jsp?id=ns9999315*

16 *I. Velikovsky: »In the Beginning«, www.velikovsky.collision.org*

17 *P. Tyson: »Origins«, http://pbs.org/wgbh/nova/tothemoon/origins.html*

18 *D. Kring, B. Cohen: »Cataclysmic bombardment throughout the inner solar system«, Journal of Geophysical Research, 107 (E2), 5009, 2002*

19 *J. TenBruggencate: »Asteroid theory explores impact on Earth life«, Honolulu Advertiser, 24.3.2002. Dank an Lee Covino.*

20 *E. Chaisson & S. McMillan: »Astronomy tody«, 1. Ausg., Prentice-Hall, Upper Saddle River, 1993*

13 *Z. Sitchin: »Das erste Zeitalter«, Kap. 1, Kopp, 2004*

22 *I. Semeniuk: »Neptune Attacks!«,* New Scientist, *7.4.2001, S. 27-29*

23 *D. Levy: »Comets«, Touchstone, 1998, S. 208*

24 *P. Weissman, M. Segura: »*Galileo *arrives at Jupiter«,* Astronomy, *Jan. 1996, S. 36-45*

25 *P. Barnes-Svarney: »Frozen Assets«,* Astronomy, *Okt. 1997*

26 *M. Milstein: »Diving into Europa's Ocean«,* Astronomy, *Okt. 1997*

27 *M. Hardin: »New Images Suggest Present-day Sources of Liquid Water on Mars«, 22.6.2000*

28 *P. Ball: »Mars may have a frozen sea«, 22.2.2005, http://www.nature.com/news/2005/050221/full/050221-7.html*

29 *Bloomberg News: »Mars Has Frozen Sea; Raises Chance of Life on Planet«, 22.2.2005, http://www.bloomberg.com/apps/news?pid=10000103&sid=adraOqIQmDEo&refer=us*

Kapitel 7

Das große Wasserrätsel

Mein Kollege Lee Covino schickte mir kürzlich einen Artikel aus dem Magazin *Science News* über die Quelle des Meerwassers der Erde.[1] Der Verfasser, Ben Harder, beschrieb die jüngsten wissenschaftlichen Ansätze zur Erklärung, woher all das Wasser auf der Erde kommt. Dies stellt nämlich ein ziemliches Rätsel für die Wissenschaftler dar, denn die Erde sollte einfach nicht so viel Wasser haben, wie auf ihr zu finden ist.

Die Erde ist der Sonne relativ nah, und Wasser, eine leicht flüchtige Substanz, hätte schon vor der Entstehung der Erde aus dem inneren Sonnensystem verschwunden sein müssen. Insofern sollte die Erde eigentlich ein viel trockenerer Planet sein. Wo kommt also all das Wasser her, das für die Biosphäre dieses Planeten so wichtig ist?

Ben Harder beschreibt verschiedene Theorien, die zur Zeit in wissenschaftlichen Kreisen erörtert werden. Bis vor kurzem herrschte die Auffassung vor, dass die Ozeane von Kometen hinterlassen wurden, die die gerade neu entstandene Erde trafen (die so genannte »Late-Veneer«-Hypothese).[2] Dieses Bombardement erstreckte sich über einen Zeitraum von einer Milliarde Jahren (und könnte vielleicht auch erklären, wie das Leben so früh in der Erdgeschichte auf den Planeten kam). Doch nach den Informationen in Ben Harders Artikel wurde diese Möglichkeit aufgrund kürzlich gewonnener Daten von Kometen verworfen. Das Problem ist, dass die Isotopenzusammensetzung irdischen Wassers eine ganz andere als die von Kometeneis ist, und auch abhängig davon, wo die Kometen ursprünglich entstanden. Die bisher analysierten Kometen enthalten relativ große Mengen Deuterium, doch dieses Isotop tritt im irdischen Wasser viel seltener auf. Wenn diese Isotopenzusammensetzung für Kometen im Sonnensystem allgemein repräsentativ ist, dann kann nur ein sehr geringer Teil des Wassers auf der Erde Kometeneinschlägen zugeschrieben werden. Unter dieser Voraussetzung scheint es, als ob nur die Hälfte des auf der Erde vorkommenden Wassers tatsächlich von Kometeneinschlägen stammt.

Ratlose Wissenschaftler haben versucht, diese widersprüchliche Theorie wieder salonfähig zu machen, indem sie nicht nur Kometen, sondern auch wasserreiche Asteroiden für das Vorkommen von Wasser auf der Erde verantwortlich machen. Doch dies erklärt leider nicht andere Probleme in Bezug auf die chemische Zusammensetzung unseres Planeten. Die Erde ist reich an vielen anderen flüchtigen Stoffen, und diese Elemente (größtenteils Edelgase) kommen auf Meteoriten nicht vor. Die Ursache für die reichlichen Wasservorkommen auf der Erde also in wasserreichen Asteroiden zu sehen, die zusätzlich zu Kometen auf der Erde eingeschlagen sind, könnte nicht das relativ hohe Maß anderer flüchtiger chemischer Stoffe erklären. So haben zum Beispiel kürzliche Studien von Wissenschaftlern an der Universität von Arizona zur relativen Isotopenzusammensetzung von Osmium in kohlenstoffhaltigen Chondriten weitere Belege für die Unhaltbarkeit der »Late-Veneer-Theorie« geliefert; gerade einmal 15% aller auf der Erde vorkommenden flüchtigen organischen Stoffe stammen aus dem All. Diese neuen Ergebnisse bereiten Astronomen und Astrophysikern einige Kopfschmerzen.[3] Die natürliche Schlussfolgerung ist, dass die auf der Erde vorkommenden flüchtigen Stoffe von Anfang an, seit Entstehen des Planeten, vorhanden waren. Doch die gegenwärtig existierenden Modelle für das Sonnensystem in seinem Frühstadium schließen dies aus. Es kursieren bereits neue, mehr oder minder komplexe Ansätze, um diesen Widerspruch zu erklären.

Vielleicht war das innere Sonnensystem in seinen Anfängen ein kühlerer Ort, als man ursprünglich dachte? Vielleicht hat sich die Erde aus einer Vielzahl planetarischer »Embryos« gebildet, von denen einige eher aus der Nähe des Jupiter als von der Erde stammen und so die Ansammlung flüchtiger organischer Stoffe gestatteten? Vielleicht hatte das Felsgestein, aus dem sich die noch junge Erde gebildet hat, große Mengen Wasser in sich eingeschlossen, was verhindert haben könnte, dass die flüchtigen Stoffe regelmäßig aus der inneren protoplanetaren Scheibe ausgestoßen werden?

Doch diese Ansätze scheinen das wissenschaftliche Äquivalent zum sprichwörtlichen Klammern am Strohhalm zu sein. Diese spezifische Anomalie ist ein reales Problem, doch es scheint keine zufrieden stellende Antwort dafür zu geben, dass die Erde über so viel Leben spendendes Wasser verfügt.

Die Position der Erde hat sich verlagert

Die Lösung starrt diesen Astronomen und Astrophysikern direkt ins Gesicht. Es ist so offensichtlich, dass ihr Fehlen in Ben Harders ansonsten ausgezeichnetem Artikel Bände spricht. Die Erde verfügt über eine reichhaltige Mischung flüchtiger Stoffe, einschließlich Wasser, weil unser Planet sich ursprünglich viel weiter von der Sonne weg gebildet haben muss!

Es ist die einzige wirklich einfache Lösung zu diesem Problem. Wenn die Erde ihre Existenz in der Region des Asteroidengürtels begonnen hätte, wäre das Problem gelöst. Ich kann dies so behaupten, denn andere wissenschaftliche Arbeiten weisen ebenfalls in diese Richtung.

Hinweise zu dieser These finden sich auch in der so genannten »Embryo-Theorie« des französischen Astronomen Alessandro Morbidelli.[4,5] Er vertrat die These, dass die Erde sich aus einer Ansammlung von Embryo-Objekten jeweils von der Größe des Mondes gebildet hat, wobei diese Objekte sich ursprünglich auf chaotischen Umlaufbahnen durch das noch junge Sonnensystem bewegten. Diese »flüchtigen Träger« haben sich nach dieser These in einem Abstand von etwa vier Astronomischen Einheiten, also in der vierfachen Entfernung Erde-Sonne, doch immer noch innerhalb des Orbits des Riesenplaneten Jupiter, gebildet.

Morbidelli merkt dazu an, dass die geochemische Natur dieser wasserhaltigen Träger im Sonnensystem einzigartig gewesen wäre. Dies erinnert uns an die Ähnlichkeit der Sauerstoff-Isotopensignaturen von Erde und Mond, der wir im letzten Kapitel begegnet sind. Dies ist der Grund, warum es so wichtig ist, statistische Kenntnisse über die Isotopenverteilung im Wasser, das sich an verschiedenen Stellen im Sonnensystem findet, zu gewinnen.

Die Daten zur Isotopenzusammensetzung des Wassers im inneren Sonnensystem deuten merkwürdigerweise darauf hin, dass sich die Erde in einem Abstand von vier Astronomischen Einheiten von der Sonne gebildet hat, sich also ursprünglich vier Mal so weit von der Sonne weg befand wie heute. Dies fügt sich natürlich nicht in das Standardmodell zur Entwicklung des Sonnensystems ein. Doch die Belege weisen alle in diese Richtung, so dass man von den Wissenschaftlern eine erneute Überprüfung des Standardmodells erwarten würde. Mittlerweile sind weitere Belege zur Stützung dieser These erbracht worden.

Als die NASA den Kometen *Linear* studierte, entdeckte sie, dass seine Isotopenzusammensetzung der des Wassers auf der Erde sehr ähnlich war. Man könnte daher annehmen, dass er sich im selben Abstand zur Sonne gebildet hat wie die Erde, also eine Astronomische Einheit. Doch das quantitative Isotopenverhältnis deutet darauf hin, dass er sich ursprünglich in der Nähe des Jupiter gebildet haben muss! Unglaublich, nicht wahr? Die NASA lässt auch keinen Zweifel daran, dass das Wasser aus den Ozeanen der Erde eine ähnliche Isotopenzusammensetzung aufweist wie der Komet *Linear*; dies konnten sie durch eine quantitative Analyse der flüchtigen Bestandteile bestimmen, deren Anteil gering ist.[6]

Einerseits bedeutet dies, dass die Erde eine gewisse Menge Wasser von bekannten Kometen erhalten haben könnte. Andererseits bedeutet dies aber auch, dass ausnahmslos alle diese Kometen aus einer bestimmten Region des Alls kommen müssen, d.h. aus der Nähe des Jupiter. Halten Sie das wirklich für wahrscheinlich?

Unglücklicherweise zerbarst der Komet *Linear*, bevor die notwendigen wissenschaftlichen Arbeiten abgeschlossen werden konnten. Für Wissenschaftler allerdings, die wohl darauf aus waren, die entdeckten Anomalien hinwegzuerklären, war dies sicher ein glücklicher Umstand. War der Komet *Linear* ursprünglich ein Bruchstück aus den Ozeanen der Erde, das durch einen starken Einschlag ins Sonnensystem hinausgeschleudert wurde? Lässt sein Sauerstoff-Isotopenverhältnis den Schluss zu, dass sich die Erde zu Beginn ihrer Entstehung mehr in der Nähe des Jupiter aufgehalten hat als an ihrem gegenwärtigen Ort? Ich glaube, auf beide Fragen lautet die Antwort »Ja«.

Irgendwie hat sich die Erde trotz ihrer starken Bindung zur Sonne von ihrer ursprünglichen Position weiter ins Innere des Sonnensystems hineinbewegt. Wenn die Erde ursprünglich vier Mal weiter von der Sonne entfernt war als jetzt, dann müssen wir eine Erklärung finden, wie sie es geschafft hat, sich in ihrer gegenwärtigen Position nahe der Sonne wiederzufinden. Die Planeten des inneren Sonnensystems sind eng an die Sonne gebunden und ändern ihre Umlaufbahn nicht einfach »mal so auf die Schnelle«. Irgendetwas war geschehen – etwas, worüber die Wissenschaftler sich offensichtlich nicht so gern Gedanken machen.

Ein Modell für dieses Szenario existiert bereits in Form der These des Zwölften Planeten von Zecharia Sitchin. Die Deutungen der

Schöpfungsmythen in einem astronomischen Kontext ließen Sitchin vermuten, dass unter den Kometen ein unentdeckter Planet existiert, der ursprünglich nicht Teil des Sonnensystems war, sondern ein Eindringling aus dem interstellaren Raum, der in die planetarische Zone eindrang.

Dort traf er auf eine Wasserwelt im Abstand von etwa vier Astronomischen Einheiten zur Sonne, und zwischen den planetarischen »Göttern« fand darauf eine große »himmlische Schlacht« statt. Das Ergebnis war eine Verschiebung der Position dieser Wasserwelt weiter ins Innere des Sonnensystems, wo sie zur Erde wurde. Der Eindringling zog sich auf einer exzentrischen Umlaufbahn in die Region jenseits der bekannten Planeten zurück, wo er bis zum heutigen Tage auf seine Wiederentdeckung wartet.[7]

Dies ist natürlich kontroverses Material und nicht die Art von spekulativem Denken, das der rationalen Mentalität unserer akademischen Kollegen an den Universitäten entspricht. Doch das große Wasserrätsel, das wir uns gerade angeschaut haben, stimmt auf bemerkenswerte Weise mit dieser Hypothese überein.

Hier scheinen wir eine einfache Lösung für ein schwieriges Problem gefunden zu haben und müssen uns nicht übermäßig auf »Ockhams Rasiermesser« verlassen.

Der Ursprung der Erde

Die gegenwärtigen Theorien zur Entstehung des Mondes gehen von einer massiven Kollision der Erde im Frühstadium mit einem Objekt von der Größe des Mars aus, bei der sich verstreute Trümmerteile in einem Orbit um die Erde sammelten, anhäuften und schließlich unseren Mond bildeten.[8] Die Abwesenheit eines substantiellen Eisenkerns im Innern des Mondes deutet darauf hin, dass dieser Einschlag geschah, nachdem sich der Eisenkern der Erde bereits ins Zentrum unseres eigenen Planeten verlagert hatte.[9] Es ist vorstellbar, dass die restlichen Trümmerteile den Asteroidengürtel gebildet haben, wie Sitchin postuliert hat. Diese Möglichkeit lässt sich leicht durch weiteres wissenschaftliches Studium der Zusammensetzung der Asteroiden zwischen Mars und Jupiter überprüfen. Dies könnte geschehen sein, als sich der Mond gebildet hatte, oder als Ergebnis späterer Einschläge auf der Erde.

Träfe dies zu, dann wäre die Erde in ihrem ursprünglichen Zustand tatsächlich ein sehr bedeutsamer Planet gewesen, aus dem sich durch größere Einschläge der Asteroidengürtel, der Mond und möglicherweise auch einige Kometen gebildet hatten. Außerdem ließe sich mit dieser These auch die weite Verbreitung und der hohe Anteil an Wasser auf anderen Planeten erklären, was wir im letzten Kapitel schon angesprochen hatten. Die Schlussfolgerung wäre also, dass die Erde ursprünglich eine viel größere Welt mit einem Übermaß an Wasser war.

Solch ein großer Festplanet hätte in einem Abstand von vier Astronomischen Einheiten von der Sonne eine große Menge flüchtiger Stoffe an sich gebunden; allein schon seine höhere Schwerkraft hätte größere Mengen Wasser und flüchtiger Stoffe angezogen und beibehalten. Hiermit wäre auch der Gedanke nicht mehr so abwegig, dass die Erde in ihrem Frühstadium einen so großen Satelliten wie unseren Mond hervorgebracht und dann an ihm festgehalten hätte. Mit anderen Worten: Unser Mond ist deswegen so groß, weil die Erde ursprünglich viel größer war als jetzt.

Die Verlagerung der Position der Erde ins innere Sonnensystem hätte dann zu einem Verlust eines Großteils des Wassers geführt, wie von der Theorie vorhergesagt. Darüber hinaus gibt uns die wissenschaftliche Entdeckung des »letzten großen Bombardements« des Erde-Mond-Systems vor 3,9 Milliarden Jahren weitere Aufschlüsse darüber, wie mehrmals aufeinander folgende Einschläge auf der Erde zum plötzlichen Verlust noch größerer Mengen Wassers hätten führen können.[10] Wir kommen also – obwohl dies eigentlich kaum möglich ist – immer noch in den Genuss von Meeren, Seen und Flüssen, weil es ursprünglich viel mehr Wasser auf einem viel größeren Planeten gab, aus dem sich unsere Erde dann gebildet hatte.

Der Grund, weshalb es auf unserem Planeten immer noch Wasser gibt, hat also mit der ursprünglichen Position unseres Mutterplaneten in der Nähe des Jupiter und nicht mit Kometeneinschlägen zu tun. Diese Verlagerung der Position im Sonnensystem könnte die Erde zu einem ganz besonderen Ort machen. Schließlich würde ein Planet von vergleichbarer Größe und Nähe zur Sonne ohne eine solche Verlagerung nicht in den Genuss eines solchen Übermaßes an Wasser kommen. Vielleicht weist die Erde einfach einzigartige Merkmale auf, was dies betrifft: ein Planet in der Habitationszone, der es irgendwie geschafft hat, die schon früh auf ihm existierenden Wasservorkommen über diesen immens langen Zeitraum bei sich zu behalten.

Bevor wir uns jedoch zu sehr von dieser These vereinnahmen lassen, müssen wir uns einen wichtigen Punkt hinsichtlich der Wärmeabgabe der Sonne über einen längeren Zeitraum anschauen.

Die kalte Sonne

Wenn man die Umstände erörtert, die ursprünglich auf der Erde herrschten, ist es wichtig anzumerken, dass zu jener Zeit unterschiedliche Bedingungen im Sonnensystem herrschten. Die Sonne war wahrscheinlich einer von vielen tausend Sternen in einem Sternhaufen oder stellaren »Hort«. Es ist möglich, dass der Dunkelstern mit der Sonne schon früh ein Doppelsternsystem bildete, und dass dieses System vor langer Zeit auseinander gesprengt wurde und dramatische Veränderungen herbeiführte.

Beispiele anderer junger Sternsysteme liefern uns Belege für solche Doppelsternsysteme, wo die Spiralstruktur in den protoplanetaren Scheiben aufgetreten ist, was entweder auf massive stellare Begleiter oder unmittelbare stellare Begegnungen schließen lässt.[11,12,13] Diese Entdeckungen bedeuten, dass das stellare Umfeld des frühen Sonnensystems mit Sicherheit aktiver war, als man bisher dachte. Wir sollten aus dem »rustikalen Charme«, den die gegenwärtige stabile Anordnung der Planeten ausstrahlt, nicht darauf schließen, dass die Dinge in unserem Sonnensystem schon immer so waren.

Eine andere Sache, die man berücksichtigen muss, ist, dass die Sonne in ihrem Anfangsstadium weniger Licht abgab als jetzt, und dies könnte zu einer kühleren Temperatur auf der Erde beigetragen haben. Das nukleare Feuer der Sonne konzentrierte sich zunächst auf einen relativ kleinen Bereich in der Nähe ihres Zentrums. Das bedeutet, dass die Erde damals nur etwa siebzig Prozent des Sonnenlichts erhielt, das sie heute empfängt.[14] Doch solche Überlegungen sollten von Wissenschaftlern, die das Sauerstoff-Isotopenverhältnis irdischen und nichtirdischen Wassers untersuchen, bereits berücksichtigt worden sein. So oder so: Man sollte sich daran erinnern, dass die Aktivität der Sonne selbst hier eine Rolle gespielt haben mag.

Der besondere Status der Erde

War die Entstehung der Erde also ein besonderes, vielleicht sogar einzigartiges Phänomen? Wenn die Erde bei ihrer Nähe zur Sonne eigentlich nicht so viel Wasser aufweisen sollte, wäre es durchaus möglich, dass ihr tatsächlich eine besondere Rolle zukommt. Ohne den Durchzug eines Planeten, eines Eindringlings von gigantischen Dimensionen, oder den Verlagerungseffekt eines großen Einschlags wäre die Erde ein viel kälterer Ort als sie gegenwärtig ist. Dies entspräche eher dem so genannten »Schneeball Erde« – ein Zustand, wie er vor etwa 600 Millionen Jahren auf unsere Welt zutraf.[15]

Leben hängt von Wasser in flüssiger Form ab. Wäre die gegenwärtige Artenvielfalt auf der Erde zustande gekommen, wenn unser Planet sich immer noch im Asteroidengürtel aufhalten würde?

Wenn ein sich neu bildender Planet einem Stern so nah ist wie die Erde der Sonne und deshalb genügend Wärme empfängt, um Wasser in flüssiger Form auf seiner Oberfläche zu halten, dann sollten genau diese Umstände eigentlich die Gegenwart von Wasser von Anfang an ausschließen. Die Tatsache, dass es auf unserem Planeten Wasser im Übermaß gibt, stellt ein Paradox dar, denn Wärme und Wasser scheinen sich nicht miteinander zu vermischen, wenn sich Planeten bilden. Die paradoxe Situation, die wir gegenwärtig auf der Erde vorfinden, lässt sich erklären, indem wir die Möglichkeit in Betracht ziehen, dass sich die Erde seit ihrer Entstehung sehr viel näher zur Sonne bewegt hat, oder indem wir unsere Theorien zur Bildung von Planeten neu überdenken.

Was immer es war, das dazu geführt hat, dass unsere Welt in so großer Nähe zur Sonne über so viel Wasser verfügt – es könnte ungewöhnlich, ja sogar einzigartig sein. Das Übermaß an Wasser auf der Erde könnte eine Seltenheit sein, wenn ein eindringender Planet erforderlich ist, um die Verlagerung der Erde in eine Umlaufbahn näher zur Sonne zu erklären. Einige bisher entdeckte extrasolare Planeten wiesen recht merkwürdige Umlaufbahnen auf, was vor allem für Gasgiganten gilt, die ziemlich wild in unmittelbarer Nähe ihres Muttersterns herumschwingen.[16]

Warum wurden die flüchtigen Gase dieser Planeten nicht von dem Stern hinweggeblasen, bevor der Planet eine Chance hatte, sich zu bilden? Bedeutet dies, dass die Umlaufbahnen von Planeten als Ergebnis eines äußeren Einflusses plötzlichen radikalen Veränderungen unterliegen können?

Die große Vielfalt extrasolarer Planeten scheint unserer Folgerung entgegenzustehen, dass die Erde ein einzigartiger Planet ist. Wenn dieses »große Wasserrätsel« uns hilft, überhaupt irgendetwas zu verstehen, dann die Tatsache, dass Planeten umherwandern können – und am Ende sich in Umlaufbahnen befinden, die auf den ersten Blick »ruhig und gemütlich« erscheinen. Dies stellt unsere früheren Annahmen infrage, dass sich die beobachteten Planeten schon immer auf ihren netten ruhigen kreisförmigen Umlaufbahnen befunden haben müssen. Es öffnet die Tür für andere Möglichkeiten weiter draußen in den älteren Regionen des Sonnensystems, denn wenn Planeten von außen nach innen wandern können, können sie auch umgekehrt von innen nach außen wandern.

Leben im Umfeld kühler Sterne

Wir gehen immer davon aus, dass unsere Sonne die Blaupause für andere Sternsysteme ist, die Leben beherbergen könnten. Vielleicht trifft diese Annahme zu, und die Suche nach außerirdischem Leben sollte weiterhin auf Sterne konzentriert sein, die unserer Sonne ähnlich sind. Doch wenn das Übermaß an Wasser auf der Erde angesichts der von der Sonne erzeugten Hitze tatsächlich eine Anomalie darstellt, dann sollten wir vielleicht auch Sternsysteme mit einbeziehen, die zu Beginn ihrer Lebensspanne nicht so heiß waren. Schließlich beginnt das Spektrum stellarer Charakteristika nicht erst mit unserer eigenen Sonne.

Rote oder sogar Braune Zwerge wären bei ihrer Entstehung nicht so heiß gewesen wie unsere gelbe Sonne. Tatsächlich enthalten Braune Zwerge sogar große Mengen an Wasser in ihren feurigen Atmosphären. Es wurde auch entdeckt, dass sie ihre eigenen Planetensysteme haben, was selbst auf die kleinsten von ihnen zutrifft.[17]

Vielleicht bedeutet dies, dass wir unsere Aufmerksamkeit auf nicht ganz so helle Mitglieder der Sternfamilie richten sollten – vielleicht sogar auf die, die vollständig verborgen bleiben. Diese relativ kühlen Sterne hätten um sich herum eher die Bildung von Planeten mit größeren Wasservorkommen zugelassen und sie mit weniger schädlicher Strahlung bombardiert wie unsere übereifrige Sonne.

Vielleicht hat das SETI-Projekt ironischerweise die ganze Zeit an der falschen Stelle gesucht.

Wasserwelten

Das Konzept der »Migration« von Planeten hat in letzter Zeit immer mehr Zuspruch erfahren. Es ist noch nicht so lange her, dass Tom van Flandern Zecharia Sitchins »Theorie des zwölften Planeten« heftig kritisierte, weil er der Ansicht war, dass die Erde sich nicht aus dem Asteroidengürtel ins innere Sonnensystem hineinbewegt haben konnte. Van Flandern behauptete, dass die Umlaufbahn der Erde immer noch stark elliptisch sein müsste, wenn das der Fall gewesen wäre, und dass die Umlaufbahn immer noch durch den Asteroidengürtel verlaufen müsste. Zum Teil reichten diese Argumente aus, um den Autor Alan Alford von der Annahme der Existenz eines »Planeten X« abzubringen.[18]

Doch in den letzten Jahren hat die Wissenschaft Fortschritte gemacht und steht nun neuen Möglichkeiten, was bisher unentdeckte Planeten in unserem Sonnensystem betrifft, allgemein offener gegenüber.[19] Der Grund dafür sind nicht nur die Entdeckungen in unserem eigenen äußeren Sonnensystem, sondern auch die Daten über extrasolare Planeten, die in letzter Zeit gesammelt wurden.

Viele dieser »Exoplaneten« haben sehr merkwürdige Umlaufbahnen. Einige von ihnen umkreisen ihre Sterne in sehr geringer Entfernung, und andere wiederum sind bekannt als so genannte »Heiße Jupiter«. Diese bizarren Riesenplaneten befinden sich viel zu nah an ihren Sternen, als dass sie sich dort gebildet haben könnten, wo sie gegenwärtig zu finden sind (nach den herkömmlichen theoretischen Modellen der Entstehung von Planeten), weshalb das Konzept der »Migration« mehr und mehr zur Diskussion gestellt wird, um den Wissenschaftlern nicht ihren Schlaf zu rauben. Wenn solch ein Modell anderswo in unserer Galaxis zum Einsatz kommen kann, warum dann nicht auch in unserem eigenen Sonnensystem?

Der Wissenschaftsautor Andrew Pike beschrieb einst eine mögliche neue Klasse von Planeten, die der Erde in ihrem Frühstadium, so wie hier gerade beschrieben, auf bemerkenswerte Weise ähnelt. Diese Klasse von Planeten, genannt »Wasserwelten«, ist zunächst noch theoretischer Natur. Die Idee dazu stammte von Alain Leger vom *Institut d'Astrophysique Spatiale* in Frankreich.

Er fragte sich, ob Welten von der doppelten Größe der Erde ein ähnliches Übermaß an Wasser aufweisen könnten wie unser Planet. Diese wässrige Umgebung hätte die Form eines planetenweiten, viele Kilometer tiefen Ozeans, zusammen mit einer Gasatmosphäre. Er sah sie in ihrer Entstehung als extrasolare Äquivalente zu Uranus oder Neptun, die dann aber ihre Position ins Innere ihres Sternsystems verlagerten.[20]

Auch hier wird wieder das Modell der planetaren Migration verwendet, um Anomalien in großer Entfernung von unserem Sonnensystem zu erklären. Kürzlich gab es in der Wissenschaftspresse noch weitere Thesen zu den Migrationsmustern von Planeten.[21,22] Es braucht nicht allzu viel Vorstellungsvermögen, um dieselben Prinzipien hier in unserem eigenen Sonnensystem anzuwenden.

Es gibt eine ganze Menge, was wir im Zusammenhang mit der Entstehung von Planetensystemen nicht verstehen. Dies kann nur eine von einer Vielzahl von Möglichkeiten sein, doch die Tatsache, dass sie schon früh Eingang in die wissenschaftliche Diskussion gefunden hat, weist auf ihr Potenzial hin. Sollte man irgendwann in der Zukunft solche Wasserwelten finden, gäbe das den hier vorgestellten Ideen ungeheuren Auftrieb. Unser eigener Planet könnte ein solcher Fall gewesen sein.

»Elektronenglühen«

Wissenschaftler führen zur Zeit angeregte Diskussionen darüber, wie sich Leben auf Planeten im Umkreis von Braunen Zwergen oder Dunkelsternen entwickeln könnte. Ich habe hier ebenfalls ein Ökosystem beschrieben, das sich auf einem Mond entwickelt haben könnte, der einen kleinen Braunen Zwerg umkreist, dessen Lichtemission minimal ist. Man kann davon ausgehen, dass die Temperaturen auf diesem Mond hoch genug wären, um Wasser in flüssiger Form vorhanden sein zu lassen. Doch Skeptiker haben ein Gegenargument eingebracht, nämlich, dass es im äußeren Sonnensystem nicht genug Licht gäbe, um den Prozess der Fotosynthese in Gang zu setzen. Schließlich braucht es mehr als nur Wasser in flüssiger Form, um Leben hervorzubringen; Licht ist dabei oft ein »nützlicher Verbündeter«.

Das Licht dort draußen müsste also von einem Dunkelstern kommen, einem ziemlich alten, sehr kleinen Braunen Zwerg, der zu einer neuen Klasse von gescheiterten Sternen gehört, über die wir tatsächlich nur sehr wenig wissen.

Astronomen sind sich noch nicht einig darüber, ob solche Himmelskörper überhaupt Licht abgeben können. Doch die Wahrscheinlichkeit, dass sie es tun, ist relativ hoch – durch chemische Reaktionen in den äußeren Schichten der Atmosphäre, angeregt durch die Schwerkraft an der Oberfläche und extrem starke magnetische Felder. Diese Effekte führen zu einem »Flackern«, doch reichte dies als Lichtquelle aus, um auf terrestrischen Welten in unserer Nähe den Prozess der Fotosynthese in Gang zu setzen?

Der Uranus ist bekannt für einen inneren Lichteffekt, den die Astronomen »Electron Glow« (»Elektronenglühen«) nennen, und für den es bisher noch keine Erklärung gab. Dieser Effekt tritt zusätzlich zur magnetischen Aurora des Riesenplaneten auf. Man glaubt, dass der Lichteffekt auf solch einem »toten« Planeten durch Elektronen hervorgerufen wird, die Wasserstoffatome in der oberen Atmosphäre zu höheren Schwingungzuständen anregen, auch wenn es noch nicht klar ist, woher diese Elektronen ursprünglich stammen. Vielleicht ist so ein Effekt in einem stärkeren Ausmaß auf einem sehr kleinen Braunen Zwerg möglich – als Ergänzung zu den anderen Lichtquellen dieses gescheiterten Sterns, die wir bereits angesprochen hatten.

Es gibt also verschiedene Mittel und Möglichkeiten, mit denen der Dunkelstern als »lichtemittierender« Planet klassifizieren könnte. Es

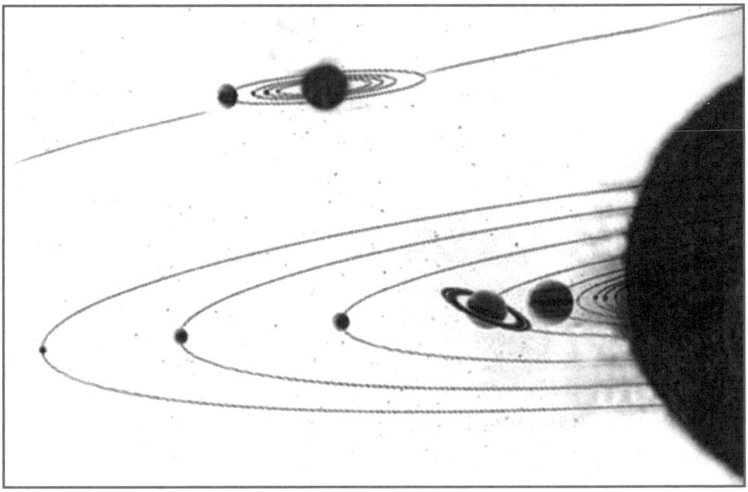

Das äußere Sonnensystem
V.l.n.r.: Pluto, Neptun, Uranus, Saturn und Jupiter, darüber ein sehr kleiner Brauner Zwerg mit einem Planeten am Rande der protoplanetaren Scheibe in einer stark exzentrischen Umlaufbahn um die Sonne

könnte sogar eine Kombination all dieser Effekte vorliegen. Dies ähnelt der Entdeckung der Anglerfische in den Tiefen unserer Ozeane, die ebenfalls Licht emittieren. Vor ihrer Entdeckung hätte niemand diese Art von Fisch in der Tiefsee vermutet. Könnte der Dunkelstern das planetarische Äquivalent zum neonroten Anglerfisch sein? Werden seine Monde durch diese kleine Oase roten Lichts in der Weite des äußeren Sonnensystems beleuchtet? Dies ist meine Annahme.

Doch wäre dies auch genug Licht für Fotosyntheseprozesse »dort draußen«? Nun, was dies betrifft, können wir uns auch unserem eigenen Planeten zuwenden, um die Frage zu beantworten. Werfen wir einen Blick unter das Antarktiseis. Der Astrogeophysiker Chris McKay studierte Ökosysteme, die unter der Eisdecke der Antarktis unter schwächsten Lichtverhältnissen zu Fotosyntheseprozessen imstande waren, und kam zu dem Ergebnis, dass schon zwei Prozent des verfügbaren Sonnenlichts ausreichen, um die Fotosynthese zu unterstützen. Er behauptet, es gebe hier auf der Erde Pflanzen, die selbst in einem Abstand von 100 AE von der Sonne zu Fotosyntheseprozessen fähig wären. Dies ist die doppelte Distanz des am weitesten entfernten Objekts im Edgeworth-Kuiper-Gürtel, das je entdeckt wurde.[14]

Einwände mit dem Hinweis auf Probleme mit der Fotosynthese sind also ziemlich überflüssig. Ich würde behaupten, der Dunkelstern gibt durch die Gezeitenerwärmung nicht nur ausreichend direkte und indirekte Wärme ab, sondern auch genügend Licht, um auf einem oder mehreren Monden die Fotosynthese in Gang zu setzen.

Leben in der Region der Kometen?

Um festzustellen, ob Leben in der Region der Kometen um ein so exotisches Objekt wie einen sehr kleinen Braunen Zwerg existieren könnte, müssen wir zunächst seine Gegenwart dort ermitteln. In den nächsten Kapiteln werden wir einen Blick auf wissenschaftliche Studien aus jüngerer Zeit werfen, die auf die frühere Präsenz eines wirklich vorhandenen Planeten hindeuten. Die im äußeren Sonnensystem entdeckten Anomalien bilden den zentralen Ausgangspunkt für unsere Jagd nach dem Dunkelstern, denn sie liefern indirekte Beweise für seine Existenz.

Gegenwärtig stellen Astronomen Überlegungen an, die sie sich zu früheren Zeiten nie gestattet hätten. Der Grund dafür ist, dass sie nun erkannt haben, wie merkwürdig es im Edgeworth-Kuiper-Gürtel zugeht.

Jenseits des Neptun gibt es einen Schwarm von Himmelskörpern, der die Sonne umkreist, doch aufgrund der Größen dieser Objekte und ihrer enormen Entfernungen wurden sie erst vor kurzem entdeckt. Das erste Edgeworth-Kuiper-Gürtel-Objekt (EKBO) wurde 1992 entdeckt, und seitdem gab es noch viele weitere Entdeckungen von Objekten in diesem Bereich, von denen einige äußerst seltsame Orbitaleigenschaften aufweisen. Eines dieser Objekte mit der Bezeichnung *2000 CR105* hat eine Umlaufzeit von 3300 Jahren und verhält sich recht seltsam, was Astronomen zur Vermutung veranlasst hat, dass seine Umlaufbahn einem äußeren Einfluss wie etwa einem anderen Planeten jenseits von Pluto unterliegt.[24]

Dieses Beweisstück ist von großer Wichtigkeit für uns. Die Astronomen, die das Kuiper-Gürtel-Objekt *2000 CR105* studieren, haben offen darüber spekuliert, wie es sein kann, dass dieses Objekt eine so große Umlaufbahn hat – eine Umlaufbahn, die sich außerhalb des Einflussbereichs des Planeten Neptun gebildet hat. Eine massive Störquelle, die im Kuiper-Gürtel Anomalien hervorruft, wird von vielen Astronomen mittlerweile als sehr wahrscheinlich angesehen. Weitere kleine Planeten wurden bereits auf unerwartet exzentrischen Umlaufbahnen entdeckt, darunter ein Objekt, von dem bekannt ist, dass es größer als der Planet Pluto ist.

Im nächsten Kapitel werden wir mit der wichtigen Untersuchung des Edgeworth-Kuiper-Gürtels beginnen.

Deep Impact

Zum Zeitpunkt der Drucklegung dieses Buchs erschienen Entdeckungen in Bezug auf Kometen, die einige Ideen stützen, die wir in diesem Kapitel aufgeführt haben. Am 4. Juli 2005 veranstaltete die NASA das größte Feuerwerk, das Amerika je am Unabhängigkeitstag erlebt hat. Diese grandiose Inszenierung war das Resultat der Freisetzung eines kühlschrankgroßen Projektils aus der Raumsonde *Deep Impact*, das auf dem kurzperiodischen Kometen *Tempel 1* aufschlug. Zu jener Zeit fragten sich besorgte Erdenbürger, ob dieser »Deep Impact«, dieser »tiefe Einschlag« den Kometen zum Auseinanderbrechen bringen und Bruchstücke in Richtung auf unsere ungeschützte Welt schleudern könnte. Wissenschaftler versicherten uns jedoch, dass das Experiment für den

Kometen und seine Unversehrtheit weniger gefährlich sei als eine Mücke auf der Windschutzscheibe eines Autos.

Der Einschlag war sensationell, wenn auch vielleicht nicht so sensationell wie sich die wissenschaftliche Analyse des Einschlags erweisen könnte. Denn es gab noch mehr zu diesem gigantischen Feuerwerk als lediglich amerikanischen Patriotismus. Die Mission der *Deep Impact*-Sonde wurde nämlich auch von mehreren anderen Teleskopen beobachtet, von denen jedes sorgfältig die Materialien studierte, die aus dem Kern von *Tempel 1* herausgeschleudert wurden. Studien dieser Art geben Wissenschaftlern erste Aufschlüsse über die physisch-chemische Zusammensetzung von Kometen.

Und diese Informationen könnten ebenso aufschlussreiche Hinweise auf eventuelle Gemeinsamkeiten in der Zusammensetzung von Kometen und unserem Planeten liefern.

Die Ergebnisse der Studien wurden bisher noch nicht der Öffentlichkeit zugänglich gemacht. Dies ist ärgerlich, aber auch irgendwie verständlich. Es braucht Zeit, alle Daten spektroskopisch zu analysieren, in ihrer Gesamtheit auszuwerten und entsprechende wissenschaftliche Papiere zu verfassen. Einer der beteiligten Wissenschaftler hat uns jedoch schon interessante Einblicke gewährt hinsichtlich dessen, was wir erwarten können, wenn die vollständigen Daten zu *Tempel 1* endlich veröffentlicht werden.[25]

Der Komet besteht größtenteils aus Eis; der Aufschlag des Projektils verursachte den Ausstoß großer Mengen Wasser ins All. Das wurde so auch erwartet. Seine geologische Zusammensetzung ist allerdings komplex; die Zusammensetzung des Felsgesteins ist ungewöhnlich, da es auch Kalkstein enthält. Dieses Material kann sich in Gegenwart von Wasser bilden. Doch es ist eher unwahrscheinlich, dass unter den frostigen Bedingungen, die im äußeren Sonnensystem herrschen, sich Kalkstein gebildet hätte.

Es ist auch ziemlich unwahrscheinlich, dass man letztendlich Kalkstein als Bestandteil eines Kometen findet. Doch die Spektralanalyse zeigt eindeutige Spuren von Kohlenstoffen, aus dem Kalkstein (Calciumcarbonat) ja besteht.

Der Komet scheint all die Elemente aufzuweisen, die auch in irdischem Felsgestein vorkommen, außer Eisen. Auch dies bereitet den Wissenschaftlern Kopfschmerzen. Eisen neigt dazu, sich in den Kernen der Planeten anzusammeln, doch in kleineren Himmelskörpern mit weniger inneren Kräften am Werk wie in einem Kometen sollte Eisen über das ganze Objekt gleichmäßig verteilt sein. Wo ist es also?

Diese vorläufigen Ergebnisse lassen meiner Meinung nach darauf schließen, dass der Komet ein Stück Felsgestein ist, das von der Oberfläche eines Planeten abgesprengt wurde, dessen Eisen sich zu jenem Zeitpunkt bereits im Planeteninnern befand. Ich glaube nicht, dass der Komet sich frei und unabhängig von anderen Himmelskörpern im äußeren Sonnensystem gebildet hat, sondern dass er einst Teil eines Planeten mit Wasservorkommen gewesen ist. Solch ein Szenario steht auch im Einklang mit der Gegenwart von Kalkstein in der Zusammensetzung von *Tempel 1*.

Doch *Tempel 1* scheint ein gewöhnlicher kurzperiodischer Komet zu sein, nicht irgendein ungewöhnliches Objekt. All dies deutet darauf hin, dass kurzperiodische Kometen in Verbindung mit früheren Katastrophen im Sonnensystem stehen könnten. Es ist recht verlockend, zu diesem frühen Zeitpunkt die Frage zu stellen, ob Zecharia Sitchin vielleicht doch Recht hat, nämlich damit, dass die Kollision zwischen Nibiru und Tiamat nicht nur dazu geführt hat, dass die Erde in eine neue Umlaufbahn eingeschwenkt ist, sondern dass der Zusammenprall außerdem eine Fülle von Kometen hervorgebracht hat. Es liegt nahe, dass diese Kometen in etwa eine ähnliche physisch-chemische Zusammensetzung haben sollten wie die Erde.

Es ist sehr schade, dass zum jetzigen Zeitpunkt keine detaillierteren Daten verfügbar sind, vor allem in Bezug auf die jeweiligen Wasser-Isotopenverhältnisse von *Tempel 1* im Vergleich zu denen der Erde. Abgesehen von den rationalen Gründen für die immer noch ausstehende Veröffentlichung der Daten könnte man sich mittlerweile allerdings auch fragen, ob die mit der Lüftung der Geheimnisse um *Tempel 1* beauftragten Wissenschaftler um eine Erklärung ringen, weshalb dieser Komet uns vertrauten Welten so ähnlich ist – und zwar der Erde! Solch eine Verbindung wäre eine äußerst ungewöhnliche Entdeckung und hätte weitreichende Konsequenzen. Im Moment können wir nur warten und schauen, was die nahe Zukunft an neuen Informationen liefert.

Quellen

1. *B. Harder: »Water for the Rock: Did Earth‹s Oceans come from the Heavens?«, Science News, 161, Nr. 12, 23.3.2002. Dank an Lee Covino.*
2. *A. Delsemme: »An Argument for the cometary origin of the biosphere«, American Scientist, 89, Sept/Okt. 2001, S. 432 – 442*
3. *M. Drake, K. Righter: »Determining the composition of the Earth«, Nature, 416, 7.3.2002, S. 39 – 44*
4. *A. Morbidelli et al: »Source regions and timescales for the delivery of water to the Earth«, Meteorites and Planetary Science, 35, 2000, S. 1309 – 1320*
5. *L. Mullen: »Born Bone Dry«, 17.2.2004, Dank an Shad Bolling. http://www.astrobio.net/news/article833.html*
6. *»A Taste for Comet Water«, Astrobiology News, 25.5.2001, http://nai.arc.nasa.gov/news_stories/news_detail.cfm?ID=154*
7. *Z. Sitchin: »Der zwölfte Planet«, Kopp, 2003*
8. *L. David: »Long-Destroyed Fifth Planet My Have Caused Lunar Cataclysm, Researchers Say«, http://www.space.com/scienceastronomy/solarsystem/fifth_planet_020318.html, 18.3.2002*
9. *J. d'Arc: »Space Travellers and the Genesis of the Human Form«, 2000, S. 29*
10. *I. Semeniuk: »Neptune Attacks!«, New Scientist, 7.4.2001, S. 26 – 29*
11. *J. Augereau, J. Papaloizou: A&A, astro-ph/0310732, 2003*
12. *A. Quillien, P. Varniere, I. Minchev, A. Frank: Astronomical Journal, 2004*
13. *C. Grady et al: Astronomical Journal, 122, 2001, S. 3396*
14. *D. Koerner, S. LeVay: »Here be Dragons: The Scientific Quest for Extraterrestrial Life«, Oxford University Press, 2000, S. 20 – 21, 43*
15. *Horizon, BBC2, »Snowball Earth«, ausgestrahlt am 22.2.2001*
16. *G. Marcy, P. Butler: »Hunting Planets Beyond«, Astronomy, März 2000, S. 43 – 47*
17. *H. Muir: »Brown Dwarf may Someday Harbour Habitable Planets«, 8.2.2005, http://www.newscientist.com/article.ns?id=6977*
18. *A. Alford: »The Phoenix Solution«, Hodder & Stoughton, 1998, S. 171 – 174*
19. *A. Lloyd: »Planet X: Past and Present«, UFO Magazine, Jan. 2004, S. 32 – 37*
20. *A. Pike: »Exoplanets: What‹s New?«, UFO Magazine, Feb. 2004, S. 72 – 73*
21. *J. Foust: »Bizarre new planets puzzle astronomers«, Spaceflight Now, 10.1.2000*
22. *Planetary Correctness‹ Associated Press, 9.1.2001, http://www.aci.net/kalliste*
23. *»The Similarity of the Planets (and Other Celestial Objects)«, http://www.livingcosmos.com/celestial.htm. Dank an Lloyd Pye.*
24. *J. Kelly Beatty: »Big-orbit Object Confounds Dynamicists«, 5.4.2001, http://www.skypub.com/news/news.shtml#bigorbit. Dank an Frank Cordell und Theo Kermandis.*
25. *L. Moulton Howe: »Deep Impact Spectra: Carbonate, PAHs and Some Amino Precursors in Comet Tempel 1«, Interview mit Dr. C. Lisse, Professor für Physik, 12.8.2005, http://www.earthfiles.com/news/news.cfm?ID=960&category=Science. Dank an Lee Covino.*

Kapitel 8

Der Edgeworth-Kuiper-Gürtel

Die wissenschaftlichen Beweise für die Existenz des Planeten X häufen sich. Dies ist nicht nur meine Meinung, sondern Tatsache. Immer mehr Astronomen freunden sich mit der Möglichkeit an, dass etwas Großes mit den Kometen im Edgeworth-Kuiper-Gürtel (manchmal auch einfach »Kuiper-Gürtel« genannt) ein Spiel treibt.

Die Existenz dieses großen Gürtels von Planetesimalen wurde erstmals vom britischen Forscher Kenneth Edgeworth postuliert. Seine Idee wurde 1943 veröffentlicht. Doch es gab ein bedeutsameres Papier, das im Jahre 1949 in den *Monthly Notices of the Royal Astronomical Society* erschien und seine Thesen vorstellte. Zwei Jahre später wurde dieselbe These vom US-amerikanischen Astronomen Gerard Kuiper aufgestellt, und zwar in einem Kapitel, das er zu einem von J. Allen Hynek herausgegebenen Buch beigetragen hatte.[1]

Der jetzt vorherrschende Begriff »Kuiper-Gürtel« scheint erstmals im Jahre 1988 von Scott Tremaine geprägt worden zu sein und wurde daraufhin im ersten wissenschaftlichen Papier benutzt, das die historische Entdeckung eines Objekts im Sonnensystem jenseits von Pluto beschreibt. Diese Entdeckung wurde von Dave Jewitt und Jane Luu gemacht, die ihrem Papier den Titel »Discovery of the candidate Kuiper Belt Object *1992 QB1*« gaben. Dieser Name, »Kuiper Belt Object« (KBO), fand schnell allgemeine Verbreitung.

Als Ergebnis der Verwirrung, die durch die kontroverse Namensgebung dieses Gürtels jenseits von Neptun entstand, gaben verschiedene Forscher ihm verschiedene Namen. Da ich eine Art patriotischer Pflicht gegenüber allem empfinde, was britisch ist, werde ich in diesem Buch auf die Bezeichnung »Edgeworth-Kuiper-Gürtel-Objekte« (EKBOs) zurückgreifen.

Der Edgeworth-Kuiper-Gürtel ist eine ausgedehnte Region, in der sich Planetesimale und Kometen befinden, von denen viele im Laufe der Zeit in stabile resonante Umlaufbahnen um den Neptun gelangt sind. Pluto, der äußerste Planet, könnte eigentlich als ein großes EKBO bezeichnet werden. Er befindet sich mit dem Neptun in Orbitalresonanz und weicht so dem größeren Planeten aus, obwohl er in regelmäßigen Abständen seine Umlaufbahn schneidet. In der Theorie sollten alle Objekte im Edgeworth-Kuiper-Gürtel Umlaufbahnen haben, die irgendwie zu den bekannten äußeren Planeten in Beziehung stehen. Doch wie es sich herausstellt, ist das nicht der Fall.

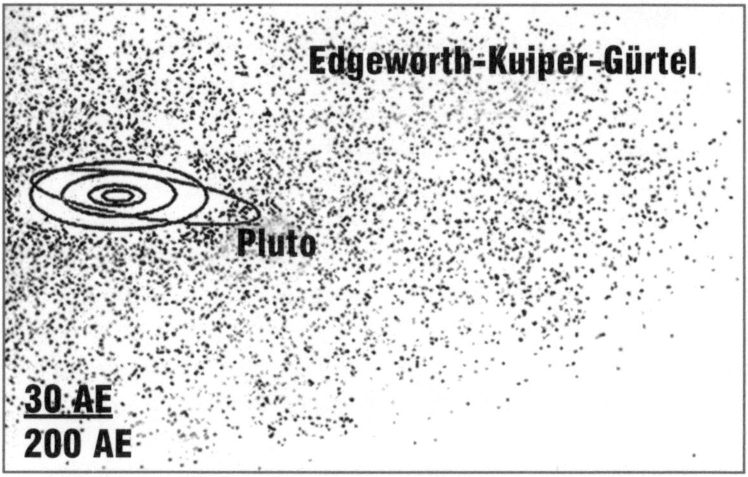

Darstellung des Edgeworth-Kuiper-Gürtels um das Sonnensystem und Vergleich der relativen Entfernungen

»Zehn in einem Bett ...«

Obwohl dieser Gürtel ungeheure Ausmaße hat, gibt es ein Problem in dieser Region durch einen Mangel an Masse. Der Gürtel zeigt eine überraschend große Menge an fehlenden Objekten bis zu einer Entfernung von etwa 50 Astronomischen Einheiten, was Astronomen Kopfzerbrechen bereitet. Obwohl es hin und wieder passiert, dass einige dieser Objekte mit dem Neptun so in Wechselwirkung treten, dass sie schließlich aus dem Sonnensystem hinausgeschleudert werden, scheint es doch, als ob es zu wenige von ihnen gibt. Die Astronomen Petit, Morbidelli und Valsecchi stellten die These auf, dass planetarische »Embryos« bis zur Größe der Erde einige Zeit im Edgeworth-Kuiper-Gürtel verbracht und die normalen EKBOs umhergeschleudert haben könnten, was wiederum zu einem massiven Verlust von Kometen hätte führen können.[2]

Wo befinden sich also diese Planeten jetzt? Wenn sie sich in Umlaufbahnen unmittelbar jenseits von Neptun befinden, wären sie mit Sicherheit schon vor über sechzig Jahren von Clyde Tombaugh entdeckt worden, da er seinerzeit den Himmel gründlich nach Planeten ähnlich wie Pluto abgesucht hat. Wenn es sie dort draußen immer noch gibt, dann sind sie durch Verlagerung ihrer Positionen weiter entfernt, als man ursprünglich dachte. Man glaubt, dass Objekte von der Größe des Mars, die bisher noch nicht entdeckt wurden, im Edgeworth-Kuiper-Gürtel eingebettet sind.

Edgeworth-Kuiper-Objekte weisen hinsichtlich ihrer Umlaufbahnen unterschiedliche Merkmale auf; einige fallen in die Unterkategorien der so genannten »klassischen Gürtelobjekte« und »Scattered-Disc Objects« (aus dem Kuiper-Gürtel vertriebene Himmelskörper), und weitere Unterteilungen werden mit Erweiterung der Datenbank über diese Objekte sicher folgen. Dies ist eine komplexe Reihe von Objekten, bei denen das System der Klassifikation alles andere als eindeutig ist.[3] Die extremeren Beispiele dieser Objekte könnten auf einen unbekannten Einfluss hinweisen, der auf den Gürtel ausgeübt wird, wie wir noch sehen werden.

Der Gürtel liegt größtenteils in der Ebene der Ekliptik, wie die anderen Planeten des Sonnensystems. Doch die Umlaufbahnen einiger EKBOs sind wie die von Pluto gegenüber der Ekliptik geneigt und bringen so am Himmel ein diffuses Band hervor. Dies unterscheidet sich grundsätzlich von der weiter entfernten Oortschen Wolke von Kometen, die das Sonnensystem schalenförmig umgibt, und aus der langperiodische Kometen aus allen Richtungen des Alls sich ins Sonnensystem bewegen. Doch es gibt auch Wissenschaftler, die die Ansicht vertreten, dass die »zufällige« Anordnung dieser Kometen um das Sonnensystem herum alles andere als zufällig ist!

Zwischen dem Edgeworth-Kuiper-Gürtel (der eher ein Asteroidengürtel von Kometen ist) und der Oortschen Wolke klafft eine riesige Lücke ohne irgendwelche Objekte. Dies allein ist meiner Ansicht nach von herausragender Bedeutung. Es deutet auf die Gegenwart von etwas bisher Unentdecktem hin.

Unsere gegenwärtigen technologischen Fähigkeiten haben es Astronomen gestattet, einige Edgeworth-Kuiper-Objekte zu entdecken, die sich in unmittelbarer Nähe zu den Umlaufbahnen von Pluto und Neptun befinden. Es ist schwierig, diese verborgenen Objekte am Himmel genau zu lokalisieren; oft geschieht es sogar, dass einmal entdeckte Objekte bei späteren Beobachtungsversuchen trotz Kenntnis ihrer vorherigen Position nicht mehr auffindbar sind. Dies ist wichtig, denn es kann erforderlich sein, ein Objekt über einen längeren Zeitraum mehrmals zu beobachten, um seinen exakten Bahnverlauf zu bestimmen, so dass die Astronomen zu einem späteren Zeitpunkt die Objekte genau lokalisieren können.

Nur der »innere« Teil des Gürtels liegt im Bereich dessen, was wir mit unseren Instrumenten beobachten können. Doch Astronomen sehen auch Beispiele von weiter entfernten Objekten aus der »Scattered Disc«, wenn sie während ihres Periheldurchgangs unmittelbar jenseits von Neptun gesichtet werden. Diese weit entfernten Objekte sind nur bei ihrer größten Annäherung an die Sonne sichtbar, was darauf hindeuten könnte, dass es noch viele weitere Objekte dieser Art gibt.[3]

Ein Klassifizierungssystem für neu entdeckte Objekte im Sonnensystem existiert und ist allgemein in Anwendung. Die Registrierung dieser Objekte wird vom »Zentralbüro« der Internationalen Astronomischen Union (IAU) mit Sitz im *Smithsonian Astrophysical Observatory* in Cambridge, Massachusetts, USA, vorgenommen. Die Bezeichnung jedes Objekts beginnt einfach mit dem Jahr, in dem es entdeckt wurde. Dann kommt für jeden aufeinander folgenden Zeitraum von zwei Wochen ein Buchstabe dazu (das heißt 1. bis 15. Januar = »A«, 16. bis 31. Januar = »B« etc.), wobei I und Z ausgelassen werden. Dann kommt ein zweiter Buchstabe dazu, der die Reihenfolge angibt, in der die Berichte offiziell empfangen wurden.[1]

Da die Zahl neu entdeckter Objekte im Sonnensystem von Monat zu Monat weiter anwuchs, musste das Klassifizierungssystem um eine Zahl als Suffix ergänzt werden. So kam es also zu Bezeichnungen wie *2000 CR105*, was bedeutet: Das Objekt wurde in der ersten Februarhälfte 2000 entdeckt und war eines von mehreren hundert ähnlichen EKBOs, die in diesem Zeitraum entdeckt wurden.

Anomalien treten auf

Die Edgeworth-Kuiper-Objekte *2000 CR105* und *1995TL8* sind »Scattered-Disc Objects« und weisen Umlaufbahnen auf, die mit dynamischen Gesetzmäßigkeiten schwer zu erklären sind. Sie sind von herausragender Bedeutung, denn ihre Umlaufbahnen scheinen vom Einfluss der Gasgiganten im Sonnensystem »abgekoppelt« zu sein – mit offensichtlich wichtigen Konsequenzen für die Astronomen einschließlich Brett Gladman.[3]

Er und sein Team stellten die These auf, dass diese Anomalien aufweisenden Objekte im Edgeworth-Kuiper-Gürtel starken Gravitationskräften »dort draußen« ausgesetzt wurden, was ihre Periheldistanzen über den Bereich hinaus erstreckt, wo normale Wechselwirkungen mit dem klassischen »Hirten« der EKBO-Objekte, Neptun, möglich sind. Die Forscher liefern eine Reihe von Erklärungen hierfür, die alle mit der Durchquerung oder sogar Gegenwart großer Objekte im Edgeworth-Kuiper-Gürtel zu tun haben. Dazu zählen auch Störeinflüsse durch vorbeiziehende Sterne[4], jetzt nicht mehr vorhandene »Embryos«, die den Gürtel passieren, während sie aus dem System hinausgeschleudert wurden (wie oben beschrieben), und natürlich Planet X (und vielleicht sogar Planet XI, Planet XII, etc.), die sich im EKB befinden und bisher nicht entdeckt wurden.[3]

Einer aus dem Team, Matthew Holman vom *Harvard-Smithsonian Center for Astrophysics*, hielt mit seiner Meinung nicht hinter dem Berg, dass sich ein Körper von der Größe des Mars im äußeren Edgeworth-Kuiper-Gürtel befinden könnte, und dass solch ein Objekt bis jetzt ohne weiteres unentdeckt geblieben sein könnte – trotz der bisher erfolgten Suche mit dem Infrarotteleskop.[5] Dies stand im Gegensatz zur früheren Einstellung der Astronomen hinsichtlich eines möglicherweise existierenden Planeten X.

2004 DW

Dr. Holmans Optimismus ist nicht unbegründet. Mit wachsender Entfernung von der Sonne nimmt die Leuchtkraft von Objekten im Sonnensystem rasch ab. Große Himmelskörper, die nur etwas weiter entfernt sind als die bereits in der Nähe von Neptun und Pluto entdeckten, warten noch auf ihre Entdeckung. Beispiele für größere EKBOs, die in jüngerer Vergangenheit entdeckt wurden, sind unter anderem der Planet *Quaoar* im Jahre 2002, ein sphärisches Objekt von der Größe eines kleinen Mondes, und *Sedna*, ein noch etwas größerer Himmelskörper, der den Astronomen eine ganze Reihe von Problemen bescherte. Und immer weitere Objekte wurden entdeckt.

Im Jahre 2004 wurde ein großer Planetoid in einer Entfernung von etwa sieben Milliarden Kilometer (= 48 AE) von der Sonne entdeckt. Er trägt gegenwärtig die Bezeichnung *2004DW*, dürfte einen Durchmesser von ungefähr 1400 Kilometern haben und umkreist die Sonne einmal in 300 Jahren. Seine Umlaufbahn ist gegenüber der Ekliptik um bemerkenswerte 20° geneigt, was Fragen hinsichtlich seiner Herkunft aufwirft. Einer der Wissenschaftler, die dieses Objekt entdeckt haben, Mike Brown, ein außerordentlicher Professor der Planetaren Astronomie am *California Institute of Technology*, äußerte sich zu den möglichen Folgen der Entdeckung wie folgt: »Es ist nur noch eine Frage der Zeit, bis dort draußen etwas gefunden wird, das unsere Vorstellungen vom äußeren Sonnensystem vollkommen verändern wird.«[6]

Dies war eine ambitionierte Aussage, die teilweise auf die Entdeckung von *2004 DW* zurückzuführen war, jedoch wohl auch durch all die anderen neuen Entdeckungen rund um den Edgeworth-Kuiper-Gürtel motiviert war. Später entdeckte Mike Browns Team den Asteroiden *Sedna*, die bisher dramatischste Entdeckung. Doch es sind nicht nur die entdeckten Objekte, die die Wissenschaftler faszinieren, sondern auch ein gewisser Mangel an ihnen ...

Am Rande des Sonnensystems

In den letzten ein oder zwei Jahren wurde die astronomische Gemeinde durch weitere Funde im Zusammenhang mit dem Edgeworth-Kuiper-Gürtel schockiert. Nach allgemeinem Konsens erwartete man, dass der Gürtel sich weiter hinaus erstrecken würde als wir gegenwärtig mit unseren Mitteln schauen können, und dass mit wachsender Fähigkeit unsererseits, auch lichtschwächere Objekte zu erkennen, sich unsere Kenntnisse von Objekten, die sich tiefer im Gürtel befinden, erweitern würden. Doch diejenigen, die auf diesem Gebiet an vorderster Front arbeiten, fanden schon bald etwas Unerwartetes und Unerklärliches: eine klaffende Lücke, genannt die »Kuiper-Lücke«, wo die vorhergesagte Verteilung von Planetesimalen einfach nicht beobachtet wurde. Dies ist ein beträchtliches Problem, denn die Zahl der »EKBOs« jenseits von diesem Punkt sollte eigentlich größer sein als die derjenigen innerhalb dieser Grenzen. Sie sind zu weit entfernt, als dass sie von Neptun und den anderen Planeten gestört werden könnten.

Das aus direkten Beobachtungen erlangte Wissen dieses Bereichs ist gegenwärtig noch beschränkt. Doch die Ergebnisse der Arbeiten von Allen et al deuten darauf hin, dass die Zahl der EKBOs hier seltsamerweise unerwartet stark abnimmt. Entweder ist es das Ende des Gürtels oder eine große Lücke.[7,8] In der Terminologie der Astrophysiker ist der Edgeworth-Kuiper-Gürtel hier »trunkiert« [abgeschnitten].

Dies hat tief greifende Konsequenzen für unser Verstehen der Bildung des Sonnensystems. Tatsächlich hat diese missliche Lage dazu geführt, dass die Vorstellung eines bisher unentdeckten, weit entfernten Planeten für die Astronomen nicht mehr allzu abwegig ist. Ein Mangel an Objekten jenseits dieser Schwelle würde bedeuten, dass die ursprüngliche protoplanetare Scheibe der Sonne an diesem Punkt abgeschnitten wurde – eine unerwartete und unwahrscheinliche Entdeckung.

Verschiedene Ansätze wurden zur Erklärung der Lücke vorgebracht. Wir hatten bereits die Möglichkeit erwogen, dass riesige Planetesimale im noch jungen EKB vorherrschend gewesen sein könnten, was zu Chaos geführt hat. Dann gibt es die Diskussion um den Planeten X. Eine weitere Möglichkeit ist, dass ein vorbeiziehender Stern den äußeren Gürtel davongerissen hat.[9]

Diese Entdeckung stellt ein größeres Problem dar, dass mehrere Forschungsgruppen vordringlich zu lösen versucht haben. Wie wir noch sehen werden, scheinen einige vorläufige Schlussfolgerungen in Richtung der Dunkelstern-Theorie zu deuten.

Perihel jenseits von Neptun

Ich hatte in diesem Zusammenhang auch mit dem bereits erwähnten Forscher John Lee (alias »Rajasun«) Korrespondenz geführt, der genau wie ich kein professioneller Astronom ist, sondern sich durch umfassendes Studium wissenschaftlicher Papiere und Bücher über das äußere Sonnensystem einen Großteil seiner technischen Informationen erarbeitet hat. Er war der Meinung, dass der Braune Zwerg zum Zeitpunkt seines Perihels sich nicht allzu weit in die planetarische Zone hineinbewegen könnte. Tatsächlich war er der Ansicht, dass der Dunkelstern während seines gesamten Periheldurchgangs im Raum jenseits der Umlaufbahn von Neptun bliebe. Ich konnte sehen, dass er gute technische Argumente hatte, obwohl sie im direkten Gegensatz zu Sitchins These stehen, nämlich dass Nibiru während seines Perihels sich bis zum Asteroidengürtel nähern könnte.

John Lees Arbeit schien sich gut in dieses neue Material hinsichtlich des Verhaltens von Objekten im Edgeworth-Kuiper-Gürtel einzufügen, und ich begann mich zu fragen, ob er da nicht wohl an etwas dran war. Vielleicht war dieser weiter entfernte Gürtel von Kometen und Planetesimalen in Wirklichkeit der »gehämmerte Armreif«, über den Sitchin geschrieben hatte, und nicht der Asteroidengürtel. Schließlich gab es nun zwei Asteroidengürtel im Sonnensystem zur Auswahl – eine Situation, die Sitchin wohl nicht bekannt war, als er die meisten seiner Bücher bereits geschrieben hatte.

So begann ich mich zu fragen, ob der Ort des Periheldurchgangs des Dunkelsterns vielleicht tatsächlich jenseits von Neptun liegt. Natürlich ist der Neptun mit bloßem Auge von der Erde aus nicht sichtbar, und er wurde erst ziemlich spät in der Geschichte der Astronomie entdeckt. Wie hätte also dann ein Dunkelstern zu damaligen Zeiten Eingang in die Aufzeichnungen antiker Kulturen finden können?

Nibiru war einst ein heller glühender Planet, wie er in den alten Texten beschrieben wird. Ich fragte mich, ob eine Annäherung an die planetare Zone diese Merkmale enthüllen würde, wenn der alte Braune Zwerg die Heliopause durchquerten und auf den Sonnenwind treffen würde. Wir wissen ja bereits, dass diese Braunen Zwerge magnetisch sehr aktiv sind, und dass der Einfluss des Sonnenwinds innerhalb der Grenzen der Heliopause vielleicht ausgereicht hätte, die »alte Flamme« des Dunkelsterns neu zu entzünden.

Es brauchte bei John Lee aber noch ein bisschen Überzeugungsarbeit, denn er war sich ziemlich sicher, dass ein Brauner Zwerg, der so alt ist wie das Sonnensystem, nicht imstande wäre, irgendwelches Licht abzugeben – egal unter welchen Umständen. Und da wir bei diesen Entfernungen weder Uranus noch Neptun (jeder für sich ein Planet mit riesigen Dimensionen) mit bloßem Auge sehen können, wäre auch der Braune Zwerg jenseits von Neptun zu lichtschwach, um ihn ohne ein gutes Teleskop erkennen zu können. Johns Gesichtspunkt hatte etwas Überzeugendes und beruhte ja auch auf den herkömmlichen wissenschaftlichen »Weisheiten«. Dies führte dazu, dass auch ich erst einmal hinsichtlich dieses Themas wieder in mich ging.

Wir führten die Diskussion um dieses Thema eine ganze Zeit lang weiter. Der Kernpunkt des Problems war, ob der eigenbrötlerische Braune Zwerg jemals von der Erde aus sichtbar werden könnte. Wenn er tatsächlich als flackernder roter Stern erschienen wäre, hätte dies zu einer Reihe von mythologischen Beschreibungen führen können, die die Grundlage eines Großteils meiner früheren Arbeit gebildet hatten. Wenn er bei seinem Umlauf um die Sonne die ganze Zeit unsichtbar wäre, hätte ich ein großes Problem gehabt.

Um den Versuch zu unternehmen, das Problem zu lösen, holten wir die Meinung vieler verschiedener Wissenschaftler ein. Dies war an sich schon recht schwierig, denn die meisten von ihnen hatten es sich zum Prinzip gemacht, das Thema zu meiden. Glücklicherweise war John mit den technischen Aspekten der Astrophysik vertraut genug, um professionelle Astronomen zu einer Diskussion zu bewegen und sogar in seinem Namen neue Forschungsarbeiten aufzunehmen!

Schließlich kam ich zu der Auffassung, dass der sichtbare Aspekt von Nibiru, wie von Sitchin beschrieben, tatsächlich vielleicht gar nicht der Dunkelstern selbst ist. Vielleicht war der Planet X ein Planet in einer Umlaufbahn um den Dunkelstern, der sich uns sehr viel weiter näherte, wenn der weit entfernte Dunkelstern den Edgeworth-Kuiper-Gürtel durchquerte. Als John und ich uns über diese Ideen austauschten, traten einige Wissenschaftler mit neuen Berechnungen hervor, die Wasser auf die Mühlen hinsichtlich der Existenz des Planeten X waren.

Die Lücke im Edgeworth-Kuiper-Gürtel

Matthew Holmans bereits erwähnte Meinung zur möglichen Existenz eines noch unbekannten »Unruhestifters«, der einen Einfluss auf die EKBOs ausübt, wurde im Jahr 2002 durch die Arbeit von Adrian Brunini und Mario Melita bestärkt.[10] Dr. Brunini ist in der astronomischen Gemeinde schon seit langer Zeit als »Planet X-Jäger« bekannt und arbeitet am Observatorium der Universität La Plata in Argentinien. Er hatte sich mit Dr. Melita, einem Astronomen und Mathematiker am *Queen Mary College* in London zusammengetan, um in einem Modellversuch den Effekt nachzuahmen, den ein im Edgeworth-Kuiper-Gürtel eingebetteter, planetengroßer Körper ausüben würde.

Ihr mathematisches Modell zielte darauf ab, die Wirkung eines Objekts von der Größe des Mars in einer Umlaufbahn mit einem Radius von nur 60 AE – also etwa die doppelte Entfernung Sonne-Neptun – zu messen. Dies schien mir doch ein gewagtes Modell zu sein, gerade angesichts der Schärfe und des Zynismus, die gewöhnlich in Diskussionen um das Thema »Planet X« vorherrschen. Nur wenige Monate zuvor diskreditierte ein Astronom aus Kalifornien öffentlich jede Form von Planet X-Forschung mit den Worten, dass dies nur etwas für Verrückte und, ich zitiere, »hühnerbrüstige Möchtegern-Schreiberlinge« wäre. Es kann schon zutreffen, dass der Begriff »Planet X« zum Synonym für spekulative Pseudowissenschaft – vor allem in den Vereinigten Staaten – geworden ist. Doch die Arbeit von Brunini und Melita ist gleichsam ein Testament für das tatsächliche wissenschaftliche Potenzial dieses hochinteressanten Ansatzes.

Natürlich werden die in wissenschaftlichen Papieren verwendeten Worte sorgfältig gewählt, um Abstand vom »Planet X-Fieber« zu wahren, dem man eher im Internet begegnet. Viele Astronomen bevorzugen auch eine andere Terminologie, hauptsächlich deshalb, weil der Begriff »Planet X« eine ganze Reihe von Dingen bedeuten kann.[11] Außerdem sind Astronomen wie alle Akademiker und Professionelle in der Verwendung ihrer jeweiligen Fachsprache natürlich wohlgeübt.

Ihnen steht eine breitere Auswahl von Wörtern und Begriffen zur Verfügung, um die verschiedenen Möglichkeiten zu beschreiben, was die Natur von Planet X betrifft. Und sie können die Bedeutungen dieser Begriffe klarer und technisch fundierter erklären. In gewisser Weise können sie sich selbst durch Verwendung dieser Fachsprache von nichtprofessionellen »Kollegen« abgrenzen. So oder so: Der Name »Planet X« findet in der Öffentlichkeit großen Anklang, und unter den Wissenschaftsautoren in den Medien ist er allgemein akzeptiert.[12] Kurz: Die mögliche Entdeckung des Planeten X sorgt für hohe Auflagen bei Wissenschaftsmagazinen und Zeitungen.

Brunini und Melita haben versucht, das Problem zu lösen, das durch diese klaffende Lücke im EKB aufgeworfen wurde, die in einer Entfernung von 48 AE beginnt und sich bis zu einer Entfernung von 76 AE erstreckt. Es ist allerdings auch möglich, dass diese Lücke noch weiterreicht und sich bis zur inneren Oortschen Wolke ausdehnt. Selbst angesichts der nun entstandenen Unterscheidung zwischen verschiedenen Bereichen des Edgeworth-Kuiper-Gürtels ist solch eine Lücke eine überraschende Entdeckung. Sie bedarf dringend einer Erklärung.

Die vorgeschlagene Antwort lautet: Ein bisher unentdecktes planetarisches Objekt hat diesen Teil des EKB über Milliarden von Jahren leer gefegt. Planet X scheint durch den Edgeworth-Kuiper-Gürtel gepflügt zu sein und hat dabei wohl Kometen aus dem Sonnensystem geschleudert. Dieser Vorgang ähnelt ungefähr der Bildung von Lücken in den Ringen des Saturn, die von den größeren Objekten im Umkreis um den Gasgiganten verursacht wurden. Über einen Zeitraum von vielen Millionen Jahren wurde die statistische Verteilung von EKBOs im Gürtel jenseits von Neptun in einem solchen Ausmaß verändert, dass vielleicht nur die Gegenwart eines solchen Himmelskörpers als Störquelle erklären kann, wie die beobachteten Daten von den theoretischen Berechnungen zur Verteilungsdichte abweichen.

Brunini und Melita testeten ihre Hypothese, indem sie ein mathematisches Modell des Edgeworth-Kuiper-Gürtels anfertigten und diesmal einen zusätzlichen Planeten in seine Mitte einfügten. Sie gingen davon aus, dass das Objekt die Sonne in ähnlicher Entfernung umkreist wie die Kuiper-Lücke, und sie prüften auch verschiedene Neigungswinkel, Planetenmassen und exzentrische Umlaufbahnen. Dann erstellten sie eine Reihe von Parametern, die den Orbit des angeblichen Planeten am besten definieren könnten.

Nach ihrer Theorie bewegte sich der Planet »ordentlich und übersichtlich« innerhalb der Grenzen, die bereits für die Kuiper-Lücke postuliert worden waren, wobei seine Bahnebene gegenüber der Ekliptik leicht geneigt war. Dies würde auch helfen zu erklären, warum er bisher nicht entdeckt wurde. Diese Parameter schienen Datensätze hervorzubringen, die relativ gut mit Beobachtungen übereinstimmten, die am EKB gemacht wurden: »Die Größe der Lücke, die durch solch ein Objekt hervorgebracht wird, hängt von der Exzentrizität der Umlaufbahn des Planetoiden ab (...).« Nach Trujillo und Brown beginnt die Lücke im EKB bei etwa 48 AE, und in einer Entfernung von 76 AE könnte das andere Ende der Lücke liegen. Folgerichtig läge die Perihelposition des Planetoiden in einer Entfernung von etwa 49 AE und die Aphelposition in einer Entfernung von 78 AE. Die entsprechende große Halbachse läge bei 62 AE und die Exzentrizität bei ca. 0,21. Wie oben bereits erwähnt, könnte eine stärkere Bahnneigung dazu geführt haben, dass er bis heute unentdeckt geblieben ist. Die von solch einem Objekt ausgeübte Wirkung stünde mehr oder weniger im Einklang mit den gegenwärtigen Beobachtungsdaten.«[10]

Auf der Grundlage dieser Daten regten Brunini und Melita die Suche nach Himmelskörpern von der Größe des Mars an, die im EKB eingebettet sind, wobei sie auch die Forschungsarbeiten von Gladman et al[13] und Collander-Brown et al[14] als zusätzliche Belege zitierten.

Planet X in den Medien

Ihr Papier sorgte in Großbritannien für Aufregung und fand sowohl in der Tageszeitung *The Independent*[15] als auch im Wissenschaftsmagazin *New Scientist*[12] Erwähnung. Ich ließ diese neuen Informationen auch der Gemeinde der Alternativwissenschaftler zukommen, die zu jener Zeit von der Idee eingenommen waren, dass der Planet X gleichbedeutend wäre mit dem Ende der Welt, was u.a. von Mark Hazelwood in seinem Buch »Planet X auf Erdkurs«[16] umfassend beschrieben wurde. Aus irgendeinem Grund wurde der Planet X zum Synonym für einen unmittelbar bevorstehenden Weltuntergang.

Es stimmt natürlich, dass ein Komet von der Größe eines Planeten, der das Sonnensystem durchquert, auch für die Erde ein gewisses Risiko darstellen würde, doch hier hat wohl auch die damalige »Y2K«-Jahrtausend-Hysterie ihre Spuren hinterlassen. Eher nüchterne Wissenschaftler haben oft darauf hingewiesen, dass die Sumerer in ihrem Sprachschatz nicht einmal ein Äquivalent für den Begriff »Apokalypse« hatten.[17] Dies ist immer noch ein strittiger Punkt.

Ich ging naiverweise davon aus, dass diese faszinierenden neuen Forschungsergebnisse die Diskussion in etwas rationaleres Fahrwasser lenken würden. Stattdessen schien es jedoch, als ob diese Ergebnisse von der Planet X-»Community« einfach ignoriert wurden. Ohne die unmittelbar damit einhergehende Gefahr einer weltweiten Apokalypse schien der wissenschaftliche Fortschritt in Richtung auf Entdeckung eines tatsächlichen Zehnten Planeten – egal wie wissenschaftlich wohlfundiert – nicht genug zu sein, um dem Katastrophenfieber Einhalt zu gebieten.

Vielleicht war das so, weil ein Objekt, das im Edgeworth-Kuiper-Gürtel eingebettet ist, für uns keine größere Gefahr darstellt als ein weit entfernter Planet Pluto. Wie könnte solch ein Objekt mit einem mächtigen mythenhaften Himmelskörper gleichzusetzen sein, den ich mit einem Braunen Zwerg verglichen habe? Wenn dieses Objekt tatsächlich ein »Massenvernichtungsmittel« sein sollte, dann musste das Dossier, das die Bedrohung beschrieb, offensichtlich »sexed up« werden! Nun, Spaß beiseite – ich sehe in den Arbeiten von Brunini und Melita wirklich großes Potenzial für einen größeren, weiter entfernten Himmelskörper, der den von ihnen studierten Einfluss ausübt. Vielleicht lassen sich aus den Ergebnissen auch bestimmte Katastrophenszenarien für die Erde und andere Planeten im Sonnensystem ableiten, doch bestimmt nicht in naher Zukunft.

Britischer Spleen?

Es gibt eine Reihe von Gründen für die Annahme, dass ihre Ergebnisse eher am »vorsichtigen« Ende eines weiten Spektrums von Möglichkeiten für einen Planeten X auf Wanderschaft im Edgeworth-Kuiper-Gürtel angesiedelt sind. Wie bereits erwähnt, befindet sich die größere Anzahl verstreuter EKBOs jenseits des vermuteten »äußeren« Randes der Lücke und auch jenseits unserer gegenwärtigen Möglichkeiten, sie zu beobachten. Die vermutete äußere Grenze der Lücke ist natürlich nicht auf ewig in Stein gehauen. Sie könnte sich weiter nach außen erstrecken und somit dem »Unruhestifter« eine exzentrischere Umlaufbahn zugestehen – etwas, womit wir uns eingehender im nächsten Kapitel beschäftigen wollen. Mit anderen Worten: Ein relativ kreisförmiger Orbit für den Planeten X kann zum jetzigen Zeitpunkt nicht bestätigt werden; es war einfach eine Voraussetzung, die Brunini und Melita in ihre Berechnungen mit einbezogen.

Ihre Arbeit geht davon aus, dass die Kuiper-Lücke ein leeres Band innerhalb einer größeren ausgedehnten Scheibe ist, die bei ungefähr 76 AE wieder beginnt. Ich glaube jedoch nicht, dass dem so ist. Stattdessen halte ich es für wahrscheinlich, dass die Kuiper-Lücke genau das ist, was der Name sagt: eine Lücke, die sich über 2.000 AE erstreckt, bis in die innere Oortsche Wolke hinein. Ich gehe davon aus, dass diese riesige Lücke dadurch entstand, dass der Dunkelstern diese Region nahezu vollständig leer gefegt hat!

Ich korrespondierte mit Mario Melita, nachdem er sein Papier veröffentlicht hatte, und legte ihm nahe, dass ein massiverer Planet X vielleicht einer exzentrischeren Umlaufbahn folgen würde. Ich fragte ihn, wie ein Planet sich der Entdeckung entzogen haben könnte, wenn er gegenwärtig so nah wäre, wie sie in ihrem Papier aus dem Jahre 2002 gemutmaßt hatten – selbst wenn er zur Zeit weiter von der Ekliptik entfernt wäre (wo der Großteil der Suche nach Objekten im äußeren Sonnensystem vorgenommen wird).

Es überraschte mich etwas, dass er mit mir übereinstimmte und erklärte, er würde zur Zeit Berechnungen durchführen, um zu prüfen, wie ein elliptischerer Orbit für den unentdeckten Planeten sich in die Daten einfügen würde. Wie er in seinem oben zitierten Papier erwähnte, stimmt die vom Objekt ausgeübte Wirkung »mehr oder weniger« mit den gegenwärtigen Beobachtungen überein. Dr. Melita fügte hinzu, dass seine bis jetzt erzielten Ergebnisse ermutigend sind, und dass ein elliptischerer Orbit für einen größeren Planeten eine bessere Übereinstimmung mit den Beobachtungsdaten erzielt: »Ich stimme Ihnen zu, dass das Szenario eines weiter entfernten, massiveren Planeten durchaus möglich ist. Zur Zeit studiere ich diese Möglichkeit. Tatsächlich scheint es so, als ob die Übereinstimmung mit der beobachteten Verteilungsdichte von EKBOs mit dieser Variante etwas besser ist.«[18]

Die herausragende Bedeutung dieser Forschungsarbeit von Brunini und Melita führte dazu, dass das Wissenschaftsmagazin *New Scientist* ihre Entdeckungen als eines von dreizehn bisher ungelösten Rätseln der Wissenschaft aufführten. Mit der passenden Nummer 10 in dieser Reihe für die Ergebnisse von Brunini und Melita erklärte der Autor des Artikels, Michael Brooks, dass die Kuiper-Lücke sich dort befindet, wo die Verteilungsdichte von Felsgestein im Edgeworth-Kuiper-Gürtel plötzlich drastisch absinkt. Es scheint dafür keine vernünftige Erklärung zu geben – es sei denn, man geht von der Existenz eines verborgenen Planeten aus, der durch seinen Einfluss diesen Bereich »saubergefegt« hat.

Der Artikel zitiert dann Alan Stern, einen Astronomen am *Southwest Research Institute* in Boulder, Colorado, USA, der feststellt, dass die Beweise für die Existenz eines Planeten X »zwingend« sind.[19]

Noch einmal zur Periheldistanz

Es scheint, als ob man zu den Beobachtungsdaten in Bezug auf EKBOs gelangen kann, indem man die Exzentrizität der Umlaufbahn des postulierten Planeten mit steigender Masse erhöht. So könnte ein kleiner terrestrischer Planet mit einem Fünf- bis Zehnfachen der Masse des Mars den beobachteten Effekt herbeiführen, wenn er sich in einer mehr oder weniger kreisförmigen Umlaufbahn um die Sonne bewegen würde, während er im Edgeworth-Kuiper-Gürtel eingebettet ist. Wenn wir von einem größeren Planeten ausgehen wollen, muss sein Orbit elliptischer sein.

Da ich an der These interessiert bin, dass der Planet X möglicherweise ein Brauner Zwerg ist, müsste die Exzentrizität seiner Umlaufbahn relativ stark sein, um meine These zu stützen. Dasselbe wird natürlich für den von Zecharia Sitchin beschriebenen Planeten Nibiru angenommen. Doch diese interessante Entsprechung stößt auf ernste Probleme, wenn man in Betracht zieht, dass Sitchin für den Planeten Nibiru eine Periheldistanz von nur 4 AE mutmaßt, d.h. im Asteroidengürtel zwischen Mars und Jupiter. Könnte der Planet X tatsächlich sowohl den Edgeworth-Kuiper-Gürtel »leer gefegt« als auch einen Periheldurchgang durch den Asteroidengürtel vollzogen haben?

Um dies zu beantworten, müssen wir uns die Neigung von Nibirus Bahnebene zur Ekliptik anschauen. Wenn die Bahnebene des Dunkelsterns der der anderen Planeten entspricht, dann könnte ein parabolförmiger Periheldurchgang sowohl durch den Asteroidengürtel als auch durch Teile des Edgeworth-Kuiper-Gürtels verlaufen. Doch je stärker seine Bahnebene gegenüber der Ekliptik geneigt ist, desto schwächer fallen die Wechselwirkungen zwischen den Edgeworth-Kuiper-Objekten und diesem Planeten aus. Der Grund dafür ist, dass der EKB größtenteils eine flache Scheibe ist.

Je stärker die Bahnebene eines Braunen Zwergs gegenüber der Ekliptik geneigt ist, desto stärker werden seine Destabilisierungseffekte auf Objekte im Sonnensystem. Der Grund dafür ist der so genannte »Kozai-Effekt«, der der Neigung der Bahnebene eines Planeten X von der Größe des Jupiter Grenzen auferlegen würde. Wäre die Neigung zu stark, wäre das Sonnensystem ein chaotischerer Ort, als es den Anschein hat. Brett Gladman erklärte mir, dass die Bahnebene eines großen, bisher noch unentdeckten Planeten gegenüber der Ekliptik nicht allzu stark geneigt sein dürfte. Denn wäre sie das, »würde der Kozai-Effekt tendenziell die Umlaufbahnen der Planeten destabilisieren«.[20]

Es hat also den Anschein, als ob die Umlaufbahn des Dunkelsterns nicht sehr stark gegenüber der Ekliptik geneigt sein kann. Dies stellt für Zecharia Sitchin ein erhebliches Problem dar, denn nach seiner

Darstellung ist die Bahnebene des Planeten Nibiru gegenüber der des Sonnensystems um etwa 30° geneigt. Eine Reihe wichtiger Texte aus dem Altertum erwähnt, dass dieses mathematische Verhältnis für das Verstehen unseres Kosmos von großer Wichtigkeit ist. Doch der Kozai-Effekt bedeutet, dass eine so stark geneigte Bahnebene in unserem Sonnensystem Chaos anrichten würde, wenn sich herausstellte, dass Nibiru ein sehr großer Planet ist.

Nibiru ist also entweder ein sehr kleiner Planet wie der Mars, oder er »benimmt sich« und bewegt sich entlang der Ekliptik wie die Mehrzahl der bekannten Planeten. Wenn sich der Planet X bei seiner Annäherung an die planetare Zone entlang der Ekliptik bewegt, dann würde er nicht nur am EKB vorbeistreifen, sondern auch an den Umlaufbahnen der äußeren Planeten. Wären die Planeten in diesem Fall auch einem Destabilisierungseffekt ausgesetzt?

Im Jahre 1985 erstellte der Astronom Jack Hills ein Modell, das den Durchzug eines Nemesis-artigen Objekts durch das Sonnensystem darstellte. Dieses Modell brachte eine Reihe von Daten hervor, die im Grunde den Ansätzen entsprechen, die wir hier erörtern. In dieser Studie kam man zu dem Schluss, dass ein durchs Sonnensystem ziehender »Fremdkörper« mindestens zehn Jupitermassen haben müsste, um Schaden anzurichten.[21] Es gibt also eindeutig genug Raum für ziemlich extreme Szenarien, was viele überraschen dürfte.

Doch dies fände auch Anwendung auf einen einzigen Durchzug eines sehr kleinen Braunen Zwergs durch das Sonnensystem. Wenn sich solch ein Objekt wiederholt alle 3.600 Jahre durch die planetarische Zone bewegte, sollte sich statistisch zwangsläufig ein beobachtbarer Effekt in den Umlaufbahnen der Planeten zeigen. Angesichts der relativ kreisförmigen Umlaufbahnen der Planeten scheint es jedoch eher so, dass ein Objekt so groß wie ein kleiner Brauner Zwerg sich schon seit längerer Zeit nicht mehr durch das Sonnensystem bewegt hat.

Vielleicht könnte dann ein kleinerer Planet X ungehindert durch die planetarische Zone ziehen, solange seine Bahnebene gegenüber der Ekliptik nicht allzu stark geneigt ist. Dies wäre ein akzeptabler und praktikabler Kompromiss – doch er würde bedeuten, dass der Dunkelstern sich der Sonne nie weiter als bis zur Kuiper-Lücke in einer Entfernung von 48 AE nähern würde. Das wäre die kürzestmögliche Periheldistanz. Tatsächlich könnte sie sogar noch größer sein.

Ein weiteres Problem für Nibiru

Das von Sitchin beschriebene Szenario zeigt noch ein anderes Problem. Es ist klar, dass ein Planet, der sich durch eine Wolke oder einen Gürtel von Objekten bewegt, diese Wolke oder diesen Gürtel erheblich durcheinander bringen wird. Das ist es, was man bei langperiodischen Kometen und bei den Lücken in den Ringen des Saturn beobachten kann, und wahrscheinlich ist dies auch die Erklärung für die Kuiper-Lücke im EKB. Und dasselbe Prinzip muss natürlich auch auf den Asteroidengürtel Anwendung finden.

Wenn Nibiru bei seinem Periheldurchgang alle 3.600 Jahre tatsächlich den Asteroidengürtel durchqueren würde, wäre dieser schon vor langer Zeit vollständig »aufgefegt« worden! Doch da der Asteroidengürtel bis heute existiert, legt dies nahe, dass Sitchins Thesen an dieser Stelle falsch sein müssen. Der Periheldurchgang muss viel weiter draußen erfolgen.

In diesem Sinne muss ich auch meine zuvor angestellten Überlegungen einer erneuten Prüfung unterziehen, da sie auf Sitchins ursprünglichen Annahmen beruhten. Ja, ein kleiner Brauner Zwerg muss bei seinem Vorbeizug nicht unbedingt einen großen Effekt auf die anderen Planeten ausüben. Doch wiederholte Passagen durch die planetarische Zone würden wohl die Wahrscheinlichkeit erhöhen, dass die Umlaufbahnen der Planeten letztendlich beeinflusst werden. Die Tatsache, dass sie doch relativ stabil sind, entspricht der These, dass der Einflussbereich des Planeten X jenseits der äußeren Planeten liegt. Und je schwerer und massiver er ist, desto mehr trifft dieses Argument zu.

Und doch gibt es ungeheuer viele Belege dafür, dass die Menschheit in vergangenen Zeiten einen fremdartigen Planeten beobachten konnte, und dass dies irgendwie mit dem geheimnisvollen Nibiru in Verbindung steht. Ein Brauner Zwerg im EKB ist einfach zu weit entfernt, als dass wir ihn beobachten könnten. Dies bedeutet, dass uns zum vollständigen Puzzle immer noch ein Stück fehlt. Irgendetwas tritt in die planetarische Zone ein und wird für das bloße Auge sichtbar. Die Frage ist nur: was? Damit werden wir uns im nächsten Kapitel befassen.

Vorhersagen

Auf der Grundlage der Daten, die Astronomen über die Kuiper-Lücke in einer Entfernung von 48 AE zusammengetragen haben, besteht die

Möglichkeit, dass diese Region im EKB tatsächlich die Grenze des äußeren Einflussbereichs des Periheldurchgangs von Nibiru markiert. Seine tatsächliche Periheldistanz wäre sogar noch größer; auch seine Umlaufbahn wäre sehr viel exzentrischer als von Brunini und Melita in ihrem Papier aus dem Jahre 2002 angegeben. Ihr theoretisches Modell ließe sich in Bezug auf die große Halbachse und die Exzentrizität optimieren, so dass sich ein Objekt in ihr Modell einfügen könnte, dessen Aphelposition viel weiter als 78 AE von der Sonne entfernt ist.

Unser gegenwärtiges Wissen über Objekte, die die Sonne in einer Entfernung von mehr als 76 AE umkreisen, ist äußerst lückenhaft. Die Existenz von »Scattered-Disc Objects«, also aus dem Kuiper-Gürtel vertriebenen Objekten jenseits dieser Entfernung ist eine Erwartung, die auf theoretischen Modellen beruht statt auf empirischen Daten. Wenn die Scattered-Disc-Objects in einer Entfernung von mehr als

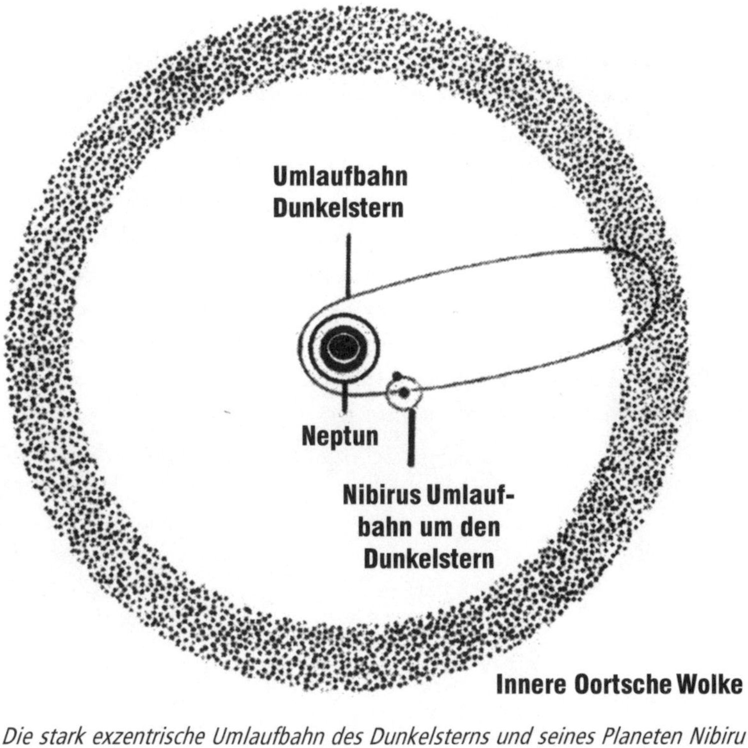

Die stark exzentrische Umlaufbahn des Dunkelsterns und seines Planeten Nibiru im Verhältnis zum Sonnensystem und zur inneren Oortschen Wolke

76 AE nicht in großer Zahl vorhanden sind, dann wäre eine exzentrischere und wahrscheinlich auch leicht geneigte Umlaufbahn die Schlussfolgerung, die man daraus ziehen könnte. Denn irgendetwas müsste die Kometen in dieser Entfernung aus dem Edgeworth-Kuiper-Gürtel vertreiben. Und ich vermute, dass sich das auch so herausstellen wird.

Statt dass der Planet X sich also im EKB in einer Entfernung von etwa 60 AE, also relativ nah, aufhielte, könnte seine Apheldistanz deutlich größer sein. Die Kuiper-Lücke könnte also von einem Planeten X herbeigeführt worden sein, der bei Annäherung an seinen Periheldurchgang wiederholt durch die Kometenregion zieht. Dieses Szenario scheint mit der Arbeit des Astronomen Jack Hills übereinzustimmen, der ebenfalls Überlegungen hinsichtlich des Durchzugs eines kleinen Braunen Zwerg-»Sterns« durch das Sonnensystem und auch Berechnungen zur Orbitalkonfiguration angestellt hatte, wenn dieses Objekt unter den Schwerkrafteinfluss der Sonne gerät.[21] Wie ich bereits zuvor erwähnte[22], gestattete ihm sein mathematisches Modell die Schlussfolgerung, dass solch ein massives Objekt von der Sonne sogar in eine schwach gebundene Umlaufbahn gezogen werden könnte, die sowohl stark exzentrisch als auch anfällig für eine erneute Trennung wäre.

Ich glaube, dass der Dunkelstern irgendwann in der Vergangenheit sich unter den Planeten bewegt und dabei zu jener Zeit erhebliche Störungen verursacht hat. Lange Zeit danach sind die Planeten allmählich wieder auf stabile Umlaufbahnen eingeschwenkt, und der Dunkelstern ist auf seiner stark exzentrischen Umlaufbahn ins »Exil« jenseits des Edgeworth-Kuiper-Gürtels gegangen, wo er weiterhin in exzentrischer Manier umherstreift.

Quellen

1 J. Davies: »Beyond Pluto«, Cambridge University Press, 2001

2 J.M. Petit, A. Morbidelli, G, Valsecchi: »Large Scattered Planetesimals and the Excitation of the Small Body Belts«, Icarus, 141, 1999, S. 367 – 387

3 B. Gladman, M. Holman, T. Grav, J. Kavelaars, P. Nicholson, K. Aksnes, J.M. Petit: »Evidence for an Extended Disk«, Icarus, 157, 2002, S. 269 – 279

4 S. Ida, L. Larwood, A. Burkett: »Evidence for Early Stellar Encounters in the Orbital Distribution of Edgeworth-Kuiper Belt Objects«, The Astrophysical Journal, 528, 2000, S. 351 – 356

5 J. Kelly Beatty: »Big-orbit Object Confounds Dynamicists« http://www.skypub.com/news/news.shtml#bigorbit, 5.4.2001

6 C.I.T.-Pressemitteilung, »Planetoid found in Kuiper Belt, maybe the biggest yet«, 20.2.2004, http://spaceflightnow.com/news/n0402/20kuiper

7 R. Allen, G. Bernstein, R. Malhotra: »The Edge of the Solar System«, The Astrophysical Journal, 549, 2001, S. 241 – 244; »Observational Limits on a Distant Cold Kuiper Object«, The Astrophysical Journal, 2002

8 R. Allen, G. Bernstein, R. Malhotra: »Observational Limits on a Distant Cold Kuiper Object«, The Astrophysical Journal, astro-ph/0209421vl, 2002

9 R.L. Allen: »Current Research: Observational Limits on the Distant Kuiper Belt« http://www.astro.ubc.ca/~lallen/kbo/thesis.html

10 A. Brunini, M. Melita: »The Existence of a Planet beyond 50 AU and the Orbital Distribution of the Classical Edgeworth-Kuiper Belt Objects«, Icarus, 160, 2002, S. 32 – 43. Auszug wiedergegeben mit freundlicher Genehmigung von Dr. Melita.

11 Korrespondenz mit Brett Gladman, 24.1.2003

12 H. Couper, N. Henbest: »The Hunt for Planet X«, New Scientist, 14.12.2002, S. 30 – 34

13 C. Trujillo, M. Brown: »A correlation between inclination and color in the classical Kuiper Belt«, The Astrophysics Journal, 566, 2002, S. 125 – 128

14 S. Collander-Brown, A. Fitzsimmons, E. Fletcher, M. Irwin, I. Williams: »The Scattered Trans-Neptunian Object 1998 XY95«, Monthly Notes of the Royal Astronomic Society, 325, 2001, S. 972 – 978

15 C. Arthur: »More signs that solar system has tenth planet« http://news.independent.co.uk/world/science_medical/story.jsp?story=360803, 12.12.2002

16 M. Hazelwood: »Planet X auf Erdkurs: Umwälzungen auf der Erde«, Argo, 2008

17 Dr. Irving Finkel (Assistang Keeper, Cuneiform Collections) im Video »Waiting for the Apocalypse« vom »Clockwork Team« (bestehend aus Parameshwaran Ravidranathan, Samit Basu und Jaideep Undurti), © Universität Westminster, 2003

18 Korrespondenz mit Mario Melita, 15.1.2003. Abdruck mit seiner freundlichen Genehmigung.

19 M. Brooks: »13 things that do not make sense«, New Scientist, 19.3.2005, S. 30. Dank an Peter Gerson

20 Korrespondenz mit Brett Gladman, 30.1.2003

21 J.G. Hills: »The Passage of a ›Nemesis‹-like object through the Planetary System«, The Astronomical Journal, 90, Nr. 9, 1985, S. 1876 – 1882

22 Andy Lloyd: »Winged Disc: The Dark Star Theory«, Manuskript aus dem Jahre 2001

Kapitel 9

»Planet der Kreuzung«

Im letzten Kapitel hatten wir festgestellt, dass der Dunkelstern sich nicht mehr durch die planetarische Zone bewegt. Die wissenschaftliche Beweislage deutet darauf hin, dass er sich jenseits der Grenzen des Edgeworth-Kuiper-Gürtels aufhält. Seine Gegenwart in jener Region übt einen Einfluss auf Objekte aus, die sich durch diesen Gürtel bewegen; einige von ihnen zeigen Anzeichen eines starken äußeren Einflusses wie etwa durch den Dunkelstern. Wir werden uns diese Beispiele später noch genauer anschauen.

Doch Kapitel 8 warf auch das Problem der sichtbaren Erscheinung von Nibiru auf. Wenn Nibiru vom Dunkelstern mehr als 50 AE entfernt ist, dann ist er für uns immer unsichtbar, egal wo er sich auf seiner Umlaufbahn befindet. Man hätte ihn niemals von der Erde aus sehen können. Doch Sitchin beschreibt Nibiru als ein sehr sichtbares Phänomen, als einen Planeten, der bei den alten Mesopotamiern hohes Ansehen genoss.

Wie wir bereits in Kapitel 2 sahen, basiert die Beschreibung von Nibiru auf Sitchins Studium des *Enuma Elish*, des babylonischen Schöpfungsepos. Dieser beschreibt offenbar die Entstehung des Asteroidengürtels durch die teilweise Zerstörung des »Wasserplaneten« Tiamat durch den Planeten / Stern Marduk, dessen 49. Name Nibiru ist. Marduk selbst scheint der Dunkelstern zu sein. Was ist also das sichtbare Phänomen mit dem Namen Nibiru?

Quellen aus der Antike

Nach Zecharia Sitchin bedeutet Nibiru »Planet der Kreuzung« im Sinne der Überquerung einer Grenze oder eines Hindernisses. Es ist eine metaphorische kosmische »Fähre«. Sitchin verwies auch auf die folgenden Textstellen in der babylonischen Version der *Enuma Elish*, um seinen Charakter näher zu beschreiben:

> *»NIBIRU: Die Grenze zwischen Himmel und Erde soll er bewohnen.*
> *Darüber und darunter sollen die Götter die Grenze nicht überqueren;*
> *sie müssen seiner harren.*

> *NIBIRU: Strahlender Planet am Himmel. Er nimmt die Mitte ein; ihm müssen sie huldigen.*
>
> *NIBIRU: Er, der Unermüdliche, der sich seinen Weg mitten durch Tiamat bahnt, lasst seinen Namen NIBIRU, Planet der Kreuzung sein – er, der die Mitte einnimmt«.*[1]

Zecharia Sitchin bezieht aus diesen Auszügen aus der *Enuma Elish* die schlüssigen Zusatzinformationen, die ihn zu der Behauptung veranlassen, dass Nibiru bei seinem Periheldurchgang den Asteroidengürtel durchquert habe. Obwohl es jedem Leser der *Enuma Elish* vollkommen klar ist, dass Nibiru in gewisser Weise ein astronomisches Phänomen ist, sind die Angaben zu seiner tatsächlichen Natur bestenfalls doppeldeutig.

Sitchin wurde offensichtlich vom Theologen und Jesuiten Franz Xaver Kugler und seinem Werk »Sternkunde und Sterndienst in Babel« beeinflusst. Er war es, der erstmals die These vertrat, dass die zentrale Figur in diesem Epos, Marduk, mit einem »sich schnell bewegenden Himmelskörper, der sich wie ein Komet in einer weiten elliptischen Umlaufbahn befindet«[1], verglichen werden könnte. Angesichts der verschiedenen Hinweise in der *Enuma Elish* ist dies ein zwingendes Argument.

Der Weg, den Marduk bereist, ist »erhabener« und »prachtvoller« als der der restlichen »Götter«. Er deutet darauf hin, dass Marduk sich jenseits von ihnen befindet, wie wir es auch hinsichtlich des Dunkelsterns beschrieben haben. Doch die direkten Zitate zum Phänomen »Nibiru« beschreiben etwas Beobachtbares.

Kuglers These scheint der geistige Nährboden gewesen zu sein, der Sitchin zu seiner weitreichenden Theorie zum Planeten Nibiru und dem mit ihm assoziierten Pantheon der Götter inspiriert hat. Da »gewöhnliche« Kometen während ihres Periheldurchgangs durch die planetarische Zone ziehen, muss Sitchin davon ausgegangen sein, dass Nibiru/Marduk sich ebenso verhält – vor allem, da seine Herkunft als Mitglied des Sonnensystems mit seiner katastrophalen Begegnung mit dem Wasserplaneten Tiamat an einem Ort zwischen Mars und Jupiter begann.

Die Tatsache, dass diese Lösung für die Bedeutung des Namens »Nibiru« schon vor Sitchin von Wissenschaftlern erwogen wurde, scheint vielen seiner Kritiker, besonders denen in der akademischen »Community«, entgangen zu sein.

Warten auf die Apokalypse

Im Jahre 2003 nahmen drei junge Absolventen des Studiengangs Journalistik von der Universität von Westminster, London, ein Interview mit mir auf. Zu jener Zeit produzierten sie einen Dokumentarfilm mit dem Titel »Warten auf die Apokalypse«, in dem viele bekannte Astronomen einschließlich des »Königlichen Astronoms« Sir Martin Rees zu Wort kamen.[2]

In dem Video wurden drei mögliche Bedrohungen aus dem All aufgeführt: Einschläge von Asteroiden und Kometen, Eindringen von Viren in die Erdatmosphäre und die Ankunft von Nibiru. Leider ist dieses faszinierende Video nicht käuflich zu erwerben, aber ich habe einzelne Passagen aus ihm ins Internet gestellt.[3] Ich fühlte mich veranlasst, dies zu tun, denn das Video enthielt einige kontroverse Kritiken an Zecharia Sitchins Thesen von zwei Sumerologen, die als Kuratoren im Britischen Museum arbeiten.

Sie behaupteten, dass Nibiru in Wirklichkeit der Planet Jupiter sei, und dass das ursprüngliche sumerische Wort einfach »Durchgang oder Übergang von einem Ort zu einem anderen« bedeutet. Sie zogen Zecharia Sitchins wissenschaftliche Kompetenz in Zweifel und fragten sich sogar, ob er je selbst mit den Keilschrifttexten gearbeitet hatte. Ich schrieb ihm dies, und er antwortete mit den folgenden Gedanken, wobei er die lange Vorgeschichte dieser Debatte hervorhob: »Die Annahme, dass Nibiru nur ein weiterer Name für den Planeten Jupiter ist, reicht zurück bis zur Diskussion vor etwa einem Jahrhundert zwischen Kugler und Winkler und zu ihren Werken über die ›chaldäische‹ Astronomie, als Pluto noch nicht entdeckt worden war. Sie gingen davon aus, dass die Kulturen der Antike ohne Teleskope nichts von irgendwelchen Planeten jenseits von Saturn wissen konnten. Als sie deshalb in astronomischen Texten auf Namen eher planetarischer Natur stießen, nahmen sie an, es handle sich nur um einen weiteren Namen für den Jupiter oder den Mars, etc.«

Sitchin weiter: »Zumindest haben wir eine Bestätigung, dass NIBIRU a) in astronomischen Texten aus Mesopotamien erwähnt wird, und b) dass er ein Planet ist. Nibiru war also keine Ausgeburt meiner Fantasie. Dies wird in meinem Buch ›Der Zwölfte Planet‹ detailliert beschrieben.«

Und hinsichtlich des wissenschaftlichen Establishments ergänzt er: »Irgendjemand (nehmen wir Sitchin), der behauptet, dies oder jenes bedeute ›B‹, muss falsch liegen, weil jeder weiß, dass es ›A‹ bedeutet.«[4]

Dies war also Sitchins Antwort auf die Kritik von Christopher Walker und Dr. Irving Finkel vom Britischen Museum. Sitchins Arbeiten sind in vieler Hinsicht sicher kontrovers, doch in Bezug auf die spezifische Bedeutung des Namens »Nibiru« war seine Theorie nicht aus der Luft gegriffen. Es gab eine wissenschaftliche Basis, und zwar das Werk von Franz Xaver Kugler, auf dem Sitchin seine Theorie begründete.

Doch es bleiben noch weitere Fragen unbeantwortet, wie wir nun sehen werden.

Die Lösung

Jahrelang habe ich über die vielen Anomalien und oftmals unlösbaren Probleme gerätselt, die Sitchins Nibiru aufwarf. Ein Planet, der sich wie ein Komet verhält, war meiner Ansicht nach kein Planet, der Lebensformen unterstützte, die uns ähnlich oder sogar mit uns identisch waren. Im Jahre 1999 stellte ich die These auf, dass die einzige Möglichkeit, in der Region der Kometen genügend Wärme zu erzeugen, ein Dunkelstern mit einem oder mehreren Planeten in seinem Umkreis und einer Umlaufbahn, die ihn selbst um die Sonne führt, wäre.

Aus verschiedenen Gründen ging ich davon aus, dass der Dunkelstern Nibiru selbst wäre, der während seines Perihels mit seinem eigenen Gefolge von Planeten direkt das Sonnensystem durchquert. Angesichts der Größe, die solch ein Brauner Zwerg hätte haben müssen, war dies eine gewagte Behauptung. Doch nun ist mir klar, dass ich damit falsch gelegen habe; die entsprechenden technischen Gründe hatten wir ja schon zuvor angesprochen.

Ich bin nach wie vor absolut davon überzeugt, dass der Dunkelstern existiert und mit der Sonne ein Doppelsternsystem bildet, wobei dieser Zwillingsstern der Sonne sich alle paar tausend Jahre der planetarischen Zone nähert. Doch nun gehe ich davon aus, dass dieser Dunkelstern nicht Nibiru selbst ist, sondern einfach sein »Mutterstern«. Ich halte es für unwahrscheinlich, dass der Dunkelstern oder die terrestrische Heimatwelt der Anunnaki von der Erde aus leicht gesehen werden können. Der Punkt der größten Annäherung des Dunkelsterns ans Sonnensystem liegt weit jenseits von Pluto am Rande des Edgeworth-Kuiper-Gürtels.

Meine gegenwärtige These ist, dass der beobachtete Planet Nibiru der äußerste im Planetensystem des Dunkelsterns ist. Und unabhängig davon, ob er imstande ist, Leben zu fördern, ist Nibiru im Wesentlichen so, wie Sitchin ihn beschreibt: ein rötlicher, terrestrischer Planet mit einem kometenartigen Strahlenkranz bei seiner Annäherung ans Sonnensystem. Nibiru selbst ist ein massiver Komet von der Größe eines Planeten, ziemlich genau so wie von Sitchin ursprünglich beschrieben.

Doch auf diesem gefrorenen Felsbrocken gibt es kein Leben. Es ist ein karger, unwirtlicher Außenposten im Planetensystem des Dunkelsterns. Er erscheint am Himmel lediglich als ein Zeichen, dass der Dunkelstern Marduk wieder einmal den Punkt seiner größten Annäherung erreicht hat, und aus diesem Grund wurde das Wort »Nibiru« zu einem seiner fünfzig Namen.

Nibiru ist eine »himmlische Fähre«, die die kosmische Dunkelheit zum verborgenen Dunkelstern überquert.

Die seltsame Umlaufbahn

Mein nächster Vorschlag ist, dass Nibiru anscheinend nicht wirklich die Sonne umkreist, wenn man ihn von der Erde betrachtet!

Ich weiß, dies ist eine äußerst bizarre Behauptung, doch es ist Teil des Problems, das Sitchins Nibiru aufwirft. Tatsächlich war es der Haupteinwand, den Dr. John Murray vorbrachte – der englische Astronom, der ein Papier mit indirekten Belegen für einen Braunen Zwerg im Orbit um die Sonne verfasst hatte. (Er ist übrigens auch im bereits erwähnten Dokumentarfilm »Warten auf die Apokalypse« zu sehen.[2])

Dr. Murray warf einen Blick auf die Sternkonstellationen, die Nibiru während seines Perihels durchquerte, und kam zu dem Ergebnis, dass der Himmelskörper sich einfach nicht in einer Umlaufbahn um die Sonne befinden könne.[5] Dies schien eine klaffende Lücke in Sitchins Theorie zu reißen. Zu jener Zeit ging ich von einer möglichen Fehlinterpretation antiker Texte aus. Jetzt wird mir bewusst, dass diese Anomalie tatsächlich Teil des Puzzles war ... Es stellte sich heraus, dass Sitchins nicht nachvollziehbarer Orbit die ganze Zeit korrekt war.

Die Drei-Himmelskörper-Lösung

Die von mir vorgeschlagene Lösung liefert auch schlüssige Antworten für andere Probleme. Tatsächlich scheint sich mit ihr alles richtig einzufügen.

Wenn Nibiru ins Sonnensystem eintritt, tut er das im Vergleich zu den anderen Planeten in umgekehrter Bewegungsrichtung (die so genannte »rückläufige Bewegung« von Nibiru). Dies ist einer der rätselhaften Aspekte bei Sitchins These. Die rückläufige Bewegung dieses Himmelskörpers ließ schon immer darauf schließen, dass er kein ursprüngliches Mitglied des Sonnensystems gewesen sein kann. Deshalb grenzt es an ein Wunder, dass er ursprünglich überhaupt »eingefangen« wurde. Ist es möglich, dass ein Himmelskörper sich rückwärts zu bewegen scheint, obwohl er sich tatsächlich in der »normalen« Richtung am Himmel entlangbewegt? Jeder, der sich etwas mit Astronomie und Planetenbewegungen beschäftigt hat, kennt dieses Muster: Die äußeren Planeten scheinen mitunter rückläufige Bewegungen zu vollziehen, vor allem der Mars. Dies war ein großes Rätsel für die frühen Astronomen, die die Bewegungen der Planeten am Himmel kartographierten.

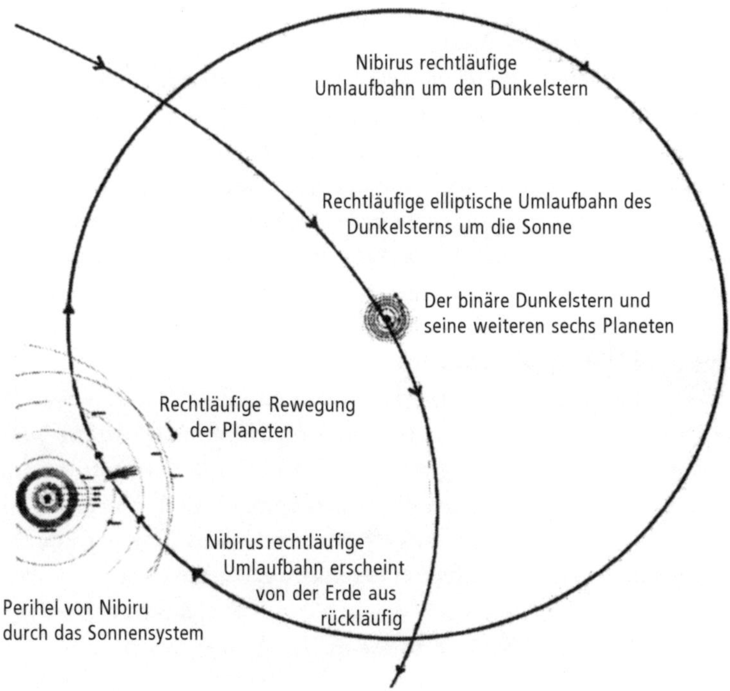

Die rechtläufigen Umlaufbahnen des Dunkelsterns und seines äußersten Planeten Nibiru; Letztere erscheint von der Erde aus gesehen rückläufig.

Warum schienen einige der Planeten auf ihrer Umlaufbahn innezuhalten und sich dann für eine Weile rückwärts zu bewegen? Diese Bewegung ist das Resultat eines Phänomens, das Astronomen als »Parallaxe« [Veränderung, Abweichung, Anm. d. Ü.] bezeichnen. Hiermit ist die scheinbare Änderung der Position eines Objekts gemeint, wenn der Beobachter seine eigene Position verschiebt, wie es bei der Bewegung der Erde auf ihrer Umlaufbahn der Fall ist. An bestimmten Punkten scheint beispielsweise die Erde vor dem Hintergrund der Sterne sich schneller als der Mars zu bewegen, was zu einer scheinbaren Rückwärtsbewegung des Roten Planeten am Himmel führt.

Bevor Nikolaus Kopernikus mit seiner Entdeckung an die Öffentlichkeit trat, dass nicht die Erde, sondern die Sonne im Zentrum des Sonnensystems steht, war dieser Effekt nicht zu erklären. Das heliozentrische Weltbild führte zu neuen Modellen des Sonnensystems und gestattete den äußeren Planeten zusätzliche Bewegungen um ihre eigenen »Sphären«.

Ich glaube, dass in Bezug auf den Planeten Nibiru Ähnliches der Fall ist. Gehen wir einmal davon aus, dass Nibiru ein felsiger Planet am Rande des Dunkelstern-Systems ist, ähnlich wie Pluto am Rande unseres Sonnensystems. Nehmen wir außerdem an, dass Nibiru sich auf einer weiten Umlaufbahn um den Dunkelstern befindet. Es scheint dann durchaus möglich, dass es bei einer Annäherung der beiden Sterne zu einer Überschneidung der Umlaufbahnen der jeweiligen äußersten Planeten kommen könnte. Der äußerste Planet des Dunkelstern-Systems könnte dann die planetarische Zone des Sonnensystems durchqueren und zu einem sichtbaren Kometen werden.

Umgekehrt könnten Pluto und andere äußere Planeten zeitweilig ins Dunkelstern-System eintreten und sich damit innerhalb der Umlaufbahn von Nibiru bewegen. Vielleicht ist das der Grund, warum die Umlaufbahn des winzigen Pluto so exzentrisch und geneigt ist: Im Lauf der Zeit wurde sein Orbit durch den Einfluss des Weltenwanderers Nibiru verändert. Die anderen äußeren Planeten sind zu groß, als dass sie in ihren Umlaufbahnen merklich gestört werden könnten; diese Gas- und Eisgiganten sind einfach zu fest an die Sonne gebunden.

Solch ein Szenario beeinflusst die Art und Weise, wie der äußere Planet des Dunkelstern-Systems von einem Beobachter auf der Erde wahrgenommen würde. So wie die Sternbeobachter zu prä-Kopernikanischen Zeiten den Eindruck hatten, dass die äußeren Planeten sich zeitweilig rückwärts bewegten, obwohl dies nicht der Fall war, so scheint auch Nibiru eine Rückwärtsbewegung zu vollführen. Doch auch dies ist nur eine optische Illusion.

Das Dunkelstern-System

Ich glaube jetzt, dass der Dunkelstern in ähnlicher Weise um die Sonne kreist wie die Planeten unseres Sonnensystems: rechtläufig. Dies muss der Fall sein, denn sonst wäre es statistisch nahezu unwahrscheinlich, dass er von unserer Sonne »eingefangen« worden wäre. Vielmehr scheint es so, als ob Marduk, der Dunkelstern, schon immer die Sonne umkreist hat, nachdem er sich aus demselben ursprünglichen Cluster als Zwillingsgestirn der Sonne gebildet hatte. Als solcher muss er innerhalb der protoplanetaren Scheibe der Sonne entstanden sein und sich deshalb in derselben Richtung wie die anderen Planeten bewegen.

Damit lösen sich auch die Schwierigkeiten und Widersprüche auf, die mit einem »Einfang«-Szenario einhergehen, das zwar nicht unmöglich, aber statistisch äußerst unwahrscheinlich ist. Die rechtläufige Bewegung steht auch im Einklang mit der Entdeckung von Sedna, der ebenfalls eine rechtläufige Umlaufbahn hat. Ich halte es durchaus für möglich, dass es zwischen den Umlaufbahnen von Sedna und dem Dunkelstern eine Wechselbeziehung gibt, wahrscheinlich in Form einer resonanten Umlaufbahn. Tatsächlich würde die Bewegung eines Braunen Zwergs durch den Edgeworth-Kuiper-Gürtel zum Zeitpunkt des Perihels, also der größten Annäherung zwischen ihm und der Sonne, viele der scheinbaren Anomalien in dieser Region erklären. Dies würde auch mit den wissenschaftlichen Daten übereinstimmen.

Nach den antiken Mythen scheint es sieben Planeten im Dunkelstern-System zu geben. Ich glaube, dass einer der inneren Planeten eine bewohnbare Welt ist, ähnlich wie unsere Erde. Er wird durch die Nähe zum Braunen Zwerg erwärmt und in seinem schwach-rötlichen Licht gebadet. Im weiteren Verlauf des Buchs werde ich diesen Planeten als »Heimatwelt« bezeichnen.

Alle Planeten des Dunkelsterns umkreisen diesen auf rechtläufigen Umlaufbahnen, genauso wie die Planeten des Sonnensystems allesamt rechtläufig sind. Dies entspricht auch der These, dass beide – Sonne und Dunkelstern – sich vor 4,6 Milliarden Jahren aus derselben

»Ursuppe« gebildet haben. Die Planeten des Dunkelsterns umkreisen diesen in sehr viel weniger Zeit, als er selbst für seinen Periheldurchgang braucht. Selbst der äußerste Planet, der mitunter den äußeren Rand des Sonnensystems durchquert, bewegt sich schneller als der Dunkelstern.

Relative Geschwindigkeiten

Um zu verstehen, was dies für Konsequenzen hat, könnte es hilfreich sein, in Gedanken ein Modell zu entwickeln. Stellen wir uns vor, wir stünden in der Mitte eines großen Feldes, das von einer gewundenen Straße umschlossen wird, deren nächstgelegener Punkt sich direkt vor uns am Tor befindet. Man könnte sich vorstellen, wie ein Auto von links nach rechts um das Feld herumfährt. Wir können seine Bewegung beobachten und bestätigen, dass es aus unserem Blickwinkel eine Bewegung im Uhrzeigersinn vollzieht.

Stellen wir uns nun vor, dass heute in der Stadt ein Jahrmarkt eröffnet wird, und dass verschiedene Transportfahrzeuge auf besagter Straße von links nach rechts entlangfahren. Wir könnten den Fahrern zuwinken, wenn sie am Tor vorbeifahren. Ein großes Fahrzeug transportiert eines dieser Fahrgeschäfte, in dem die Menschen im Kreis mit dem Gesicht zur Mitte stehen und bei höherer Geschwindigkeit durch die Fliehkraft gegen die Außenwand gedrückt werden. Dieses Karussell ist bereits in Betriebsposition auf dem Transportfahrzeug montiert und vom Durchmesser her so groß, dass es am äußersten Rand über die Hecke unseres Feldes reicht. Die Schausteller müssen heute in ziemlicher Eile gewesen sein, denn sie hatten die Bremse des Karussells gelöst gelassen, und als Folge begann es, sich auf dem Transporter im Wind zu drehen. Es dreht sich von oben gesehen im Uhrzeigersinn, genau wie das Fahrzeug auf der Straße um unser Feld fährt.

Wenn Transportfahrzeuge überdimensional große Lasten transportieren, bringen die Fahrer an den äußersten Enden dieser Last rote Signalfähnchen an, um sicherzustellen, dass andere Straßenbenutzer nicht mit der Ladung kollidieren. Und auch heute wird keine Ausnahme gemacht. Der Fahrer des Transporters hat am Karussell ein rotes Signalfähnchen angebracht, und auch dieses bewegt sich nun im Uhrzeigersinn um den Transporter.

Wir stehen in der Mitte unseres Feldes und beobachten, wie der Transporter langsam um uns herumfährt. Auf der Ladefläche dreht sich das Karussell, was wir sehen können, da seine Seiten sichtbar in Bewegung sind. Bei jeder Umdrehung erscheint dabei auch das rote Signalfähnchen.

Nun richten wir unsere Aufmerksamkeit auf dieses Fähnchen. Wir können es natürlich nur dann sehen, wenn es sich auf der uns zugewandten Seite befindet, und dann reicht es aufgrund der Größe des Karussells über die Hecke unseres Feldes. Bei jeder Umdrehung streift das Fähnchen für einen kurzen Moment über einen kleinen Abschnitt unseres Feldes und scheint sich dabei von rechts nach links zu bewegen.

Dieses Modell veranschaulicht, wie Nibiru uns erscheinen würde, nämlich genau wie das rote Signalfähnchen. Wir sehen es nur, wenn es sich in unser Feld – das Sonnensystem – hineinbewegt. Da es sich im Uhrzeigersinn um seine Achse auf dem Transporter dreht, sehen wir nur seine Rückwärts- bzw. Rechts-Links-Bewegung, obwohl das Transportfahrzeug – der Dunkelstern – sich zur selben Zeit aus unserem Blickwinkel gesehen langsam von links nach rechts bewegt.

Obwohl der Dunkelstern und sein äußerster Planet sich also rechtläufig bewegen, hat es aus dem Blickwinkel eines Beobachters auf der Erde den Anschein, als würde sich der äußerste Planet rückläufig am Himmel bewegen. Dies erklärt die »Anomalie«, die sich mit dem astronomischen Weltbild vor Kopernikus nicht erklären ließ.

Nibirus scheinbarer Transit

Ich behaupte, dass der äußerste Planet des Dunkelstern-Systems Nibiru ist, und dass er von der Erde aus als planetarischer Komet mit rückläufiger Bewegung am Himmel gesehen werden kann. Ich glaube allerdings nicht, dass er sich so weit in unser Sonnensystem hineinbewegt wie bis zum Asteroidengürtel. Käme er so nah, würde er in den Schwerkrafteinfluss der Sonne geraten – mit entsprechenden Folgen für seine Umlaufbahn. Doch ich bin sicher, dass er auch jenseits von Jupiter noch sichtbar wäre, und zwar wegen der massiven Verdampfung eines Großteils seines Oberflächeneises. Selbst in großer Entfernung von der Sonne erschiene er uns wie ein massiver Komet mit Schweif.

Dies könnte unter normalen Umständen im Sonnensystem der Fall sein, doch ich glaube, der Periheldurchgang des Dunkelsterns wäre alles andere als normal. Obgleich er ziemlich weit entfernt von der Sonne bleibt, muss er doch immer noch die Heliopause, die magnetische

Grenze unseres Sonnensystems, durchqueren. Ich glaube, dass solch ein Transit einen Einfluss auf die Sonne ausübt; ihre allgemeine Aktivität erhöht sich, was zu magnetischen Stürmen größerer Intensität führt. Dies würde zu einem stärkeren Bombardement des Sonnensystems mit geladenen Partikeln führen, wodurch der kometenartige Nibiru einen

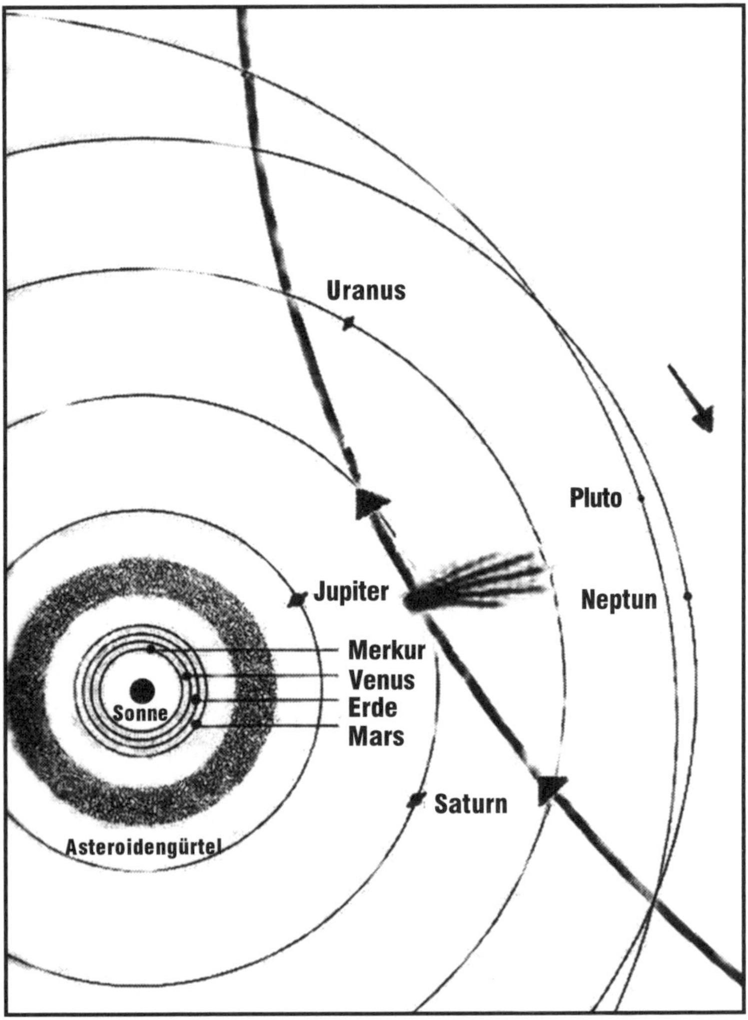

Vergrößerter Ausschnitt aus der Abbildung von Seite 183: Periheldurchgang Nibirus jenseits des Asteroidengürtels mit Schweifbildung aufgrund des Verdampfens großer Mengen von Oberflächeneis

noch größeren unsichtbaren Schweif erhielte. Dies ist natürlich Spekulation, denn wir haben keine wirkliche Vorstellung davon, was geschieht, wenn Braune Zwerge sich in die solaren Magnetfelder hinein- und hinausbewegen. Doch wir sollten uns in Erinnerung rufen, welch starke magnetische Aktivität sie entwickeln können, und uns die Konsequenzen vor Augen führen.

Nibirus Periheldistanz wird sich sicher bei jedem Durchgang verändern, da seine eigene Umlaufbahn um den Dunkelstern mit dem Periheldurchgang des gesamten Systems zusammentrifft (deshalb ist meine Sichtweise nur eine grobe Einschätzung). Gelegentlich wird es zu einer unmittelbaren Gegenüberstellung seines eigenen Perihels und dem des Dunkelsterns kommen, wobei beide Objekte dann von der Sonne aus gesehen auf einer Linie liegen. Zu anderen Zeiten wird er sich zum genauen Zeitpunkt der größten Annäherung von Sonne und Dunkelstern auf der anderen Seite im Aphel befinden. Deshalb wird das zeitliche Auftreten von Nibiru durch die verschiedenen Zeitalter hindurch variieren, ebenso wie seine Position am Himmel und relative Leuchtkraft. Vielleicht ist dies der Grund, warum es hinsichtlich der Erscheinung dieses Himmelskörpers zum Zeitpunkt seines Transits so viele unbekannte Faktoren gibt.

Ein weiteres wichtiges Detail ist die Tatsache, dass Nibiru sich nicht um die Sonne zu bewegen scheint. Er scheint der Sonne näher zu kommen, zieht sich dann aber schnell wieder zurück, ohne eine längere Strecke am Himmel zurückzulegen. Dies erklärt, weshalb er sich durch so merkwürdige Sternkonstellationen bewegt hat (was sich wahrscheinlich sowieso bei jedem weiteren Durchgang ändert), und die relativ kurze Zeitspanne, in der Nibiru gesehen werden kann.

Auch wenn der Dunkelstern vielleicht Hunderte von Jahren braucht, um überhaupt seinen Periheldurchgang zu vollenden, ist die Zeit, in der Nibiru von der Erde aus sichtbar ist, wahrscheinlich recht kurz, vielleicht in der Größenordnung von Wochen oder Monaten. Ich könnte mir auch vorstellen, dass er zum Zeitpunkt der größten Annäherung von Sonne und Dunkelstern mehr als nur einen Transit vollzieht. So oder so: Dieses Szenario eröffnet eine Reihe neuer Möglichkeiten.

Die Idee, dass einer der Planeten des Dunkelsterns unser »Planet X« ist, wurde mir gegenüber schon von einer Reihe Kollegen geäußert, vor allem von John Lee. Damals stand ich dieser Idee noch leicht skeptisch gegenüber. Ich hielt es für unwahrscheinlich, dass ein kleiner Brauner Zwerg imstande sein sollte, in solch einer Entfernung ein Planetensystem aufrecht zu erhalten; ich gehe hier davon aus, dass Nibiru in einer Entfernung von etwa 50 AE um den Dunkelstern kreist (und auch dies könnte variieren, da sein Orbit um seinen Mutterstern elliptisch ist). Doch kürzlich wurde ein Präzedenzfall in dieser Richtung entdeckt, und zwar in Form eines großen Planeten, der in ungefähr derselben Entfernung einen frei schwebenden Braunen Zwerg umkreist und den Astronomen als *1207* bekannt ist.[6] Von daher ist es also nicht schwierig, von dieser Entdeckung auf eine ähnliche Situation für unseren Dunkelstern zu schließen – mit Nibiru als einem seiner Planeten.

Der »Zwölfte« Planet

Dieser Ansatz hat mich zu einem Umdenken bewogen. Er liefert uns eine mögliche Drei-Himmelskörper-Lösung für die Orbitalkonfiguration. Statt eines einzelnen Planeten X haben wir nun drei prominente Kandidaten: den Dunkelstern und zwei größere Planeten, die ihn umkreisen (die anderen fünf scheinen kleinere Himmelskörper zu sein). Diese beiden größeren Planeten sind Nibiru in einer Entfernung von etwa 50 AE und die Heimatwelt in viel größerer Nähe zum Dunkelstern. Wenn wir diese drei Himmelskörper zu den neun bekannten Planeten im Sonnensystem hinzufügen, kommen wir auf zwölf Planeten, was dem sumerischen Zwölf-Planeten-Szenario näher kommt als Sitchin selbst!

Das »Fährschiff«

Andere Aspekte des Mythos, der Nibiru umgibt, werden mit dieser Hypothese besser verständlich. In ihrem Klassiker »Die Mühle des Hamlet« erkundeten Giorgio de Santillana und Hertha von Dechend im Jahre 1969 die mysteriöse Natur von »Nibiru« und zeigten dabei auf, dass keine wissenschaftliche Theorie seine himmlische Natur angemessen erklärte. Seitdem hat sich nicht allzu viel geändert – bis auf die Veröffentlichung von Sitchins Werken natürlich. Hier also noch einmal zur Erinnerung, was Santillana und von Dechend zu Nibiru zu sagen hatten:

»Die Bedeutung von ›Nibiru‹ ist ›Fährschiff‹, ›Fährmann‹, ›Furt‹. ›Mikis nibiri‹ ist die Fährmaut, die für die Überquerung des Flusses zu zahlen ist – vom Ursprungswort *eberu*, was ›überqueren‹ bedeutet.«[7]

Der »Planet der Kreuzung« ist also in gewisser Weise ein Fährschiff. Bis jetzt hat das recht wenig Sinn ergeben, denn der Name deutet darauf hin, dass Nibiru Reisende zu einem anderen Ort mitnimmt. Diesen Ort hat Sitchin nie näher definiert; er bestand aber darauf, dass Nibiru selbst die Heimatwelt der Anunnaki, der Götter des antiken Mesopotamiens, sei. Doch mit unseren neuen Erkenntnissen wird die Bedeutung hinter dem Namen »Fährschiff« vollkommen klar.

Der Transit des Dunkelsterns zum Zeitpunkt seines Perihels ist vergleichsweise noch sehr weit entfernt. In seiner sonnennächsten Position ist er immer noch doppelt so weit entfernt wie Pluto. Eine Reise zum Dunkelstern würde viele Jahre beanspruchen, wobei das Risiko bestünde, ein Objekt aus den Augen zu verlieren, das zu weit entfernt ist.

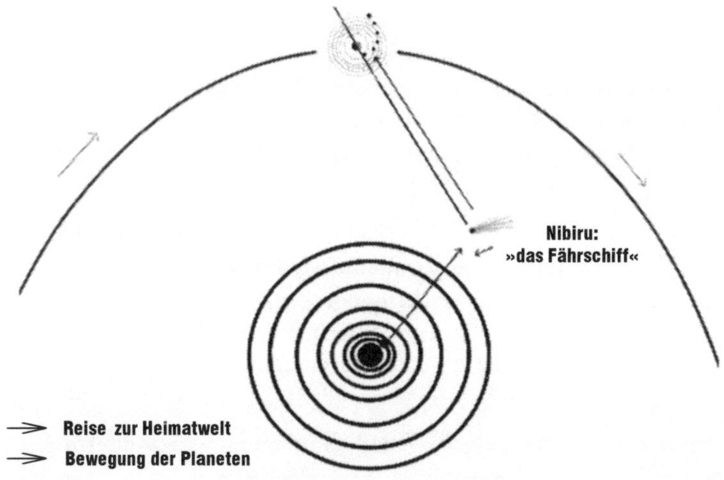

Der Planet Nibiru als »Fährschiff« zwischen den Planeten des Sonnensystems und denen des Dunkelsterns

Doch Nibiru übernimmt die Rolle eines »Vermittlers«: Er bewegt sich ins planetarische Sonnensystem und zieht sich dann wieder in die Kometenwolken zurück. Er würde Reisenden durchs All das ideale Sprungbrett zum Dunkelstern liefern und im wörtlichen Sinn als »Fährschiff« dienen.

Es könnte noch andere symbolische Beiklänge geben. Wenn die

Anunnaki Götter in physischer Gestalt sind, dann ist ihre Heimatwelt im mythologischen Sinne der Himmel, der der Erde sehr ähnelt (»Wie im Himmel, so auf Erden«, »Wie oben, so unten«, etc.). Der Mythos des Fährmanns Charon, der mit seinem Kahn die Toten in die Unterwelt, das Reich des Hades, übersetzte, könnte im Lichte dieser neuen Hypothese völlig neue Bedeutung erlangen, und zwar sowohl auf physischer als auch auf metaphorischer Ebene.

Neigungswinkel zur Ekliptik

Ein weiterer Punkt, bei dem Sitchins Modell für Irritationen sorgt, ist seine Behauptung, dass Nibirus Bahnebene gegenüber der der Ekliptik um 30° geneigt sein soll, was in etwa dem Doppelten der Bahnneigung von Pluto entspricht. Doch ein größerer Planet, der sich unter einem so großen Neigungswinkel durchs Sonnensystem bewegt, würde über kurz oder lang durch den bereits erwähnten Kozai-Effekt Chaos in den Umlaufbahnen der anderen Planeten anrichten. Dieser Effekt hat mir in den letzten Jahren einiges an Kopfzerbrechen bereitet.

Doch die neue Hypothese gestattet uns, dieses Problem zu umgehen, denn nach diesem Modell bewegt sich der Dunkelstern in Wirklichkeit überhaupt nicht durch das Sonnensystem. Nibiru, sein äußerster Planet, tut dies allerdings – und Sitchin scheint sich durch sein Studium der Texte und seiner darauf aufbauenden Arbeiten einigermaßen sicher hinsichtlich seines Neigungswinkels zu sein. Wie lässt sich das erklären?

Es hat den Anschein, als sollten die inneren Planeten der beiden Zwillingssterne (die Sonne und der Dunkelstern) sich in dem Zustand befinden, in dem sie sich ursprünglich bildeten – mehr oder weniger in einer Ebene mit der protoplanetaren Scheibe, aus der sie entstanden. Wechselwirkungen an den Peripherien dieser beiden Systeme über Milliarden von Jahren werden jedoch irgendwann zu Chaos und schweren Störungen unter einigen äußeren Planeten in beiden Systemen geführt haben. Bei der Sonne ist das mit Pluto eindeutig der Fall, ebenso bei vielen erst kürzlich entdeckten Himmelskörpern jenseits von ihm. Die Wahrscheinlichkeit ist also relativ groß, dass Nibiru, ebenso wie andere Himmelskörper im Gefolge des Dunkelsterns, einem ähnlichen Einfluss unterliegt.

Bleiben wir bei der in diesem Kapitel verwendeten Analogie, dann können wir uns vorstellen, dass unser Dunkelstern-»Jahrmarktskarussell« zusätzlichen mechanischen Störungen ausgesetzt ist. Nicht nur, dass das Karussell sich im Wind dreht; nun hat sich auch der Hydraulikarm in Bewegung gesetzt und hebt das Karussell langsam in die Höhe, so dass es sich nicht mehr flach auf der Tiefladeplattform befindet, sondern sich gegenüber der Plattform in einem Winkel von 30° dreht. Wenn wir nun auf das rote Signalfähnchen (das natürlich immer noch für Nibiru steht) schauen, wie es sich im Kreis dreht, erkennen wir, dass es jetzt mit der Oberkante der Hecke am Rande des Feldes einen Winkel bildet.

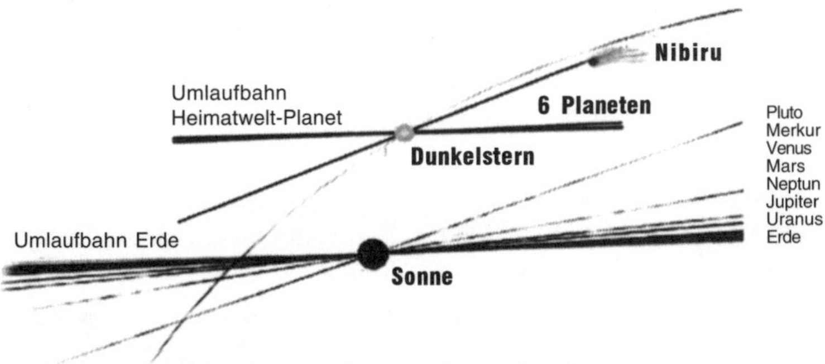

Die Neigung der Bahnebenen der Planeten des Sonnensystems im Vergleich zu der von Nibiru im Dunkelstern-System

Einem Beobachter, der der Bewegung des roten Signalfähnchens folgt und den Rest des Dunkelstern-Transporters und seines Karussells nicht sehen kann, könnte man die Schlussfolgerung verzeihen, dass das Fähnchen sich dermaßen seltsam bewegt, dass der Eindruck entsteht, es könnte gar nicht an irgendetwas befestigt sein, das einfach die Straße entlangfährt. Und doch ist das der Fall.

In astronomischen Begriffen bedeutet dies, dass Nibirus sichtbarer Transit am Himmel auf einer gegenüber der Planetenebene des Sonnensystems ziemlich stark geneigten Bahn erfolgt, was diese 30° gegenüber der Ekliptik reflektiert. Doch der Dunkelstern könnte sich immer noch entlang einer Bahn bewegen, die mit den anderen Planeten der Sonne mehr in Einklang steht.

Das Fazit hiervon ist, dass wir aus dem Bericht über den Nibiru-Transit wenig Rückschlüsse auf die tatsächliche Position des Dunkelsterns ziehen können. Dies war jedenfalls sowieso immer mein Bauchgefühl. Ich neige zu der Annahme, dass der Dunkelstern sich in der Nähe der Ekliptik befindet, und plädiere nach wie vor für das Umfeld des Sternbilds Schütze als seinen gegenwärtigen Aufenthaltsort (in der Nähe seines kürzlich erfolgten Aphels). Dies ist so, weil das Perihel auf der tatsächlichen Visierlinie (Blickachse) am Himmel die Duat-Region um Sirius und Orion ist. Das Sternbild Schütze liegt dieser Region ungefähr 180° gegenüber.

Doch das ist nur meine Meinung, und sie wird nicht unbedingt von allen geteilt. Wenn ich mit meiner hier vorgestellten Hypothese richtig liege, dann sind auch die bestgemeinten Anstrengungen, die Position des Zwillingssterns der Sonne und seines eigenen Planetensystems durch Deduktion zu ermitteln, zum Scheitern verurteilt. Hier sind einfach zu viele Faktoren im Spiel, die die Sache verkomplizieren.

Die »Kreuzung«

Lange Zeit fragte ich mich, ob das Wort »Kreuzung«, das im Kontext mit Nibiru immer wieder verwendet wird, vielleicht nicht auf einen tatsächlichen Ort im Sonnensystem wie etwa den Asteroidengürtel hinweist, sondern eher auf eine andere beobachtete Position am Himmel, wenn Nibiru kurz vor seinem Periheldurchgang immer heller wird. Andere Forscher haben ähnliche Überlegungen angestellt und auch bestimmte Konstellationen oder gedachte Linien am Himmel wie die Ekliptik vorgeschlagen.

In gewisser Hinsicht entspricht die Ebene der Ekliptik der des Asteroidengürtels; er folgt also in etwa den anderen sichtbaren Planeten entlang derselben Linie am Himmel. Und das ist, was den »Planeten« Nibiru von den anderen unterscheidet: Seine Bahnebene ist gegenüber der der Ekliptik geneigt. Doch diese neue Hypothese verkompliziert das Bild weiter.

Es bedeutet, dass wir nicht ohne weiteres vorhersagen können, wo Nibiru am Himmel erscheinen wird, welche Bewegungen er vollziehen oder welche Bahnen er kreuzen wird. Er könnte in der nördlichen Hemisphäre genauso wie in der südlichen zu sehen sein. Mit anderen Worten: Er könnte auf beiden Seiten der Ekliptik auftauchen. Am wahrscheinlichsten ist aber eine Position in der Nähe der Ekliptik, und dort wiederum in der Nähe des Sternbilds Zwillinge. Hier hätten sich auch schon frühere Periheldurchgänge ereignen können, ebenso wie im Sternbild Krebs, in der Nähe des Sterns Sirius, im Orion ebenso wie im Widder und im Stier. Hier bietet sich eine Vielzahl von Möglichkeiten.

Der Begriff «Kreuzung« kann viele Bedeutungen haben. Wir gingen davon aus, dass er sich auf die Bewegung entlang einer wichtigen »Linie« am Himmel wie die Ekliptik bezieht. Wir sahen auch, dass der Begriff »Fährschiff Nibiru« bedeutet, was darauf schließen lässt, dass er eine Art Mittelstellung zwischen unserer Welt und der der Götter einnimmt. Dies halte ich im Moment für die wahrscheinlichste Interpretation.

Doch die erste mit diesem Begriff assoziierte Idee war, dass Nibiru zum Zeitpunkt seines Perihels den Asteroidengürtel durchquerte und dabei zum Schauplatz der mächtigen Schlacht im Frühstadium der Existenz unseres Sonnensystems zurückkehrte. Diese Umstände lassen darauf schließen, dass Nibiru, ein Einzelgänger, der in unserem Sonnensystem Chaos angerichtet hatte, sich in einer stabilen Umlaufbahn befindet, die ihn etwa alle 3.600 Jahre an denselben Ort zurückführt. So hatte Sitchin viele Jahre lang argumentiert.

Planeten mit »Migrationshintergrund«

Einer der Hauptkritikpunkte, die Alan Alford gegen Sitchins Nibiru-Theorie vorbrachte, war, dass die Umlaufbahn der Erde durch denselben Kreuzungspunkt verlaufen sollte wie die von Nibiru.[8] Da die Bahn der Erde nicht durch den Asteroidengürtel verläuft, kann unser Planet nicht in diese himmlische Schlacht verwickelt gewesen sein, so Alfords These. Sie wurde daraufhin von vielen anderen Wissenschaftlern als Hauptgrund für Zweifel an Sitchins bemerkenswerter Theorie zitiert.

Doch Alfords Kritik ist gekennzeichnet von einer Sichtweise der Orbitaldynamik, die inzwischen überholt zu sein scheint. Die Meinungen der Experten zu Migrationen der Planeten gehen auseinander, doch es scheint so, als ob es für dieses Phänomen mehr Spielraum gibt, als man ursprünglich dachte.

Ein gutes Beispiel hierfür war eines der Szenarien, die Brett Gladman und sein Team durchspielten, um die Anomalien in der Umlaufbahn des transneptunischen Objekts *2000 CR105* zu erklären. Sie erwogen auch einen möglichen Mechanismus, der die Migration vieler »planetarischer Embryos« aus Positionen innerhalb der Umlaufbahn von

Neptun zu solchen außerhalb davon mit einschloss. Sie gingen davon aus, dass diese embryonischen Planeten in etwa die Größe unseres Mondes oder des Mars hätten. Nach ihren Berechnungen reichten die Bahngeschwindigkeiten dieser Objekte aus, um bei unmittelbarer Begegnung miteinander Fluchtgeschwindigkeiten zu erreichen, die sie in neue Umlaufbahnen jenseits des Neptun hinausschleudern.[9]

Manche Astronomen haben die Vermutung geäußert, dass der Neptun sich in früheren Zeiten auf einer größeren Umlaufbahn befand als jetzt; dies könnte helfen, verschiedene Anomalien in den Umlaufbahnen von transneptunischen Objekten zu erklären.

Ich will damit nicht zum Ausdruck bringen, dass die hier vermuteten Mechanismen in jedem Falle korrekt sind. Doch diese Ideen wurden von ernst zu nehmenden Astrophysikern vorgeschlagen, die den Versuch unternahmen, diese Anomalien zu erklären. Sie heben hervor, dass eine Migration dieser Planeten eigentlich auf der Hand liegt, wenn man die EKBO-Anomalien schlüssig erklären will.

Brunini und Melita hatten eine ähnliche Idee vorgebracht und ein Szenario für einen »orbitalen Transportmechanismus« geliefert, der den Planeten X an seinen jetzigen Aufenthaltsort geführt haben könnte.[10] Dies ist ein typisches Beispiel dafür, wie die Wissenschaften sich neuen Realitäten stellen und diese integrieren müssen. Eine Migration von Planeten ist durchaus wahrscheinlich. Dieses Phänomen kann erklären, wie der Dunkelstern ursprünglich Chaos anrichten konnte, obwohl er sich nun auf einer Umlaufbahn befindet, die ihn nicht mehr zum Punkt des ursprünglichen Konflikts zurückführt.

Der Hinterhof wird »sauber gefegt«

Kriminalisten wissen, dass Verbrecher oft an den Ort ihrer Straftat zurückkehren. Doch es scheint, als ob der Dunkelstern sich schon vor langer Zeit davongemacht hat und seine große Entfernung zu den anderen Planeten beibehält. Dies muss so sein, denn sonst gäbe es im Sonnensystem nicht nur einige wenige chaotische Anomalien – das Sonnensystem selbst wäre ein komplettes Chaos. Solch ein Chaos beobachten wir aber nicht, so dass wir die Möglichkeit ausschließen müssen, dass der Dunkelstern sich in regelmäßigen Intervallen durch den Asteroidengürtel oder irgendeinen anderen Ort im inneren Sonnensystem bewegt.

Wenn wir vom Jupiter sagen, dass er wie ein »kosmischer Staubsauger« funktioniert, der vereinzelte Kometen einfängt, die sich ihm und seinem Schwerkrafteinfluss zu sehr nähern, dann ist der Dunkelstern das Äquivalent zu einem »kosmischen Kehrbesen«, der den Hinterhof des Sonnensystems von Kometen »sauber fegt«.

Im Jahre 2002 gingen die Wissenschaftsautoren Heather Couper und Nigel Henbest im Magazin *New Scientist* auf einen Kommentar von Marc Buie, einem wissenschaftlichen Mitarbeiter am *Lowell Observatory* in Arizona, USA, hinsichtlich des Potenzials für einen verborgenen Planeten X ein. Marc räumte ein, er frage sich, ob in der äußeren Region des Sonnensystems nicht etwas Seltsames im Gange ist, und bestätigte die Möglichkeit, dass irgendein »massives Objekt« die Zone von Gas, Staub und Trümmergestein »frei gefegt« haben könnte.[11] Diese Aussage eines angesehenen Astronomen mag vielen nicht besonders gewagt erscheinen, doch im Kontext der bisherigen Geschichte der Jagd nach Planet X könnte es eine Art Durchbruch darstellen. Es ist eine Reflexion der neuen Realität.

Quellen

1 *Z. Sitchin: »Der zwölfte Planet«, Kapitel 8, Kopp, 2003*
Auszüge wiedergegeben mit freundlicher Genehmigung durch Zecharia Sitchin.

2 *The Clockwork Team (Parameshwaran Ravindranatham, Samit Basu, Jaideep Undurti: »Waiting for the Apocalypse«, Universität von Westminster, 2003*

3 *http://www.darkstar1.co.uk/videos.html*

4 *Korrespondenz mit Zecharia Sitchin, 31.12.2003*

5 *Korrespondenz mit Dr. John Murray, 23. und 25.8.2000*

6 *M. McKee: »First direct sighting of an extrasolar planet«, 11.1.2005*
http://www.newscientist.com/article.ns?id=dn6864. Dank an David Pearson.

7 *G. de Santillana, H. von Dechend: »Hamlet's Mill«, Ahg. 39, S. 430ff, dtschspr. Ausgabe »Die Mühle des Hamlet«, Springer, Wien, 1994*
http://www.apollonius.net/trees.html

8 *A. Alford: »The Phoenix Solution«, Hodder & Stoughton, 1998, S. 162*

9 *B. Gladman, M. Holman, T. Grav, J. Kavelaars, P. Nicholson, K. Aksnes, J.-M. Petit: »Evidence for an Extended Disk«, Icarus, 157, 2002, S. 269ff*

10 *A. Brunini, M. Melita, »The Existence of a Planet beyond 50 AU and the Orbital Distribution of the Classical Edgeworth-Kuiper Belt Objects«, Icarus, 160, 2002, S. 32ff*

11 *H. Couper, N. Henbest: »The Hunt for Planet X«, New Scientist, 14.12.2002, S. 30ff*

Kapitel 10

Die Herkunft des Zwillingssterns

Die Vorstellung, dass wir in einem Zwillingssternsystem leben könnten, muss dem Normalbürger vollkommen verrückt erscheinen. Wir wissen doch alle, dass wir in einem Sternsystem mit nur einer Sonne leben. Es ist allgemein bekannt, dass die meisten anderen Sternsysteme Doppelsternsysteme sind, doch wir sind zur Auffassung gekommen, dass wir die Ausnahme von der Regel darstellen. Dies hat ernsthafte Denker allerdings nie dazu veranlasst, den Vorschlag zu machen, dass wir vielleicht ebenfalls in einem Doppelsternsystem leben, ohne dass uns das bisher auffiel. Die ganze Idee scheint absurd.

Doch wenn unser orthodoxes Wissen über das Sonnensystem korrekt wäre, gäbe es nicht die ominöse Lücke im Edgeworth-Kuiper-Gürtel, die wir beobachten können. Irgendetwas hat sich durch dieses weit entfernte Umfeld hindurchbewegt und es dabei charakteristisch geformt.

Wir sind heutzutage imstande, das Bild in unserem äußeren Sonnensystem mit weit entfernten protoplanetaren Scheiben um junge Sternsysteme herum zu vergleichen. Die von uns beobachtete Wirkung auf unser System wurde auch um andere Sternsysteme herum beobachtet. So rückt zum Beispiel ein intensiv studiertes System im Umkreis um einen jungen Stern mit der »poetischen« Bezeichnung *HD141569A* diesen Vergleich in den Mittelpunkt. Es schafft einen möglichen Präzedenzfall für den Begleiter unserer Sonne.

Einige Argumente in diesem Kapitel sind eher technischer Natur und reflektieren eine ziemlich komplexe Reihe wissenschaftlicher Ansätze. Die Auswirkungen dieser Argumente sind jedoch letztendlich glücklicherweise unkompliziert und überschaubar.

Ein »exzentrischer« Zwillingsstern

Das Objekt *HD141569A* hat eine protoplanetare Scheibe mit einem Durchmesser von 500 AE. Sie weist ein Spiralmuster auf,[1] was darauf hindeutet, dass es einst eine Interaktion dieses Objekts mit einem anderen großen Himmelskörper gegeben hat[2]. Der Stern ist nur fünf Millionen Jahre alt, weshalb es unwahrscheinlich ist, dass die Störung von seinen eigenen Planeten verursacht wurde, denn diese sollten sich zu einem so frühen Zeitpunkt noch gar nicht gebildet haben. Astronomen sind deshalb mit anderen Möglichkeiten zur Erklärung des Effekts hervorgetreten. Die Hauptmöglichkeiten sind folgende:

1. *Die Spiralarme wurden durch einen vorbeiziehenden Stern herbeigeführt, obwohl die stellare Nachbarschaft relativ ruhig ist – also ein eher unwahrscheinlicher Ansatz.*
2. *Es existiert ein Begleitobjekt außerhalb der Scheibe, das von Zeit zu Zeit mit jeder Umkreisung einen Einfluss auf das System ausübt.*
3. *Der Effekt tritt aufgrund von eingebetteten Planeten von der Größe des Jupiter auf, obwohl das System noch sehr jung ist.*

Um herauszufinden, welche Option zutrifft, stellten die Astronomen Berechnungen an, um den jeweiligen Effekt nachzuahmen. Sie verglichen ihre theoretischen Ergebnisse, die auf plausiblen Ausgangsannahmen beruhten, mit den beobachteten Störungsmustern in der protoplanetaren Scheibe und suchten nach einer guten Entsprechung.

Die Ergebnisse haben gezeigt, dass das Spiralmuster einem stark exzentrischen Zwillingssystem entspricht.[3] Dies weist auf die Existenz eines Zwillingssterns hin, der im Abstand von 930 AE an *HD141569A* vorbeigezogen war. Er hat die beobachteten Effekte – die Spiralstruktur in der Scheibe und die weite Lücke in ihr – direkt verursacht.

Das System ist jedoch tatsächlich noch komplexer als dies; ande-

Eine typische protoplanetare Scheibe im Frühstadium mit sich bereits herausbildenden Planeten

re Effekte in einer Entfernung von etwa 150 AE bereiten den Astronomen Kopfzerbrechen. Es scheint jedoch klar, dass der Zwillingsstern durch seine regelmäßigen Passagen den beobachteten Effekt hervorruft, und dies umso mehr, je exzentrischer sein Orbit ist. Dies ist sehr interessant, wenn man *HD141569A* mit unserer Sonne und ihrem postulierten Dunkelstern vergleicht.

HD141569A hat zwei Nachbarsterne, *HD141569B* und *C*, die beide als gebundene Begleiter potentielle Kandidaten sind. Es könnte also sein, dass eines dieser Objekte oder sogar beide in exzentrischen Umlaufbahnen um den Hauptstern gebunden sind. Dieses Szenario ist wahrscheinlicher als der einmalige Vorbeiflug eines anderen Sterns, der die protoplanetare Scheibe nur teilweise beschnitten hätte.[4] Und nicht nur das: Das Szenario eines einmal vorbeiziehenden Sterns muss auch den Mangel an Sternen in der unmittelbaren Nachbarschaft mit einbeziehen, was die Wahrscheinlichkeit solch eines nahen Vorbeiflugs sehr gering erscheinen lässt. Dies ist ein wichtiger Punkt, wenn wir darangehen, die in unserem eigenen Sonnensystem beobachteten Anomalien zu untersuchen.

Drei Optionen für unser System

HD141569A ist ein sehr junges Sternsystem, unseres jedoch nicht. Somit tritt die dritte oben aufgelistete Option als Möglichkeit in unserem Fall hervor, nämlich dass die Kuiper-Lücke das Resultat eines in der Edgeworth-Kuiper-Scheibe eingebetteten Planeten ist, der diese Region »frei gefegt« und so die Lücke hervorgebracht hat. Dies war das von Brunini und Melita vorgestellte Szenario, das wir bereits in Kapitel 8 erörtert hatten. Ihre Studien zeigten, dass dies durchaus eine Möglichkeit war, und dass das Objekt eine schwach exzentrische Umlaufbahn aufweisen sollte.

Es sollte jedoch auch nah genug sein, um inzwischen entdeckt worden zu sein, was hier offenbar der Stein des Anstoßes ist: Die große Halbachse des Planeten von der Größe des Mars hätte nur eine Länge von 60 AE, was ihn in den beobachtbaren Bereich rücken würde.[5] Diese dritte Option ist also selbst in unserem älteren Sternsystem mit einigen Problemen behaftet.

Man könnte davon ausgehen, dass solch ein Szenario die Erfordernisse für ein »Planet X«-artiges Objekt erfülle. Doch die von Brunini und Melita beschriebene Umlaufbahn würde den Planeten die ganze Zeit im Edgeworth-Kuiper-Gürtel halten. Das würde bedeuten, es hätte keine vorherige Bewegung durch die planetarischen Zone des Sonnensystems gegeben. Dies könnte sich natürlich als solches herausstellen, doch solch ein Objekt entspräche nicht Zecharia Sitchins Marduk. Dr. Melita ließ mich übrigens wissen, dass er und sein Team in naher Zukunft Berechnungen auf der Grundlage von Objekten mit stärker exzentrischen Umlaufbahnen anstellen würden[6], was dem klassischen »Nibiru/Marduk«-Szenario mehr ähneln würde.

Die »Dunkelstern-Lösung« könnte der Mittelweg zwischen dem Szenario des »eingebetteten Planeten« und der Passage eines Sterns durch das noch junge Sonnensystem sein. Die Komplexität des Edgeworth-Kuiper-Gürtels könnte das Resultat einer komplexen Wechselwirkung im Frühstadium des Sonnensystems gewesen sein, die vielleicht sogar noch anhält. Wissenschaftler bevorzugen gewöhnlich nach dem philosophischen Mantra von Ockhams Rasiermesser (vgl. Kapitel 7, S. 145) eine einfache, klare Lösung für ein gegebenes Problem, doch mitunter geraten dabei die Komplexitäten der Realität in den Weg.

Schauen wir uns einmal die Möglichkeit an, dass ein vorbeiziehender Stern den »gestutzten« Edgeworth-Kuiper-Gürtel hervorgebracht hat. Vielleicht wurde das protoplanetare System der Sonne durch einen vorbeiziehenden Stern innerhalb des ursprünglichen »Horts« der Sonne gestört.[7] Auch wenn Dr. Melita die Hypothese des eingebetteten Planeten vorzieht, räumt er doch ein, dass ein kleiner Stern von etwa einem Zehntel der Größe der Sonne den beobachteten Effekt im EKB verursacht haben könnte.[5] Doch kann es die Trunkierung [Stutzung, Beschneidung, Anm. d. Ü.] wirklich vollkommen erklären?

Wenn die Sonne in einem »stellaren Hort« in einem Umfeld vieler tausender junger Sterne geboren worden wäre, würde sich die Wahrscheinlichkeit eines solchen Ereignisses beträchtlich erhöhen.[8] Junge stellare Cluster dieser Art können eine 10.000-fach höhere Dichte als der gegenwärtige Aufenthaltsort der Sonne in der Milchstraße aufweisen, was die Wahrscheinlichkeit einer Wechselwirkung zwischen Nachbarsternen drastisch erhöht. Doch liefert solch ein Szenario alle Antworten?

Es wurden Berechnungen angestellt, um herauszufinden, ob ein kleiner vorbeiziehender Stern, der sich der planetarischen Zone des

Sonnensystems genähert hat, den EKB geformt haben könnte. In den Arbeiten von Alice Quillen et al könnte der Störeinfluss entweder ein vorbeiziehender Stern sein, dessen Bahn zeitweilig von der Schwerkraft der Sonne beeinflusst wird, oder es ist ein Zwillingsstern als Begleiter, der durch äußere Einflüsse gestört wird. Der »Kandidat« muss also nicht unbedingt ein einzelner Stern oder ein Nachbar im stellaren Cluster gewesen sein, aus dem die Sonne hervorging; es hätte auch ein Zwillingsstern in einer großen Umlaufbahn um die Sonne gewesen sein können, der den Edgeworth-Kuiper-Gürtel bei einem nahen Vorbeiflug beeinflusst haben könnte. Dies ist wegen der Möglichkeit, dass ein kleiner Zwillingsstern in einer weiten kreisförmigen Umlaufbahn in regelmäßigen Abständen an der planetarischen Zone vorbeiziehen könnte, ein brauchbarer Ansatz.

Solch ein Szenario wurde von John Matese vorhergesagt, wenn man seinem kleinen Braunen Zwerg eine Distanz von 25.000 AE zur Sonne zuweist. Er nannte diese gelegentliche vorübergehende Bewegung in Richtung auf das Sonnensystem eine »Oskultation«[9]. Zugegeben, dies klingt recht komplex, doch letztendlich läuft es auf Folgendes hinaus: Ein Stern, der Störungen in der protoplanetaren Scheibe der Sonne verursacht, könnte ein lose gebundener Begleiter derselben in einer recht variablen Umlaufbahn sein, oder er könnte einfach ein vollkommen unabhängiges Objekt gewesen sein, das sich bei seiner Reise durch den interstellaren Raum der Sonne genähert hat.

Gebunden oder ungebunden – irgendwie schaffte es dieser Stern, sich der planetarischen Zone des Sonnensystems zu nähern. Was für uns natürlich von vorrangigem Interesse ist: Ist dieses Objekt tatsächlich Teil des Sonnensystems oder nicht? Dies würde uns einen Hinweis auf Herkunft und Ursprung des Dunkelsterns liefern.

In Dr. Quillens Berechnungen wird davon ausgegangen, dass das Objekt – ein Zwergstern – sich bei seiner Annäherung an die Sonne durch den Edgeworth-Kuiper-Gürtel bewegt. Das Ergebnis der Berechnungen ist zunächst ermutigend. Die Simulation bringt ein komplexes Muster hervor, was sowohl Objekte mit stärkeren als auch solche mit geringeren Neigungswinkeln und Exzentrizitäten einschließt. Dies reflektiert die beobachtete Realität im Edgeworth-Kuiper-Gürtel, was die Verteilung von Objekten innerhalb der beobachteten Scheibe betrifft.[8] Doch das Szenario des vorbeiziehenden Sterns erweist sich als schwierig, wenn es um die Erklärung der Existenz der Kuiper-Lücke selbst geht.

Die Kuiper-Lücke

Trotz des vielversprechenden Verteilungsmusters, das die EKBOs bilden, ist die Lösung des »vorbeiziehenden Sterns« nicht imstande, genau das Problem anzugehen, das es ursprünglich lösen wollte: Es führt keine Trunkierung im Edgeworth-Kuiper-Gürtel herbei.[8] Dies ist ein großes Problem für das Szenario des vorbeiziehenden Sterns, was uns zu der Annahme führt, dass dieses massive Objekt ursprünglich »hausgemacht« ist.

Der Grad an Komplexität, der aus den Beobachtungsdaten hervorgeht, ist zu groß, als dass das Szenario eines vorbeiziehenden Sterns diese Berechnungen hinreichend erklären könnte. Stellare Begegnungen scheinen zu einem gewissen Grade imstande zu sein, die Objekte aus der protoplanetaren Scheibe herauszuziehen, doch dies kann die Kuiper-Lücke nicht in ihrer Gänze erklären.

Dr. Quillen, eine wissenschaftliche Mitarbeiterin der Fakultät für Physik und Astronomie an der Universität von Rochester in den USA, räumt diesen Punkt in ihrem Papier ein und beschreibt eine weitere Möglichkeit, die für unsere Untersuchung von herausragender Bedeutung ist: Ihre Schlussfolgerung ist, dass – wenn die Existenz der Kuiper-Lücke letztendlich bestätigt wird – es viel wahrscheinlicher ist, dass sie sich aufgrund des Einflusses »eines Begleiters, ob stellar oder planetarisch«, gebildet hat.[9]

Als ich diese Schlussfolgerung las, war ich ziemlich überrascht von ihr, denn sie ging offensichtlich nicht in die Richtung, in die das Papier ursprünglich zielte. Ihre Berechnungen schlossen nicht nur ein »Vorbeiflug«-Szenario für das Sonnensystem aus, sondern deuteten auch in die Richtung eines massiven Begleiters. Dies war ein vielversprechender Anhaltspunkt, der weiterverfolgt werden musste.

Spiel, Satz und Sieg?

Ich schrieb Professor Alice Quillen und stellte ihr einige Fragen in Bezug auf ihr Papier, wobei ich die Ansicht vertrat, dass die Anomalie im Edgeworth-Kuiper-Gürtel von einem ins System eingebundenen Begleiter verursacht worden sein muss, wie sie selbst nüchtern festgestellt hatte. In ihrer Antwort mahnte sie etwas zur Vorsicht, da unser Wissen über die angebliche Kuiper-Lücke nur vage und diffus ist, doch dann bestätigte sie den Punkt. Die Lücke im Edgeworth-Kuiper-Gürtel kann nicht das Ergebnis eines einmaligen Vorbeiflugs eines Sterns sein, denn dies könnte nicht die scharfe Kante am Rande der Lücke gebildet haben.

Sie hält es für wahrscheinlich, dass der Effekt von einem ins System eingebundenen Begleiter hervorgerufen wurde, der sich jedoch nicht mehr dort befindet, wo er ursprünglich war. Dieser Begleiter müsste sich in einer exzentrischen Umlaufbahn um die Sonne bewegen. Sie vertrat die These, dass dieser Begleiter schon vor einiger Zeit aus dem Sonnensystem hinausgeschleudert wurde – und zwar einfach deshalb, weil er groß sein muss und von daher selbst bei großen Entfernungen leicht zu entdecken sein müsste:

Alice Quillen: Gehen wir also von unserer Annahme aus, dass die Kante der Lücke real und scharf ist. Dann hätte ein vorbeiziehender Stern dieses Phänomen nicht hervorrufen können, ein ins System eingebundenes Objekt jedoch schon, da es nicht nur einmal, sondern immer wieder in regelmäßigen Abständen vorbeiziehen würde. Ein gebundener Planet mit kleiner Masse könnte dies bewirken, doch er wäre bereits entdeckt worden – selbst in einer Entfernung von 10.000 AE in der Oortschen Wolke. Ein Planet von der Größe der Erde würde dies wahrscheinlich nicht verursachen, aber es könnte sein, dass er noch nicht entdeckt wurde. Es kann nichts sein, das weiter als einige 10.000 AE entfernt ist, denn Sterne in unmittelbarer Nähe würden es sonst zerstreuen und beseitigen. Ich glaube daher, dass es sich um ein Objekt handelt, das zuvor ins System eingebunden war, sich nun aber nicht mehr im Sonnensystem befindet. Die Kometen in der Oortschen Wolke wurden ebenfalls aus dem Sonnensystem beseitigt. Es ist also nicht undenkbar, dass es einst einen Planeten oder nahe gelegenen Stern in einer exzentrischen Umlaufbahn gegeben hat, der an die Sonne gebunden war und sich nun nicht mehr an der ursprünglichen Stelle befindet.[10]

Andy Lloyd: Meinten Sie einen STERN *mit kleiner Masse (statt eines* PLANETEN *mit kleiner Masse)?*

Alice Quillen: Ich meinte einen Planeten mit der ungefähren Masse des Jupiter. Ja, Sie liegen in Ihrer Erinnerung richtig: Objekte mit der ungefähren Masse der Erde können sich der Entdeckung in der Oortschen Wolke entziehen, doch Objekte von der Masse des Jupiter nicht. Es ist schwer vorstellbar, dass ein Objekt mit der Masse der Erde imstande wäre, den KBO so »zurechtzustutzen« (obwohl dies genauer geprüft werden sollte, was die Zahlen angeht). Man kann sich leicht vorstellen, dass ein Planet mit der Masse des Jupiter dies bewerkstelligen könnte (dies bedarf keiner Überprüfung; ich habe genug Simulationen mit Objekten mit der Masse des Jupiter durchgespielt, um mir diesbezüglich sicher zu sein). Ein Stern mit geringer Masse kann den EKB ebenfalls trunkieren.[11]

Diese Aussage einer Professorin der Astronomie erscheint doch recht bemerkenswert. Sie hält es für wahrscheinlich, dass die Sonne einst einen in ihr System eingebundenen Begleiter hatte – entweder ein Stern oder ein massiver Planet –, der imstande war, im Verlauf seiner vielen Umkreisungen die Lücke im Edgeworth-Kuiper-Gürtel herbeizuführen. Die Umlaufbahn dieses Sterns oder Planeten muss auch exzentrisch gewesen sein. Zu dieser Schlussfolgerung gelangte man, weil es keine andere Erklärung für die beobachtete Faktenlage gibt.

Dies ist die Dunkelstern-Theorie – allerdings mit dem Vorbehalt, dass der Dunkelstern nicht mehr da ist, wo er zuvor noch war. Nicht weil die beobachteten Fakten nicht auf seine Existenz schließen lassen würden, sondern weil seine Existenz seine bevorstehende Entdeckung andeutet. Wie wir aber gesehen haben, könnte das Vertrauen in die mutmaßliche Fähigkeit, solch einen Himmelskörper zu beobachten, unangebracht sein.

Der Zwillingsstern existierte jedoch in der Vergangenheit und verließ das Sonnensystem vielleicht zu einem bestimmten Zeitpunkt, oder er umkreist die Sonne nach wie vor und hat sich bis heute seiner Entdeckung entzogen. So oder so: Wir scheinen eindeutige wissenschaftliche Belege dafür zu haben, dass die Sonne einst Teil eines Doppelsternsystems war – und vielleicht immer noch ist.

Der »ketzerische« Planet

Ich stellte Dr. Quillen noch einige weitere Fragen zur wahrscheinlichen Größe dieses Zwillingssterns. Sie antwortete, der Planet müsse eine oder mehrere Jupitermassen haben, und fügte hinzu, dass sie genug Simulationen mit Planeten von der Masse des Jupiter durchgespielt habe, um sicher zu sein, dass er den EKB trunkieren würde. Auch ein Stern geringerer Masse würde sich in das Szenario einfügen.[11] Ein Objekt von der Größe und Masse der Erde wäre jedoch höchstwahrscheinlich nicht groß und schwer genug.

Die Bandbreite von Objekten, die den beobachteten Effekt hervorrufen könnten, ist praktisch dieselbe wie die, die von den Braunen Zwergen abgedeckt wird. Professor Quillens Berechnungen zeigten, dass die Trunkierung des EKB von nichts anderem als einem Braunen Zwerg verursacht wurde, der ins Sonnensystem eingebunden ist!

Es könnte sich als wahr herausstellen, dass ein Objekt von der Größe des Jupiter sich bis heute seiner Entdeckung entzogen haben könnte, doch ist dies ein streitbarer Punkt, wie wir bereits in diesem Buch festgestellt haben. Dr. John Murray war auf jeden Fall der Ansicht, dass solch ein Objekt in der Oortschen Wolke[12] sich bis zum heutigen Tage tatsächlich seiner Entdeckung entzogen haben könnte, als er zur selben Zeit wie Professor John Matese seine Riesenplanet-These vorstellte.[9]

Dies ist nach wie vor eine umstrittene These, doch man sollte auch Dr. Quillens Gesichtspunkt respektieren. Es ist zweifellos ein Rätsel, dass ein Planet von der Größe des Jupiter (der eindeutig seine »Fußspuren« hinterlassen hätte) bisher nicht entdeckt wurde. Ich persönlich teile jedoch nicht die Ansicht, dass eine bisher nicht erfolgte direkte Entdeckung automatisch seine Existenz ausschließt. Mit dieser Meinung stehe ich nicht allein.

Meine Korrespondenz mit Dr. Quillen bestätigte, dass ein Objekt mit der Masse des Jupiter oder größer den beobachteten Trunkierungseffekt im Edgeworth-Kuiper-Gürtel herbeigeführt haben könnte. Ich fragte mich auch, warum Dr. Quillen nicht auch diese Berechnungen veröffentlicht hatte, denn schließlich scheint sie sich sehr sicher zu sein, was auf den EKB eingewirkt hat. Man könnte doch meinen, dass das eine Veröffentlichung wert wäre. Denken Sie jedoch daran, dass ich sie nur nach diesem Aspekt ihrer Arbeit befragt habe, weil ich eine oder zwei kurze Zeilen im Text eines wissenschaftlichen Papiers entdeckt hatte.

Und weil ich bereits an der Möglichkeit eines Braunen Zwergs als Begleiter der Sonne interessiert war, war ich der Sache nachgegangen.

Man kann diese Episode direkt mit der Art der Veröffentlichung im Wissenschaftsmagazin *New Scientist* unter dem ominösen Titel »Abtrünniger Planet zerschlug das Sonnensystem« vergleichen. Der Artikel beschreibt den Vorbeiflug eines kleinen Sterns, wodurch eine Neuverteilung von Objekten im EKB herbeigeführt wurde. Er geht jedoch nicht auf die Tatsache ein, dass solch ein Ereignis nach Dr. Quillens Schlussfolgerung nicht die beobachtete Trunkierung des Gürtels verursacht haben konnte. Die Herkunft des »Eindringlings« wird nur vage beschrieben, doch die eindeutige Schlussfolgerung ist, dass das Objekt nicht ins Sonnensystem eingebunden war, sondern von einem benachbarten Sternhaufen stammte: »In einem Papier, das dem *Astronomical Journal* zugeschickt worden war, stellen die Forscher die These auf, dass der Eindringling wahrscheinlich aus demselben Cluster stammt, in dem sich auch unsere Sonne gebildet hatte, und dass die unmittelbare Begegnung etwa eine Milliarde Jahre nach Geburt des Sonnensystems stattgefunden hatte.«[13]

Wenn man den Artikel im *New Scientist* liest, könnte man glauben, dass der »vorbeiziehende Stern« die Schlussfolgerung bzw. Lösung der Forscher gewesen sei, denn der Artikel bringt nicht zum Ausdruck, dass dies nur die Hälfte der Story ist. Wenn die Kuiper-Lücke tatsächlich existiert, dann kann, wie wir gesehen haben, das Szenario des einmal vorbeiziehenden Sterns dieses Phänomen nicht erklären. Warum war dies nicht Teil des Artikels?

Ich persönlich glaube, dass der Verfasser des Artikels sich nicht näher mit der im Papier behandelten Materie beschäftigt hat. Ein ausführlicherer Artikel hätte vielleicht auf die Möglichkeit hinweisen können, dass ein Planet von der Größe des Jupiter die perfekte Erklärung für die Kuiper-Lücke wäre. Doch habe ich da auch wieder meine Zweifel. Die Vorstellung eines Zwillingssterns von der Größe eines Braunen Zwergs, der den beobachteten Effekt hervorruft, scheint einfach zu unglaublich. Und doch ist sie völlig plausibel und wissenschaftlich nachvollziehbar.

Wenn man mit dem doppelten Problem konfrontiert wird, dass eine Astronomin ihre eigentlichen Erkenntnisse tief in ihrem wissenschaftlichen Papier vergräbt, und die Wissenschaftsmedien daraufhin nur die halbe Story veröffentlichen, könnte man sich fragen, ob die Möglichkeit eines Braunen Zwergs als Begleitstern der Sonne vielleicht nicht doch etwas zu gewagt ist und ein Risiko für den eigenen unbefleckten Ruf darstellt, wenn man diese These vertritt. Angesichts der Schärfe und Häme in dieser Diskussion muss man sich fragen, ob diese These nicht schon fast moderner wissenschaftlicher Ketzerei gleichkommt.

»Binary Dissociation« – Loslösung aus dem gemeinsamen System

Es ist klar, dass wir die im EKB beobachteten Anomalien nicht mit einer einmaligen stellaren Begegnung erklären können. Es scheint ziemlich plausibel, dass solch ein Ereignis im Frühstadium des Sonnensystems stattgefunden haben könnte, doch nur, wenn die Sonne Teil eines dichten Clusters von Sternen gewesen wäre. Die Wahrscheinlichkeit für eine solche Begegnung erhöht sich, wenn der Eindringling bereits in einem Bezug zur Sonne steht, wie im Falle eines Zwillingssterns, dessen Umlaufbahn dann Schwankungen ausgesetzt ist, die den Stern näher an die Planeten und die äußere protoplanetare Scheibe geführt hätten.

Dr. Quillen bemühte sich sehr, mich darauf hinzuweisen, dass der massive Begleiter der Sonne vor langer Zeit Störungen im Sonnensystem hervorgerufen haben muss. Dies scheint durchaus möglich gewesen zu sein. Wenn sich die Wege eines Zwillingssternsystems auf diese Weise trennen, sprechen Astronomen von einer »Binary Dissociation«, einer Loslösung aus dem gemeinsamen System. Dies kann bei Umlaufzeiten von mehr als 3.000 Jahren auftreten, was einer Trennungsdistanz von einigen hundert AE entspricht.[7] Astronomen erlaubt dies zu erklären, wie Sterne, die in dichten Sternhaufen geboren werden, als Einzel- oder Doppelsterne enden. Solch dichte Cluster im Frühstadium eines Sternsystems gestatten Astronomen dann, die These des stellaren Vorbeiflugs zu vertreten – etwas, das sonst sehr unwahrscheinlich wäre.

Dies ist ein recht netter Trick, der zur Erklärung oft beobachteter chaotischer Zustände bei der Bildung von Sternen auf ein verdichtetes ursprüngliches Umfeld zurückgreift. Es gestattet Astronomen auch, diesen Aspekt mit der beobachteten Natur älterer, »reiferer« Sternsysteme, die nicht diese Dynamik aufweisen, in Einklang zu bringen. Wichtig für uns ist dabei die durchaus reale Möglichkeit, dass es im

Frühstadium eines Sternsystems zur vorübergehenden Bildung von Zwillingssystemen gekommen sein kann. Wenn der Cluster dann aufbricht, ziehen sie weiter – so zumindest die Theorie.[7]

Wenn die Sonne sich in einem stellaren Hort in unmittelbarer Nähe zu anderen Sternen gebildet hätte, wäre es durchaus wahrscheinlich gewesen, dass einer von ihnen im Frühstadium des Sonnensystems den Edgeworth-Kuiper-Gürtel durchquert hat. Mit dem, was wir nun über die Bildung von Braunen Zwergen wissen, hätte solch ein Himmelskörper durchaus ein kleinerer »gescheiterter« Stern sein können, der bei der Durchquerung des EKB vom stärkeren Schwerkrafteinfluss der Sonne eingefangen worden sein könnte. Dieses Szenario hätte dazu führen können, dass der Braune Zwerg sich durch die protoplanetare Scheibe bewegt und mit den anderen Planeten in ähnlicher Weise in Wechselwirkung tritt wie von Sitchin beschrieben. Seine Interpretation der antiken Mythen entspricht deshalb recht gut den hier erörterten wissenschaftlichen Aspekten.

Es hätte auch sein können, dass der Dunkelstern »Marduk« sich von Anfang an als Teil eines Doppelsternsystems gebildet hätte und dann auf eine neue Umlaufbahn eingeschwenkt wäre, die ihn in Wechselwirkung mit den Planeten hat treten lassen. Diese Migration hätte das Ergebnis einer stellaren Begegnung mit einem anderen jungen Stern im ursprünglich relativ dichten Cluster gewesen sein können. Damit entfiele das Kopfzerbrechen, das uns sonst plagen würde – wegen der äußerst geringen Wahrscheinlichkeit, dass solch ein Objekt aus dem interstellaren Raum von der Sonne eingefangen werden könnte. Dieser Ansatz scheint auch zunächst Sitchins Szenario zu stützen.

Der japanische Astrophysiker Shigeru Ida ist der Ansicht, dass solch eine Loslösung aus einem Zwillingssystem bei Umlaufzeiten von mehr als 3.000 Jahren stattfinden kann. Zecharia Sitchins Planet Nibiru/Marduk soll eine Umlaufzeit von 3.600 Jahren haben, weshalb er eine Gratwanderung vollziehen könnte, was diesen Effekt betrifft.

Der Dunkelstern könnte sich also gerade zum jetzigen Zeitpunkt aus dem Doppelsystem lösen, und die Schlussfolgerung, dass sein Orbit nicht gerade der stabilste ist, ist durchaus berechtigt. Vielleicht hat er sich aber auch schon losgelöst und in einer Entfernung von etwa 50 AE seine Handschrift im Edgeworth-Kuiper-Gürtel hinterlassen.

Dies stimmt mit meinen früheren Behauptungen in Bezug auf

Migrationsmuster des Dunkelsterns und entsprechende Veränderungen in den Orbitalenergien der Planeten überein und ist ein wichtiger Diskussionspunkt. Wenn ein Dunkelstern über die gesamte Lebensspanne des Sonnensystems »dort draußen« umherwandert, hat sich sein Drehimpuls im Verlauf dieser Zeit geändert. Angesichts seiner Entfernung und Masse wären solche Veränderungen in Bezug auf den Drehimpuls des Sonnensystems als Ganzem, der erhalten bleiben muss, beträchtlich. Dies würde also auf eine entgegenwirkende Migration der anderen Planeten als Reaktion darauf hinauslaufen, was unter Umständen zu großen klimatischen Veränderungen sowohl auf der Erde als auch auf den anderen Planeten geführt haben könnte.

Wir sehen also: Je größer die Anzahl der Mechanismen ist, auf die die Astronomen zur Erklärung der wechselnden Muster von Umlaufbahnen extrasolarer Planeten und protoplanetarer Scheiben zurückgreifen müssen, desto flexibler müssen die Modelle der Planetenbildung und Migration werden. Solch eine Vielfalt der Auswahl von Modellen hilft uns, unsere Optionen offen zu halten, statt die Existenz eines Zwillingssterns weniger plausibel erscheinen zu lassen.

Es erscheint mir durchaus plausibel, dass das Chaos des frühen Sonnensystems uns dort draußen einen massiven Planeten als Einzelgänger hinterlassen haben könnte. Dies ist so, weil es sich dabei nicht um einen isolierten Himmelskörper handelt, dessen Einfluss auf das restliche Sonnensystem vernachlässigbar wäre. Selbst wenn man ihn in weiter Entfernung entdecken würde, würde schon seine Größe als solche bedeuten, dass sein Einfluss aufs Sonnensystem als Ganzes eben nicht vernachlässigbar wäre. Dies könnte auch eine große Zahl von Anomalien in Bezug auf die wechselhafte geologische Geschichte unseres eigenen Planeten erklären.

Und noch einmal Nibiru …

Der Dunkelstern hätte sich neben der Sonne als Begleiter im Verbund mit ihr bilden und als junger Brauner Zwerg hell leuchten können. Er hätte eine exzentrische Umlaufbahn haben können, die ihn in die planetarische Zone des Sonnensystems in ihrem Frühstadium hätte führen und mit dem Wasserplaneten »Tiamat« in Wechselwirkung hätte treten lassen können, so wie von Sitchin beschrieben. Diese Interaktion hätte die natürliche Ordnung des Planetensystems durcheinander bringen können, wobei der Planet Tiamat sich weiter ins innere Sonnensystem bewegt, dort einen Großteil seines Wassers verloren haben und schließlich zur Erde geworden sein könnte.

Der Dunkelstern hätte sich dann aus der planetarischen Zone so weit herausbewegen können, dass er von da an trotz seiner stark exzentrischen Umlaufbahn nur noch einen Einfluss auf den Edgeworth-Kuiper-Gürtel ausgeübt hätte. Diese Begegnung mit den inneren Planeten der Sonne im Frühstadium des Sonnensystems könnte dazu geführt haben, dass der Dunkelstern mit der Sonne enger verbunden sein könnte, als es normalerweise der Fall gewesen wäre, und dass so ein Aufbrechen des Zwillingssystems verhindert worden sein könnte.

Nach den Überlieferungen soll der Planet Nibiru eine Umlaufzeit von etwa 3.600 Jahren haben. Dies könnte jedoch über größere Zeiträume Schwankungen unterliegen, abhängig davon, wie stark zum jeweiligen Zeitpunkt die Bindung an den Dunkelstern gewesen ist. Astronomen könnten schon bald das »Dunkelstern-Kaninchen« aus dem Hut springen lassen – ein Himmelskörper in einer exzentrischen Umlaufbahn, die ihn vom Rand des Edgeworth-Kuiper-Gürtels bis hinaus zur inneren Oortschen Wolke führen könnte. Solch eine Entdeckung würde erklären, warum die Völker der Antike nach diesem

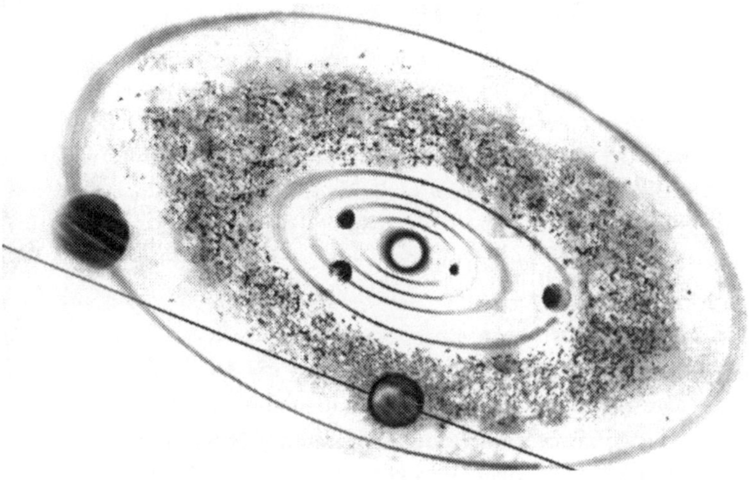

Der Dunkelstern auf seiner exzentrischen Umlaufbahn in Wechselwirkung mit dem ursprünglichen Planeten Tiamat, aus dem später die Erde entstand.

mythologischen Planeten Ausschau gehalten haben (ebenso wie einige moderne Gläubige und ihre recht unorthodoxe Priesterschaft!). Es würde erklären, warum der Asteroidengürtel zwischen Mars und Jupiter nicht mittlerweile schon längst »frei gefegt« worden ist – was der Fall sein müsste, wenn Nibiru alle 3.600 Jahre durchs Sonnensystem gezogen wäre. Wir müssten uns auch nicht mehr Gedanken um den bereits erwähnten Kozai-Effekt machen, der herangezogen wurde, um Einwände gegen die starke Neigung der Bahnebene beim Periheldurchgang durch die planetarische Zone zu erheben.

Es würde erklären, warum die frühzeitige Verlagerung der Position der Erde an einen Ort erfolgte, wo sie eigentlich knochentrocken sein sollte, es aber nicht ist. Es könnte erklären, warum Neptun und Uranus sich so weit von der Sonne entfernt befinden – an einem Ort, wo der Zeitraum für ihre Entstehung durch Anhäufung von Materie schon extrem groß sein müsste. Es würde auch eine Erklärung für das »letzte große Bombardement« liefern. Und vor allem hätten wir eine Erklärung für das beobachtete Phänomen der Lücke im Edgeworth-Kuiper-Gürtel, das die Astronomen vor ein Rätsel stellt. Wie wir bereits feststellten, ist dies das einzig brauchbare Szenario zur Erklärung dieses Umstands.

Planet X – ein Mond des Dunkelsterns?

Wenn wir von der Möglichkeit ausgehen, dass die Völker der Antike sich des Kommens und Gehens des Dunkelsterns durchaus bewusst waren, sollten wir nachvollziehen, wie sie ihr Verständnis dieses Phänomens darstellten. Wir hatten uns bereits mit den Mythen des antiken Mesopotamiens beschäftigt, doch sollen diese nicht isoliert von anderen betrachtet werden. Dieses Buch zielt vor allem darauf ab, die wissenschaftlichen Fragen zu beantworten, die ein solcher Zwillingsstern der Sonne aufwirft, doch ein Großteil meiner Forschungsarbeiten über die letzten Jahre hat sich bereits mit diesem Symbolismus befasst.

Dies ist ein weites Feld, auf das ich in diesem Buch nicht näher eingehen möchte, denn ich glaube, ich habe bereits zur Genüge eine Verbindung zwischen dem Dunkelstern und sieben anderen Himmelskörpern hergestellt. Diese bilden vermutlich das Planetensystem des Dunkelsterns. Einer von ihnen scheint zu einem bestimmten Zeitpunkt des Periheldurchgangs des Dunkelsterns durch das äußere Sonnensystem sichtbar zu werden.

Das Erscheinungsbild dieses mysteriösen sagenumwobenen Planeten ändert sich offensichtlich über die Zeit und nimmt viele verschiedene Formen an. Eine seiner Beschreibungen (als »Phaeton«) findet sich im Buch »When the Earth Nearly Died« (»Als die Erde kurz vorm Tod stand«) der Autoren D. Allan und J. Delair. Sie stellen in ihrem Werk verschiedene Vermutungen an, wie das tatsächliche Erscheinungsbild des Planeten die große Vielzahl von mythischen Metaphern und Vorstellungsbildern über all die Jahrhunderte und Jahrtausende hervorgebracht haben könnte. Und sie haben Entwürfe angefertigt, wie die vier Hauptmonde und der Planetenschweif aus verdampfendem Oberflächeneis die Gesamterscheinung des Phaeton-Phänomens bei seiner Bewegung am Himmel entlang mit den ihn umkreisenden Monden verändert haben könnte.[14]

Beachten Sie hier das Auftreten von vier Monden; bringt Nibiru sein eigenes Gefolge mit sich? Ist es möglich, dass Begleitmonde bei solch großen Entfernungen sichtbar sein könnten? Oder ist es lediglich so, dass das Eindringen des Planeten Nibiru ins äußere Sonnensystem mit einem starken Hagel anderer kosmischer Trümmerteile einhergeht – Kometen aus dem Einflussbereich des Dunkelsterns selbst?

Wenn die Monde/Planeten/Kometen im Umkreis des Dunkelsterns Nibiru sehr weit verteilt sind, wie der Forscher John Lee schon früher mutmaßte, führt dies eine komplexe Situation herbei, die die Vielfalt an Symbolismen erklären könnte, die die verschiedenen Kulturen im Zusammenhang mit diesem Phänomen schufen. John weist darauf hin, dass der Dunkelstern nicht unbedingt und endgültig mit den Mythen von Phaeton und Nibiru/Marduk in Verbindung gebracht werden sollte, da seine Umlaufbahn und -zeit wahrscheinlich größer und länger als lediglich 3.600 Jahre ist. Aus Johns Gesichtspunkt besteht also wenig Notwendigkeit, seine Existenz überhaupt mit irgendwelchen Mythen in Verbindung zu bringen. Dies ist ein wertvoller Ansatz, der uns in Erinnerung ruft, dass – auch wenn Astronomie und Astrophysik auf dem Weg sind, seine Existenz endlich nachzuweisen – dies nicht unbedingt bedeutet, dass er von antiken Mythen umrankt sein muss.

Ich glaube jedoch, dass diese verschiedenen Mythen uns durchaus zum Dunkelstern führen, und zwar auf dieselbe Weise, wie die nun in Universitäten und Observatorien betriebene Wissenschaft sich in genau dieselbe Richtung bewegt. Deshalb glaube ich, dass der Symbolismus – so vielfältig und komplex er sich auch darstellt – mit berücksichtigt werden sollte. Doch der Symbolismus kann uns nur einen Teil der Geschichte erzählen: den des beobachtbaren sichtbaren Phänomens. Es könnte jedoch noch mehr dazu geben. Noch sollten wir mit unseren Schlussfolgerungen vorsichtig sein.

Perihel und Heliopause

Wenn wir von der These ausgehen, dass die Lücke im Edgeworth-Kuiper-Gürtel auf die Nähe des Dunkelsterns zum Zeitpunkt des Perihels zurückzuführen ist, dann stellt sich die Frage: Wie nahe kommt er dieser Lücke, und wie nahe der Sonne selbst?

Nach Dr. Quillen ist dies noch stärker abhängig von der Exzentrizität der Umlaufbahn des Zwillingssterns als von seiner tatsächlichen Masse.[4] Es existiert hier ein Phänomen aus der Galaxientheorie, die so genannten Lindblad-Resonanzen, wonach es ein 2:1-Verhältnis zwischen der Umlaufbahn des Zwillingssterns und dem inneren Gürtel des betroffenen Muttersterns gibt. Wenn, wie im Fall der Sonne, der Gürtel in einer Entfernung von etwa 48 AE trunkiert ist, lässt das auf eine interaktive planetarische Umlaufbahn in einer Entfernung von etwa 70-80 AE schließen.

Wenn nun die Umlaufbahn stark exzentrisch ist – und im Fall des Dunkelsterns muss das so sein –, dann findet dieser Wert keine Anwendung auf eine einfache kreisförmige Umlaufbahn an dieser Position oder innerhalb von ihr.[5] Stattdessen könnte er auf den über eine längere Zeitspanne sich hinziehenden Effekt eines weit entfernten Planeten Anwendung finden, der im Laufe vieler, vieler Umkreisungen durch diese Region zieht. Kann uns dieses mathematische Verhältnis helfen, die Periheldistanz des Dunkelsterns zu bestimmen? Kann uns dies zu einem Verständnis führen, welchen Einfluss der Dunkelstern auf die Sonne auszuüben vermag?

Es existieren dort draußen in einer Entfernung von 80 AE nicht allzu viele interessante »Liegenschaften«. Die einzige interessante Besonderheit ist die als »Heliopause« bezeichnete Grenzzone, die sich noch etwas jenseits davon befindet. Dies ist zumindest die allgemeine Überzeugung der Astronomen. In Wirklichkeit wissen sie es noch nicht genau, hoffen aber, dass die Übertragungsdaten mehrerer Raumsonden ihnen weitere Aufschlüsse geben werden. Ist die geographische Position der Heliopause von irgendwelcher Bedeutung?

Die Heliopause ist die Zone am Rand des Sonnensystems, in der der Sonnenwind auf das interstellare Gas trifft und von ihm gestoppt wird. Sie ist ein Merkmal des erweiterten Magnetfelds der Sonne. An dieser Grenzfläche zwischen Magnetosphäre und interstellaren Plasmafeldern entsteht durch die Kollision der Partikel ein so genannter »Termination Shock« – eine Art »Mauer«, die sich vor unserem Sonnensystem auftürmt und wegen ihrer gebogenen Form auch als »Stoßwellenfront« [engl. »Bow Shock«, Bow = Bogen, Anm. d. Ü.] bezeichnet wird, während die Sonne sich auf ihrer Bahn dahinbewegt. Diese Stoßwellenfront befindet sich höchstwahrscheinlich in einer Entfernung zwischen 110 und 160 AE von der Sonne.[15]

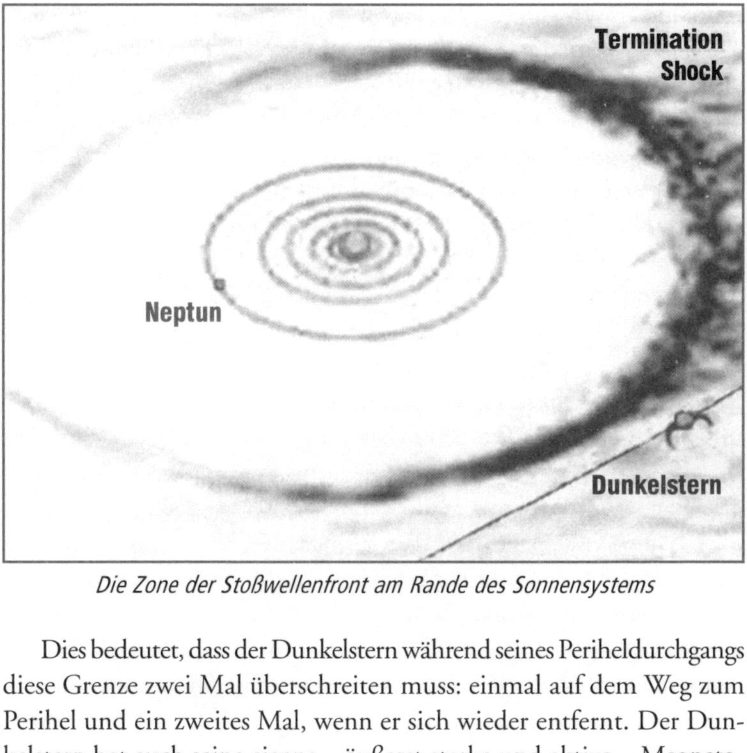

Die Zone der Stoßwellenfront am Rande des Sonnensystems

Dies bedeutet, dass der Dunkelstern während seines Periheldurchgangs diese Grenze zwei Mal überschreiten muss: einmal auf dem Weg zum Perihel und ein zweites Mal, wenn er sich wieder entfernt. Der Dunkelstern hat auch seine eigene – äußerst starke und aktive – Magnetosphäre.

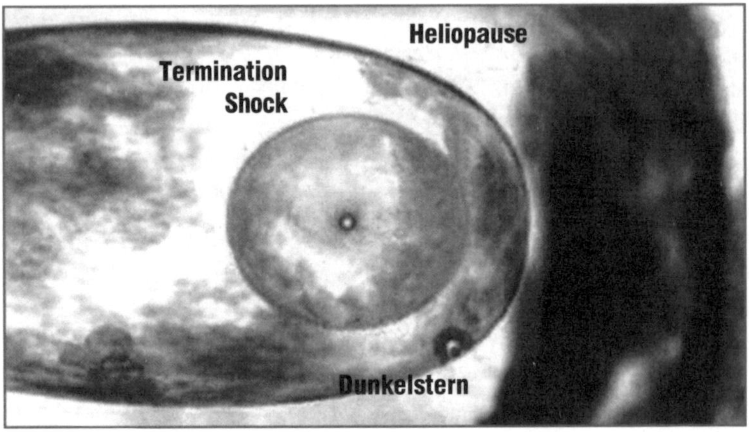

Der Dunkelstern beim Periheldurchgang, bei dem er zwei Mal die Heliopause (Grenze des Sonnensystems) durchquert.

Die Form der Heliopause ist gegenwärtig nicht bekannt, soll jedoch den Magnetosphären der Planeten im Sonnensystem ähneln. Die Magnetosphären entstehen durch die Wechselwirkung des Sonnenwinds mit den Magnetfeldern dieser Planeten, einschließlich der Erde, und dienen dem Schutz der Planeten vor dem Bombardement der Sonne mit heißen geladenen Partikeln oder Plasma. Das Einströmen dieser geladenen Partikel in die Polarregionen der Erde führt zum Phänomen der so genannten »Aurora Borealis« (Nord- oder Polarlicht) – ein Effekt, der sich auf dem Saturn und dem Jupiter in großem Maßstab wiederholt.

Der Dunkelstern scheint sich gegenwärtig in der Nähe des Sonnenapex (vgl. Kapitel 1, S. 25) zu befinden, das heißt dem Fluchtpunkt am Himmel, in dessen Richtung sich die Sonne bewegt. Sollte dies der Fall sein, vollzieht der Dunkelstern eine Vorwärtsbewegung in Richtung auf die Stoßwellenfront der solaren Magnetosphäre beziehungsweise Heliopause. Deshalb weist die Heliopause an diesem Punkt die geringste Entfernung von der Sonne auf.

Die Heliopause wird an dieser Stelle von interstellarem Gas und Plasma buchstäblich hin- und hergezogen, wobei ihre genaue Entfernung von vielen Faktoren bestimmt wird, einschließlich der gegenwärtigen Geschwindigkeit des Sonnenwinds und der örtlichen Dichte des interstellaren Mediums. Wenn die Form der Heliopause erst einmal bekannt ist, könnte dies Rückschlüsse auf die Wechselwirkung zwischen Sonne und Magnetosphäre des Dunkelsterns zulassen. Die vier im Rahmen der *Voyager*- und *Pioneer*-Missionen gestarteten Raumsonden könnten uns eines Tages hierzu einige Daten liefern.

Die Region der Heliopause ist energetisch ziemlich aktiv, denn die geladenen Partikel im Sonnenwind treffen an dieser Grenze auf Widerstand und wärmen sich auf. Das Ergebnis ist der bereits erwähnte »Termination Shock« innerhalb der Heliopause.[16] Dies hat nichts mit einem anderen massiven Himmelskörper zu tun, sondern tritt lediglich wegen der Wechselwirkung zwischen der Magnetosphäre der Sonne und dem Umfeld, in dem sie sich bewegt, auf.

Um wieviel größer wäre dieser Effekt wohl, wenn die ausgedehnten Magnetfelder des Dunkelsterns und der Sonne direkt miteinander in Wechselwirkung treten?

Die kosmische »Lightshow«

Gehen wir davon aus, dass der Dunkelstern – ein alter, sehr kleiner Brauner Zwerg – energetisch aktiver wird, sobald er auf die Stoßwellenfront des Sonnenwinds trifft. Bei seiner Annäherung an diese Zone könnte der Dunkelstern wie schon beschrieben auf dramatische Weise aufflammen und eine atmosphärische »Lightshow« mit einem Vielfachen seiner gewöhnlichen Helligkeit zum Besten geben. Schließlich trifft er an dieser Stelle auf eine dichte und warme Schicht hochenergetischer, negativ geladener Partikel, die als Gesamtheit eine erhebliche »Schockwelle« bilden.

Wir brauchen uns nur die Magnetosphäre des Jupiter vor Augen zu führen, um uns bewusst zu machen, wie stark die Interaktion des Magnetfelds dieses Gasgiganten mit dem der Sonne ist.[17] Wäre die Magnetosphäre dieses Riesenplaneten am Nachthimmel sichtbar, hätte sie in etwa den vierfachen Durchmesser des Mondes. Und doch ist der Jupiter zum Zeitpunkt seiner Opposition zur Sonne fünf Mal weiter von uns entfernt als die Sonne. Seine Magnetosphäre reicht bis in die Umlaufbahn des Saturn hinaus.

Wenn der Dunkelstern ein noch stärkeres Magnetfeld hat – worauf seine größere Dichte schließen lässt –, wäre seine Wechselwirkung mit dem Sonnenwind noch stärker. Selbst wenn man sich vor Augen hält, dass er viel weiter entfernt ist, und dass der Sonnenwind als Resultat davon nachlässt, wird die Reaktion an der Stelle der tatsächlichen Stoßwellenfront immer noch eine beträchtliche Wirkung erzeugen.

Dies wirft die Frage auf: Wäre der durch elektromagnetische Wechselwirkungen hervorgerufene »Aufflamm-Effekt« des Dunkelsterns, wenn er auf die Heliopause trifft, tatsächlich von der Erde aus sichtbar?

Würde die Rotglut des sehr kleinen Braunen Zwergs erneut aufflammen und hell leuchten – selbst in den Tiefen des Alls?

Dies ist eine zweite Möglichkeit, die die plötzliche sichtbare Erscheinung von Nibiru erklären könnte. Der Effekt wäre der eines Eindringlings, der einen Grenzzaun durchschneidet und den Alarm auslöst. Solange der Eindringling sich auf dem Gelände befindet, bliebe er im Schatten und würde nur noch einmal den Alarm auslösen, wenn er es etwas später wieder verlässt. Der tatsächliche Effekt wäre plötzlich und vorübergehend: ein helles rotes Glühen, das von einer einzigen Lichtquelle am Himmel stammt – dem energetisch angeregten Dunkelstern. Dieser Effekt würde sich einige Jahre später an einer anderen Stelle des Himmels wiederholen.

Dies ist natürlich Spekulation, doch es könnte durchaus sein, dass die Sonne und der Dunkelstern an der Grenze, in der Nähe oder innerhalb des Edgeworth-Kuiper-Gürtels eine starke gegenseitige Aufladung ihrer Magnetfelder hervorrufen. Wie bei einem Kaktus in der Wüste wäre die »Blütezeit« des Zwillingssterns nur kurzlebig, doch für diese Zeitdauer auch ein wunderschöner Anblick. Es könnte auch sein, dass die Sonne auf diese Begegnung mit ähnlichen massiven Ausbrüchen in ihrer Korona reagiert wie der Dunkelstern.

Es sollten keine Zweifel hinsichtlich des außergewöhnlich starken Effekts des Sonnenwinds auf die Magnetosphäre eines Gasgiganten bestehen. Im Jahre 2002 wurde auf dem Jupiter ein pulsierender polarlichtartiger »Hot Spot« entdeckt, der große Mengen an Röntgenstrahlung von sich gab.[18, 19] Da frage ich mich: Um wieviel stärker wäre diese Art von Aktivität, wenn man sie auf einem Braunen Zwerg im Umkreis um die Sonne beobachten könnte? Es scheint mir auch durchaus möglich, dass das gesamte ausgedehnte Magnetfeld der Sonne durch solch eine Wechselwirkung stark beeinflusst werden könnte – so stark, dass eine Umkehrung ihres Magnetfelds erfolgen könnte. Dies ist eine außergewöhnliche Vorstellung – und nicht ohne Präzedenzfall.

Umkehrung der neutralen Zone

Es könnte sein, dass das Magnetfeld der Sonne auch durch den Periheldurchgang des Dunkelsterns beeinflusst wird. Könnte dies der Grund für die angebliche Umkehrung der neutralen Zone alle 3.740 Jahre sein, wie Maurice Cotterell vermutet?

Der gewöhnliche Sonnenfleckenzyklus hat eine Periode von 11,5 Jahren – eine wohlbekannte Tatsache. Cotterell ging daran, das Verhältnis zwischen der Umlaufbahn der Erde und den unterschiedlichen Rotationsgeschwindigkeiten der Magnetfelder an den Polen der Sonne und an ihrem Äquator genauer zu untersuchen. Diese Funktion nannte er »Rotationsdifferenzierung«.

Dies führt zu einem grundlegenden Sonnenfleckenzyklus von 11,4929 Jahren und einem übergeordneten Zyklus mit einer Dauer von 187 Jahren. Weitergehende mathematische Analysen führten Cotterell zu der Schlussfolgerung, dass noch ein größerer Zyklus mit einer Dauer von 1.366.040 Tagen oder 3.740 Jahren aus den Berechnungen abgeleitet werden kann. Dies stellt die vollständige Umkehrung der neutralen Zone des Sonnensystems dar. Dies geschähe nicht unmittelbar, sondern würde zwei 187-Jahre-Zyklen für eine vollständige Umkehrung brauchen.[20]

Cotterells Ergebnisse faszinierten mich, denn sie deuteten darauf hin, dass die Sonnenzyklen dem Einfluss einer äußeren Kraft unterliegen könnten. Ein sehr kleiner Brauner Zwerg, der sich periodisch durch das massive ausgedehnte Magnetfeld der Sonne bewegt, wäre dazu mit Sicherheit imstande. Wie sonst ließe sich eine so regelmäßige, aber bedeutsame Veränderung im gesamten Magnetfeld der Sonne erklären?

Doch aus den »Prophezeiungen der Maya«, einem Buch, das Cotterell zusammen mit Adrian Gilbert verfasst hatte, geht nicht klar hervor, wann sich solch ein Ereignis in der Geschichte unseres Sonnensystems zugetragen haben könnte. Wenn dies irgendwie in Verbindung mit dem Auftreten von Nibiru stehen sollte, wäre solch eine Frage von fundamentaler Bedeutung. Zwischendurch ergab sich für mich eine Gelegenheit, Maurice Cotterell zu kontaktieren; seine Antworten waren recht aufschlussreich:

»Das Magnetfeld der Sonne kehrt sich in periodischen Zeitintervallen um. Wir wissen, dass die Eiszeiten mit der magnetischen Aktivität der Sonne in Beziehung stehen. Tatsächlich geht die Sonne alle

3.750 Jahre durch einen solchen Zyklus des ›Ansaugens‹ und ›Abstoßens‹. Geladene Staubpartikel werden manchmal angesaugt (abhängig von der Polarität der solaren Magnetfelder) und dann beim Wechsel der Polarität wieder abgestoßen … Wenn sich das Magnetfeld dreht (dies geschah das letzte Mal im Jahre 3113 v. Chr.), neigen die Planeten in unmittelbarer Nähe aufgrund ihrer magnetischen Kopplung zu Bewegungsschwankungen. Dies geschah im Jahre 3113 v. Chr. mit der Venus und erklärt, warum sie nun im Gegenuhrzeigersinn rotiert, und weshalb die Maya dieses Ereignis als ›die Geburt der Venus‹ bezeichnet hatten. Doch die magnetischen Schwankungen, die zu jener Zeit auftraten, hatten keinen Einfluss auf die Erde … 3113 v. Chr. (minus) plus 3.740 Jahre (die Zeitdauer für eine vollständige Umkehrung der neutralen Zone) ergibt das Jahr 627 n. Chr., was bedeutet: Die letzte Umkehrung des solaren Magnetfelds geschah im Jahre 627 n. Chr. (wobei weder das Magnetfeld der Venus noch das der Erde sich umkehrten).«[21]

Cotterells Vorstellungen von globalen Katastrophen in Verbindung mit kosmischen Ereignissen sind sehr an die von Immanuel Velikovsky angelehnt, obgleich Maurice mir gegenüber darauf hinwies, dass es nicht wirklich der Mühe wert sei, zur Erklärung solcher Ereignisse auf die Existenz eines »Dunkelsterns« zurückzugreifen. Stattdessen würden unsere Chancen, die Ursachefaktoren ausfindig zu machen, mit unseren stetig steigenden Fähigkeiten, entsprechende Daten zu sammeln und zu verarbeiten, ebenfalls steigen. Bis dahin würden wir besser mit dem »fahren«, was wir bereits haben. Cotterell zieht eine Verbindung von der zeitlich jüngsten Umkehrung der neutralen Zone zu den in den Maya-Überlieferungen angegebenen, zeitlich datierten Geschehnissen statt zu spezifischen wissenschaftlichen Belegen.

Die unvermeidliche Frage

Da ich persönlich nicht von Cotterells »Geburt der Venus«-Argument überzeugt bin, scheint es mir, als ob der von ihm genannte Zeitpunkt der magnetischen Umkehrung noch eine ungeklärte Frage ist. Doch das Datum, auf das er sich bezieht, ist auch gleichzeitig Tag Eins des Olmek/Maya/Azteken-Kalenders, d.h. der 13. August 3113 v. Chr. Ich glaube, das Erscheinen von Nibiru war für die Völker der Antike ein solch herausragendes Ereignis, dass sie ihre Kalenderzyklen mit diesem Zeitpunkt begannen. Dies könnte auf die Urvölker Südamerikas ebenso zutreffen wie auf die Sumerer und, so wage ich zu behaupten, die Christen.

Der kanadische Professor Richard Day hatte Überlegungen zum zeitlichen Auftreten von Nibiru im Zusammenhang mit diesen Überlieferungen aus Südamerika angestellt und herausgefunden, dass dieses Ereignis zeitlich mit der Gründung der ersten Pharaonendynastie zusammenfiel. Nach dieser Zeitberechnung wäre Nibiru auch zum Zeitpunkt der Geburt des Propheten Mohammed wieder aufgetaucht.[22] Da zu jenem Zeitpunkt viel ausführlichere und genauere Aufzeichnungen der Ereignisse am Himmel geführt wurden (vor allem durch die Araber selbst) als in den Jahrtausenden zuvor, könnte man erwarten, dass solch eine Erscheinung in die historischen Annalen der Astronomie eingegangen sein sollte. Wenn die Religion des Islam in irgendeiner Weise mit der Erscheinung von Nibiru in Zusammenhang stehen sollte, könnte dies auch den Ursprung der bekannten muslimischen Symbole Sonne und Halbmond erklären, deren Entstehung auch immer noch eine unbeantwortete Frage ist.

Hinsichtlich der Frage nach dem genauen zeitlichen Auftreten von Nibiru herrscht unter vielen Forscherkollegen immer noch Uneinigkeit. Die Frage nach dem genauen Zeitpunkt der Rückkehr des Dunkelsterns ist eine der großen Unbekannten in diesem Forschungsfeld, und ich bin mehr denn je offen für die verschiedenen Möglichkeiten – vor allem, wenn wir davon ausgehen, dass sein Periheldurchgang am Rande des Sonnensystems erfolgt. Dies öffnet uns die Tür. Steht uns im Jahre 2012 eine weitere Vollendung des erwähnten 3.750-Jahre-Zyklus bevor? Gestattet uns dies, eine Verbindung zu den Maya zu ziehen, wie es Cotterell und Day getan hatten? Oder war das letzte Geschehnis dieser Art vor 2.000 Jahren? Oder gibt es da noch eine ganz andere Möglichkeit?

Quellen

[1] C. Grady, E. Polomski: »The Disk and Environment of the Herbig Be Star HD100546«, The Astronomical Journal, 122, 2001, S. 3396

[2] M. Clampin: »HAST/ACS Coronagraphic Imaging of the Circumstellar Disk around HD141569A«, eingereicht The Astronomical Journal, Mai 2003, astro-ph/03003605vl

[3] J. Augereau, J. Papaloizou: »Structuring the HD141569A Circumstellar Dust Disk«, Astronomy & Astrophysics, 2003, astro-ph/0310732

[4] A. Quillen, P. Varniere, I. Minchev, A. Frank: «Driving Spiral Arms in the Debris Disks of HD100546 and HD141569A«, The Astrophysical Journal, 2004

[5] A. Brunini, M. Melita: »The Existence of a Planet beyond 50 AU and the Orbital Distribution of the Classical Edgeworth-Kuiper Belt Objects«, Icarus, 160, 2002, S. 32 – 43

[6] Korrespondenz mit M. Melita, 15.1.2003

[7] S. Ida, J. Larwood, A. Burkert: »Evidence for early stellar encounters in the orbital distribution of Edgeworth-Kuiper Belt Objects«, The Astrophysical Journal, 528, 2000, S. 351 – 356

[8] A. Quillen, D. Trilling, E. Blackman: «The Impact of a Close Stellar Encounter on the Edgeworth-Kuiper Belt«, The Astrophysical Journal, 2004, arXiv:astro-ph/04013272vl

[9] J.J. Matese, P.G. Whitman, D.P. Whitmire: »Cometary Evidence of a Massive Body in the Outer Oort Cloud«, Icarus, 141, 1999, S. 336 – 354

[10] Korrespondenz mit A. Quillen, 18.2.2004. Abdruck mit Professor Quillens freundlicher Genehmigung.

[11] Korrespondenz mit A. Quillen, 19.2.2004. Abdruck mit Professor Quillens freundlicher Genehmigung.

[12] J. Murray: »Arguments for the presence of a distant large undiscovered solar system planet«, Monthly Notes of the Royal Astronomic Society, 309, 1999, S. 31 – 34

[13] »Rogue star smashed up the solar system«, New Scientist, 18, 2433, 7.2.2004, S. 19. Dank an Shad Bolling. http://www.amnesium.com. Eine Kurzfassung des Papiers von Prof. Dr. Quillen findet sich hier: http://arxiv.org/abs/astro-ph/0401372.

[14] D. Allan, J. Delair: »When the Earth Nearly Died: Compelling Evidence of a World Cataclysm 11,500 Years ago«, Gateway Books, 1995, S. 252 – 253

[15] B. Arnett: »The Interplanetary Medium«, 2002, http://seds.lpl.arizona.edu/nineplanets/nineplanets/medium.html

[16] Wikipedia »Heliopause«, http://en.wikipedia.org/wiki/Heliopause

[17] C. Kitchin: »Aurorae on Other Planets«, Astronomy Now, März 2004, S. 62

[18] T. Phillips: »Puzzling X-rays from Jupiter«, http://science.nasa.gov/headlines/y2002/07mar_jupiterpuzzle.htm

[19] T. Gladstone et al: »A Pulsating Auroral X-ray Spot on Jupiter«, Nature, 415, 28.2.2002

[20] A. Gilbert, M. Cotterell: »Die Prophezeiungen der Maya«, Econ, 1998, S. 312

[21] Korrespondenz mit Maurice Cotterell, 13.9.2002. Abdruck mit freundlicher Genehmigung.

[22] R. Day: »Teotihuacan and the Tenth Planet«, Auszug aus einem unveröffentlichten Manuskript mit dem Titel »Nibiru Planet X: Evidence from Antiquity«, 1998, S. 42 – 43

Kapitel 11

Sedna

Bisher haben wir die Geschichte der Suche nach dem Planeten X und die erneuten Spekulationen hinsichtlich der Möglichkeit eines Zwillingssterns, der die Sonne umkreist, beleuchtet. Schon seit vielen Jahren arbeiten sowohl professionelle als auch Alternativwissenschaftler auf diesem Gebiet, und unter den gegebenen Umständen ist es ganz natürlich, dass das Konzept des Planeten X von einer gewissen Aura der Niedergeschlagenheit aufgrund des bisherigen Misserfolgs in Bezug auf seiner Entdeckung umgeben ist. In früheren Zeiten haben es viele Astronomen sogar rundheraus abgelehnt, dies überhaupt als Möglichkeit in Betracht zu ziehen – trotz der sich häufenden Beweise, die wir in diesem Buch bereits aufgeführt haben. Es muss also bei diesen Wissenschaftlern schon einen gehörigen Schock ausgelöst haben, als im Jahre 2004 ein echter Planet X tatsächlich entdeckt wurde! Nicht nur, dass dieses Ereignis vielen Kommentatoren die Augen für die Möglichkeit geöffnet hat, dass noch weitere planetarische Objekte auf ihre Entdeckung warten; es hat auch Fragen hinsichtlich einiger grundlegender Annahmen der Wissenschaft in Bezug auf unser Sonnensystem aufgeworfen. Irgendetwas sehr Seltsames geht dort draußen vor sich …

»Sedna« ist der Name, den die Astronomen diesem neuesten Planeten in einer Umlaufbahn um die Sonne gegeben haben. Obwohl noch nicht alle Einzelheiten zur Größe des Planeten bekannt sind, geht man

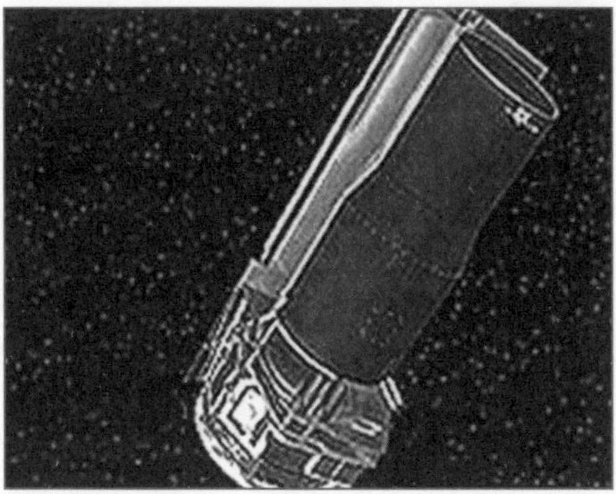

Das im August 2003 in Betrieb genommene Spitzer-Weltraumteleskop

davon aus, dass er einen Durchmesser von etwa 2.000 Kilometern hat und somit ungefähr so groß ist wie Pluto. Da Pluto selbst allgemein immer noch als Planet anerkannt ist, ist Sedna somit der zehnte Planet, der die Sonne umkreist.

Größenvergleich

Dr. Michael Brown von der Caltech-Universität[1] und sein Team hatten Anfang 2004 ein weiteres großes Edgeworth-Kuiper Belt-Objekt mit der Bezeichnung *2004 DW* entdeckt.[2] Sein Forschungsteam greift für seine Arbeiten auf das Spitzer-Weltraumteleskop zurück. Damals gab er folgende spannende Aussage von sich: »Es ist nur noch eine Frage der Zeit, bis dort draußen etwas entdeckt wird, das unser gesamtes Verständnis des Sonnensystems von Grund auf verändern wird.«

Es stellt sich nun heraus, dass Dr. Brown nicht einfach nur Spekulationen zu einer weit entfernten Möglichkeit angestellt hat. Sein Forschungsteam, einschließlich Chad Trujillo in Hawaii und David Rabinowitz von der Yale-Universität, hatte Sedna bereits im November 2003 entdeckt und war im Begriff, ein Papier zum Bericht über die Entdeckung zur Veröffentlichung vorzubereiten. Sedna erhielt die Katalogbezeichnung *2003 VB12*.

Ende März 2004 erfuhr ich von dieser Entwicklung, und auf einigen Astronomie-Websites deutete ich an, dass sich die für den 15. März vorgesehene Veröffentlichung des Papiers hinsichtlich der Frage nach dem Planeten X als wichtig herausstellen könnte.

Trotzdem war ich immer noch überrascht, als ich am Montagmorgen noch vor der Pressekonferenz, bei der das Papier vorgestellt werden sollte, im Radiosender BBC davon hörte.[3] Auf meiner eigenen Internet-Website veröffentlichte ich sofort diese Meldung, noch bevor die Menschen in den USA in den neuen Tag starteten.

Ich persönlich betrachte die wissenschaftliche Entdeckung von Sedna als einen großen Schritt in Richtung auf die Jagd nach einem massiven Planeten X. Mittlerweile hat sie viele Skeptiker zum Umdenken gebracht.

Der zehnte Planet?

Gegenwärtig befindet sich Sedna im Edgeworth-Kuiper-Gürtel in einer Entfernung von etwa 13 Milliarden Kilometer oder umgerechnet etwa 85 AE von der Sonne entfernt[3] – womit er ungefähr drei Mal so weit entfernt ist wie Pluto. Dies bedeutet, dass er sich tatsächlich innerhalb der Kuiper-Lücke befindet – in der Region, mit der wir uns zuvor schon wegen der auffälligen Abwesenheit dort eigentlich erwarteter Himmelskörper befasst haben. Vielleicht könnte Sedna eine Erklärung für den Mangel an Objekten in diesem Bereich liefern, obwohl er in der Praxis zu klein ist, um diese Lücke im EKB ganz allein »frei gefegt« zu haben.

Obgleich er sich hier befindet, könnte es sich in Wirklichkeit um ein Objekt aus der weit entfernten Oortschen Wolke von Kometen handeln. Im Moment nähert er sich seinem Perihel, das ihn in den Kuiper-Gürtel geführt hat. Sedna ist das am weitesten entfernte Objekt, das bisher im Umkreis um die Sonne entdeckt wurde. Sein Orbit scheint elliptisch zu sein und eine Umlaufzeit von etwa 10- bis 12.000 Jahren zu haben. Die Umlaufbahn ist stark exzentrisch; ihr Perihel liegt in einer Entfernung von 76 AE, das Aphel in einer Entfernung von etwa 1.000 AE.[4, 5] Die Astronomen waren also nur deshalb imstande, Sedna zu entdecken, weil er sich glücklicherweise gerade seinem Perihel (das er tatsächlich erst im Jahre 2076 erreichen wird) nähert. Die meiste Zeit ist Sedna einfach zu weit entfernt, als dass man den Planeten mit einem Teleskop entdecken könnte. Diese stark exzentrische Umlaufbahn ist der von Nibiru sehr ähnlich, so wie sie von Sitchin in seinen Werken beschrieben wird. Doch Sedna ist viel kleiner und seine Umlaufzeit drei Mal so lang wie die von Nibiru. Diese kleine Welt aus Eis und Felsgestein erreicht auch nicht annähernd die Größe eines »Dunkelsterns« (Braunen Zwergs), obwohl seine rote Farbe doch hervorsticht. Ob er in direktem Bezug zu Nibiru steht oder nicht – seine Entdeckung sorgte für Aufregung und wurde von den Astronomen am Tenagra-Observatorium in Arizona bestätigt und dann direkt vom Hubble-

Weltraumteleskop fotografiert.[3]

Dem Planeten wurde dann der Name »Sedna« gegeben – nach der kanadischen und grönländischen Meeresgöttin der Inuit.[6] Diese mythische Figur hat teilweise weibliche Formen und schickt die ihr unterstehenden Tiere von ihrer Wohnstätte am Meeresgrund aus auf die Jagd.[7] Es existiert sicherlich ein symbolischer Bezug zur Wahl dieses Namens.

Zunächst einmal steht der arktische Mythos im Einklang mit dem superkalten Umfeld des äußeren Sonnensystems. Zweitens wird dieser neue Planet sofort mit anderen ähnlichen, aber kleineren Objekten in der verstreuten Scheibe des Edgeworth-Kuiper-Gürtels assoziiert. Diese weit entfernten EKBOs tauchen bei ihrem Perihel ebenfalls aus der Dunkelheit der Unendlichkeit wie Jäger aus dem Nichts auf. Der Name »Sedna« ist also eine perfekte Wahl!

Man könnte behaupten, dass die tatsächliche Entdeckung von Sedna nicht völlig unerwartet war, da neue Technologien den Astronomen helfen, jenseits von Pluto auf der Suche nach dunklen Objekten – manche von beträchtlicher Größe – tiefer ins All zu schauen. Wenn es sich herausstellen sollte, dass Sedna so groß wie Pluto ist (was immer noch möglich ist), könnte er korrekterweise als Planet bezeichnet werden. Dies könnte jedoch zu einer erneuten Debatte darüber führen, was ein Planet eigentlich ist, und ob Pluto selbst nur ein großer Asteroid von sphärischer Form ist, der von einem relativ großen Mond, Charon, begleitet wird.

Zur Zeit geht man davon aus, dass er wohl kleiner als Pluto, aber größer als ein anderes EKBO mit Namen »Quaoar« ist; es ist also keinesfalls schon gewiss, wie die Entscheidung hierüber in Zukunft fallen wird. Schließlich würde die offizielle Hinzufügung weiterer Planeten zu den bereits existierenden bedeuten, dass alle Schulbücher an dieser Stelle neu verfasst werden müssten – von höherwissenschaftlichen Werken ganz zu schweigen. Wer kann schon sagen, wie viele weitere »Sednas« es dort draußen gibt?

Sedna befindet sich wie gesagt zur Zeit in der Nähe seines Perihels. Der äußere Bereich seiner stark exzentrischen Umlaufbahn reicht bis in die innere Oortsche Wolke hinein, was bedeutet, dass sein gesamter Orbit die große Lücke zwischen dem EKB und der Oortschen Wolke einnimmt. Da die geographische Position der Oortschen Wolke größtenteils auf theoretischen Überlegungen beruht, tragen Entdeckungen wie diese zur Gesamtheit der sich weiter ansammelnden Beweismittel bei, die diesen Bereich tatsächlich beschreiben.

Die Entdeckung von Sedna und anderen »Scattered Disc«-Objekten wird Astronomen also dazu bringen, die genaue Position der Kometenwolke neu zu überdenken. Dr. Brown ist nun der Ansicht, dass die innere Oortsche Wolke näher sein könnte als ursprünglich vermutet, und zwar als Ergebnis des Einflusses eines größeren Sterns in der Nähe der Sonne.[4] Dies ähnelt den Argumenten, die für die Existenz eines Zwillingssterns – in Vergangenheit oder Gegenwart – ins Feld geführt wurden.

Spekulationen über die Existenz eines solchen Sterns, der bereits in der Frühgeschichte des Sonnensystems ein Zwillingssystem mit der Sonne gebildet hat, werden nun wieder zunehmen, wie auch die Möglichkeit, dass die Sonne einst dem Einfluss eines vorbeiziehenden Sterns ausgesetzt war. Als Folge davon beginnt das äußere Sonnensystem tatsächlich wie ein sehr interessanter Ort auszusehen, der in der astronomischen Gemeinde größeres Interesse weckt und Forschungsanstrengungen verstärkt. Was können wir also als Nächstes erwarten: Planet XI, Planet XII, Planet XIII ...?

Gibt es dort draußen einen Planeten von der Größe der Erde, der irgendetwas mit dieser Lücke im Edgeworth-Kuiper-Gürtel zu tun haben könnte? Oder existiert noch weiter dort draußen etwas noch Größeres wie etwa ein Dunkelstern als Zwillingsgestirn unserer Sonne, der sich unter den Kometen versteckt hält?

Niemand weiß es sicher, doch mit großer Wahrscheinlichkeit werden weitere Entdeckungen gemacht, da die Astronomen immer dunklere und weiter entfernte Objekte im Umkreis um die Sonne ausfindig machen können. Die zeitlichen Abstände, in denen diese Entdeckungen gemacht werden, werden ebenfalls immer kleiner.

Anomalien regen wissenschaftliche Spekulationen an

Ich habe oben bereits darauf hingewiesen, dass es hinsichtlich dieser Entdeckung mehrere Anomalien gibt, nicht zuletzt die der Umlaufbahn von Sedna. Sie verhält sich einfach nicht so, wie sie sollte – zumindest nach dem Modell des Sonnensystems, das Astronomen zur Zeit verwenden. Um solch einen elliptischen Orbit aufzuweisen, muss der

Planet von einem anderen massiven Objekt vor langer Zeit aus einer kreisförmigen Umlaufbahn herausgezogen worden sein. Doch solch ein Objekt dort draußen ist uns nicht bekannt, und die mögliche Existenz eines noch nicht entdeckten massiven Himmelskörpers wurde lange Zeit von Astronomen abgelehnt.

Die Entdeckung von Sedna hat unter den namhaftesten Wissenschaftlern in Astronomie und Astrophysik zu neuen Spekulationen geführt. Wie wir bereits sahen, hat der Leiter des Teams, das Sedna entdeckt hat, Dr. Michael Brown, die Frage aufgeworfen, ob die ursprünglich angenommene Position der inneren Oortschen Wolke korrekt ist – und auch die Frage, ob die Sonne sich in einem Sternhaufen gebildet hat, dessen andere Mitglieder kleinere Planeten wie Sedna in exzentrische Umlaufbahnen gezogen haben könnten.[8] Andere Astronomen haben weitere Ideen beigetragen – jeder von ihnen mit seinen Lieblingstheorien zum äußeren Sonnensystem –, wie etwa die Auswirkungen eines vorbeiziehenden Sterns oder die Interaktion mit gigantischen interstellaren Gaswolken.

Für viele überraschend hat sich der Direktor des *Minor Planet Centre*, Dr. Brian Marsden, öffentlich zu der Möglichkeit geäußert, dass ein Planet von der Größe der Erde oder größer in einer Entfernung von mehreren hundert AE existieren könnte.[8] Dieser Ansatz lässt die Frage unbeantwortet, wie sich der Planet in solch großer Entfernung von der Sonne gebildet haben könnte. Doch könnte solch ein Himmelskörper eine Erklärung dafür liefern, weshalb die Umlaufbahn von Sedna so exzentrisch wurde. Zu irgendeinem Zeitpunkt musste Sedna in Wechselwirkung mit einem größeren planetarischen Körper getreten sein, der ihn in diesen verlängerten Orbit geschleudert hat.

Es ist klar, dass die Vorstellung der möglichen Existenz eines Planeten X von der Größe der Erde sich nun innerhalb der astronomischen Gemeinde durchsetzt, auch wenn dieser Ansatz auf dasselbe Problem stößt, dem sich Brunini und Melita zuvor schon gegenübersahen. Sie gingen von einem in den Edgeworth-Kuiper-Gürtel eingebetteten Planeten aus.[9] Der von ihnen postulierte Himmelskörper führte zu einer sinnvollen Antwort auf die Frage nach der Trunkierung des Edgeworth-Kuiper-Gürtels – vor allem mit einem exzentrischeren Orbit für solch einen Planeten.[10] Doch die offene – und schwierige – Frage, weshalb dieser Planet noch nicht entdeckt wurde, stellt sich nun umso mehr.

Wenn der noch nicht entdeckte Planet sich noch weiter draußen in der Nähe der inneren Oortschen Wolke befindet, muss er entsprechend größer sein, um dieselbe Wirkung auf die Umlaufbahnen von EKBOs auszuüben. Deshalb plädiert Dr. Marsden für einen Planeten mit einem Vielfachen der Masse der Erde. Doch wie sollte sich solch ein Himmelskörper in dieser Region mit einer so geringen Verteilungsdichte von Materie gebildet haben? Die Frage wird zunehmend schwieriger zu beantworten.

Wir stehen auch vor der Frage, ob die Trunkierung der Edgeworth-Kuiper-Scheibe von einem sehr massiven Objekt herbeigeführt wurde. Die bisher vorgeschlagenen Modelle mit dem Szenario eines vorbeiziehenden Sterns können einige, aber nicht alle beobachteten Effekte hervorrufen.[11] Im letzten Kapitel stellten wir bereits fest, dass ein Objekt mit mehreren Jupitermassen die Scheibe »gestutzt« haben könnte, obwohl Dr. Quillen, die die Arbeit durchführte, Zweifel hegt, ob es dort draußen noch solch einen Himmelskörper geben könnte. Ich bin mir da nicht so sicher – vor allem nicht, wenn man sich die Umlaufbahn von Sedna anschaut. Sedna stellt die dringende Forderung nach einer Neueinschätzung der allgemeinen Situation im äußeren Sonnensystem.

Könnte es tatsächlich sein, dass es dort draußen einen sehr massiven Planeten gibt, der sich bisher seiner Entdeckung entzogen hat? Ich habe schon häufiger behauptet, dass dies der Fall ist,[12] und diese Einschätzung scheint auch von Dr. Browns Analyse früherer Suchen wie etwa mit dem IRAS gestützt zu werden. Dr. Brown sagte, dass etwa zwanzig Prozent unseres Sternenhimmels noch nicht gründlich nach einem verborgenen Planeten, der die Sonne umkreist, abgesucht wurden.

Diese noch nicht genauer untersuchte Region befindet sich vor allem im Zentrum unserer Galaxis.[8] Und dies ist natürlich die Region, auf die ich bereits mehrfach als wahrscheinlichsten Aufenthaltsort des Dunkelsterns hingewiesen hatte, d. h. in der Nähe des Sternbilds Schütze.

Diese Region ist aus einer Reihe von Gründen das vielversprechendste »Jagdrevier« auf der Suche nach dem Dunkelstern – nicht zuletzt wegen der vielen Hinweise in Überlieferungen, wonach das Sternbild Schütze die Richtung markiert, in die der mythische Planet sich wieder zurückzieht.[12, 13] Wie in Kapitel 4 bereits erwähnt, gibt es weitere, eher wissenschaftlichere Gründe dafür, warum diese Region als Aufenthaltsort für den Dunkelstern in Frage kommt.

Man könnte glauben, dass die Dinge sich hier langsam zusammenfügen. Ist Sednas merkwürdige Umlaufbahn für uns Anlass, davon auszugehen, dass sich ein massives Objekt in einer Region des Himmels befindet, die zuvor noch nicht gründlich genug abgesucht wurde? Dr. Brown geht davon aus, dass es einen Planeten geben könnte, dessen Aufenthaltsort in Richtung des galaktischen Zentrums liegt, und sein Team ist aktiv auf der Suche nach ihm in dieser Region. Dies ist allerdings eine viel schwierigere Aufgabe, als man sich vorstellen könnte.

Die relative Bewegung des Planeten vor dem Hintergrund der galaktischen Sterne verliefe sehr langsam. Es könnte fast den Anschein haben, als stünde er still – vor allem, wenn seine Umlaufbahn wie die von Sedna stark elliptisch ist. Unter solchen Umständen vollzieht sich der größte Teil seiner Bahnbewegung in unsere Richtung, und seine Seitwärtsbewegung am Himmel wäre geringfügig, was bedeutet, dass er vielleicht schon entdeckt wurde, dann aber fälschlicherweise als galaktischer Stern katalogisiert wurde.

»Star Wars«-Fans fragen sich vielleicht, ob dieser fehlende Planet nicht dem Planeten »Kamino« ähneln könnte; in diesem Fall könnte es sich herausstellen, dass der fehlende Planet schon längst archiviert worden ist!

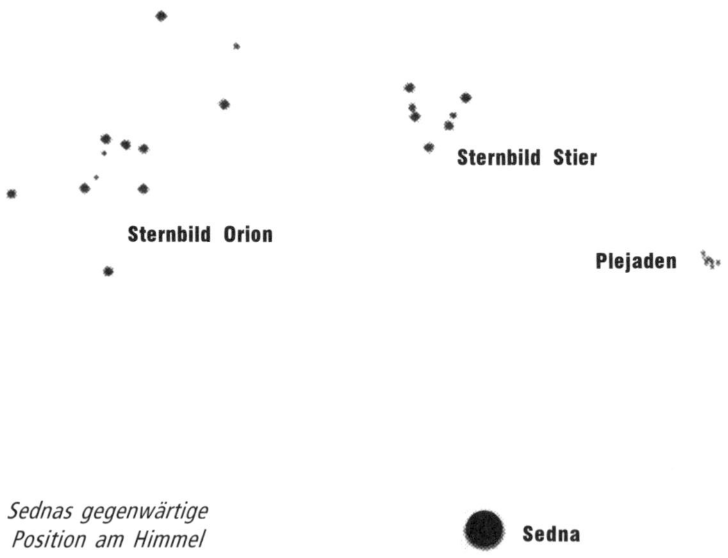

Sednas gegenwärtige Position am Himmel

Eine Wechselbeziehung

Sedna, der zur Zeit auf dem Weg zu seinem Perihel ist, wurde in der Nähe der Stelle am Himmel gefunden, die ich für den Ort des Periheldurchgangs von Nibiru (in der Nähe von Sirius und Orion) postuliert hatte. Gegenwärtig bewegt sich Sedna rechtläufig vom Sternbild Cetus (Walfisch) in das Sternbild Stier. Ich glaube, dass dies ziemlich genau der Bewegung entspricht, die der Dunkelstern am Himmel vollzieht, wenn er sich seinem Perihel nähert. Dieser »Zufall« erscheint angesichts der anderen beteiligten Faktoren bemerkenswert. Man muss sich fragen, ob die Umlaufbahnen von Sedna und dem Dunkelstern vielleicht in enger Beziehung zueinander stehen.

Dies könnte tatsächlich der Fall sein, denn Himmelskörper im äußeren Sonnensystem neigen dazu, sich und ihre Umlaufbahnen gegenseitig zu beeinflussen. Astronomen bezeichnen dies als »Bewegungsresonanzen«.[14] Die Umlaufbahn von Pluto steht zum Beispiel in einem Resonanzverhältnis von 3:2 zu der des Planeten Neptun. Viele Objekte im Edgeworth-Kuiper-Gürtel weisen ähnliche Resonanzverhältnisse zu Neptun auf.

Wenn der Dunkelstern also die Sonne im äußeren Sonnensystem umkreist, und wenn es sich bei ihm um einen großen und massiven Himmelskörper handelt (und ich plädiere für einen sehr kleinen Braunen Zwerg, eine Unterkategorie von Himmelskörpern nach einem theoretischen Modell[15]), dann würde er mit den anderen Himmelskörpern innerhalb seiner ausschweifenden exzentrischen Umlaufbahn in Wechselwirkung treten.

Im Laufe der Zeit hätte Nibiru viele so genannte »Scattered Disc«-Objekte hinausgeschleudert (und der Edgeworth-Kuiper-Gürtel ist bekanntermaßen stark dezimiert, was diese Objekte betrifft), was zur Trunkierung des EKB geführt hätte – und diejenigen Objekte, die in seinem Einflussbereich geblieben wären, hätten in resonante Umlaufbahnen um ihn herum einschwenken können. Dies setzt natürlich voraus, dass er immer noch da ist! Es ist also sicherlich nicht abwegig, davon auszugehen, dass Sedna sich in einer resonanten Umlaufbahn um einen viel größeren Himmelskörper befindet, der noch seiner Entdeckung harrt. Wäre das der Fall, sollten auch ihre jeweiligen Umlaufzeiten in einer gewissen Wechselbeziehung zueinander stehen. Zecharia Sitchin ging für Nibiru von einer Umlaufzeit von etwa

3.600 Jahren aus, was übrigens der Grundzahl des sumerischen Sexagesimalsystems bzw. einem »Sar« entspricht.[13] Zwei Umlaufzeiten würden demnach 7.200 Jahre betragen, drei Umlaufzeiten über 10.800. Die Umlaufzeit von Sedna liegt bei 10- bis 12.000 Jahren. Es könnte sich also herausstellen, dass die Umlaufzeit von Sedna in einem Resonanzverhältnis von 3:1 zur Umlaufzeit von Sitchins Nibiru steht.

Dies könnte eine wichtige Entdeckung sein. Bei näherem Studium der Umlaufbahn von Sedna werden die anfallenden Daten es den Astronomen erlauben, seine Umlaufzeit noch genauer zu berechnen. Sollte ich richtig liegen, dann werden in naher Zukunft auch weitere »Scattered Disc«-Objekte entdeckt werden, die ähnliche Bewegungsresonanzen wie Sedna aufweisen werden.

Mit der Zeit wird so auch ein Bild von der Umlaufbahn des Muttersterns selbst – des Dunkelsterns – entstehen. In gewisser Weise bewegen sich diese umherwandernden »Schafe« zur Melodie des »Hirten«, und durch die Analyse ihrer Bewegungen können wir mehr über ihn herausfinden. Doch dies funktioniert nur, wenn der Mutterplanet sich immer noch dort draußen befindet. Sollte er schon vor langer Zeit das Sonnensystem verlassen haben, wovon Dr. Quillen ausgeht, hätte er diesen Effekt nicht herbeiführen können. So wird also ein sich herausbildendes Muster von »Scattered Disc«-Objekten in synchronen Umlaufbahnen darauf hinweisen, ob wir es mit einem noch anwesenden Himmelskörper zu tun haben, der auf seine Entdeckung wartet, oder ob dieser Himmelskörper dort nicht mehr zu finden ist.

In den nächsten Jahren werden das Spitzer-Weltraumteleskop und andere Beobachtungsinstrumente weitere Daten zusammentragen, und es könnte ein charakteristisches Muster in den Umlaufbahnen neu entdeckter Himmelskörper auftreten, was die Spekulationen zur Existenz eines massiven, noch unentdeckten Himmelskörpers weiter anfachen wird.

Lagrange-Punkte

Eine weitere Möglichkeit ist, dass der Dunkelstern einen Cluster von Kometen, Asteroiden und Kleinplaneten um sich hat. Es ist bekannt, dass es in einem Drei-Körper-System mathematische Positionen gibt, die stabile Regionen darstellen. Dies sind die fünf so genannten Lagrange-Punkte, benannt nach dem im 18. Jahrhundert tätigen Mathematiker Joseph-Louis Lagrange.

Wenn wir das Beispiel der Sonne und ihres Zwillingssterns als zwei Hauptkörper in einem Drei-Körper-System nehmen, könnten wir uns kleinere Objekte vorstellen, die an diesen fünf stabilen Punkten angesiedelt sind. Drei dieser Positionen befinden sich auf der Verbindungslinie zwischen Sonne und Dunkelstern, die anderen beiden auf der Umlaufbahn des Dunkelsterns. Einer von ihnen befindet sich in Umlaufrichtung vor ihm, der andere hinter ihm. Dies sind keine scharf umrissenen Punkte, sondern eher weitere Regionen, da andere Schwerkrafteinflüsse im Sonnensystem mit einbezogen werden müssen. Nur bei den Punkten L_4 und L_5 handelt es sich um ein stabiles Gleichgewicht, bei L_1 bis L_3 dagegen um ein labiles.

Ein Beispiel für Objekte, die in der Umgebung der Lagrange-Punkte L_4 und L_5 angesiedelt sind, sind die (erstmalig bei Jupiter so genannten) »Trojaner«: zwei Gruppen von Asteroiden innerhalb der Umlaufbahn des Jupiter, die dieselbe Umlaufzeit wie der Gasgigant aufweisen. Besteht vielleicht die Möglichkeit, dass sich im unmittelbaren Umfeld der entsprechenden Lagrange-Punkte des Dunkelsterns ebenfalls Cluster von Himmelskörpern befinden?

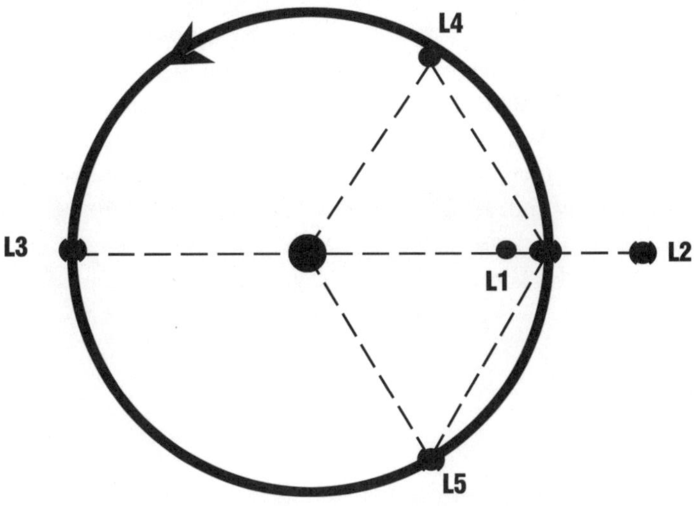

Position der fünf Lagrange-Punkte in einem System aus Zentralgestirn und Planet bzw. Zwillingsgestirn

Schon vor einigen Jahrzehnten erwog John Bagby (vgl. Kapitel 4) die Möglichkeit, dass die Sonne einen massiven Begleiter hat. Er äußerte dabei den Gedanken, dass immens große Cluster von Objekten in der Umgebung dieser Lagrange-Punkte helfen könnten, einen Teil der Masse des gesamten Systems gleichmäßig entlang der Umlaufbahn zu verteilen.[16] Diese Vorstellung erscheint plausibel; es könnte darauf hindeuten, dass einige dieser Objekte in der Nähe dieser Punkte ziemlich groß sein könnten, vielleicht so groß wie Sedna.

Während sich der Dunkelstern auf seiner Umlaufbahn bewegt, bewegen sich die Lagrange-Punkte mit ihm. Stellt man sich eine annähernd kreisförmige Umlaufbahn wie die des Jupiter um die Sonne vor, könnte man den Kreis wie das Zifferblatt einer Uhr in zwölf Abschnitte einteilen. Wenn Jupiters Position »12 Uhr« entspräche, lägen die Lagrange-Punkte in etwa bei 10, 2 und 6 Uhr. Wenn wir uns nun vorstellen, dass sich das Zifferblatt langsam um sein eigenes Zentrum – das für die Sonne steht – dreht, dann würden diese Lagrange-Punkte auch entsprechend ihre Positionen verändern. Im Laufe der Zeit würden sie dieselben Regionen wie der Jupiter durchlaufen, jedoch zu zeitlich festgelegten Intervallen.

Wenn wir uns nun vorstellen, dass das Zifferblatt zu einer langgestreckten Ellipse gedehnt wird – ähnlich der Umlaufbahn von Sedna –, dann fände immer noch dasselbe Prinzip Anwendung. Zu bestimmten Intervallen bewegen sich die Lagrange-Punkte durch jede Position auf der Umlaufbahn bzw. dem Rand unseres seltsam geformten Zifferblatts. Sedna könnte in der Umgebung der Lagrange-Punkte auf oder in der Nähe seiner eigenen Umlaufbahn kleinere Himmelskörper in seinen Schwerkrafteinfluss gezogen haben. Diese Himmelskörper könnten ihrerseits im Verlauf tausender Jahre ihr Perihel erreichen, oder Sedna selbst könnte sich in der Nähe eines Lagrange-Punktes eines Muttersterns befinden. Dies ist zugegebenermaßen Spekulation, doch lassen Sie uns die Konsequenzen betrachten, die sich von Natur aus daraus ergeben.

Viele Nibirus?

Gehen wir davon aus, dass Sedna Teil eines Clusters mit kleineren planetarischen Objekten ist, der die Kuiper-Lücke mit einem Resonanzverhältnis von 1:1 zum Dunkelstern durchquert. Wenn das der Fall ist, könnten noch viele weitere Objekte innerhalb dieses Clusters zum Vorschein kommen, denn Sedna ist nur 72 Jahre von seinem Perihel entfernt. Dies könnte für jene von Interesse sein, die der Ansicht sind, dass die Kometenaktivität in unserem Sonnensystem bereits zugenommen hat. Und nicht nur das; es könnte nämlich auch andere zur Zeit im Sonnensystem auftretende Phänomene erklären, wie etwa die leichte Erwärmung, die sich auf allen Planeten registrieren lässt. Hiermit werden wir uns später noch eingehender befassen.

Unterm Strich ergibt sich aus diesen Überlegungen, dass der Dunkelstern möglicherweise eine viel längere Umlaufzeit hat als bisher angenommen; sie könnte im Bereich von etwa 10.800 Jahren liegen. Unter diesen Umständen wäre der Dunkelstern zur Zeit etwa 1.000 AE entfernt und befände sich am Himmel genau 180° gegenüber von Sedna. In diesem Fall würde er seine Aphelposition im Jahre 2076 erreichen – wenn Sedna seine Perihelposition erreicht.

Dieses Szenario würde uns zur Schlussfolgerung führen, dass der letzte Periheldurchgang des Dunkelsterns eine halbe Umlaufzeit zurückliegt, was dem Jahr 3325 v. Chr. entspricht. Dies ist natürlich nur ein ungefähres Datum, denn die Lagrange-Punkte sind, wie wir bereits sahen, keine scharf umrissenen Punkte, sondern größere Regionen, und Sedna könnte sich irgendwo innerhalb dieser Region aufhalten. Doch diese ungefähre Datierung fiele zeitlich mit der Ersten Dynastie in Ägypten und somit mit der Morgendämmerung der menschlichen Zivilisation zusammen.

Interessant ist in diesem Zusammenhang auch, dass die Erde irgendwann um das Jahr 3200 v. Chr. herum erhebliche Veränderungen in der Intensität der Sonneneinstrahlung erfuhr. Die Strahlungsaktivität der Sonne ließ zunächst nach und erreichte dann vor 5.200 Jahren einen Höchstwert, was zu einem katastrophalen Klimawandel führte.[17] Vielleicht war dies die Folge des Periheldurchgangs des Dunkelsterns, dessen Bewegung durch das Sonnensystem die Strahlungsaktivität der Sonne beeinflusst haben könnte.

Im letzten Kapitel stellten wir fest, wie das Magnetfeld der Sonne zu jener Zeit verändert worden sein könnte; Maurice Cotterell datiert dieses Ereignis auf etwa 3113 v. Chr.[18] Gibt es eine Verbindung zwischen dieser umwälzenden Veränderung des Klimas auf der Erde und dem möglichen Periheldurchgang des Dunkelsterns irgendwann um

3200 v. Chr.? Schließlich hätte der Periheldurchgang jenseits des EKB einige hundert Jahre in Anspruch genommen, und in dieser Zeit wäre die Aktivität der Sonne starken Veränderungen ausgesetzt gewesen.

Wenn wir davon ausgehen, dass dies zutrifft, müssten wir die Schlussfolgerung ziehen, dass Zecharia Sitchins Behauptung, Nibirus Umlaufzeit betrage 3.600 Jahre, nicht ganz korrekt ist. Stattdessen umkreist der Dunkelstern wie Sedna die Sonne einmal etwa alle 10.800 Jahre, führt allerdings in seinem Gefolge eine Anzahl von Kometen und Kleinplaneten mit sich, die unter Umständen etwa alle 3.600 Jahre mit dem äußeren Sonnensystem in Wechselwirkung treten. Diese kleineren Objekte befinden sich in der Nähe der Lagrange-Punkte des Dunkelsterns, und ihre periodischen Aktivitäten werden in den Mythen mit Nibiru assoziiert. Mit anderen Worten: Das Phänomen Nibiru tritt häufiger auf als die tatsächliche »Erscheinung« des Dunkelsterns, denn das System ist gleichmäßig entlang seiner Umlaufbahn verteilt.

Sollten sich diese Spekulationen als richtig erweisen, scheint es, als ob wir uns gerade in einer dieser Perioden befinden. Dies ist so, weil der Lagrange-Punkt, der der Position des Dunkelsterns genau gegenüberliegt, sich gegenwärtig durch den EKB bewegt und dabei Himmelskörper wie Sedna mit sich führt.

Unabhängig davon, ob dies zutrifft oder nicht – ich glaube, dass die Entdeckung von Sedna uns auch der Entdeckung des Dunkelsterns noch näherbringt, und dass dieser Mutterstern höchstwahrscheinlich am Himmel nördlich des Sternbilds Schütze entdeckt werden wird – möglicherweise in den dichten Sternhaufen, die mit dem IRAS-Infrarotteleskop nicht genauer abgesucht wurden. Dabei ist es durchaus möglich, dass er bereits in den Sternkatalog aufgenommen, jedoch als weiter entferntes stellares Objekt falsch klassifiziert wurde. (In diesem Zusammenhang ist es interessant anzumerken, dass ein schwach leuchtender »Roter Zwerg« vor kurzem als drittnächster Stern der Sonne in einer Entfernung von nur 7,8 Lichtjahren entdeckt wurde.[19])

Es ist ermutigend, dass Dr. Brown nun beschlossen hat, sein Augenmerk – und das Spitzer-Teleskop – auf diese bisher noch unerforschten Regionen zu richten. Eines Tages könnte er uns mit dem, was er dort entdeckt, in Erstaunen versetzen.

Zur rötlichen Färbung

Die Anomalien hinsichtlich der Umlaufbahn von Sedna haben die Astronomen vor ein großes Rätsel gestellt, uns wohl aber auch näher zu den Antworten auf das Rätsel des Dunkelsterns geführt. Doch es gibt auch andere Aspekte in Bezug auf die Entdeckung von Sedna, die den Wissenschaftlern Probleme bereitet haben. Eines davon ist, dass Sedna deutlich rot leuchtet.

Organische, leichtflüchtige Eisablagerungen auf der Oberfläche eines Himmelskörpers im äußeren Sonnensystem geben diesen Objekten eine rötliche Farbe, doch keines der Objekte im Edgeworth-Kuiper-Gürtel weist dieselbe starke rötliche Färbung wie Sedna auf. Einer meiner Forscherkollegen äußerte mir gegenüber die Vermutung, dass diese Art von Färbung der Oberfläche eines Objekts durch Kollisionen mit anderen Objekten mit hoher Geschwindigkeit hervorgerufen werden könnte.[20]

Astrophysiker gehen davon aus, dass EKBOs gelegentlich miteinander kollidieren, und Sedna ist solch ein kleinerer planetarischer Körper. Doch seine physischen und orbitalen Eigenschaften legen nahe, dass er einer neuen Klasse von »Scattered Disc«-Objekten zuzuordnen ist. Mein Ansatz hier war, dass diese Klasse in Bezug steht zu einem massiven Objekt, das ein ähnliches Orbitalmuster aufweist und sich gegenwärtig in seinem Aphel befindet. Man geht davon aus, dass dieses Objekt mit den anderen Himmelskörpern des Sonnensystems in seinem Frühstadium auf katastrophale Weise in Wechselwirkung getreten war. Es ist leicht nachzuvollziehen, wie die rötliche Färbung mit diesem Szenario in Verbindung stehen könnte.

Zur langsamen Rotationszeit

Ein weiteres Problem ist, dass Sedna keinen Mond hat, der ihn umkreist. Als der Kleinplanet ursprünglich entdeckt wurde, ging man davon aus, dass er wie im Falle von Plutos Mond Charon ebenfalls einen Mond »im Schlepptau« hat. Der Grund für diese Vorhersage hatte mit der Rotationszeit von Sedna zu tun: Ein »Tag« auf Sedna entspricht zwanzig bis vierzig Erdentagen.[21] Um solch eine langsame Rotationsgeschwindigkeit aufzuweisen, muss ein Himmelskörper normalerweise einen Mond von etwa 650 Kilometer Durchmesser in seiner Umlaufbahn haben, der seinerseits über einen längeren Zeitraum eine Bremswirkung auf die Rotationsgeschwindigkeit von Sedna ausgeübt hätte.

Sedna scheint jedoch solch einen Mond nicht zu haben. Nach eingehenden Untersuchungen des Planeten mit dem Hubble-Weltraumteleskop konnte zweifelsfrei ausgeschlossen werden, dass sich ein Mond in seiner Umlaufbahn befindet, der mehr als ein Zehntel der Größe/Masse von Sedna hat. Ein noch kleinerer Mond hätte die Eigenrotation von Sedna nicht abbremsen können.

Die Schlussfolgerung hieraus ist, dass Sedna einst einen Mond gehabt haben muss, der ihm aber irgendwann abhanden gekommen ist. Doch Sedna bewegt sich auf einer Umlaufbahn, die relativ frei von anderen Objekten ist – dies ist zumindest der Eindruck, den Astronomen bisher gewonnen haben. Sollte Sedna tatsächlich einen Mond haben, müsste er das dunkelste Objekt im Sonnensystem sein, das sich seiner Entdeckung bisher entzogen hat, wie Professor Chandra Wickramasinghe von der Universität Cardiff, Wales, feststellte.[22]

Wie hätte Sedna einen Mond verlieren können? Die Astrophysiker kommen zu dem Schluss, dass Sedna eine recht wechselvolle Vergangenheit haben muss. Dies steht auch wieder im Einklang mit der Vorstellung eines ausgedehnten Systems von Objekten entlang der Umlaufbahn von Sedna, von denen Sedna selbst der erste Himmelskörper ist, der entdeckt wurde. Doch wir müssen hier Vorsicht walten lassen, denn diese beobachtete Rotationsgeschwindigkeit ist nur eine vorläufige Einschätzung und könnte sich als fehlerhafte Berechnung denn als tatsächliche Anomalie herausstellen.[23]

Einige meiner Briefpartner haben sich gefragt, ob Sedna vielleicht ein Mond des Dunkelsterns war oder immer noch ist, dessen Position sich kurz nach seiner Migration ins äußere Sonnensystem verlagert hatte. Dies scheint eine interessante Möglichkeit zu sein und wirft die Frage auf, ob Sednas langsame Eigenrotation mit dem Abbruch des Kontakts zum ursprünglichen Mutterplaneten im Frühstadium des Sonnensystems zu tun haben könnte – vielleicht ausgelöst durch eine Katastrophe. Ich neige jedoch zur Auffassung, dass Sedna sich in der Nähe eines Lagrange-Punktes aufhält und einfach Teil des ausgedehnten Dunkelstern-Systems ist.

Astronomen beziehen einen Braunen Zwerg in ihre Lösungsmodelle ein

Es besteht kein Zweifel, dass Astronomen immer mehr Interesse an der Möglichkeit zeigen, dass ein Brauner Zwerg Teil des frühen Sonnensystems gewesen sein könnte. Diese neuerliche Aufgeschlossenheit steht im Kontrast zum allgemeinen öffentlichen Interesse am Planet X-Phänomen, das über die Jahre doch eher nachgelassen hat. Vielleicht ist auch genau dies der Grund, warum Astronomen sich jetzt leichter mit Spekulationen zu den Ursprüngen des äußeren Sonnensystems tun: Der »Hype« um Planet X mit all seinen Extremen und Ausschweifungen ist abgeklungen. An seiner Stelle könnte nun eine echte wissenschaftliche Diskussion darüber erfolgen, ob unsere Sonne in grauer Vergangenheit vielleicht in Wechselwirkung mit größeren Himmelskörpern getreten war – seien es einmalige Begegnungen mit anderen Sternen, ein Brauner Zwerg als möglicher ständiger Begleiter oder andere »Überbleibsel« aus Sternhaufen, in denen die Sonne sich bildete.

Wenn Astronomen heutzutage von der Entstehung der Sonne sprechen, gehen sie nicht mehr vom Szenario einer »einsamen Geburt« in einem ruhigen unauffälligen Abschnitt unserer Galaxis aus. Vielmehr vertreten viele von ihnen nun die Auffassung, dass die Sonne »Geschwister« in allen möglichen Größen und Formen gehabt haben könnte, deren ursprüngliche Anwesenheit vielleicht nicht die inneren Planeten als solche nachteilig beeinflusst hat, ist höchstwahrscheinlich aber doch ein Spiel mit den äußeren Planeten des Sonnensystems getrieben haben könnten.

Bis vor kurzem wusste man nicht viel über diese Objekte, und die Annahme war, dass sie sich in mehr oder minder geordneter Weise um die Sonne bewegen.

Einer der spannendsten Aspekte bei wissenschaftlichen Entdeckungen ist jedoch, dass das Unerwartete jederzeit erwartet werden muss. In unserem konkreten Fall: Die Umlaufbahnen von einigen Himmelskörpern im äußeren Sonnensystem weisen eindeutig Anomalien auf, die uns zur Frage der tatsächlichen Ursprünge des Sonnensystems führen. Irgendetwas »dort draußen« hat bestimmte Veränderungsmuster hervorgebracht, die sich in merkwürdigen Umlaufbahnen manifestieren und den Wissenschaftlern Kopfzerbrechen bereiten. Um die Rätsel um solche Objekte wie Sedna zu lösen, sind die Astronomen gezwungen, mehr

Kreativität in ihre Antworten und Erklärungen einfließen zu lassen – auch was die mögliche Existenz eines Dunkelsterns betrifft.

Das Wissenschaftsmagazin *New Scientist* hatte im Juli 2004 eine Dokumentation veröffentlicht, in der die neuen Denkansätze erstmals zusammengefasst wurden. Einer davon war die »nicht plausible«, aber dennoch »coole« Vermutung, dass Sednas kontroverse Umlaufbahn das Ergebnis der Interaktion eines Braunen Zwergs mit der Sonne im Frühstadium der Entwicklung des Systems gewesen sein könnte. *New Scientist* veröffentlichte dazu ein Interview mit einem Astronomen vom *Southwest Research Institute* in Boulder, Colorado, USA namens Harold Levison.

Er wies darauf hin, dass Sednas Orbit nicht das Resultat des Einflusses irgendeines bekannten Objekts im Sonnensystem gewesen sein kann. Stattdessen stellten er und sein Team Vermutungen an, dass ein Brauner Zwerg das Sonnensystem schon vor langer Zeit durchzogen haben muss. In diesem Zusammenhang stellten sie sich die Frage, ob Sedna ursprünglich ein Planet war, der mit diesem Braunen Zwerg irgendwie in Verbindung stand und dann als Resultat des Durchzugs vom Schwerkrafteinfluss der Sonne in einen stark exzentrischen Orbit um selbige gezogen wurde.[24]

Die Gruppe, der auch Alessandro Morbidelli aus Nizza angehörte, stellte Berechnungen an, um diese Hypothese auf den Prüfstand zu stellen, und tatsächlich entdeckten sie eine Übereinstimmung hinsichtlich des beobachteten Verhaltens von Objekten im äußeren Sonnensystem. Die Berechnungen zeigten auch, dass etwa die halbe protoplanetare Scheibe des Braunen Zwergs auf diese Weise von der Sonne erfasst worden wäre und die Sonne in ähnlicher Weise wie Sedna umkreisen würde.[24]

Die Astronomen sind an diesem »Erfassungsprozess« besonders interessiert, der Gegenstand weiterer Forschungsarbeiten ist. Sie hoffen, dass sie eines Tages verschiedene Anomalien im Sonnensystem wie etwa den Ursprung der Oortschen Wolke und die eigenartigen Mondsysteme der äußeren Riesenplaneten erklären können.[25] Dies sind dieselben Themen, die wir auch in diesem Buch behandelt haben, und sie zeigen, dass auch die Mainstream-Astronomen diesen Ansätzen mittlerweile entsprechende Wichtigkeit beimessen.

Doch die Astronomen gehen nicht so weit zu behaupten, dass sich ein Brauner Zwerg gegenwärtig im Sonnensystem aufhalten könnte –

vielleicht, weil solch eine Behauptung in den Ohren der Außenwelt aberwitzig und lächerlich erscheinen könnte. Denn wo ist schließlich der Beweis dafür? Diese unvermeidbare Frage würden die Medien rund um die Welt natürlich stellen. Aus *wissenschaftlicher* Sicht scheint die Schlussfolgerung, dass ein massiver Planet X existiert, für den es eine Reihe von indirekten Nachweisen gibt, durchaus plausibel und begründet. Doch *der Rest der Welt* verlangt natürlich nach einem direkten und sichtbaren Beweis.

Ich bin mir ziemlich sicher, dass mit fortschreitender Zeit mehr und mehr Beweise zutage treten werden, die ihrerseits die Zuversicht der Astronomen stärken und neue Spekulationen hinsichtlich der Existenz eines Braunen Zwergs entfachen werden. Alessandro Morbidelli ist in Frankreich bereits mit Mutmaßungen zu einem verborgenen zehnten Planeten an die Öffentlichkeit getreten und hat damit unter einigen Berichterstattern für kontroverse Diskussionen gesorgt; offensichtlich bilden seine Argumente die Grundlage für viele weitere alternative Ideen in dieser Richtung.[26,27] Meine Einschätzung: Wenn die Sonne imstande ist, die Hälfte des Planetensystems eines Braunen Zwergs an sich zu ziehen, dann ist sie sicher auch imstande, den Braunen Zwerg als solchen an sich zu binden! Ich halte es für ziemlich wahrscheinlich, dass wir kurz vor der Entdeckung des Dunkelsterns stehen, und dass der Kleinplanet Sedna der erste Schritt auf einem Weg ist, auf dem noch viele weitere Geheimnisse gelüftet werden.

Quellen

1 *NASA Schedules News Briefing about Unusual Solar Object; http://rense.com/general50/mys.htm*

2 *http://news.bbc.co.uk/1/hi/sci/tech/3506329.stm*

3 *D. Whitehouse: »Astronomers discover new planet«, 15.3.2004, http://news.bbc.co.uk/1/hi/sci/tech/3511678.stm*

4 *Spitzer-Pressemitteilung, 15.3.2004, http://www.spitzer.caltech.edu/Media/releases/ssc2004-05/release.shtml*

5 *Brian Marsden, Minor Planet Center, Harvard Smithsonian astrophysical Oberservatory, im Interview mit L. Moulton Howe http://www.earthfiles.com/news/news.efm?ID=683&category=Sience*

6 *»Sedna«, http://www.rahoorkhuit.net/goddess/goddess_quest/sedna.html*

7 *R. Willis (Hrsg.): »World Mythology«, Simon & Schuster, 1993, S. 216 – 217*

8 *R.R. Britt: »Distant Sedna Raises Possibility of Another Earth-Sized Planet in Our Solar System«, 16.3.2004. Dank an David Pearson. http://www.space.com/scienceastronomy/sedna_earth_040316.html*

9 A. Brunini, M. Melita: »The Existence of a Planet beyond 50 AU and the Orbital Distribution of the Classical Edgeworth-Kuiper Belt Objects«, Icarus, 160, 2002, S. 32–43. Auszug wiedergegeben mit freundlicher Genehmigung von Dr. Melita.

10 Korrespondenz mit Dr. Mario Melita, 15.1.2003

11 A. Quillen, D. Trilling, E. Blackman: »The Impact of a Close Stellar Encounter on the Edgeworth-Kuiper Belt«, The Astrophysical Journal, 2004, arXiv:astro-ph/0401372vl

12 A. Lloyd: »Planet X: Past and Present«, UFO Magazine, 7.1.2004, S. 32 – 37

13 Z. Sitchin: »Der zwölfte Planet«, Kopp, 2003

14 J.Davies: »Beyond Pluto«, Cambridge University Press, 2001, S. 94 – 96

15 A. Burrows, D. Sudarsky, J. Lunine: »Beyond the T Dwarfs: Theoretical Spectra, Colours, and Detectability of the Coolest Brown Dwarfs«, The Astrophysical Journal, Juni 2003, arXiv:astro-ph/0304226v2

16 J. Bagby: »Evidence for a Tenth Planet or Massive Solar Companion beyond Uranus«, 1982. Zahlreiche Positionspapiere von John P. Bagby wurden in weniger bekannten Zeitschriften publiziert, z.B. Kronos, 1984; Cornell Engineer, 1980 v 45; #4, S. 32ff; Cycles Jounal 1966 und weitere Veröffentlichungen aus der Zeit vor 1972.

17 T. Radford: »Evidence of 3,000 BC Calamity«, The Guardian, 16.12.2004

18 Korrespondenz mit Maurice Cotterell, 13.9.2002

19 »New Found Star May Be Third-Closest«, Space Daily, 26.5.2003, http://www.spacedaily.com/news/stellar-03a.html

20 Korrespondenz mit John Lee, 18.3.2004

21 R. Britt: »Weird Object Beyond Pluto Gets Stranger«, 14.4.2004, http://www.space.com/scienceastronomy/hubble_sedna_040414.html. Dank an David Pearson.

22 »Unique moon may partner Sedna«, New Scientist, 21.8.2004, http://www.newscientist.com/news/news.jsp?id=99996295

23 »University team‹s theory causes stir«, The Western Mail, 30.8.2004, http://icwales.icnetwork.co.uk/0100news/0200walestm_objectid=14585326&method=full&siteid=50082&headline=university-team-s-theory-causes-stir-name_page.html. Dank an David Pearson.

24 M. McKee: »Stray Star may have jolted Sedna«, New Scientist, 27.7.2004, http://www.newscientist.com/news/news.jsp?id=ns99996204. Dank an Lee Covino und Brant McLaughlin

25 A. Morbidelli, H. Levinson: »Scenarios for the Origin of the Orbits of the Trans-Neptunian Objects 2000CR105 und 2003VB12 (Sedna)«, zur Veröffentlichung eingereicht ans Astronomical Journal am 2.4.2004, http://www.boulder.swri.edu/~hal/CR105.html

26 V. Greffos: »Planets – But How Many Are There In Our Solar System?«, Science & Vie, Febr. 2003

27 Z. Sitchin: »The Case of the French Astronomer«, http://www.sitchin.com, unter Bezug auf die Februar-2003-Ausgabe des Science & Vie, das Alessandro Morbidellis Vorstellungen eines »Planetenphantoms« vorstellt.

Kapitel 12

Das Dunkelstern-System

An dieser Stelle wäre es wohl angebracht, innezuhalten und zu rekapitulieren, bis wohin wir gekommen sind. Wir haben uns die Geschichte der Suche nach einem zehnten Planeten im Sonnensystem angeschaut. Diese mühsame Suche ließ die Astronomen zunächst auf einen zehnten Planeten namens Pluto stoßen, doch größere Himmelskörper ließen sich im äußeren Sonnensystem nicht auffinden, obwohl die Ergebnisse theoretischer Berechnungen Wissenschaftler zu der Annahme veranlassten, dass es dort draußen noch etwas anderes geben müsse.

Nach den Theorien der Astronomen hinsichtlich der Bildung von Sternen und Planeten ist die Schlussfolgerung, dass es dort draußen einen weiteren massiven Planeten eigentlich nicht geben sollte. Sie kamen zu der Auffassung, dass ein solcher Planet – wenn er sich in der Nähe von Neptun aufhielte – schon längst hätte entdeckt worden sein müssen. Und wenn er so weit entfernt wäre, dass er sich unseren Beobachtungsmöglichkeiten entzieht, so die zweite Schlussfolgerung der Astronomen, hätte er sich von Anfang an eigentlich nicht bilden können.

Dann kam die Idee auf, dass sich ein verborgener Planet X auf einer stark elliptischen Umlaufbahn bewegen könnte. Dies lieferte einen nützlichen Ansatz: Einerseits erklärte sich damit die frühere Nähe zu den anderen Planeten der Sonne, andererseits konnten wir so erklären, wie dieser Planet X ursprünglich entstand und warum er gegenwärtig so weit entfernt ist – was wiederum erklären könnte, warum er noch nicht entdeckt wurde. Dieser Ansatz wurde zum »Markenzeichen« der so genannten »Planet X«-Jäger in jüngerer Vergangenheit, wurde allerdings von den meisten »Mainstream«-Astronomen eher als Utopie belächelt. Doch um diesen Ansatz rankten sich auch antike Mythen und alternative Theorien, die bis zum heutigen Tag höchst kontrovers diskutiert werden.

Dann wurden weitere Ideen hinsichtlich der äußerst massiven substellaren Objekte genannt Schwarze und Braune Zwerge hervorgebracht, die sich in Umlaufbahnen befinden, die sie in die innere Oortsche Kometenwolke führen. Ein Objekt dieser Art in solch großer Entfernung wäre nur sehr, sehr schwer zu entdecken, doch auf seine Existenz ließe das Muster von Kometen schließen, die uns einen Besuch abstatten, oder die Regelmäßigkeit der auf diesem Planeten auftretenden katastrophalen Ereignisse.

Mein eigener Beitrag auf diesem Gebiet war, viele dieser Ideen zusammenzufassen, um daraus ein kohärentes Ganzes zu machen. Mitunter liefen meine Bemühungen in dieser Richtung ins Leere, und ich musste umdenken. Neue Ideen eröffnen neue Ansätze.

In dieser Zeit blieb ich neuen Möglichkeiten gegenüber immer aufgeschlossen – vor allem, wenn wissenschaftliche Entdeckungen uns zu neuen Einblicken verhalfen. Diese Art von Flexibilität hat allerdings auch ihre Nachteile, denn in vielen meiner Aufsätze und Artikel in den vergangenen Jahren musste ich immer wieder meine Ansichten ändern. Dies kann natürlich unter den Lesern, die sich mit der »Dark Star«-Theorie befassen, leicht Verwirrung hervorrufen. Deshalb ist es sicher hilfreich, an dieser Stelle eine Zusammenfassung meiner jüngsten Theorie zum Dunkelstern vorzustellen. Anschließend werden wir Überlegungen anstellen, wie sich dies mit Katastrophenszenarien und Mythen vereinbaren lässt, und wie das Konzept des Dunkelsterns die Wissenschaft herausfordern könnte, ihre Aufmerksamkeit auf die Peripherie des Sonnensystems zu richten. Wie wir bereits sahen, können auf diese Weise viele wissenschaftliche Anomalien schlüssig erklärt werden.

Was ist der Dunkelstern?

Es besteht die Möglichkeit, dass die Sonne einen Begleiter hat. Dies ist kein eigenständiger Stern, sondern ein Planet etwa von der Größe des Jupiter. Dieser Planet ist jedoch viel schwerer und deshalb dichter als Jupiter und erzeugt dadurch eine gewisse Menge an Licht und Wärme. Solch eine Welt könnte man als sehr kleinen Braunen Zwerg bezeichnen – eine Klasse von Planet, über die den Astronomen und Astrophysikern zur Zeit noch nicht viele Informationen vorliegen.

Dieser Dunkelstern ist nicht ein hell leuchtendes Objekt, doch er gibt wie gesagt ein gewisses Maß an Wärme ab. Dies in Kombination mit Schwerkrafteffekten (Gezeitenerwärmung) könnte auf seinen innersten Satelliten bzw. Monden Bedingungen für eine bewohnbare Oberfläche schaffen. Dies gestattet uns, die Probleme anzugehen, die mit Zecharia Sitchins Theorie eines zwölften Planeten entstanden, denn mit diesem Ansatz rückt die Bewohnbarkeit von Planeten weit jenseits der anderen Planeten in unserem Sonnensystem in den Bereich des Möglichen.

Wo ist er?

Der Dunkelstern befindet sich gegenwärtig irgendwo in der Nähe der Ekliptik, der Bahnebene der Planeten. Sein Aufenthaltsort könnte sich im Sternbild Schütze befinden. Möglich ist, dass er sich in den dichten Sternhaufen der Milchstraße aufhält – in der Region, die, wie wir schon feststellten, vom IRAS-Infrarotweltraumteleskop noch nicht eingehend abgesucht wurde. Auch Astronomen auf der Suche nach Edgeworth-Kuiper-Gürtel-Objekten begrenzen ihre Suche gewöhnlich auf die dunklen Regionen des Himmels.

Ich glaube, dass er sich gegenwärtig am sonnenfernsten Punkt seiner Umlaufbahn, im Aphel, befindet. Seine genaue Entfernung ist unbekannt, doch er könnte bis zu 1.000 AE weit entfernt sein. Seine Seitwärtsbewegung am Himmel ist sehr geringfügig, was es uns noch schwerer macht, zwischen einem Planeten auf einer Umlaufbahn und einem weit entfernten Stern zu unterscheiden. Als Folge davon ist es durchaus möglich, dass er bereits entdeckt und fälschlicherweise als weiter entfernter Stern in der Galaxis katalogisiert wurde.

Können wir ihn sehen?

Die einzige Möglichkeit, den Dunkelstern direkt und ohne Zuhilfenahme eines sehr lichtstarken Teleskops zu beobachten, wäre bei seinem Periheldurchgang, also seiner sonnennächsten Position. Ursprünglich ging ich davon aus, dass dieser Durchgang innerhalb der planetarischen Zone des Sonnensystems erfolgen würde, womit er der Erde relativ nahegekommen wäre. Aus einer Reihe von technischen Gründen halte ich dies jedoch mittlerweile für sehr unwahrscheinlich. Stattdessen deuten neue wissenschaftliche Erkenntnisse in Bezug auf das äußere Sonnensystem darauf hin, dass sich der Dunkelstern zum Zeitpunkt seines Perihels in einer Entfernung von etwa 70 AE durch den Kuiper-Gürtel bewegt.

Es besteht immer noch die Möglichkeit, dass man ihn bei dieser Entfernung sehen könnte, doch nur, wenn es eine stärkere Wechselwirkung mit dem ausgedehnten Magnetfeld der Sonne gäbe, während der Dunkelstern die Heliopause des Sonnensystems durchquert. Dies könnte zu einer zeitweiligen Intensivierung der Strahlungsaktivitäten des sehr kleinen braunen Zwergs führen (ebenso wie die der Sonne, die Unterschiede im Grad der Energieabgabe erfahren könnte). Dann könnte es ein sichtbares Phänomen im Zusammenhang mit seinem Periheldurchgang gegeben haben, was einigen Völkern der Antike als das Phänomen »Nibiru« bekannt war.

Eine weitere, eher wahrscheinliche Möglichkeit ist, dass andere Objekte zum Zeitpunkt des Perihels des Dunkelsterns sichtbar werden. Dies könnten Kometen und Kleinplaneten sein, die an einen inneren Lagrange-Punkt auf der Umlaufbahn des Dunkelsterns gebunden sind, der durchs äußere Sonnensystem streift. Oder es könnte ein größerer Planet sein, der den Dunkelstern in einer beträchtlichen Entfernung umkreist. Dieser Planet könnte ins Sonnensystem eintreten und in einer scheinbar rückläufigen Bewegung schnell am Himmel dahinziehen. Das Phänomen Nibiru könnte also auf einen solchen »rückläufigen« Planeten zurückzuführen sein.

Sollte es sich herausstellen, dass der Dunkelstern tatsächlich zum Zeitpunkt seines Perihels in die planetarische Zone des Sonnensystems eindringt, könnten wir in der Tat ein äußerst sichtbares Phänomen erwarten. Das Schauspiel, das sich uns am Himmel böte, wäre sehr spektakulär, und zweifellos würde die imposante Erscheinung am Himmel für viele antike Kulturen ein religiöses Symbol darstellen.

Als ich ursprünglich einen Artikel zu diesem Thema verfasste, ging ich davon aus, dass der Dunkelstern nichts anderes als der Stern des Messias zum Zeitpunkt der Geburt Jesu Christi war. Dies bleibt nach wie vor eine Möglichkeit. Doch für mich ist sie nun schwieriger zu rechtfertigen – zumindest auf wissenschaftlicher Ebene.

Wie viele Satelliten umkreisen den Dunkelstern?

Astronomen verwenden oft den Begriff »Satelliten« für Monde. Es ist schwierig zu entscheiden, ob man die Satelliten eines Braunen Zwergs nun als »Planeten« oder »Monde« bezeichnet. Wenn sich ein Brauner Zwerg zum Beispiel wie unser Planet Jupiter verhält, würden wir seine Satelliten normalerweise als »Monde« bezeichnen. Doch wenn wir einen frei im All herumschwebenden Braunen Zwerg mit seinem eigenen Planetensystem betrachten, würden wir das Ganze eher als eigenständiges Sternsystem mit niedriger Masse auffassen. Und unter solchen Umständen würden wir die Satelliten sicher als »Planeten« bezeichnen.

Unser postulierter Dunkelstern verhält sich eher wie Jupiter denn als unabhängiger Stern, obwohl sich herausstellen könnte, dass er in weit zurückliegender Vergangenheit von der Sonne »eingefangen« worden war. Seine größeren Satelliten könnten substantielle eigenständige Planeten sein, doch es scheint sinnvoll, sie als »Monde« zu bezeichnen, denn der Dunkelstern ist in sich selbst ein Planet, der einen Stern umkreist. Ein weiterer Vorschlag war, die Satelliten als »Planetare« zu bezeichnen, doch ich glaube, dies sorgt eher für mehr Verwirrung als Klarheit. Bleiben wir also bei der Bezeichnung »Monde«.

Meine Annahme zur Größe und Verteilungsdichte des Dunkelstern-Systems beruht größtenteils auf mythischem und esoterischem Symbolismus. Einiges davon ist aus den Werken von Zecharia Sitchin abgeleitet, vor allem seine Deutung des Symbolismus der geflügelten Scheibe im antiken Ägypten und Mesopotamien. Doch es gibt noch viele andere Quellen nützlicher Ideen.

Die »geflügelte Scheibe« des Horus auf einem ägyptischen Wandrelief

Gegenwärtig gehe ich davon aus, dass der Dunkelstern von sieben Monden umkreist wird. Es könnte gut sein, dass der innerste von ihnen bewohnbar ist. Ich glaube, dass das auf einen von ihnen gewiss zutrifft, und dass dieser Mond von seiner Größe und Natur her unserer Erde ähnelt. Der äußerste Planet befindet sich in einer sehr weitläufigen Umlaufbahn um den Dunkelstern und durchquert unser Sonnensystem während des Periheldurchgangs des Dunkelsterns. Die Erklärung für diese Interpretation ist komplex und würde leider den Rahmen dieses Buches sprengen; sie greift stark auf Mythen und Symbolismen zurück und ist eher spekulativer Natur als die in diesem Buch zusammengetragenen wissenschaftlichen Arbeiten. Deshalb wäre es wohl am besten, dieses Thema in einem zukünftigen Buch zu behandeln.

Doch es gehört noch mehr zum Dunkelstern-System als nur seine Hauptplaneten. Er hat zweifellos eine Anzahl von Kleinplaneten und möglicherweise auch Kometen in seinem Gefolge.

Wie lang ist die Umlaufzeit des Dunkelsterns?

Ursprünglich hatte ich mich dem allgemeinen Konsens unter Alternativwissenschaftlern angeschlossen, dass nämlich die Umlaufzeit von Nibiru etwa 3.600 Jahre beträgt. Dies leitete sich aus Zecharia Sitchins ursprünglicher Theorie des zwölften Planeten ab. Er setzte die Umlaufzeit mit der sumerischen Maßeinheit von einem »Sar« gleich, was 3.600 Jahren entspricht.[1] Dies war angesichts der zentralen Rolle dieser Zahl innerhalb des komplexen Numerierungssystems der Sumerer gerechtfertigt, und es schien Sitchin so, als ob die in regelmäßigen Zeitabständen erfolgende Rückkehr von Nibiru ein guter Grund für die wichtige Stellung war, die diese Zahl bei den Sumerern einnahm.

Auf dieser Grundlage ging ich viele Jahre von der Annahme aus, dass die letzte Sichtung von Nibiru vor etwa 2.000 Jahren erfolgte und er tatsächlich der Stern des Messias in der christlichen Überlieferung gewesen war. Diese unverblümte Behauptung war tatsächlich um einiges schwieriger zu beweisen, und ich fand mich auf einmal in einem wahren Minenfeld theologischer Streitigkeiten. Nach vielen Überlegungen sah ich es als möglich an, dass der Stern von Bethlehem nur ein mythologisches Konstrukt war.

Dies machte die Verbindung mit einer tatsächlichen Sichtung des Dunkelsterns problematisch. Mit der Ausnahme, dass der Dunkelstern zum Zeitpunkt seines Periheldurchgangs vielleicht sowieso nicht leicht zu beobachten ist ... Und es war auch möglich, dass die Erwartungshaltung der antiken Völker hinsichtlich der Beobachtung eines Sterns für unsere Geschichte wichtiger war als die Tatsache, ob zu einer bestimmten Zeit ein Stern tatsächlich gesehen worden war oder nicht.

Sie können sich vielleicht das Ausmaß an Verwirrung vorstellen, das bei mir darüber herrschte. Alles, was ich überhaupt mit einiger Gewissheit sagen konnte, war, dass der Dunkelstern in absehbarer Zeit nicht sichtbar werden würde – sonst wäre er schon längst von vielen professionellen und Amateur-Astronomen entdeckt worden, die sich mit der intensiven Erforschung des Sternenhimmels befassen.

Detaildarstellung der »geflügelten Scheibe« des Horus, darunter in der Mitte das Horus-Auge

Auch wenn die Umlaufzeit des Dunkelsterns 3.600 Jahre beträgt, wie von Sitchin postuliert, vertrete ich immer noch den Standpunkt, dass er vor etwa 2.000 Jahren im Perihel gestanden haben muss, denn mit nahezu an Sicherheit grenzender Wahrscheinlichkeit befindet er sich jetzt im Aphel, also seinem sonnenfernsten Punkt. Wie sonst ließe sich erklären, dass solch ein massiver Himmelskörper bisher nicht entdeckt wurde? Die Möglichkeit existiert also nach wie vor, dass das Phänomen Nibiru auf die eine oder andere Weise eng mit der messianischen Prophezeiung in Verbindung steht.

Dies ist jedoch ein weiteres ziemlich kompliziertes Thema, das weitere umfangreiche Untersuchungen erfordert. Es ist schade, dass ich im Rahmen dieses Buchs den Argumenten hierfür nicht weiter gerecht werden kann; allein die Aufarbeitung aller biblischen Verweise und religionswissenschaftlichen Thesen würde mehrere Kapitel in Anspruch nehmen. Auch dies wäre wieder Stoff für ein Buch in sich selbst. An dieser Stelle soll es daher genügen darauf hinzuweisen, dass es nach wie vor eine Verbindung zwischen dem Phänomen Nibiru und dem Stern des Messias geben könnte.

Die These des messianischen Sterns wäre wissenschaftlich allerdings schwieriger zu stützen als die Ideen, die wir hier hinsichtlich einer größeren Umlaufbahn des Dunkelsterns betrachten. Wenn die Umlaufzeit länger – und zwar sehr viel länger – wäre, könnte sich der Dunkelstern gegenwärtig sogar noch weiter entfernt befinden, was wiederum erklären würde, weshalb er bisher noch nicht entdeckt wurde. Mit anderen Worten: Wenn wir das erworbene Wissen, dass die Umlaufzeit von Nibiru nur ein »Sar« beträgt, infrage stellen, kommen wir zu realistischeren wissenschaftlichen Ansätzen hinsichtlich der Frage nach der Umlaufbahn des Dunkelsterns. Die Frage ist dann, wie dies in Begriffen antiker Textbezüge gedeutet oder erklärt werden kann.

Gelegentlich traf ich auf Textpassagen wie diese von Harold T. Wilkins:

> *»Censorinus, der römische Chronologe aus dem dritten Jahrhundert n. Chr., sagte einmal, dass am Ende eines jeden Großen Jahres von sechs babylonischen Sars (ein Zeitraum von 21.600 Jahren) unser Planet enorme Umwälzungen erfährt. Die Polar- und Äquatorialregionen vertauschen ihre Positionen, die üppige Fauna und Flora der Tropen bewegt sich in die vormals unwirtlichen Eiswüsten an den Polen ... Mit der Veränderung gehen Katastrophen einher, große Erdbeben und kosmische Kataklysmen.«*[2]

Es scheint legitim, die Umlaufzeit des Dunkelsterns in Vielfachen eines mesopotamischen «Sar« auszudrücken. Schließlich wurde die von den alten Mesopotamiern beschriebene Herrschaftszeit ihrer Götter ebenfalls in Vielfachen eines »Sar« angegeben. Wie wir schon sahen, entsprechen drei »Sar« 10.800 Jahren und somit der Umlaufzeit von Sedna. Dies deutet auf ein Resonanzverhältnis zwischen diesen beiden Himmelskörpern im äußeren Sonnensystem hin.

Angesichts all der anderen Anomalien, die dieser neue Kleinplanet aufweist, stellte ich Überlegungen an, ob es gerechtfertigt wäre, eine Analogie zu ziehen. Ich weiß zwar noch nicht genau, welcher Natur dieses Verhältnis zwischen dem Dunkelstern und Sedna ist, doch es erscheint realistischer davon auszugehen, dass die Umlaufzeit des Dunkelsterns sehr viel länger als nur 3.600 Jahre ist, und die soeben genannte Zahl von 10.800 Jahren scheint der Realität näher zu kommen – aus Gründen, die wir nun erörtern werden.

Wenn wir von der Annahme ausgehen, dass die Umlaufzeit des Dunkelsterns 10.800 Jahre beträgt, dann ist seine Umlaufbahn der von Sedna sehr ähnlich (wenn auch im umgekehrten Sinne). In diesem Fall würde der Dunkelstern sein Aphel innerhalb der nächsten einhundert Jahre erreichen, zeitgleich mit dem anstehenden Perihel von Sedna. Das bedeutet, dass der Dunkelstern letztmalig den Rand des Edgeworth-Kuiper-Gürtels vor etwa 5.300 bis 5.400 Jahren, also etwa um 3350 v. Chr., durchquert hat. Dies war zu Zeiten der sumerischen Hochkultur und der ersten Pharao-Dynastien in Ägypten. Es gibt auch viele Belege für einen drastischen Klimawandel zu jener Zeit, der mit dramatischen Veränderungen in der Strahlungsaktivität der Sonne einherging.[3]

Der Zeitraum von damals bis heute entspricht ungefähr dem des Maya-Kalenders, der am 21. Dezember 2012 sein Ende findet. Dieses Datum könnte mit Veränderungen in der Sonnenaktivität oder vielleicht sogar mit der Umkehrung der neutralen Zone des Sonnensystems in Bezug stehen.[4] Entspricht diese Zeit der halben Umlaufzeit des Dunkelsterns?

Ein System mit gleichmäßiger Verteilungsdichte

Im vorherigen Kapitel haben wir uns mit den Lagrange-Punkten beschäftigt – den Punkten im Raum, die für kleinere Himmelskörper in einem dynamischen Drei-Körper-System stabile Positionen darstellen. Bei einem System mit der Sonne im Mittelpunkt und einem massiven Himmelskörper wie dem Dunkelstern in einer Umlaufbahn um sie könnten diese Positionen ein Aufenthaltsort für viele kleinere Himmelskörper sein. Sedna könnte sich sehr wohl in der Nähe eines dieser Lagrange-Punkte befinden.

Träfe dies zu, könnte der Kleinplanet einer von sehr vielen Himmelskörpern sein, die sich innerhalb einer bestimmten Region im All anhäufen und dort eine relativ stabile Position in Bezug zur Sonne und dem Dunkelstern einnehmen. Cluster mit relativ kleinen Objekten in diesen Positionen würden die Sonne genauso umkreisen, wie der Dunkelstern es tut, und dabei keine wesentliche Beschleunigung erfahren. Dies gilt sowohl für elliptische als auch für kreisförmige Umlaufbahnen, bei denen die Lagrange-Punkte gleichermaßen in 60°-Intervallen entlang der Umlaufbahn angeordnet sind.[5]

Ich weiß nicht, wieviele kleinere Objekte sich in solch einem Cluster befinden, doch sollten wir uns in Erinnerung rufen, dass es hier eine effektive Verteilung der Gesamtmasse des Systems geben könnte, wie von John Bagby beschrieben.[6] Solch eine breite Verteilung der Masse des Dunkelstern-Systems könnte wohl auch andere Anomalien erklären, wie etwa die scheinbare Abbremsung der *Pioneer*-Weltraumsonden bei ihrem Weg durchs Sonnensystem zur Heliopause. Diese Anomalie hat Astronomen und Astrophysiker seit Jahren vor ein Rätsel gestellt.

Probleme mit den Pioneer*-Raumsonden*

Die ersten Raumsonden wie etwa *Voyager* und *Pioneer*, die auf dem Weg zu den Sternen das Sonnensystem verließen, haben in den letzten Jahren riesige Entfernungen zurückgelegt. Sie sind immer noch imstande, uns aus dieser Entfernung kleine Datenpakete zu schicken, doch wir können ihre Übertragungen aufgrund der schwachen Sendeleistung nicht mehr nachverfolgen. Stattdessen werden ihre Positionen in regelmäßigen Abständen durch Senden eines Signals und Messung der Zeitspanne bis zum Empfangen des »Echos« bestimmt.

Vor einigen Jahren bemerkten die NASA-Wissenschaftler, dass die beiden Raumsonden nicht die von ihnen erwarteten »räumlichen Fortschritte« machten, was möglicherweise darauf hindeutet, dass sie im Sonnensystem stärkeren Schwerkrafteinflüssen ausgesetzt waren als man ursprünglich dachte. Anfang 1999 beschrieb der NASA-Wissenschaftler John Anderson, wie *Pioneer 10* und *11* – ebenso wie die Raumsonde *Ulysses*, die sich in einem Polarorbit befindet – Anomalien aufwiesen. Diese Anomalien wurden von Wissenschaftlern entdeckt, die den Dopplereffekt studierten, der von den Radiosignalen der Sonden ausgeht, woraus sich ihre gegenwärtigen Geschwindigkeiten errechnen lassen.[7] Mehrere mögliche Ursachen wurden bereits ausgeschlossen, und manche Wissenschaftler fragen sich mittlerweile ernsthaft, ob hier nicht eine neue Art von physischer Kraft am Werk ist. Die Tatsache, dass dieser

Effekt in vier vollkommen getrennten Fällen unabhängig voneinander beobachtet werden konnte, verkompliziert die Sachlage noch mehr.

Es sollte angemerkt werden, dass John Anderson sich sehr freimütig und offen hinsichtlich der möglichen Existenz eines zehnten Planeten im Sonnensystem gibt. In seinen Vermutungen äußerte er die Hoffnung, dass die erwähnten Anomalien vielleicht einen weiteren Hinweis auf seine Existenz geben könnten. Dr. Anderson, ein so genannter »Celestial Mechanics Investigator« [etwa: Erforscher der Himmelsmechaniken, Anm. d. Ü.] im *Pioneer*-Programm, trat an die Öffentlichkeit, um seiner Überzeugung Ausdruck zu verleihen, dass Planet X tatsächlich gefunden werden könnte, auch wenn zu jener Zeit keine Daten verfügbar waren, die seine These stützten.

Er hielt sich an die Schlussfolgerungen aus astronomischen Daten des 19. Jahrhunderts, wonach die äußeren Planeten auf ihren Umlaufbahnen von einem weit entfernten Schwerkrafteinfluss gestört werden. Er hielt es außerdem für möglich, dass der Störeinfluss in einer Ebene senkrecht zur Ekliptik lag, und dass die Umlaufzeit des Planeten zwischen 700 und 1000 Jahren beträgt.[8] Obwohl seine Beschreibung nicht im Einklang mit unseren gegenwärtigen Überlegungen steht, ist es doch interessant anzumerken, dass es im *Pioneer*-Team eine gewisse Erwartungshaltung hinsichtlich eines bald bevorstehenden Durchbruchs gibt.

Die beiden *Pioneer*-Raumsonden scheinen sich zu verlangsamen – und zwar so sehr, dass sie zeitweilig den Eindruck machen, als würden sie sich irgendwann wieder in Richtung Sonne zurückbewegen.[9] Die NASA leugnet offiziell, dass diese Raumsonden einem ungewöhnlichen Schwerkrafteinfluss ausgesetzt sind, der zum Zeitpunkt ihrer jeweiligen Starts noch unbekannt war. Stattdessen behauptet sie, dass das Phänomen auf ein mechanisches Problem mit den Raumsonden selbst zurückzuführen ist. Dies steht im Gegensatz zu den oben aufgeführten Informationen, die 1998 erstmals veröffentlicht wurden. Damals behauptete die NASA, dass man an alle mechanischen Anomalien gedacht und sie ausgeschlossen hatte.

Die Wissenschaftler, die dieses Verhalten studierten, konnten für diese Verringerung der Geschwindigkeiten der Sonden keine Erklärung liefern und überprüften jahrelang immer wieder ihre Daten. Die Ergebnisse reichten sogar aus, unser gegenwärtiges theoretisches Verständnis des Phänomens »Schwerkraft« in Zweifel zu ziehen! Die NASA besteht zwar weiterhin darauf, dass dieses Problem der »Schwerkraftanomalie« zu den Akten gelegt werden könnte, doch die offizielle *Pioneer*-Homepage im Internet sieht in diesem Phänomen immer noch ein ungelöstes Rätsel.[10]

Man muss sich also die Frage stellen: Könnten diese Schwerkrafteffekte auf den Einfluss unseres bisher noch nicht entdeckten Braunen Zwergs zurückzuführen sein? Dr. Carl Sagan stellte diese These im Jahre 1995 auf, bevor diese wissenschaftliche Anomalie in der Öffentlichkeit diskutiert wurde. Er behauptete, dass die Abweichungen in den Flugbahnen der *Pioneer*- und *Voyager*-Raumsonden auf die Gegenwart eines massiven Planeten unmittelbar jenseits von Neptun zurückzuführen sind.[11]

Im Falle der *Pioneer*-Raumsonde ist solch eine Anomalie tatsächlich aufgetreten. Doch statt die Raumsonde in Richtung eines weit entfernten, unsichtbaren Planeten zu ziehen, wurde sie wieder zur Sonne zurückgezogen. Dies ist alles recht merkwürdig.

Eine interessante Fußnote zu dieser Geschichte trug sich ein Jahr nach dem NASA-Bericht zu. Eine mögliche Erklärung für das sonderbare Verhalten von *Pioneer 10* wurde vorgebracht, wonach es den Anschein hat, dass die Sonde sich unerwarteterweise »selbst in eine bestimmte Richtung schiebt«. Keine Erklärung wurde für dasselbe Verhalten der anderen Raumsonden geliefert. Diese Diskussion um *Pioneer 10* drehte sich ebenfalls um das Phänomen, dass die Sonde »auf mysteriöse Weise vom Kurs abgebracht wurde«, und zwar durch ein neues, bisher noch nicht identifiziertes Objekt, das die Sonne umkreist.[12]

Der Effekt trat im Dezember 1992 auf, als die Sonde für etwa 25 Tage vom Kurs abgelenkt wurde. Forscher am *Queen Mary and Westfield College* in London und im *Jet Propulsion Laboratory* (JPL) in Kalifornien behaupteten dann, ein Kuiper-Gürtel-Objekt entdeckt zu haben.

Würde unsere These eines Dunkelstern-Systems mit breiter Verteilungsdichte helfen, die Verringerung der Geschwindigkeit der Sonde zu erklären? Schließlich ist der Dunkelstern zur Zeit sehr weit entfernt, und sein Schwerkrafteinfluss auf Himmelskörper, die sich näher zur Sonne befinden, wäre vernachlässigbar. Doch wenn wir die Cluster von Himmelskörpern an den Lagrange-Punkten auf der Umlaufbahn des Dunkelsterns, die sich näher zu den Planeten des Sonnensystems befinden, in unsere Überlegungen mit einbeziehen, wäre es durchaus vorstellbar, dass sie einen kleinen, aber messbaren Effekt erzeugt hätten.

Dieser Effekt wäre jedoch nur vage und diffus, denn diese Cluster sind ja nicht punktförmig, sondern gleichmäßig im Raum um den Lagrange-Punkt verteilt – und somit auch die Summe ihrer Schwerkrafteinflüsse. Tatsächlich ist der Schwerkrafteinfluss des zentralen Sonnensystems noch stärker, wenn man diese Cluster mit berücksichtigt, und dies könnte die beobachteten Anomalien im Falle der *Pioneer 10*-Sonde erklären.

Falls Sie sich wundern, warum die *Voyager*-Raumsonden nicht einem ähnlichen Einfluss unterlagen: Dr. Anderson sagte dazu im Jahre 2001, dass die gegenwärtigen Flugbahnen der *Voyager*-Raumsonden nicht auf dieselbe Weise analysiert werden könnten, weil sie eine andere Art von Orientierungs- und Antriebssystem verwenden.[13]

Vor 10.800 Jahren

Diese Cluster von Kleinplaneten und Kometen sind, wie wir gesehen haben, gleichmäßig entlang der Umlaufbahn des Dunkelsterns (die tatsächlich dieselbe ist wie die von Sedna) angesiedelt. Einer dieser Cluster befindet sich in der Nähe von Sedna und bewegt sich gegenwärtig auf sein Perihel zu. Dies ist der Cluster um den Lagrange-Punkt, der dem Dunkelstern auf seiner Umlaufbahn gegenüberliegt. Ein zweiter Cluster befindet sich in Umlaufrichtung hinter dem Dunkelstern und könnte seinen Periheldurchgang vor etwa 3.600 Jahren, also etwa um 1600 v. Chr., gehabt haben.

Es wurden viele Vermutungen angestellt, dass sich zu jener Zeit kosmische Katastrophen ereignet hätten, deren Widerhall sich auch in biblischen Texten und anderen Quellen findet. Es würde den Rahmen dieses Buches sprengen, solchen Vermutungen hier weiter nachzugehen, doch man braucht nur die gesammelten Werke von Immanuel Velikovsky durchzustöbern, um einen allgemeinen Eindruck zu bekommen. Solche Argumente wurden herangezogen, um die Vorstellung einer in naher Zukunft bevorstehenden Passage von Nibiru zu entwickeln. Diese These eines ausgedehnten Dunkelstern-Systems könnte manchen Skeptikern helfen, solch ein Szenario mit dem wissenschaftlichen Erfordernis in Einklang zu bringen, dass der Dunkelstern eine beträchtliche Entfernung aufweisen muss.

Der nächste Cluster von Kleinplaneten und Kometen hätte sich beim tatsächlichen Periheldurchgang des Dunkelsterns vor etwa 5.400 Jahren den bekannten Planeten noch weiter genähert. Zu jener Zeit zeigte die Sonne ein äußerst merkwürdiges Verhalten, das auch eine dramatische Wirkung auf das Klima unseres Planeten ausübte.

Die Zeitspanne, die mit der letzten vollen Umlaufzeit übereinstimmt, als Sedna sein Perihel und der Dunkelstern seinen sonnenfernsten Punkt erreicht hatte, beträgt etwa 10.800 Jahre. Dieses zeitliche Datum wird mit großen klimatischen Veränderungen auf der Erde in Verbindung gebracht, u.a. mit einer plötzlichen Erwärmung der nördlichen Ozeane, was zu einem katastrophalen Abschmelzen der Eiskappen geführt hatte. So scheint sich die Temperatur des Nordatlantiks innerhalb einer Zeitspanne von nur fünfzig Jahren um 7°C erhöht zu haben, was zu dramatischen klimatischen Veränderungen in Grönland und anderen Regionen am Rande des Nordatlantiks geführt hat.

Diese Veränderungen waren nicht auf den geographischen Bereich des Nordatlantiks beschränkt; ähnliche klimatische Veränderungen traten auch in China und im Himalaja auf.[14] Baumring-Datierungen, die am Oberen See in Nordamerika durchgeführt wurden, zeigten, dass es keine Warnzeichen vor der plötzlichen Überflutung der Wälder in dieser Region vor 11.000 Jahren gegeben hatte. Diese dramatische Überflutung war das Ergebnis des massiven Abschmelzens von Gletschern zu jener Zeit – ein Ereignis, von dem Theodore Bornhorst, ein Geologie-Professor an der *Michigan Technological University*, glaubt, dass es wieder eintreten könnte, wenn sich unsere globale Klimaerwärmung beschleunigt.[15]

Die damalige Veränderung des Weltklimas ähnelt auf fast unheimlich anmutende Weise der globalen Erwärmung, mit der sich unsere Welt heute konfrontiert sieht. In unserem Fall scheinen sich die auffälligsten Veränderungen in den Regionen der Arktis abzuspielen, wo die Eisschmelze sich zu beschleunigen scheint. Höchstwahrscheinlich ist unser industrieller Ausstoß von Treibhausgasen für das Problem verantwortlich, dem wir uns nun gegenübersehen, doch es könnte auch sein, dass es eine Verbindung zu vergangenen Ereignissen im Zeitraum der letzten 10.800 Jahre gibt. Denn wenn ein Himmelskörper oder ein gleichmäßig verteiltes System von Begleitobjekten für die Vorgänge auf unserem Planeten verantwortlich ist, würde es sich um ein zyklisches Phänomen handeln. Diese Überlegungen machen die Suche nach dem Dunkelstern und seinem ausgedehnten Gefolge zu einer noch wichtigeren Angelegenheit.

Wie die Orbitalresonanz zustande kam

Wir stellten bereits fest, dass sich unser Sonnensystem nicht irgendwo an einem isolierten Ort gebildet hat, sondern in seinem Frühstadium höchstwahrscheinlich mit zumindest einem weiteren Sternsystem in Wechselwirkung getreten ist.[16] Wissenschaftler haben bereits darüber spekuliert, ob ein Stern mit geringer Masse oder sogar ein Brauner Zwerg der Sonne so nahe kam, dass ein Teil seines Systems von ihr »eingefangen« wurde, was zur Bildung von »Scattered Disc«-Objekten im Edgeworth-Kuiper-Gürtel und zu anderen Anomalien im äußeren Sonnensystem geführt hat.[17] Vielleicht bewegte sich dieser Stern zur Zeit des »letzten großen Bombardements« vor etwa 3,9 Milliarden Jahren in die Nähe der Sonne, als die terrestrischen Planeten im inneren Sonnensystem einer beispiellosen Zerstörung durch Schwärme von massiven Asteroiden und Kometen ausgesetzt waren.

Dies würde darauf hindeuten, dass das Planetensystem der Sonne einem Trommelfeuer aus Kometen und vielleicht sogar Planeten dieses Sterns ausgesetzt war. Viele von ihnen wurden von der Sonne eingefangen und schwenkten in weitläufige Umlaufbahnen ein, wie etwa Sedna und *2000 CR105*. Wir wissen noch nicht, in welchem Umfang diese Objekte eingefangen wurden, doch die Annahme, dass einer von ihnen der Dunkelstern Marduk war, ist durchaus plausibel.

Würden diese Himmelskörper vielleicht auf resonante Umlaufbahnen um diesen Stern einschwenken? Ich glaube, dass das der Fall ist. Resonanzen sind den Astronomen sehr wichtig, denn der sich wiederholende Einfluss eines größeren Planeten kann die Umlaufbahnen kleinerer Himmelskörper in seiner Nähe sowohl stabilisieren als auch destabilisieren. Wenn der Edgeworth-Kuiper-Gürtel der Schauplatz des Periheldurchgangs des Dunkelsterns war, dann sollte sein Einfluss auf einige der kleineren Objekte im Gürtel im Laufe der Zeit relativ klare Strukturen aufweisen.

Hierfür gibt es im Sonnensystem Präzedenzfälle. Plutos Umlaufzeit steht in einem Resonanzverhältnis von 3:2 zu der des Neptun, d.h. Neptun umkreist die Sonne drei Mal in der Zeit, in der Pluto sie zwei

Mal umkreist. Dies ist das Ergebnis von Schwerkrafteffekten, die der größere Himmelskörper im Laufe der Zeit auf den kleineren ausübt und womit er ihn in eine stabile Umlaufbahn bringt.

Dies führt zu einer Situation, wo sich ihre Umlaufbahnen im räumlichen Sinne tatsächlich schneiden, doch sie treffen niemals aufeinander, da sie in sehr koordinierter Weise umeinander »herumtanzen«.

Dies ist die Art und Weise, in der die dynamischen Prozesse zwischen planetarischen Himmelskörpern normalerweise ablaufen. Dasselbe gilt für drei der vier Galiläischen Monde des Jupiter: Die Umlaufzeiten von Io, Europa und Ganymed stehen in einem Resonanzverhältnis von 4:2:1.

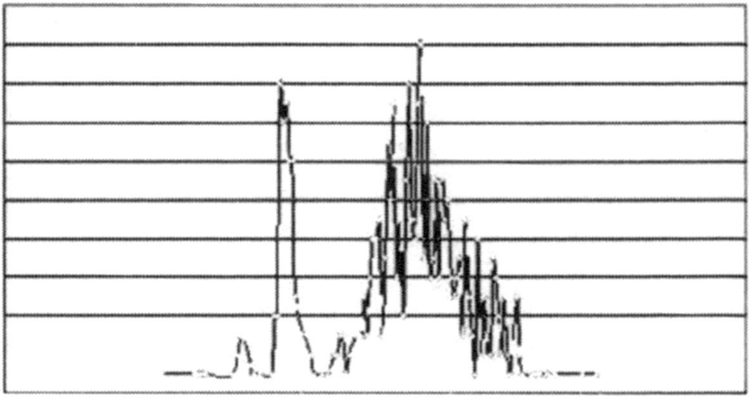

Verteilung der EKBOs im Verhältnis zur Entfernung von der Sonne

Extrasolare Planeten

Die Jagd nach Planeten außerhalb unseres Sonnensystems (auch »extrasolare Planeten« genannt) liefert eine sich im Wachstum befindliche Datenbank zum Verhalten von Planeten, die es Wissenschaftlern gestattet, neue Modelle zur ursprünglichen Bildung des Sonnensystems zu entwickeln. Viele Experten glauben, dass sich unser gegenwärtiger Kenntnisstand diesbezüglich noch beträchtlich erweitern wird. Schon jetzt legen viele der neu entdeckten Planeten ein unerwartetes Verhalten an den Tag, was darauf hindeutet, dass unser eigenes Sonnensystem nicht unbedingt die Blaupause für die Entstehung der gesamten Galaxis liefern muss.

So wurden zum Beispiel Braune Zwerge entdeckt, die ihre Muttersterne in sehr stabilen Systemen umkreisen. Zuvor dachte man, dass allein die Schwerkraftanziehung dieser massiven Planeten solche Möglichkeiten ausschließt. Ursprünglich glaubte man, dass sie die Umlaufbahnen der anderen Planeten im Sternsystem durcheinander bringen und Chaos anrichten würden. Doch dies ist augenscheinlich nicht der Fall.

Diese Vorstellung wurde durch eine Entdeckung infrage gestellt, die der Astronomieprofessor Dr. Geoffrey Marcy zusammen mit seinem Team gemacht hatte. Dabei ging es um das System mit der Bezeichnung *HD168443*, das von uns etwa 123 Lichtjahre entfernt ist und einen Riesenplaneten mit der 17-fachen Masse des Jupiter enthält.

Normalerweise würden Astronomen diesen Himmelskörper als Braunen Zwerg klassifizieren, doch seine große Nähe zum Mutterstern hat Fragen hinsichtlich der eindeutigen Klassifikation dieses Objekts aufgeworfen.[18] Um in so naher Entfernung um den Stern zu kreisen, hätte sich dieser Himmelskörper durch Anhäufung von Gasmassen bilden müssen. Doch er ist viel schwerer, als das Standardmodell der Astronomen zur Planetenbildung überhaupt gestatten würde. Theoretisch sollte der Braune Zwerg einen destabilisierenden Einfluss auf das Planetensystem als Ganzes ausüben. Doch das *HD168443*-System ist »extrem stabil«.[19]

Was die Sache noch komplizierter macht: Ein weiterer schwerer Planet in diesem System, diesmal mit der siebenfachen Masse des Jupiter, bewegt sich auf einer kreisförmigen Umlaufbahn innerhalb der des bereits genannten Planeten. Einen Planeten von dieser Größe könnte man als »sehr kleinen Braunen Zwerg« bezeichnen. Obwohl dieser zweite schwere Planet auch ins Planetensystem eingebettet ist, ist das System als Ganzes immer noch »extrem stabil«. Dieses Beispiel zeigt auf, dass Riesenplaneten wie diese, die sich einer eindeutigen Klassifizierung entziehen, für Astronomen Überraschungen bereithalten. Es muss überhaupt nicht zwangsläufig so sein, dass solch massive Objekte unweigerlich einen zerstörerischen Einfluss ausüben. Stattdessen könnten sie sogar innerhalb eines Planetensystems ein bestimmtes Ordnungsmuster herbeiführen.

Die weiteren Forschungsarbeiten von Geoffrey Marcy und seinem Team zeigten, dass Planeten, die einen Stern umkreisen, in festen resonanten Umlaufbahnen angeordnet sein können. Ein zweiter Planet, der um den Stern *Gliese 876* – ein kleiner Stern der M-Klasse in einer Entfernung von 15 Lichtjahren von der Erde – kreist, tut dies in genau der Hälfte der Zeit, die der zuvor entdeckte Planet braucht. Dieser eindrucksvolle Fund wirft interessante Fragen auf, u.a.: Welche Rolle spielen Schwerkrafteinfluss und Planetenmigration bei der Bildung unerwarteter Orbitalkonfigurationen wie den soeben genannten?[19]

Gerade dieser letzte Punkt ist bei der Suche nach dem Planeten X von herausragender Bedeutung. Einwände gegen eine mögliche Existenz des Planeten X, die auf herkömmlichen Modellen der Bildung und Entwicklung des Sonnensystems beruhen, könnten kaum noch haltbar sein. Unser Wissensstand ist noch zu begrenzt, um irgendetwas auszuschließen. Doch der andere faszinierende Aspekt an Marcys Entdeckung ist die Frage der Resonanz. Es hat fast den Anschein, als stünden diese beiden Planeten in einem harmonischen Verhältnis zueinander wie die Saiten eines Musikinstruments.[20]

Diese Art von Resonanzmuster findet auch auf die Objekte des Edgeworth-Kuiper-Gürtels (EKBOs) Anwendung, wo sich kleine Himmelskörper in ausgedehnten Umlaufbahnen jenseits des Neptun bewegen. Theo Kermanidis, ein Techniker mit Interesse am Planeten X, schlug kürzlich mir gegenüber vor, dass ich die Umlaufbahnen bekannter EKBOs studieren sollte, um festzustellen, ob die Resonanzmuster auf die Anwesenheit von Nibiru innerhalb oder jenseits des Kuiper-Gürtels hindeuten könnten.[3] Er fügte seinem Vorschlag einige Daten und eine Analyse hinzu, die ihn zu der Vermutung veranlassten, dass ein bisher noch nicht entdeckter Himmelskörper tatsächlich mit einigen EKBOs interagieren könnte – doch dass seine Umlaufbahn sehr wohl innerhalb der Parameter liegen könnte, die gewöhnlich für Nibiru postuliert werden. Er stellte sich die Frage, ob sich im Laufe der Zeit und mit Anwachsen der EKBO-Datenbank ein klareres Bild ergeben würde, das vielleicht eines Tages zur Entdeckung eines weiteren Planeten im Sonnensystem führen könnte. Theo beschrieb seinen Ansatz:

> *»Ich stellte die uns bekannte Verteilung von EKBOs grafisch dar und wagte einen Vergleich dieser Verteilung mit der von Asteroiden. Dabei stieß ich auf folgende Ergebnisse:*
>
> 1. *Die Anzahl der EKBOs wäre zu niedrig, um irgendwelche bedeutungsvollen Ergebnisse zu erhalten, doch es zeichneten sich bestimmte Trends in den Daten ab.*

> 2. *Asteroiden häufen sich in der Nähe bestimmter Resonanzbereiche, während sie andere wiederum meiden – weil sie sich in einem Zustand dynamischer Stabilität befinden.*
> 3. *Die dynamisch instabilen Resonanzen könnten einen genaueren Hinweis auf mögliche Wechselbeziehungen zwischen Objekten in ihren jeweiligen Umlaufbahnen geben, denn diese ›Lücken‹ in der grafischen Darstellung sind sehr scharf definiert (und auch bekannt als ›Kirkwood-Lücken‹). Stabile oder halbstabile Umlaufbahnen wiederum zeigen sich als ausgedehntere Maxima.*
>
> *Es gibt scharf definierte Kirkwood-Lücken mit einem Resonanzverhältnis von 2:1 sowie 3:1, 5:2 und 7:3. Diese Resonanzen können herangezogen werden, um die große Halbachse der Umlaufbahn eines Objekts zu bestimmen, das einen entsprechenden Einfluss ausüben könnte«.* [21]

Fasziniert von Theos Ansatz kontaktierte ich einen Experten auf dem Gebiet der EKBOs an der Harvard-Universität und fragte ihn nach dem Potenzial dieser These. Hinsichtlich der Anwendung von Theos Methode war seine Antwort ermutigend, obwohl nach seinen Worten in diesem Fall Neptun den beherrschenden Einfluss auszuüben schien.[22]

Die EKBO-Daten scheinen mit einem Resonanzmuster mit Neptun in Einklang zu stehen, doch stellte sich heraus, dass diese Generalisierung nicht auf alle Objekte zutrifft. Die bizarre, stark exzentrische Umlaufbahn von *2000 CR105* ist dafür ein Beispiel. Seine »dynamisch instabile« Umlaufbahn liegt weit jenseits des Schwerkrafteinflusses von Neptun, was Fragen hinsichtlich der frühen Einflüsse aufwirft, die bei der Bildung des Edgeworth-Kuiper-Gürtels eine Rolle gespielt haben könnten.[23, 24]

Astronomen gehen davon aus, dass der Kuiper-Gürtel sich hinaus bis zu einer Entfernung von etwa 200 AE erstreckt.[25] Eine elliptische Umlaufbahn, die sich über 400 AE erstreckt, platziert das Objekt *2000 CR105* somit zwischen die Edgeworth-Kuiper-Scheibe und die innere Oortsche Wolke (die nach theoretischen Berechnungen in einer Entfernung von 2.000 AE beginnt). Wenn dieses Objekt eine »normale« Umlaufbahn mit einem Radius von 400 AE hätte, würde seine Umlaufzeit etwa 8.000 Jahre betragen, doch durch seine elliptische Umlaufbahn umkreist es die Sonne in weniger als der Hälfte dieser Zeit. Dies hat in sich selbst wichtige Auswirkungen auf die mögliche Umlaufbahn des Dunkelsterns.

Auf der Grundlage des Präzedenzfalls dieser exzentrischen Umlaufbahn können wir wiederum die Apheldistanz des Dunkelsterns potentiell ausdehnen – vielleicht sogar bis zum inneren Rand der Oortschen Wolke. Diese extrem große Entfernung könnte erklären, warum es so schwierig ist, ein Objekt direkt zu beobachten, das einen solch starken Einfluss auf das Sonnensystem ausübt.

Um mich zu vergewissern, dass bisher keine konventionellere Erklärung für die chaotische Umlaufbahn von *2000 CR105* gefunden wurde, kontaktierte ich Dr. Holman – einen der Forscher, die an der Entdeckung dieses Objekts beteiligt waren. Er merkte dazu an, dass Herkunft und Ursprung dieses Objekts immer noch ein Geheimnis und Gegenstand vieler Spekulationen seien.[26]

Ich glaube, dass Theos Ansatz hinsichtlich der Resonanz bei Objekten des Edgeworth-Kuiper-Gürtels mehr Beachtung verdient: Es könnte weitere verstreute EKBOs geben, deren Periheldistanzen jenseits des Schwerkrafteinflusses von Neptun liegen, und deren Verhalten somit nicht mit diesem Einfluss erklärt werden kann. Wenn diese weiter entfernten Objekte ebenfalls ein Resonanzmuster aufweisen würden – doch diesmal mit einem unbekannten »Unruhestifter« jenseits des Edgeworth-Kuiper-Gürtels –, dann wäre die Position dieses Himmelskörpers in nicht allzu ferner Zukunft leicht nachweisbar. Dies natürlich unter der Voraussetzung, dass Planet X sich »entsprechend benimmt«. Doch was, wenn seine Umlaufbahn unregelmäßig ist?

Resonanz

Das Konzept der »Resonanz« ist faszinierend. Man geht davon aus, dass es ein Effekt ist, der im Laufe der Zeit hervortritt, wenn Planeten Himmelskörper wie etwa Kometen, Asteroiden oder sogar Monde in ihrem Umkreis »hüten«. Wie wir bereits feststellten, hat Geoffrey Marcys Planetenjäger-Team von der Universität von Berkeley, Kalifornien, USA, zwei Planeten gefunden, deren Umlaufzeiten in einem Resonanzverhältnis zueinander stehen. Dieser Effekt macht sich augenscheinlich stark bemerkbar, und doch sind Astronomen hiervon überrascht. Auch wenn Resonanzen festgestellt werden, werden sie für planetarische Himmelskörper nicht explizit prognostiziert. Mit anderen Worten: Unser gegenwärtiges Verständnis der Himmelsmechaniken veranlasst uns nicht zu der Vermutung, dass Planeten Umlaufbahnen und -zeiten einnehmen, die ganzzahlige mathematische Verhältnisse zueinander aufweisen. Ist das der Fall, weil die meisten Planeten in unserem Sonnensystem eindeutig nicht miteinander in Resonanz stehen? Da sie ganz augenscheinlich in eher chaotischer Weise angeordnet sind, waren wir nie davon ausgegangen, dass Resonanz »die Norm« ist.

Verfolgen wir diesen Gedanken für einen Moment weiter. Die Kulturen der Antike waren der Idee nicht abgeneigt, dass am Himmel über ihnen eine natürliche Harmonik am Werk war. Pythagoras zum Beispiel glaubte, dass es eine »dynamische Harmonik« im Universum gebe, und dass die konstante Bewegung der Planeten und Sterne eine metaphysische »Musik« (»Sphärenharmonik«) erzeuge, die für diejenigen feststellbar war, die über ein mystisches Verstehen des Universums verfügten.[27]

Ich will hier nicht so weit gehen zu behaupten, dass wir diese Vorstellung wissenschaftlich genau beschreiben könnten, doch die Vorstellung einer »himmlischen Harmonik« ist nichtsdestotrotz interessant. Vielleicht ist also eine Kraft am Werk, die eine Harmonie zwischen den »Himmelssphären« erzeugt, die die Wissenschaftler bisher noch nicht entdeckt haben. Doch warum nicht? Nun, die Gegebenheiten in unserem Sonnensystem stützen nicht unmittelbar die Vorstellung einer universellen Resonanz zwischen den Welten. Die Planeten verhalten sich einfach nicht so.

Doch wir wissen jetzt, dass sie sich anderswo so verhalten können und es auch tun. Vielleicht ist unser Sonnensystem eher die Ausnahme als die Regel. Wenn noch weitere Sternsysteme mit zwei oder drei Planeten in ihrer Umlaufbahn entdeckt werden, die dieselbe Art von Resonanz aufweisen, wie man sie im Planetensystem des Sterns *Gliese 876* festgestellt hat, müssten wir unsere Vorstellungen von den gegenseitigen Einflüssen, die Planeten aufeinander ausüben, neu überdenken.

Ich glaube, diese Möglichkeit besteht durchaus. Ich würde sogar so weit gehen zu behaupten, dass solch ein Effekt vorhergesagt werden kann. Meiner Ansicht nach findet sich diese harmonische Resonanz nicht im Sonnensystem in der Weise, wie man es erwarten sollte, weil es in jüngerer Vergangenheit starken Störeinflüssen ausgesetzt war.

Die natürliche Harmonie oder Resonanz zwischen den meisten Planeten des Sonnensystems besteht nicht länger. Ich vermute, dass sich diese Resonanz im Laufe der Zeit wieder einstellen würde, doch das gegenwärtige »Chaos« im Muster der planetarischen Umlaufbahnen weist auf die Gegenwart eines anderen großen Planeten hin, dessen Orbitalmuster einen eher störenden als bindenden Einfluss ausübt.

Ordnung aus dem Chaos

Um die Planetenanordnungen im Sonnensystem zu erklären, sind Astrophysiker bisher davon ausgegangen, dass die Planeten sich in ihren gegenwärtigen Orbitalkonfigurationen gebildet haben und von Anfang an Bodes Gesetz gefolgt sind. Dies ist teilweise auf die Tatsache zurückzuführen, dass wir keine Planeten haben, die uns »um die Ohren fliegen«, wovon man ausgehen könnte, wenn die Dinge in der Vergangenheit chaotischer begonnen hätten. Mit anderen Worten: Die gängigen, heute akzeptierten physikalischen Modelle beruhen auf Newtons Schwerkraftgesetzen, wonach die Planeten für unbegrenzte Zeit in einer vorgegebenen Umlaufbahn bleiben, solange sie nicht dem Störeinfluss eines anderen planetarischen Körpers unterliegen.

Doch der Resonanzeffekt deutet darauf hin, dass hier ein Selbstregulierungsprinzip am Werk ist, das im Laufe der Zeit die Umlaufbahnen der Planeten verändert, während sich diese harmonisch aufeinander abstimmen. Wenn es sich also herausstellen sollte, dass Resonanzen ein allgemeines Merkmal von Planetensystemen sind, könnten wir aufgrund des gegenwärtigen Erscheinungsbilds nicht länger von einer gleichmäßigen Ordnung für das frühe Sonnensystem ausgehen.

Wäre dies so überraschend? Schließlich haben die Eigenschaften der bisher entdeckten extrasolaren Planeten bereits für Aufruhr gesorgt – und dafür, dass wir viele Annahmen, an denen wir bisher festhielten, infrage stellen müssen.[28]

Ein Grund, weshalb die inneren Planeten des Sonnensystems im Verhältnis zueinander eher willkürlich angeordnet sind, ist, dass das System nach innen immer komplexer wird. Je weiter wir uns von der Sonne entfernen, desto mehr schwindet die Komplexität. Mit dem, was wir nun wissen, erhöht sich deshalb die Wahrscheinlichkeit, dass die von uns untersuchten »Scattered Disc«-Objekte in Resonanz mit einem massiven und bisher unentdeckten Objekt stehen.

In diesem Fall können wir versuchen, eine Wechselbeziehung zwischen den uns bekannten Daten zu Sedna und dem Objekt *2000 CR105* wie auch zu dem, was wir über den Dunkelstern zu wissen glauben, ausfindig zu machen. Die Umlaufzeit von Sedna beträgt, wie wir wissen, etwa 10.800 Jahre, die des Objekts *2000 CR105* etwa 3.300 Jahre. Die Umlaufzeit von Sedna ist also in etwa drei Mal so lang wie die von *2000 CR105*. Da dies Näherungswerte sind, ist es möglich, dass – eine gewisse experimentelle Fehlerspanne eingerechnet – sich die beiden Himmelskörper in Resonanz befinden. Doch weitere und genauere Daten sind erforderlich, um dies mit Sicherheit sagen zu können.

Zecharia Sitchin schrieb, dass Nibirus Umlaufzeit 3.600 Jahre betrage, und dies ist bisher nahezu immer stillschweigend akzeptiert worden. Es findet sich jedoch in den sumerischen Textquellen, die uns verfügbar sind, keine Stelle, in der es heißt, dass »Nibiru ein Planet im Orbit um die Sonne mit einer Umlaufzeit von 3.600 Jahren« ist. Sitchins »Theorie des zwölften Planeten« beschäftigte sich mit antiken mesopotamischen Mythen und ging davon aus, dass die Entstehung der Welt auf realen »Schöpfungs«-Ereignissen im Sonnensystem beruht. Dies ließe auf die Existenz eines bisher nicht entdeckten Planeten schließen, der den Schlüssel zu unserem Verständnis des Sonnensystems darstellen würde.[29]

Sitchin musste sich dann Nibirus Umlaufbahn widmen und stellte die These auf, dass sie mit der sumerischen Maßeinheit »Sar« (3.600) in Beziehung steht. Das »Sar« ist ein wichtiger Bestandteil des ungewöhnlichen und komplexen Sexagesimalsystems, das bei den Sumerern Verwendung fand. Nun, allzu groß ist die Abweichung zwischen diesem Wert für die von Sitchin vermutete Umlaufzeit Nibirus und der Umlaufzeit von 3.300 Jahren des Objekts *2000 CR105* nicht. Gibt es da eine Verbindung?

Wir können es nicht mit Sicherheit bestimmen, bis weitere Objekte dieser Art entdeckt und ihre Umlaufbahnen sorgfältig beschrieben werden. Doch es wäre tatsächlich sehr interessant, wenn zukünftige Entdeckungen dieser fremdartigen »Scattered Disc«-Objekte statistische Korrelationen bei ihren Umlaufzeiten aufzeigen würden.

Man fragt sich, ob ihre Umlaufbahnen vielleicht nicht alle miteinander in Bezug stehen, wobei das alte babylonische »Sar« die numerische Basiseinheit darstellen könnte, die ihrer Beziehung eventuell zugrunde liegt! Damit würde die Bedeutung, die die alten Sumerer und Babylonier dieser Zahl zumaßen, Sinn ergeben. Von hier aus könnten wir Rückschlüsse auf die Existenz eines weit entfernten, massiven Planeten als »Störfaktor« in unserem Sonnensystem ziehen, der seine breit verstreute »Herde« von Planetesimalen hütet. Auch wenn wir also den Dunkelstern erst noch entdecken müssen, könnten wir vielleicht schon bald seine Existenz aus dem Verhalten und den Eigenschaften seiner Begleitobjekte ableiten.

Quellen

1 *Z. Sitchin: »The Case of the French Astronomer«, www.sitchin.com*

2 *H.T. Wilkins: »Mysteries of South America«, Rider & Co, 1945, S. 32*

3 *T. Radford: »Evidence of 3,000 BC Calamity«, The Guardian, 16.12.2004*

4 *A. Gilbert, M. Cotterell: »Die Prophezeiungen der Maya«, Anhang 4 »Der Sonnenfleckenzyklus«, Element, 1995, S. 288 – 300*

5 *»Klemperer Rosettes«, http://burtleburtle.net/bob/physics/kempler.html. Dank an Theo Kermanidis.*

6 *J. Bagby: »Evidence for a Tenth Planet or Massive Solar Companion beyond Uranus«, 1982*

7 *D. Whitehouse: »Spacecraft pulled by mystery force«, BBC, 10.9.1998*

8 *J. Anderson, zitiert im Artikel »Scientist thinks Tenth Planet may exist«, http://www.totse.com/en/technology/space_astronomy_nasa/10planet.html. Dank an Rick Savard.*

9 *»Pioneer Discoveries in Outer Space«, UFO Magazine, Jan./Feb. 1999, Quest Publications Ltd.*

10 *B. Akins: »Pioneer Home: Mission Status«, http://spaceprojects.arc.nasa.gov/Space_Projects/pioneer/PNStat.html*

11 *C. Sagan: »Blauer Punkt im All«, Headline Book Publishing, 1995, S. 143f, S. 152 dtsch. Ausgabe Bechtermünz, 2000*

12 *»Pioneer 10: Still Doing the Business«, UFO Magazine, Jan./Feb. 2000, Quest Publications Ltd.*

13 *http://www.cnn.com/2001/TECH/space/05/21/gravity.mystery/index.html Dank an Rick Savard.*

14 *D.S. Allan, J.B. Delair: »When the Earth Nearly Died«, Gateway Books, 1995, S. 16*

15 *J. Bone: »Ice Age Forest Gives a Global Warning«, The Times, 25.2.2000. Dank an David Pearson*

16 *S. Ida, J. Larwood, A. Burkett: «Evidence for Early Stellar Encounters in the Orbital Distribution of Edgeworth-Kuiper Belt Objects«, The Astrophysical Journal, 528, 2000, S. 351ff*

17 *A. Morbidelli, H. Levinson: »Scenarios for the Origin of the Orbits of the Trans-Neptunian Objects 2000CR105 und 2003VB12 (Sedna)«, zur Veröffentlichung eingereicht beim Astronomical Journal am 2.4.2004, http://www.boulder.swri.edu/~hal/CR105.html*

18 *J. Foust: »Bizarre new planets puzzle astronomers«, Spaceflight Now, 10.1.2000*

19 *»We Prefer Not to Call It a Failed Star. We Call It a Specially Challenged Brown Dwarf«, Associated Press, 9.1.2001, http://www.aci.net/kalliste/*

20 *»Planetary Correctness«, Associated Press, 9.1.2001, http://www.aci.net/kalliste/*

21 *Korrespondenz mit Theo Kermanidis, 2.2.2002, http://www-hpcc.astro.washington.edu/stawarz/orbres.html und http://ssd.jpl.nasa.gov/a_histo.html*

[22] *Korrespondenz mit Matthew Holman vom Harvard-Smithsonian Center for Astrophysics, 10.2.2002*

[23] *B. Gladman: »Evidence for an Extended Scattered Disk?«, http://www.obs-nice.fr/gladman/cr105.html*

[24] *J. Kelly Beatty: «Big-orbit Object Confounds Dynamicists«, 5.4.2001, http://www.skypub.com/news/news.shtml#bigorbit*
Dank an Frank Cordell und Theo Kermanidis.

[25] *A. Stern: »Chiron: Interloper from the Kuiper Disk?«, Astronomy, Aug. 1994, S. 26ff*

[26] *Korrespondenz mit Matthew Holman, Harvard Smithsonian Center for Astrophysics, 12.2.2002*

[27] *M. Baigent: »Ancient Traces«, Penguin, 1998, S. 203*

[28] *G. Marcy, P. Butler: »Hunting Planets Beyond«, Astronomy, März 2000, S. 43ff*

[29] *Z. Sitchin: »Der zwölfte Planet«, Kopp, 2003*

Kapitel 13

Der Dunkelstern und das Aussterben vieler Lebensformen

Vor einiger Zeit schickte mir jemand eine Kurzgeschichte von H.G. Wells mit dem Titel »Stern der Vernichtung«. Die Geschichte behandelt eine traditionelle Strömung des Katastrophismus im Zusammenhang mit einem Stern, der sich bei seiner Rückkehr durch das Sonnensystem bewegt. Bevor ich diese Kurzgeschichte erhielt, wusste ich noch nicht einmal, dass H.G. Wells etwas über die Rückkehr des Planeten X geschrieben hatte. Er hatte die Geschichte im Jahre 1899 verfasst, und wahrscheinlich spiegelt sie die Weltuntergangsstimmung wider, die zu Beginn eines jeden neuen Jahrhunderts unter den Menschen offensichtlich typisch ist. Sie beschreibt das unerwartete Auftauchen eines Sterns, eines Planeten aus den Weiten des Alls, der mit Neptun kollidiert und dann an Jupiter vorbei zur Erde zieht:

> *»Doch in der Nähe seiner vorbestimmten Bahn, bis dahin noch ungestört, drehte sich der mächtige Planet Jupiter mit seinen Monden prächtig um die Sonne. Die Anziehung zwischen dem feurigen Stern und dem größten aller Planeten nahm immer mehr zu. Und das Ergebnis dieser Anziehung? Es ließ sich nicht vermeiden: Jupiter wurde aus seinem bisherigen Orbit in eine elliptische Umlaufbahn abgelenkt, und der brennende Stern beschrieb durch die Anziehung eine geschwungene Bahn, die ihn vielleicht mit unserer Erde kollidieren, ihn auf jeden Fall aber nah an ihr vorbeiziehen lassen würde. Erdbeben, Vulkanausbrüche, Wirbelstürme, Überschwemmungen und bis ins Unerträgliche ansteigende Temperaturen würden die Folge sein – so prophezeite es der Meistermathematiker«.*[1]

Im Verlauf der Geschichte nimmt der bedrohliche Unterton immer mehr zu und nimmt biblisch-mythologische Dimensionen an. Und tatsächlich, die Ankunft des Sterns führt zu einer großen Überschwemmung, was H.G. Wells wohl die Lizenz gegeben hat, seine eigene Erklärung für den Mythos der universellen Sintflut zu liefern. Er erwähnt die Erde, deren Eigenrotation langsam zum Stillstand kommt, was die zu jener Zeit vorherrschende Vorstellung widerspiegelt, dass in den Mythen über weltweite katastrophale Ereignisse dieser Art ein Stück Wahrheit enthalten sein könnte:

»Und dann geschah ein Wunder. In Europa erschien es den Menschen, die auf den Aufgang des Sterns warteten, so, als ob die Welt zum Stillstand gekommen wäre. Landauf, landab flüchteten die Menschen vor Fluten, einstürzenden Häusern und Erdrutschen, doch sie schauten umsonst nach dem Aufgang des Sterns. Stunde um Stunde wuchs die Spannung bis ins Unermessliche, doch der Stern ging nicht auf. Einmal mehr richteten die Menschen ihre Augen auf alte Sternkonstellationen, von denen sie angenommen hatten, sie wären für immer für sie verloren. In England war es heiß und der Himmel klar, auch wenn der Boden unablässig bebte, doch in den Tropen zeigten sich Sirius und Capella und Aldebaran nur durch einen Dunstschleier. Und als der große Stern schließlich fast zehn Stunden später aufging, ging die Sonne in seiner Nähe mit ihm auf, und im Zentrum ihrer Weißglut befand sich eine Scheibe von schwarzer Farbe«.[1]

Die weitere Lektüre dieser Kurzgeschichte von H.G. Wells klingt verlockend. Er war ein erstklassiger Science-Fiction-Schriftsteller, und tatsächlich gab es an der Schwelle vom 19. zum 20. Jahrhundert viele Spekulationen, dass sich jenseits von Neptun ein Planet versteckt halten könnte. Wie wir bereits in einem früheren Kapitel feststellten, führte die Jagd nach diesem Planeten drei Jahrzehnte, nachdem Wells die Story geschrieben hatte, zur Entdeckung von Pluto. Sie zeigt deutlich auf, wie Weltuntergangsszenarien schon seit langer Zeit mit der Rückkehr eines verborgenen Himmelskörpers von immensen Ausmaßen in Verbindung gebracht wurden. Könnte dies auf tatsächlichen Geschehnissen beruhen?

Die mögliche Existenz eines verborgenen Planeten, der die Sonne umkreist, wird sehr oft mit Katastrophen auf dem Planeten Erde assoziiert. Die weit verbreitete Vorstellung, dass Nibiru – ein mythologischer Planet, dessen Existenz Wissenschaftler bisher nicht nachweisen konnten – an unserem Himmel erscheint, könnte eng mit unserer Furcht vor Kataklysmen zu tun haben. In ähnlicher Weise, wie viele Menschen vorm Jahrtausendwechsel apokalyptische Ereignisse vorausahnten, glauben die Anhänger der Hypothese einer unmittelbar bevorstehenden Rückkehr von Nibiru, dass wir vor den größten Herausforderungen für die Menschheit seit der Sintflut stehen (die tatsächlich stattgefunden haben könnte oder auch nicht).

Obwohl ich an die Existenz eines verborgenen Planeten X glaube – in der Erscheinung eines sehr kleinen Braunen Zwergs oder »Dunkelsterns« –, bin ich von jeher einer der stärksten Kritiker der Hypothese der »unmittelbar bevorstehenden Rückkehr« gewesen. Es gibt jedoch bestimmte Gründe für die Vorstellung, dass Planet X mit katastrophalen Ereignissen assoziiert werden könnte, und mit an Sicherheit grenzender Wahrscheinlichkeit steht er in Verbindung mit plötzlich eintretenden Klimaveränderungen zu bestimmten Zeitpunkten der Erdgeschichte. In diesem Kapitel möchte ich eine neue Hypothese vorstellen, die den Versuch unternimmt, das Orbitalverhalten dieses verborgenen Dunkelsterns mit Katastrophen und Kataklysmen, wie sie von Geologen und Paläontologen aufgezeichnet wurden, in Bezug zu setzen.

Eine statistische Bedrohung

Um diesen Ansatz weiter zu untersuchen, müssen wir uns mit dem Problem der zeitlichen Größenordnungen auseinander setzen. Ich erhalte häufiger E-Mails, in denen die Verfasser mir schreiben, dass Planet X nicht zu dieser oder jener Zeit erschienen sein könne, da es keine größeren Katastrophen im Zusammenhang mit seinem Auftauchen gegeben habe. Die Schlussfolgerung ist hier wohl, dass die Erde (und vermutlich auch andere Planeten) jedes Mal großen Umwälzungen ausgesetzt war, wenn der Dunkelstern durch die planetarische Zone zog. Wenn die Umlaufzeit des Dunkelsterns also 3.600 Jahre beträgt[2], wie es Sitchin für Nibiru postuliert hatte, deutet das darauf hin, dass Nibiru in sehr regelmäßigen Zeitabständen Zerstörung und Verwüstung auf der Erde anrichtete – und nach geologischen Zeitmaßstäben dies sehr häufig.

Doch ich stimme mit dieser These nicht überein, denn sie lässt sich nicht mit den uns vorliegenden Beweisen in Einklang bringen. Die Oberflächen der Planeten im Sonnensystem, die schon sehr alt sind, wie die des Mondes und einiger Regionen der Marsoberfläche, zeigen starke Spuren eines gnadenlosen Bombardements in weit zurückliegender Vergangenheit. Bombardements dieser Größenordnung wurden danach nicht mehr registriert.

Man kann daraus den Schluss ziehen, dass kein solches katastrophales Bombardement in regelmäßigen Zeitabständen stattfindet, auch wenn Kometen und Asteroiden gelegentlich die Erde und die anderen inneren Planeten treffen. Sonst würden zeitlich jüngere Planetenoberflächen dasselbe Muster von Kraterbildungen zeigen, das uns allen vom Anblick der sehr alten Mondoberfläche nur allzu bekannt ist. Ebenso würde es ein höheres Vorkommen von Asteroiden geben, deren Umlaufbahnen die der Erde schneiden.

Das innere Sonnensystem wäre dichter besiedelt, weil im Verlauf der Zeit sehr viel mehr Objekte von der Sonne eingefangen und auf stark gebundene Umlaufbahnen gezogen worden wären. Von daher glaube ich nicht, dass der theoretische Ansatz mit Katastrophenszenarien rund um den Planeten X, bei denen man von häufigen Kometenbombardements in der Vergangenheit ausgeht, als solches korrekt wäre.

Natürlich gibt es zu diesem Thema unterschiedliche Meinungen, doch ich bevorzuge die Suche nach anderen Mechanismen, mit denen der Dunkelstern einen Einfluss auf die Erde ausgeübt haben könnte. Es stimmt, die Ergebnisse sind nicht so brisant, doch wir können leicht Mittel und Wege, beispielsweise zur Erklärung plötzlicher und dramatischer Klimaveränderungen, finden. Natürlich ereignen sich immer wieder Kometen- und Asteroideneinschläge. Doch ich bin nicht sicher, ob man eine direkte Korrelation zwischen ihnen und dem Planeten X findet, abgesehen von einer größeren statistischen Wahrscheinlichkeit einer Kollision während des Periheldurchgangs des Dunkelsterns.

Mit anderen Worten: Wenn sich der Dunkelstern durch den EKB bewegt, könnte eine größere Zahl von Kometen durch das Sonnensystem ziehen. Das bedeutet jedoch nicht zwangsläufig, dass wir uns mit irgendeinem dieser Objekte mehr auf Kollisionskurs befinden als mit »normalen« Kometen. Es gäbe nur für eine Weile eine größere Zahl von Kometen, was das Risiko der Kollision mit einem von ihnen etwas erhöht. Auch wenn Beobachter also eine größere Zahl Kometen zu jener Zeit feststellen, wäre unsere Welt keinem merklich erhöhten Risiko einer Katastrophe ausgesetzt.

Der Katastrophismus hat in Astronomie, Geologie und Paläontologie eine lange Geschichte. Es gab eine Zeit, zu der die Wissenschaftler die Welt als einen sehr stabilen Ort ansahen, an dem der evolutionäre Fortschritt langsam aber stetig vonstatten ging. Dies spiegelte eine kaum noch zeitgemäße Weltsicht wider, die auf religiösen und kulturellen Überlieferungen beruht: »Die Welt war nun mal schon immer so.«

Doch nun gehen wir davon aus, dass sich im Laufe der Erdgeschichte viele Kataklysmen ereignet haben, und dass die Evolution eher sprunghaft als langsam und schrittweise verlief. Wir kennen zum Beispiel die Kontinentaldrift auf der Erdoberfläche, die zur Bildung neuer Bergmassive führt, wenn Landmassen aufeinander stoßen. Wir wissen auch, dass es immer wieder Ereignisse gab, die einen großen Teil des Lebens auf unserem Planeten ausgelöscht hatten, und die schlimmer waren als das Aussterben vieler Lebensformen, für das wir heute verantwortlich sind.

Wir haben heutzutage ein gesteigertes Bewusstsein dafür, wie fragil unsere Welt tatsächlich ist – und wie wandelbar, wenn man sie mit den Augen eines Geologen betrachtet. Wir sind von einer theologischen Weltsicht, nach der die Welt nur geschaffen wurde, um unsere Bedürfnisse zu stillen, zu einer Sicht der Welt gekommen, die vergleichsweise furchterregend ist. Wir leben heute in einer Welt, deren Stabilität nicht garantiert ist. Unsere Umgebung hat sich in der Vergangenheit häufig verändert – mitunter in Größenordnungen, die weitaus schlimmer waren als die so genannte globale Erwärmung, mit der wir es heute zu tun haben.

Wir wissen jetzt, dass auch äußere Einflüsse eine verheerende Wirkung auf unseren Planeten haben können. Die Wahrscheinlichkeit dafür ist allerdings äußerst gering, wenn man die immensen Zeiträume berücksichtigt, in denen sie sich ereignen. Dies spiegelt die unglaubliche Größe des Sonnensystems wider, ebenso wie den winzigen Anteil an Masse in Form von Planeten, Asteroiden und Kometen in den riesigen Weiten des Raums.

Das Sonnensystem besteht zum größten Teil aus leerem Raum. Selbst wenn sich die Umlaufbahnen zweier Objekte, die die Sonne umkreisen, schneiden, ist die Wahrscheinlichkeit einer Kollision äußerst gering. Kosmische Katastrophen und Kataklysmen treten also nur über solch immens große Zeiträume ein, wie sie in der Geologie zur Bestimmung von Erdzeitaltern Anwendung finden.

Daraus folgt also, dass das regelmäßige Wiedererscheinen eines planetaren Himmelskörpers, der für uns in gewisser Weise eine Bedrohung darstellen könnte, nicht immer zwangsläufig mit Katastrophen und Kataklysmen in Verbindung gebracht werden könnte, selbst wenn er direkt durch unser Sonnensystem zöge.

Nur ein vorbeiziehendes Objekt von der Größe eines tatsächlichen Sterns könnte solch verheerende Zerstörungen auf der Erde herbeiführen, und obwohl die Möglichkeit besteht, dass Sterne in der Vergangenheit das Sonnensystem auf diese Weise gestreift haben[3], ist die Wahrscheinlichkeit eines ähnlichen Ereignisses in naher Zukunft äußerst gering. Und je kleiner der Stern ist, desto weniger bedrohlich ist das entsprechende Szenario.

Große Braune Zwerge, die sich durch das Sonnensystem bewegen, könnten ein Problem darstellen, kleinere Himmelskörper dieser Art wohl eher nicht. Die Gefahrenschwelle liegt offensichtlich bei Himmelskörpern, die mehr als zehn oder zwanzig Jupitermassen aufweisen.[4]

Planeten gewöhnlicher Größe oder sogar Gasgiganten, die das Sonnensystem durchqueren, würden für uns kein größeres Problem darstellen als die gelegentliche Neuausrichtung der uns bekannten Planeten untereinander. Dies vermittelt uns einen Eindruck von der unermesslichen Weite und Leere des Sonnensystems.

Deshalb behaupte ich, dass ein Planet X, der während eines seiner Periheldurchgänge geographische bzw. klimatische Veränderungen auf der Erde hervorgerufen hätte, mindestens die Größe eines Braunen Zwergs haben muss, da er sonst einfach nicht schwer genug ist, um auch nur ansatzweise katastrophale Ereignisse auszulösen. Nach Einschätzung des Wissenschaftlers Jack Hills ist es durchaus möglich, dass ein kleiner Brauner Zwerg durch das Sonnensystem ziehen könnte, ohne größeren Schaden zu hinterlassen. Seine Berechnungen haben gezeigt, dass er auch nicht unbedingt die Umlaufbahnen der anderen Planeten beeinflusst haben müsste[4], obwohl häufigere Transite eines solchen Himmelskörpers die statistische Wahrscheinlichkeit eines Störeinflusses mit irgendeinem der Planeten erhöhen würden.

Ich bin ziemlich sicher, dass sich der Dunkelstern durch das Sonnensystem selbst bewegen könnte und den Ort fast genauso hinterlassen würde, wie er ihn vorgefunden hat. Die Kenntnisse, die wir aus den Entdeckungen im äußeren Sonnensystem gewonnen haben, deuten allerdings darauf hin, dass er sich dem Sonnensystem nicht weiter als bis auf 70 AE nähert.

Der periodische Auslöschungszyklus

Im Jahre 1984 stellten die beiden Paläontologen Raup und Sepkoski die These auf, dass Fossilienfunde auf einen regelmäßigen Zyklus der Auslöschung vieler Lebensformen auf der Erde schließen lassen.[5] Dieser Zyklus umfasst einen Zeitraum von 26 bis 30 Millionen Jahren und hat offensichtlich außerirdische Ursachen. Es gibt keine bekannten irdischen Ursachen für solch umfassende, regelmäßig erfolgende Auslöschungszyklen.

Könnte Planet X oder ein Schauer von Kometen, die er bei seiner Annäherung ans Perihel mit sich führt, dafür verantwortlich sein?

Sollte dieser Auslöschungszyklus den Tatsachen entsprechen (was unter Wissenschaftlern immer noch kontrovers diskutiert wird), dann müsste jegliche direkte außerirdische Ursache zeitlich mit diesem enorm großen Zeitintervall zusammenfallen. Es wäre für uns wenig zufriedenstellend, einen Auslöschungszyklus von 26 Millionen Jahren mit einem Planeten in Bezug zu setzen, dessen Umlaufzeit nur in Tausenden von Jahren gemessen wird. Die relativ kurze Umlaufzeit des Dunkelsterns (Zecharia Sitchins »Sar« von 3.600 Jahren, oder sogar ein Vielfaches

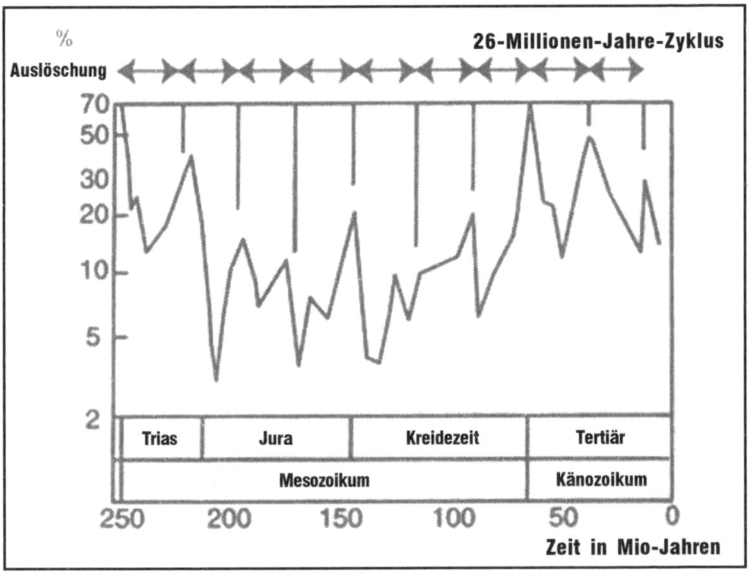

Prozentuale Anteile ausgelöschter Lebensformen entlang der Zeitalter der Erdgeschichte

davon, wie der bereits erwähnte Zeitraum von 10.800 Jahren) könnte nur, wenn überhaupt, kleinere Auslöschungen von Lebensformen nach dem Zufallsprinzip hervorrufen.

Mit anderen Worten: Wenn der Dunkelstern direkt für das Aussterben bestimmter Tier- und Pflanzenarten auf der Erde verantwortlich sein sollte, dann muss er bei seinem Transit der Erde sehr nahe gekommen sein, oder er muss einen oder mehrere Kometen mit sich geführt haben, die vielleicht mit der Erde kollidiert sind. Da diese beiden Möglichkeiten angesichts der ungeheuren Dimensionen des Sonnensystems statistisch höchst unwahrscheinlich sind, könnten sie nicht bei jedem Periheldurchgang des Dunkelsterns aufgetreten sein. Stattdessen könnten sie im Verlauf der Erdgeschichte sehr sporadisch hier und dort vorgekommen sein, und die Verteilung dieser Ereignisse über solch einen Zeitraum würde ein Zufallsmuster aufweisen, selbst wenn sie in engem Bezug zu einem zyklischen, häufiger eintretenden Ereignis wie etwa dem Periheldurchgang des Dunkelsterns stünden.

Ein Zyklus von Auslöschungen aller Lebensformen über einen Zeitraum von 26 Millionen Jahren bedingt eine äußere Ursache als Quelle, die ihrerseits einen 26-Millionen-Jahre-Zyklus aufweist. Der Autor Graham Hancock hatte bei der Untersuchung dieses Auslöschungszyklus ebenfalls Überlegungen zu äußeren Faktoren, die unser Sonnensystem beeinflussen, angestellt. Unsere Sonne bewegt sich einmal in etwa 250 Millionen Jahren um das Zentrum unserer Galaxis herum, wobei sie in diesem Zeitraum die galaktische Ebene mehrmals nach oben und unten durchquert; für eine vollständige Auf- und Abbewegung dieser Art braucht sie 30 Millionen Jahre. Hancock verwies dabei auf die Tatsache, dass dieser Zyklus von 30 Millionen Jahren dem des Auslöschungszyklus auf der Erde zeitlich sehr nahe kommt.

Unter Bezug auf die Arbeit herausragender Astronomen fragten sich Hancock und sein Team, ob das innere Sonnensystem in regelmäßigen Zeitabständen einem Bombardement von Kometen ausgesetzt wäre, deren Freisetzung auf bestimmte kosmische Mechanismen zurückzuführen sein könnte, und ob diese Kometeneinschläge auch für das Aussterben vieler Tier- und Pflanzenarten auf der Erde verantwortlich sein könnten. Diese Kometeneinschläge sind wahrscheinlich die Ursache dessen, was Hancock als umweltbedingte »Totenmaske« beschreibt, die der Mars im Moment trägt.[6] Zwei Faktoren, die für die Freisetzung von

Kometen aus der Oortschen Wolke verantwortlich sind, sind die Bewegung der Sonne durch riesige Molekülwolken und ihre Passagen sowohl durch die Spiralarme der Galaxis als auch durch die galaktische Ebene. Vielleicht könnten diese Faktoren auch einen Einfluss auf den Transit eines weiter entfernten Braunen Zwergs ausgeübt haben. Natürlich wird die Vorstellung eines Auslöschungszyklus in Verbindung mit einem Zwergstern innerhalb der wissenschaftlichen Gemeinde kontrovers diskutiert.

Nemesis

In den 1980er-Jahren kam erstmals die Idee auf, dass der Zwillingsstern ein extrem weit entfernter »Schwarzer Zwerg« sein könnte, der die Sonne an der äußersten Grenze ihres Einflussbereichs umkreist. Dieser theoretische Himmelskörper wurde damals »Nemesis« genannt und u.a. von Professor Daniel Whitmire postuliert. Seine Umlaufzeit bei solch einer großen Entfernung (ca. 90.000 AE!) würde dann in etwa dem Auslöschungszyklus von 30 Millionen Jahren entsprechen.

Nach der damaligen Theorie kam dieser Auslöschungszyklus deshalb zustande, weil »Nemesis« nach seiner Durchquerung der inneren Oortschen Wolke an einem bestimmten Punkt auf seiner Umlaufbahn die planetarische Zone mit einem massiven Kometenschauer bombardierte, ohne dass er sich selbst je der planetarischen Zone angenähert hätte – so zumindest die Theorie.[7]

Das Problem dabei ist Folgendes: Wenn die Erde bei jedem Umlauf von »Nemesis« einem Bombardement von Kometen ausgesetzt wäre, dann hätte jeder dieser Kometenschauer in der Tat äußerst massiv sein müssen. Schließlich muss so ein Kometenschauer ja erst einmal am Jupiter vorbeikommen!

Der Schwarze Zwerg hätte die Sonne alle 26 Millionen Jahre mit Kometen buchstäblich durchlöchern müssen, ähnlich wie eine Gangsterbande in Chicago, die auf einen ihrer alten »Freunde« trifft. In diesem Fall hätte es jedoch auch zur Bildung vieler neuer Krater auf anderen Planeten im Sonnensystem kommen müssen.

Doch die verschiedenen Muster von Kraterbildungen auf Planeten und Monden im Sonnensystem lassen auf nur wenige Aktivitäten diesbezüglich in jüngerer Vergangenheit schließen, was darauf hindeutet, dass es einen anderen Mechanismus für die zyklischen Auslöschungsmuster gegeben haben muss. Vielleicht waren es einzelne »Killer«-Asteroiden, aber keine massiven Kometenschwärme. Vielleicht hätten ein oder zwei dieser Katastrophen (wie etwa die Zerstörungen und Verwüstungen an der Kreide-Tertiär-Grenze) von einem Asteroideneinschlag ausgelöst worden sein können, doch der angebliche 26-Millionen-Jahre-Zyklus kann nicht als Ursache für »routinemäßige« kosmische Einschläge herangezogen werden.

Es ist mir auch nicht ganz klar, warum »Nemesis« zu einem bestimmten Zeitpunkt auf seiner Umlaufbahn Kometen freisetzen sollte. Sicher gäbe es ein fortwährendes »Tröpfel«-Muster von aktiven langperiodischen Kometen in Verbindung mit dem extrem langsamen Umlauf von »Nemesis« in weiter Entfernung um die Sonne. Anhänger der Nemesis-Theorie könnten behaupten, dass es eine Wechselwirkung mit den galaktischen Gezeiten gibt oder einen Bezug zur Auf- und Abbewegung der Sonne durch die galaktische Ebene alle 30 Millionen Jahre, die solch eine Freisetzung von Kometen mit katastrophalen Folgen auslöst.

Doch man könnte sich genauso gut einfach die Bewegung der Sonne ums galaktische Zentrum herum anschauen und den »Mittelsmann« (oder Mittels-Zwerg in diesem Fall) überspringen. Letztendlich ist ein Nemesis-Stern einfach zu weit entfernt und von daher bedeutungslos, wenn es um periodische Auslöschungszyklen geht.

Wie es aussieht, steht die Umlaufzeit des Dunkelsterns nicht im Einklang mit diesem Katastrophenzyklus. Ob diese katastrophalen Ereignisse tatsächlich zyklischer Natur sind, wird unter Wissenschaftlern weiterhin kontrovers diskutiert. Sorgfältige Forschungsarbeiten, die Richard Muller, ein Professor der Physik an der Berkeley-Universität in Kalifornien, durchgeführt hatte, gaben weitere Hinweise auf das Aussterben großer Teile von Flora und Fauna der Erde in regelmäßigen Zeitabständen über die letzten 500 Millionen Jahre. Der von ihm berechnete Zyklus hat eine Periode von 62 Millionen Jahren.[8] Dies schließt den Asteroideneinschlag vor 65 Millionen Jahren in der Nähe der mexikanischen Halbinsel Yucatan mit ein, der für das Aussterben der Dinosaurier verantwortlich zu sein scheint. Es schließt auch das »Große Aussterben« vor 250 Millionen Jahren mit ein, auf das wir in Kürze noch eingehen werden.

Doch auch diese sorgfältigen Forschungsarbeiten stoßen auf Kritik. Für Professor Muller ist die Ursache dieses Zyklus ein Rätsel, und bei jedem vorgeschlagenen Szenario hat er die entsprechenden Probleme erschöpfend untersucht. Er ist nach wie vor überzeugt, dass man letztendlich irgendwann einen astronomischen Ursachefaktor finden wird, der eine Erklärung für seine Version dieses kontroversen Auslöschungszyklus liefern wird.

Der Planet, der wie ein Komet denkt

Ich habe bereits beschrieben, wie ein Brauner Zwerg einerseits ein nichtzufälliges Muster von Kometen in der Oortschen Wolke herbeigeführt und sich andererseits durch das äußere Sonnensystem bewegt haben könnte. Diese Erklärung beruht auf der Möglichkeit, dass die schwach gebundene Umlaufbahn des Dunkelsterns um die Sonne Veränderungen in einer Art und Weise ausgesetzt war, die von Astronomen nicht oft in ihre Überlegungen mit einbezogen wird.

Astronomen haben sich an die Sichtweise gewöhnt, dass sich unsere Planeten »anständig benehmen« und nur kleinere Himmelskörper wie Kometen von ihrer ruhigen Bahn um die Sonne abgelenkt werden. Doch warum sollte das nicht auch für einen Planeten unter den Kometen gelten?

Theoretische Modelle haben gezeigt, dass eine Position in einer Entfernung von 25.000 AE für einen Planeten ein recht instabiler Aufenthaltsort ist. Ein Planet oder Brauner Zwerg in dieser Entfernung wäre einer Reihe von Kräften von außerhalb des Sonnensystems ausgesetzt und könnte leicht in eine neue Umlaufbahn gelenkt werden.

Tatsächlich hat einer der eher wissenschaftlich orientierten Planet X-Forscher, der Physikprofessor Dr. Matese, Berechnungen für die verschiedenen Umlaufbahnen eines massiven Planeten in dieser Entfernung angestellt, die ihn zwangsläufig bei bestimmten Gelegenheiten der planetarischen Zone näher zu bringen scheinen.[9] Diese Gelegenheiten würden sich natürlich nur selten ergeben, doch dasselbe trifft ja auch auf das Massenaussterben auf unserem Planeten zu! Es ist möglich, dass hier eine Verbindung besteht.

Wir hatten uns auch mit der Arbeit eines anderen Physikers, Jack Hills, befasst, der Berechnungen zu den Einflüssen anstellte, die vorbeiziehende Sterne und Schwarze oder Braune Zwerge bei ihrer Annäherung an die planetarische Zone ausüben. Obwohl vorbeiziehende Sterne höchstwahrscheinlich ihren eingeschlagenen Kurs fortsetzen werden (aufgrund ihrer beträchtlichen Größe und Schwungkraft), besteht eine reelle Chance, dass Zwergsterne in den Schwerkrafteinfluss der Sonne geraten könnten. Seine Berechnungen zeigten tatsächlich, dass die daraus resultierende vorübergehende Umlaufbahn des so eingefangenen Zwergsterns stark exzentrisch sein und sich im Laufe der Zeit weiter verändern könnte.[4]

Dies steht im Gegensatz zur allgemeinen Annahme, dass solch ein Himmelskörper rasch aus dem Sonnensystem hinausgeschleudert werden sollte. Dieser Ansatz sollte uns mittlerweile auch sehr bekannt vorkommen. Es scheint, als ob solch ein substellarer Himmelskörper tatsächlich in den Schwerkrafteinfluss der Sonne geraten könnte, worauf er in eine stark exzentrische, aber relativ instabile Umlaufbahn einschwenken würde.

Bindungsenergien und Ausdehnung des Systems

Zu der Zeit, als Hills seine Abhandlung schrieb, arbeitete er für das *Los Alamos National Laboratory*. Er führte Computersimulationen durch, die den Einfluss eines Eindringlings auf das Sonne-Jupiter-System modellierten, wobei die Herkunft dieses Eindringlings entweder der interstellare Raum oder die Oortsche Wolke waren. In seinem Modell verwendet er eine Radialdistanz von mindestens 5 AE, was der Entfernung des größten Planeten in unserem Sonnensystem, Jupiter, entspricht.

Obwohl Jack Hills es wohl nicht beabsichtigt hat, hat er die Umlaufbahn von Sitchins Nibiru nachgebildet. Seine Computersimulationen zeigen, dass ein massives, weit von der Sonne entferntes Objekt wie der Dunkelstern Gegenstand äußerer Krafteinflüsse sein kann, die seine Bahnbewegungen unberechenbar machen können.

Hills zeigte, dass ein Brauner Zwerg mit weniger als zehn Jupitermassen bei einem vorübergehenden Übergang in die planetarische Zone des Sonnensystems die anderen Planeten nicht unbedingt in den interstellaren Raum hinausschleudern oder ein chaotisches System hinterlassen würde. Es träte allerdings ein anderer, jedoch äußerst wichtiger Effekt auf, mit dem Astrophysiker recht vertraut sind – mit dem wir uns aber erst einmal vertraut machen müssen.

Es existiert eine energetische Wechselbeziehung zwischen den Umlaufbahnen der Planeten im Sonnensystem. Die planetarischen

Bindungskräfte sind nicht fix, sondern flexibel miteinander verflochten. Wenn wir ein neues Element in Form eines einzelgängerischen Himmelskörpers (vor allem mit beträchtlicher Masse) dem Sonnensystem hinzufügen, sind diese Bindungskräfte gewissen Veränderungen ausgesetzt, selbst wenn die Planeten in stabilen, kreisförmigen Umlaufbahnen eng gebunden sind.

Hills wies darauf hin, dass die Gesamtenergie der Umlaufbahnen der bekannten Planeten sich verändern würde, wenn sich die Umlaufbahn des Eindringlings um die Sonne seinerseits veränderte. Dies könnte auftreten, wenn der Eindringling aus dem interstellaren Raum käme und in den Schwerkrafteinfluss der Sonne geriete, oder wenn er ein Objekt aus der Oortschen Wolke wäre, das in die planetarische Zone eingedrungen und vorübergehend auf eine neue, enger gebundene Umlaufbahn eingeschwenkt wäre.

Wie genau würden sich solche Veränderungen in den Bindungskräften der Umlaufbahnen der Planeten physisch manifestieren, wenn der Eindringling in den Schwerkrafteinfluss der Sonne geriete? Einfach ausgedrückt: Das Sonnensystem würde möglicherweise eine Kontraktion oder auch eine Expansion erfahren, abhängig vom jeweiligen Ereignis. Die Entfernungen der Planeten von der Sonne würden sich verändern! Der Zwergstern müsste auch nicht unbedingt in Wechselwirkung mit den Planeten treten. Die sich verändernde Beziehung zur Sonne wäre genug, um auf andere Himmelskörper im Sonnensystem einen Einfluss auszuüben.

Jack Hills beschrieb diese Auswirkungen auf theoretischer Basis. Sein Interesse galt dem Studium der Frage, ob ein Nemesis-Objekt von der Größe und Masse eines Schwarzen Zwergs in den Schwerkrafteinfluss der Sonne hätte geraten können.

Seine Schlussfolgerung war, dass dieses Objekt zuviel Chaos im Sonnensystem angerichtet hätte. Doch ein Himmelskörper mit weniger als zehn Jupitermassen würde nicht dieselbe Zerstörung hervorrufen. Mit anderen Worten: Ein Dunkelstern von der Größe und Masse eines sehr kleinen Braunen Zwergs könnte in weit zurückliegender Vergangenheit von der Sonne schwerkraftmäßig eingefangen worden sein – und das Sonnensystem würde immer noch so stabil erscheinen, wie es uns heute vorkommt.

Ein Brauner Zwerg, der sich aus den Kometenwolken ins Sonnensystem bewegte, täte dies mit annähernder Fluchtgeschwindigkeit (Entweichgeschwindigkeit). Träte er danach mit den anderen Planeten in Wechselwirkung, könnten nach Hills Berechnungen zwei Dinge geschehen. Die erste Möglichkeit wäre, dass der Dunkelstern aufgrund seiner höheren Orbitalenergie aus dem Sonnensystem hinausgeschleudert worden wäre. Die zweite Möglichkeit wäre, dass sich seine Orbitalenergie verringern und er infolgedessen in eine viel enger gebundene Umlaufbahn um die Sonne gezogen werden könnte. Unterm Strich ergibt sich eine 50:50-Wahrscheinlichkeit für das Eintreten jeweils eines der beiden Szenarien.

Hills beschreibt in seinem Papier die »Bindungskräfte« des Planetensystems, und wie die Orbitalradien der Planeten durch den Eindringling beeinflusst werden.[4]

Im Zuge eines solch verheerenden Ereignisses in der Frühgeschichte des Sonnensystems hätten sich auf den Planeten – vor allem den inneren – massive Klimaveränderungen ereignet. Dies hätte massive Veränderungen in der Orbitalenergie des Dunkelsterns widergespiegelt. Würde die Umlaufbahn des Dunkelsterns immer noch gewissen Schwankungen unterliegen, könnte es im Verlauf der Zeit zu fortlaufenden Veränderungen im Sonnensystem kommen.

Tatsächlich hätten Veränderungen in den Bindungsenergien der Erde über längere Zeiträume erhebliche Auswirkungen auf unser Erdklima haben können. Venus und Mars hätten im mehr oder minder selben Zeitraum ähnliche klimatische Veränderungen erfahren haben können. Dies könnte den seltsamen Umstand erklären, warum auf dem Mars Wasser vorkommt, oder weshalb es auf der Venus zu einem Treibhauseffekt kam, der offensichtlich außer Kontrolle geriet.[10] Auch die Venus ist in der Vergangenheit durch extreme Klimaveränderungen gegangen, was vor ungefähr 700 Millionen Jahren zu starken Veränderungen auf ihrer Oberfläche geführt hat.[11]

Das Papier von Hills zeigt uns also, dass – wenn Planet X ein kleiner Brauner Zwerg ist – physische Mechanismen nachempfunden wurden, die tatsächlich auf seine Existenz innerhalb des Sonnensystems hinweisen können. Außerdem zeigen diese Berechnungen, dass die Wechselwirkungen zwischen diesem Zwergstern und dem Rest des Sonnensystems wesentliche physische Folgen haben könnten. So hätte sich zum Beispiel die Entfernung zwischen Erde und Sonne verändert haben können – und dies nicht nur einmal, sondern jedes Mal, wenn Veränderungen in der temporären Umlaufbahn des lose gebundenen Zwergsterns auftreten. Solche Veränderungen könnten ohne weiteres eine Erklärung für die Migration von Planeten liefern.

Was mich zu der Frage führt: Hat sich die Entfernung der Erde von der Sonne irgendwann verändert? War die Entfernung zwischen Erde und Sonne veränderlich, weil ein Brauner Zwerg ins Sonnensystem eingedrungen war und anschließend in den Schwerkrafteinfluss der Sonne geriet? Was, wenn die instabile Natur der Umlaufbahn unseres Dunkelsterns bedeutete, dass sich im Laufe der Zeit mehrere solcher Veränderungen zugetragen haben?

Vielleicht hat sich die Umlaufbahn des Dunkelsterns aufgrund von anderen äußeren Einflüssen verändert, wie etwa durch Schwerkrafteinflüsse, die andere vorbeiziehende Sterne auf ihn ausgeübt haben, oder durch riesige Molekülwolken, die im interstellaren Raum zu finden sind. Träfe dies zu, hätte sich die Entfernung zwischen Erde und Sonne mehrmals ändern können. Gäbe es eine Möglichkeit, dies herauszufinden?

Solche Veränderungen hätten katastrophale Auswirkungen auf Flora und Fauna unseres Planeten gehabt und zu Eiszeiten und Zwischeneiszeiten geführt, je nachdem, wie groß die Entfernung zwischen Erde und Sonne zum jeweiligen Zeitpunkt gerade gewesen wäre. Außerdem hätte eine physische Verlagerung der Position unseres Planeten zu plötzlichen katastrophalen Veränderungen auf der Erdoberfläche geführt. Was passiert zum Beispiel mit den Weltmeeren, wenn die Erde sich plötzlich von der Sonne weiter weg oder auf sie zu bewegt? Würden sie nicht die Landmassen überfluten, begleitet von ungeheuren vulkanischen und seismischen Aktivitäten?

Wir wissen jetzt, dass Eiszeiten globaler Natur und nicht auf eine einzelne Hemisphäre der Erde beschränkt sind.[12] Dies deutet auf Veränderungen im klimatischen System der Erde als Ganzes hin, woraus wir wiederum schlussfolgern könnten, dass hier ein äußerer Einflussfaktor im Spiel ist. Auf jeden Fall steht nun ein dickes Fragezeichen hinter der einstigen Auffassung, dass die Eiszeiten das Ergebnis einer Umverteilung der Wärme durch die Weltmeere waren. Stattdessen scheint es so, als ob sich die gesamte Atmosphäre der Erde während der jeweiligen Eiszeiten abgekühlt hat.

Könnte die Antwort auf unsere unbeantworteten Fragen hinsichtlich der Ursachen des Auftretens und Abebbens der Eiszeiten[13] oder des Massenaussterbens mit den Aktivitäten eines Braunen Zwergs zu tun haben, der gelegentlich von einem temporären instabilen Orbit in einen anderen wechselt? Schauen wir uns diese Möglichkeit einmal an. Ich habe drei Beispiele von Zeitperioden mit anhaltenden katastrophalen Zerstörungen auf unserem Planeten ausgewählt, um darzustellen, wie diese Hypothese funktionieren könnte. Fangen wir mit der jüngsten an und arbeiten uns von dort aus rückwärts vor bis ins Frühstadium des Sonnensystems.

Pangaea, der letzte große Superkontinent der Erdgeschichte – eine zusammenhängende Landmasse vom Karbon bis zum Jura vor etwa 260 Millionen Jahren

Die Perm-Trias-Grenze

Vor etwa 245 Millionen Jahren, an der so genannten Perm-Trias-Grenze, kam es zu einer Auslöschung nahezu allen Lebens auf der Erde. Das Ausmaß der Zerstörung war noch um einiges größer als zur Zeit des Aussterbens der Dinosaurier vor 65 Millionen Jahren. Heutzutage geht man davon aus, dass dieses Massenaussterben auf den Einschlag eines Asteroiden vor der Küste der Halbinsel Yucatan, Mexiko, zurückzuführen ist.[14] Dieser Asteroiden- oder Kometeneinschlag führte zur Ablagerung von außerirdischem Iridium, das die bekannte Kreide-Tertiär-

Grenze in den Gesteinsschichten jener Zeitperiode bildete. Könnten wir von einer ähnlichen Ursache beim noch katastrophaleren Massenaussterben an der Perm-Trias-Grenze ausgehen?

Nun, das Problem ist, dass die Auslöschung der Lebensformen an der Perm-Trias-Grenze kein einzelnes, unmittelbar auftretendes Geschehnis war (was man eigentlich erwarten sollte, wenn wie bei den Dinosauriern das Massenaussterben auf einen Asteroiden- oder Kometeneinschlag zurückzuführen ist). Stattdessen gab es offensichtlich eine ganze Reihe von Ereignissen wie weitläufige Überflutungen und massive vulkanische Aktivitäten. Eines dieser Geschehnisse war der Einschlag eines größeren Asteroiden oder Kometen in der Nähe von Woodleigh in Australien, wovon heute noch ein Krater mit einem Durchmesser von 130 Kilometern zeugt, der erst im April 2000 entdeckt wurde.[15] Wie zerstörerisch dieser Einschlag auch immer gewesen sein mag – dies war nur eines von vielen katastrophalen Ereignissen, die sich innerhalb einer relativ kurzen Zeitspanne zutrugen.

Paläontologen konnten im Zeitalter des Perm über einen Zeitraum von 10 Millionen Jahren vier deutlich unterscheidbare Auslöschungszyklen feststellen. Um eine Erklärung für solch ein bizarres Auslöschungsmuster bemüht, kamen die Paläontologen auf die Idee, dass die Ursache hierfür vielleicht die Zusammenballung der Kontinente zum Superkontinent »Pangaea« gewesen sein könnte.[16] Zu jener Zeit bildeten sich auch Eiskappen. Dies ist jedoch eine nicht ganz zufrieden stellende

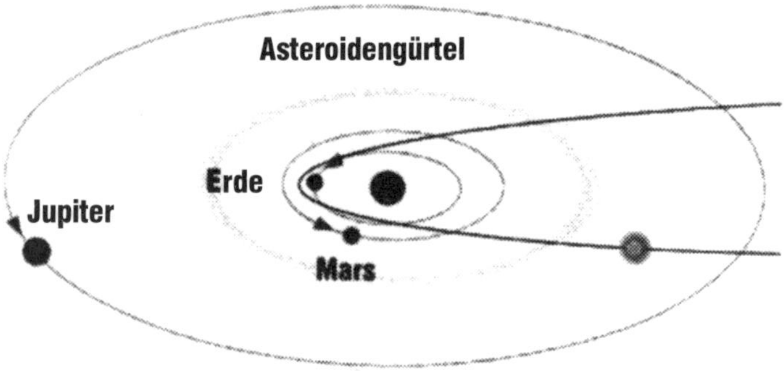

Darstellung des inneren und äußeren Sonnensystems bis zum Planeten Jupiter. Könnte ein Periheldurchgang des Planeten Nibiru zur Zeit der Perm-Trias-Grenze mit all seinen Konsequenzen für das damalige Massenaussterben verantwortlich gewesen sein?

Theorie, da sie keine Erklärung für die impulsartige Natur der Auslöschungsereignisse in den geologischen Aufzeichnungen liefert.[5]

Wie kam es zu den riesigen Überflutungen, die über einen Zeitraum von zehn Millionen Jahren mehrfach alles Leben auslöschten? Das Ausmaß an Zerstörung an der Perm-Trias-Grenze ist so groß, dass die These der »umweltbedingten Neuausrichtung« einfach keine zufriedenstellende Antwort liefert. Stattdessen ist ein außerirdischer Ursachefaktor erforderlich, um die fortwährenden Umwälzungen im Perm zu erklären. Ein einzelner Asteroideneinschlag reicht dafür nicht aus. Welche Erklärungen könnte es noch geben?

Ich vermute, dass sich dieses Muster von Auslöschungszyklen und Umweltveränderungen leicht durch Störeinflüsse des Dunkelsterns in einer vorübergehend stärker gebundenen Umlaufbahn erklären lässt. Wenn sich der Braune Zwerg zu Beginn des Perm der planetarischen Zone angenähert hätte und in eine neue, enger gebundene Umlaufbahn eingeschwenkt wäre, wäre die Erde mehrmals einem enormen Druck ausgesetzt gewesen. Der Grund dafür ist, dass es im gesamten Orbitalsystem der Planeten eine Erhaltung der Energie geben muss. Wenn der Dunkelstern in eine engere Umlaufbahn gezogen worden wäre, hätte es unter den anderen Planeten eine Neuausrichtung geben müssen, was in weniger stark gebundenen Umlaufbahnen um die Sonne resultiert hätte. Ihre Umlaufbahnen hätten sich entsprechend ausgedehnt.

Der Sprung der Erde in eine neue Umlaufbahn könnte die Erklärung für die gewaltigen Überflutungen, die Zusammenballung der Kontinente und die Bildung der Eiskappen im Perm gewesen sein. Außerdem hätten wiederholte Passagen des Braunen Zwergs durch das Sonnensystem in einem Zeitraum von, sagen wir, zehn Millionen Jahren, in dem er sich vorübergehend in einem enger gebundenen Orbit um die Sonne befunden hätte, die Erde immer wieder bedroht. Am Ende des Perm hätte es passieren können, dass sich seine zeitweilige Umlaufbahn aufgrund ihrer Instabilität vollständig gelöst hätte und er wieder auf seine geläufige Umlaufbahn jenseits des Edgeworth-Kuiper-Gürtels hinausgeschleudert worden wäre. Dieser Wandel hätte bedeutet, dass die Bindungskräfte des Dunkelsterns nachgelassen und die der anderen Planeten entsprechend zugenommen hätten. Die Erde hätte sich wieder in eine Umlaufbahn näher zur Sonne zurückbewegt, die vorübergehende Zeitspanne der Instabilität hätte ein Ende gehabt, und die Erdoberfläche hätte sich wieder erwärmt.

Fortwährende Veränderungen in den Umlaufbahnen und Wechselwirkungen zwischen dem Braunen Zwerg und den Planeten hätten mit Sicherheit auf der Erde mehr Lebensformen ausgelöscht als ein einzelner Asteroideneinschlag an der Kreide-Tertiär-Grenze. Über einen Zeitraum von etwa zehn Millionen Jahren hätten wieder Zustände wie im Frühstadium des Sonnensystems geherrscht – und die Reihe von Auslöschungen vieler Lebensformen an der Perm-Trias-Grenze herbeigeführt.

Dieses Modell geht davon aus, dass die Periheldistanz des Dunkelsterns im Laufe der Zeit Veränderungen ausgesetzt wäre, und die Folge davon wären im Perm – durch die große Nähe des Dunkelsterns bei mehreren Durchquerungen des Sonnensystems – enorme Zerstörungen und Verwüstungen gewesen. Vielleicht war der Einschlag eines massiven Asteroiden oder Kometen, von dem der 250 Millionen Jahre alte Krater in Woodleigh, Australien, zeugt, Teil dieses umfassenderen Phänomens.

Die Explosion im Kambrium und der »Schneeball Erde«

Neue Erkenntnisse auf dem Gebiet der Molekularbiologie haben Wissenschaftlern gestattet, evolutionäre Veränderungen zurückzuverfolgen und die verschiedenen Zeitpunkte zu datieren, als große Umwälzungen auf diesem Planeten stattfanden. Die Grenze zwischen Präkambrium und Kambrium vor 540 Millionen Jahren geht ebenfalls mit ungeheuren Umwälzungen in der Entwicklung des Lebens auf diesem Planeten einher. Das plötzliche Auftreten einer unglaublichen Vielfalt an Lebensformen zu jener Zeit ist als »kambrische Explosion« bekannt, doch Paläontologen halten es mittlerweile für wahrscheinlich, dass es bereits vor dieser Epoche viele verschiedene Lebensformen gab. Die Grenze selbst ist durch eine massive Veränderung in der Häufigkeit bestimmter Kohlenstoffisotope gekennzeichnet, was auf eine massenhafte Auslöschung allen Lebens im späten Proterozoikum hindeutet. Zu jener Zeit kühlte sich die Erdoberfläche stark ab, und Kohlendioxid wurde der Atmosphäre auf katastrophale Weise entzogen.

Tatsächlich war das Ausmaß an Vereisung und Vergletscherung im späten Proterozoikum so stark, dass Wissenschaftler Theorien aufgestellt hatten, wonach unser Planet zu jener Zeit komplett mit Eis bedeckt gewesen sein soll – der so genannte »Schneeball-Erde«-Effekt.[17,18] Auch hier scheint es wieder viele einschneidende Geschehnisse über einen Zeitraum von mehreren Millionen Jahren gegeben zu haben. Doch was könnte für solch umwälzende Klimaveränderungen verantwortlich gewesen sein, dass sich selbst am Äquator Gletscher bildeten?

Man geht davon aus, dass das Auseinanderbrechen des damaligen Superkontinents »Rodinia« zu diesem Effekt beigetragen hat, wobei sich die einzelnen Bruchstücke gleichmäßig rund um den Äquator verteilten. Dadurch veränderte sich das Verhältnis von Land- zu Wassermassen, und es kam zu verstärkten und lang anhaltenden Regenfällen, die ihrerseits wiederum das bis dahin noch in der Atmosphäre vorhandene Kohlendioxid im wahrsten Sinne des Wortes »auswuschen«. Ein positiver Rückkopplungszyklus führte dann zu einer Reihe von Vergletscherungen rund um den Globus.

Doch dies ist alles andere als eine zufrieden stellende Erklärung. Schließlich sind die gegenwärtigen Kontinente ebenfalls in einem Band rund um den Globus angeordnet, und die letzte Eiszeit war vergleichsweise sehr mild. Es ist nicht klar, was genau die Vorbedingungen dafür waren, dass die Erde solch eine katastrophale Abkühlung erfuhr, wie sie in den 600 Millionen Jahren danach nie wieder aufgetreten ist.

Das »Schneeball Erde«-Szenario, das der Grenze zwischen Präkambrium und Kambrium vorausging, wies die extremsten Umweltbedin-

Verteilung der Land- und Wassermassen auf der Erde im späten Neoproterozoikum vor etwa 550 Millionen Jahren

gungen auf, die man sich vorstellen kann, was eine mutige Erklärung verlangt. Auch hier gehe ich wieder davon aus, dass die Vorbedingungen, die zu dieser Reihe katastrophaler Vereisungen geführt hatten, allein auf eine zeitweilige Ausdehnung der Umlaufbahn der Erde zurückzuführen sind. Die größere Entfernung der Erde von der Sonne könnte die Erklärung für die Vereisung des gesamten Planeten liefern, und die Ausdehnung der Erdumlaufbahn stünde im Einklang mit den Schwankungen, die mit der Umlaufbahn des Dunkelsterns in Verbindung gebracht werden.

Das letzte »große Bombardement«

Eine dritte Serie katastrophaler Ereignisse in den geologischen Aufzeichnungen ist uns bereits bekannt: das massive Bombardement des Sonnensystems durch Kometen und/oder Asteroiden und vielleicht sogar Kleinplaneten. Die von Kratern übersäte Oberfläche des Mondes ist größtenteils das Ergebnis dieses intensiven Bombardements mit kosmischen Trümmerteilen vor 3,8 bis 3,9 Milliarden Jahren, und auch die Erde blieb von diesen Umwälzungen nicht verschont.[19]

Was Astronomen vor ein Rätsel stellt, ist, warum sich dieses Bombardement erst lange Zeit nach der Geburt des Sonnensystems ereignet hat. Auch hier hat es den Anschein, als ob dieses Trommelfeuer sich über einen längeren Zeitraum hingezogen hat, was darauf schließen lässt, dass im Sonnensystem über Dutzende von Millionen Jahren chaotische Verhältnisse herrschten. Dann war auf einmal alles vorbei.

Dieses Rätsel wurde kürzlich wieder thematisiert, um die Basis für die einmalige Existenz eines zusätzlichen Planeten zu bilden, der ursprünglich zwischen Jupiter und Mars entstanden war. Aus irgendeinem Grund geriet dieser Planet in eine instabile Umlaufbahn und stürzte in die Sonne – zumindest nach der »Planet V«-Theorie.[20] Eine weitere Theorie geht davon aus, dass das Bombardement das Ergebnis der spät erfolgten Bildung der äußeren Planeten Uranus und Neptun war.[19]

Diese späte Entstehung könnte das Ergebnis der Anhäufung dünn verteilter Gas- und Staubpartikel in der äußeren planetarischen Zone sein, wodurch die Bildung der Riesenplaneten sich verzögerte. Doch solch ein Bombardement von außerhalb des Sonnensystems hätte auch die Monde des Jupiter auf ebenso katastrophale Weise in Mitleidenschaft ziehen sollen. Nochmals: Diese Zeitperiode fortlaufender Katastrophen im inneren Sonnensystem verlangt nach einer radikalen Antwort, die über unseren bisherigen »geistigen Tellerrand« hinausgeht.

Sitchins Wiedergabe der »himmlischen Schlacht« fügt sich sehr gut in dieses Szenario »lunarer Kataklysmen« ein, da der fehlende Planet, der sich ursprünglich zwischen Mars und Jupiter befand (Tiamat, die ursprüngliche Erde), vom Planeten Nibiru bombardiert wurde. Man geht davon aus, dass dies vor etwa vier Milliarden Jahren geschah, also einige Zeit nach der ursprünglichen Bildung des Sonnensystems.[2]

Mir scheint die Vermutung durchaus angebracht, dass dieses »letzte große Bombardement« das Werk eines Braunen Zwergs war, der sich ursprünglich im selben stellaren »Hort« wie die Sonne gebildet hatte. Die dann folgende Interaktion mit den Planeten und der Sonne führte dazu, dass er in den Schwerkrafteinfluss des Sonnensystems geriet und daraufhin ein anhaltendes Bombardement mit kosmischen Trümmerteilen erfolgte. Doch an dieser Stelle halte ich die Angaben von Sitchin für unzureichend, denn dies war nur eine zeitweilige Phase von Kataklysmen, die höchstens 100 Millionen Jahre dauerte. Irgendetwas geschah danach, was den katastrophalen Ereignissen ein Ende setzte.

Kehren wir noch einmal zu den Berechnungen von Hills hinsichtlich der Auswirkungen eines »eingefangenen« Zwergsterns auf das Sonnensystem zurück[4]: Der Braune Zwerg und sein Gefolge befänden sich zunächst auf einer zeitweiligen Umlaufbahn mit einer gewissen Exzentrizität. Dies steht im Einklang mit Sitchins Modell, und es hat tatsächlich den Anschein, dass Nibiru über Dutzende von Millionen von Jahren ins innere Sonnensystem zurückgekehrt war, was katastrophale Auswirkungen auf die inneren Planeten hatte. Zu jener Zeit wurde die Erde von Tausenden von Asteroiden getroffen, von denen viele größer waren als derjenige, der das Aussterben der Dinosaurier herbeigeführt hat.

Dann hörte alles abrupt auf. Warum? Wenn Nibirus Umlaufbahn bis zum heutigen Tag stabil und unveränderlich ist, hätte dieser kosmische Konflikt ein regelmäßiger Bestandteil der Ereignisse im Sonnensystem über die letzten 3,9 Milliarden Jahre sein müssen.

Die Antwort ist, dass die von Hills für den Dunkelstern berechnete Umlaufbahn nur von vorübergehender Natur ist. Wenn wir auf die logischen Schlussfolgerungen von Astrophysikern wie Matese und Whitmire zurückgreifen[7], dann erfuhr dieser eingefangene Braune

Zwerg eine massive Ausdehnung seiner Umlaufbahn, die ihn schließlich sicher im Bereich der äußeren Oortschen Wolke platzierte. Mit anderen Worten: Im weiteren Verlauf der Zeit löste sich die stark exzentrische Umlaufbahn wieder, die ursprünglich das Ergebnis des Schwerkrafteinflusses der Sonne war.

Der Dunkelstern bewegte sich langsam hinaus in die Region jenseits des EKB. Seine Bindungskräfte ließen nach, und die anderen Planeten des Sonnensystems wurden näher zur Sonne gezogen. Teil dieses Vorgangs war, dass sich die Erde selbst mit ihrem ungewöhnlich großen Wasservorkommen der Sonne annäherte.

Vor ungefähr 3,8 Milliarden Jahren verschlug es den Dunkelstern dann schließlich in die Region außerhalb des Sonnensystems. Aus dieser Entfernung konnte er nicht mehr bewirken, als gelegentliche Schauer von langperiodischen Kometen ins Sonnensystem zu lenken, von denen die meisten vom »Straßenfeger« des Sonnensystems, dem Jupiter, abgefangen wurden. Nach ungefähr 100 Millionen Jahren endete das Bombardement, und der Braune Zwerg schwenkte auf eine langsame, ausgedehnte Umlaufbahn um die Sonne ein. Doch wie wir schon sahen, war die Geschichte damit noch nicht zu Ende.

Weitere Ereignisse, die zur Auslöschung vieler Lebensformen führten, zeigten sich in den geologischen Aufzeichnungen und nahmen teilweise merkwürdige Züge an, ähnlich wie bei den von uns hier untersuchten Geschehnissen.

Physikalische Mechanismen

Es gibt eine interessante kleine Lebensweisheit in der Wissenschaft, die folgendermaßen lautet: Je eingehender man ein Phänomen studiert, desto verwirrender wird es. Ich glaube, es versteht sich von selbst, dass das hier von mir präsentierte Material komplex und keinesfalls klar und eindeutig ist. Jedes der drei Beispiele, die ich angeführt habe, ist mit seinem eigenen Mysterium versehen, doch nimmt man sie zusammen, führen sie nur zu noch mehr Verwirrung.

Der gemeinsame Nenner hier ist, dass alle drei Szenarien ungewöhnliche bzw. einmalige Aktivitäten über einen Zeitraum von Millionen von Jahren mit einschließen. Dann endet alles abrupt. Eine sorgfältige Analyse der Geschehnisse rund um das Bombardement vor 3,9 Milliarden Jahren scheint Sitchins Behauptung zu stützen, dass wir es mit einem kosmischen Eindringling von herausragender Bedeutung zu tun haben. Doch die Auswirkungen ließen so schnell nach wie sie eingetreten waren, und dies ist der eigentlich wichtige Punkt hierbei. Die theoretischen Modelle für das Eindringen eines solchen Planeten ins Sonnensystem gehen von exzentrischen Umlaufbahnen aus, doch gilt dies nur für eine begrenzte Zahl von Umlaufbahnen.

Manche Astronomen behaupten zwar, dass ein Planet in einer solch instabilen Umlaufbahn in die Sonne fallen oder direkt aus dem Sonnensystem hinausgeschleudert würde, doch für mich liegt die Wahrheit irgendwo in der Mitte zwischen diesen beiden Extremen. Die Umlaufbahn des Dunkelsterns wechselt als Ergebnis äußerer Einflüsse über einen gewissen Zeitraum von einer Phase in eine andere, und diese phasenweisen Veränderungen sind es, die die katastrophalen Ereignisse hervorrufen, die wir hier auf der Erde anhand der oben beschriebenen geologischen Grenzschichten nachvollziehen können.

Ich gebe zu: Dies ist eine ziemlich gewagte und »geradlinige« Schlussfolgerung, die sich aus einer Sammlung von eigentlich unzusammenhängenden und oft auch verwirrenden Daten ergibt. Doch hieraus ergeben sich auch sehr spannende Möglichkeiten, denn im Allgemeinen ziehen die Wissenschaftsdisziplinen einfache Lösungen für komplizierte Probleme vor.

Dr. Murray und Dr. Matese verweisen beide auf ihre nichtzufälligen Daten hinsichtlich der Umlaufbahnen langperiodischer Kometen[21, 9] und gehen von der Existenz eines kleinen Braunen Zwergs bzw. Riesenplaneten aus, der sich unter den Kometen befindet und langsam die Sonne umkreist. Die beiden ringen allerdings mit dem Problem, wie es geschehen konnte, dass die Sonne schließlich solch ein Objekt in ihren »Familienkreis« mit aufnahm.

Dieser Himmelskörper hätte sich nicht auf normale Weise unter den Kometen bilden können, da das dafür verfügbare Material in dieser Region einfach nicht ausgereicht hätte. Er muss also irgendwann schwerkraftmäßig von der Sonne eingefangen worden sein, und dies ist höchstwahrscheinlich schon im Frühstadium des Sonnensystems geschehen. Der Grund dafür ist, dass der stellare »Hort«, in dem sich die Sonne ursprünglich bildete, zu jener Zeit eine hohe Dichte an Sternen und Zwergsternen aufwies. Bei einem interstellaren Besucher »auf einmaliger Durchreise« ist es viel weniger wahrscheinlich, dass er unter den permanenten Schwerkrafteinfluss der Sonne geraten wäre.

So oder so: Der Dunkelstern muss der Sonne ursprünglich viel näher gewesen sein, um in ihren Schwerkrafteinfluss zu geraten, sonst wäre dieser Braune Zwerg einfach weitergezogen.

Dr. Daniel Whitmire, einer der führenden wissenschaftlichen Denker in der »Nemesis«-Debatte, vermutet, dass Kometen der Sonne ursprünglich näher waren und sich von dort aus hinaus bis in die Oortsche Wolke erstreckten – und dass der Riesenplanet mit Sicherheit dasselbe getan hat. In diesem Sinne hätte der braune Zwergstern zum Zeitpunkt der Entstehung des Sonnensystems seine Existenz in einer Entfernung zwischen einer und 10.000 AE von der Sonne beginnen können, bevor seine Umlaufbahn äußeren Einflüssen wie etwa vorbeiziehenden Sternen ausgesetzt gewesen wäre.[22] Er geht davon aus, dass dieser Einfluss zur Ausdehnung der Umlaufbahn des Planeten bis in die äußere Oortsche Wolke führte, doch es ist genauso gut möglich, dass der Planet auf eine Bahn in Richtung Sonne hätte einschwenken und somit einer der Protagonisten in Sitchins »himmlischer Schlacht« hätte sein können. Schließlich geschieht dies auch mit den Kometen.

Der Dunkelstern wäre also in den Schwerkrafteinfluss der Sonne geraten und hätte dann eine Serie von Zerstörungen in der planetarischen Zone des Sonnensystems bewirkt, bevor er dann wieder auf eine größere Umlaufbahn hinausgedriftet wäre. Es ist für den Leser offensichtlich, dass die Muster der Veränderungen im äußeren Sonnensystem viel mehr Flexibilität aufweisen als die der Planeten weiter innen, näher zur Sonne. Der Grund dafür ist, dass der Schwerkrafteinfluss der Sonne auf diese Himmelskörper an der Peripherie unseres Sonnensystems natürlich viel geringer ist. Deshalb können wir zurecht von Planetenmigrationen und veränderlichen Umlaufbahnen bei Himmelskörpern wie dem Dunkelstern ausgehen, und genau dieser Faktor ist es, der es dem braunen Zwillingsstern möglich macht, das Sonnensystem (immer wieder neu) zu formen.

Im nächsten Kapitel werden wir uns eingehender damit beschäftigen, wie der Dunkelstern tatsächlich der mysteriöse Faktor hinter dem Aufkommen und Abebben der Eiszeiten sein könnte, und wie uns dies zum Innehalten und Nachdenken über eines der brennendsten Probleme der Menschheit veranlassen könnte: die globale Klimaerwärmung.

Quellen

1 *H.G. Wells: »Stern der Vernichtung«, Orig.ausgabe 1899, Heyne, 1985. Dank an Rob Astor.*

2 *Z. Sitchin: »Der zwölfte Planet«, Kopp, 2003*

3 *J. Hills: »Comet Showers and the Steady-state Infall of Comets from the Oort Cloud«, The Astronomical Journal, 86, 1981, S. 1730*

4 *J. Hills: »The Passage of a ›Nemesis‹-like Object through the Planetary System«, The Astronomical Journal, 90, 1985, S. 1876*

5 *R. Corfield: »Architects of Eternity«, Headline Book Publishing, 2001*

6 *G. Hancock, R. Bauval, J. Grigsby: »The Mars Mystery, Penguin, Kap. 23, 1998*

7 *R. Muller: »Nemesis – The Death Star«, Weidenfield & Nicholson, 1988*

8 *J. Roach: »Mystery Undersea Extinction Cycle Discovered«, National Geographic News, 9.3.2005. Dank an Lee Covino.*

9 *J. Matese, P. Whitman, D. Whitmire: «Cometary Evidence of a Massive Body in the Outer Oort Cloud«, Icarus, 141, 1999, S. 336ff*

12 *C. Sagan: »Blauer Punkt im All«, Bechtermünz, Kap. 11, 2000*

11 *M. Heil: »Math Program Cracks Cause of Venus Climate Change«, 12.3.2001; http://www.jpl.nasa.gov*

12 *M. Edwards: »Glacial Records Depict Ice Age Climate In Sync Worldwide«, National Science Foundation, 24.3.2004. Dank an James Monds.*

13 *»Ice Ages«, Illinois State Museum, http://www.museum.state.il.us/exhibibits/ice_ages/*

14 *W. Alvarez: »T. Rex and the Crater of Doom«, Penguin, 1998*

15 *»Report on the Task Force on Potentially Hazardous Near Earth Objects«, Sept. 2000, British National Space Centre, London, bezugnehmend auf L. O'Hanlon: »Killer Crater Found«, http://www.discovery.com/news/briefs/20000419/geology_crater.html*

16 *I. Dalziel: »Earth Before Pangea«, Scientific American, Jan. 2000*

17 *P. Hoffmann, D. Schrag: »Snowball Earth«, Scientific American, Jan. 2000*

18 *»Snowball Earth«, Horizon, ausgestrahlt von BBC 2 am 22.2.2001*

19 *I. Semeniuk: »Neptune Attacks!«, New Scientist, 7.4.2001*

20 *G. Birdsall: »Tenth Planet Did Exist, Claims NASA«, UFO Magazine, Juni 2002*

21 *J. Murray, Mon. Not. R. Astron. Soc., 309, 1999, S. 31ff*

22 *»A Mysterious Perturber«, L. Moulton Howe im Interview mit Dr. Daniel Whitmire, Earthfiles, 1999, http://www.earthfiles.com/earth086.htm*

Kapitel 14

Eiszeit

Manchmal ist es verlockend, eine neue Idee zur Antwort auf alle möglichen Fragen herzunehmen und dabei den Bogen ein kleines bisschen zu überspannen. Wir müssen vorsichtige Schritte unternehmen, wenn wir bedeutsame Geschehnisse mit dem Dunkelstern in Verbindung bringen. Ganz offensichtlich können wir nicht mit Sicherheit sagen, dass er existiert, noch können wir seine Umlaufbahn genau beschreiben. Die neuen wissenschaftlichen Erkenntnisse über das äußere Sonnensystem sprechen zwar für seine Gegenwart, doch die Tatsache, dass solch ein Himmelskörper bisher nicht entdeckt wurde, führt dazu, dass Wissenschaftler sich bei diesem Thema nur ungern zu weit »aus dem Fenster lehnen«.

Im letzten Kapitel untersuchten wir Zeitperioden der Erdgeschichte, in denen es zur massenhaften Auslöschung nahezu allen Lebens kam. Doch statt scheinbar plötzlich eintretende Geschehnisse wie den Asteroideneinschlag zu betrachten, auf den das Aussterben der Dinosaurier wahrscheinlich zurückgeht, untersuchten wir Geschehnisse, die sich über einen längeren Zeitraum erstreckten. Die Ursachen dieser Geschehnisse bleiben rätselhaft, doch sollte tatsächlich ein Dunkelstern als Zwillingsgestirn der Sonne entdeckt werden, könnten, wie bereits im letzten Kapitel beschrieben, wiederholte Schwankungen seiner Umlaufbahn verantwortlich für einen Großteil der Umwälzungen auf der Erde zu jenen Zeiten gewesen sein.

Ich glaube, dasselbe gilt auch für ein weiteres Problem, mit dem sich Wissenschaftler konfrontiert sehen: dem Kommen und Gehen der Eiszeiten. Einfach ausgedrückt: Die Entfernung der Erde von der Sonne ist nicht auf ewig in Stein gehauen, sondern veränderlich.

Expansion und Kontraktion

Vielen Lesern wird dies vollkommen unvorstellbar erscheinen. Ich habe jedoch in den letzten Jahren mit vielen Astronomen und Astrophysikern korrespondiert, und alle bestätigen diesen Sachverhalt, der mir erstmals durch die Lektüre von Jack Hills Papier aus dem Jahre 1985 bewusst wurde.[1] Hier ist zum Beispiel ein Auszug aus meiner Korrespondenz mit Dr. Daniel Whitmire, die nicht nur die allgemeine Vorstellung bestätigt, dass Änderungen in der Umlaufbahn des Zwillingssterns eine Art Anstoß- oder Dominoeffekt auf andere Planeten ausüben würden, sondern auch darauf hindeutet, dass solche Veränderungen kraftvoll genug sind, um die ursprüngliche Entfernung, in der sich der Braune Zwerg gebildet hat, zu begrenzen:

Andy Lloyd: Wenn der Braune Zwerg nach Milliarden von Jahren »ausgepumpt« ist, verändern sich dann im Laufe der Zeit seine Bindungskräfte?

Daniel Whitmire: Ja.

Andy Lloyd: Wenn das zutrifft, hätte dies einen Anstoß- oder gar Dominoeffekt auf die Orbitalradien der bekannten Planeten?

Daniel Whitmire: Es gibt da eine Einschränkung hinsichtlich der Entfernung, in der er sich gebildet haben könnte. Sie muss mindestens einige hundert AE betragen.

Andy Lloyd: Wenn man bedenkt, dass eine große kreisförmige Umlaufbahn von 20.000 AE inhärent [in sich selbst, Anm. d. Ü.] instabil ist ...

Daniel Whitmire: Nicht »inhärent«. Es ist eher ein statistischer Wert. Es gibt wohl eine 50:50-Wahrscheinlichkeit, dass er bis zum heutigen Tage vorbeiziehende Sterne überlebt hätte, wenn er sich in einer Entfernung von 20.000 AE gebildet hätte.

Andy Lloyd: ... Bestünde nach dem Matese/Whitmire-Papier aus dem Jahr 1999 und dem von Hills (1985) nicht die Gefahr, dass der Braune Zwerg nach Erreichen dieser Entfernung von der Sonne von einem, sagen wir, vorbeiziehenden Stern wieder ins Sonnensystem zurückgeschleudert würde?

Daniel Whitmire: Die Wahrscheinlichkeit dafür ist gering. Doch man könnte erwarten, dass er aufgrund der galaktischen Gezeitenkräfte einige Male innerhalb von 4,5 Milliarden Jahren (dem Alter des Sonnensystems) in die Region der Planeten (oder in eine Distanz von etwa 100 AE) gelenkt würde. Zumindest nach Hills würde dies jedoch kein Problem darstellen. Ich glaube, aus seinen Berechnungen ging sogar hervor, dass selbst ein vorbeiziehender Stern mit einem Zehntel der Masse der Sonne nicht unbedingt größere Störungen der planetarischen

Umlaufbahnen hervorrufen muss.

Andy Lloyd: Könnten wir uns dann nicht ein zyklisches Orbitalmuster vorstellen, bei dem der Braune Zwerg »aufgepumpt« wird, bis seine Umlaufbahn instabil und er wie ein Komet in die planetarische Zone zurückgeschleudert wird, um von dort aus den ganzen Zyklus von neuem zu beginnen?

Daniel Whitmire: Wenn seine Umlaufbahn erst einmal größer als 30.000 AE ist, werden die galaktischen Gezeitenkräfte dies in weniger Zeit erreichen, als das Sonnensystem alt ist, doch wir würden immer noch in Zeiträumen von hunderten Millionen von Jahren rechnen. Äußere Störungen durch vorbeiziehende Sterne führen an sich nur dazu, dass ein winziger Bruchteil der Kometen in die planetarische Zone gelangt.

Wir können also sehen, wie ein größerer Planet jenseits des EKB in mehr als nur einer Hinsicht ein bedrohliches Element ist. Nicht nur, dass er Kometen ins innere Sonnensystem lenken könnte, sondern auch, dass seine Umlaufbahn im Laufe der Zeit leicht Schwankungen ausgesetzt sein könnte. Allein seine Größe hat dann Anstoßeffekte auf die Umlaufbahn unseres Planeten. Dasselbe gilt auch für andere Planeten im Sonnensystem. Das ganze System ist, je nach »Lust und Laune« dieses braunen Zwergsterns, Gegenstand von Expansion oder Kontraktion. Dieses Konzept ist schwierig nachzuvollziehen, weil wir alle so sehr an die Vorstellung gewöhnt sind, dass sich Planeten wie Billardbälle verhalten.

Die Anhänger von Planet X-Katastrophenszenarien beschreiben die Möglichkeit einer solchen Katastrophe im Allgemeinen mit recht deutlichen Worten, wobei sie von Planetenkollisionen und Kometenbombardements ausgehen. Doch für mich ist das eigentliche Problem, dass die Umlaufbahn unseres Planeten in inhärentem Bezug zum Schicksal eines massiven, aber verborgenen Planeten steht, der seinerseits einem Einfluss von Kräften außerhalb des Sonnensystems unterliegt.[2]

Es braucht kein Bombardement oder einen hereinziehenden Planeten, um die Umlaufbahn oder das globale Klima unseres Planeten direkt zu beeinflussen. Doch diese physischen Gegebenheiten werden größtenteils nicht in Betracht gezogen – und das aus nahe liegenden Gründen.

Planetarischer »Sand im Getriebe«

Gäbe es einfach nur neun Planeten im Sonnensystem, wie es gegenwärtig allgemein akzeptiert wird, dann gäbe es auch absolut keinen Grund zu glauben, dass sich ihre Umlaufbahnen für die Dauer der Existenz des Sonnensystems ändern sollten. Das ist der Grund, weshalb hierüber in Fachkreisen nie diskutiert wird: Unter den Umständen, von denen wir glauben, dass sie im Sonnensystem vorherrschend sind, wäre dies belanglos. Das Problem stellt sich nur, wenn wir die Existenz eines Zwillingssterns – wie unser Dunkelstern – in unsere Überlegungen mit einbeziehen.

Diese Situation entspricht in gewisser Weise der Debatte um Einsteins Spezielle Relativitätstheorie.[3] Die »normalen« bekannten physischen Gesetze finden zwar auf die meisten Situationen Anwendung, doch sie versagen, wenn es um Objekte geht, die auf nahezu Lichtgeschwindigkeit beschleunigt werden. Die Tatsache, dass genau dies geschieht, zeigt jedoch auf, dass es hinsichtlich der Funktionsweise des Universums als Ganzem etwas gibt, das wir vor Betrachtung des Relativitätsproblems übersehen hatten. In unserem Fall kann jedes Objekt im Sonnensystem einen Einfluss auf alle anderen Objekte ausüben, wenn sich die Energiekonstellation seiner Umlaufbahn verändert.

Fazit: Wenn ein Komet seine Umlaufbahn aufgrund einer Annäherung an bzw. Störung durch einen Planeten verändert, dann wird die Veränderung in der Orbitalenergie des Kometen zu einem gewissen Grade einen Einfluss auf das gesamte System ausüben. Dieser Einfluss wäre jedoch so gering, dass er in der Praxis vernachlässigbar wäre. Eine Folgewirkung wäre nicht zu beobachten. Die bekannten physischen Gesetze finden also immer noch Anwendung.

Diese Situation ändert sich jedoch schlagartig, wenn die in Betracht kommenden Kometen an Masse zunehmen. Je größer sie sind, desto mehr erhöht sich auch die gesamte Orbitalenergie, die sie mit sich führen. Was wäre also, wenn wir es mit einem Kometen zu tun hätten, der mehr Masse aufweisen würde als zum Beispiel einer der Gasgiganten im äußeren Sonnensystem? Gäbe es dann einen messbaren Effekt einer Veränderung seiner Umlaufbahn? Mit Sicherheit. Einer der Physiker, mit denen ich diesbezüglich korrespondierte, drückte es sehr prägnant aus:

»Die inneren Planeten sind sehr eng an die Sonne gebunden. Die Bindungskräfte (M × m : r) sind das Produkt aus M, der Masse der Sonne, und m, der Masse des Planeten, geteilt durch r, den Orbitalradius. Deshalb ist kaum davon auszugehen, dass eine Veränderung in der Umlaufbahn eines leicht an die Sonne gebundenen äußeren Planeten in irgendeiner Weise einen stärkeren Einfluss auf einen der inneren Planeten ausüben könnte (z.B. die Erde), es sei denn, der äußere Planet wäre sehr schwer«.[4] *(Hervorhebung durch den Autor)*

Wenn Planet X also nur ein Objekt von der Größe des Mars wäre, hätte eine wie auch immer geartete Veränderung seiner Umlaufbahn kaum einen Einfluss auf die Bindungskräfte der inneren Planeten. Nehmen wir dagegen einen Zwillingsstern wie etwa einen kleinen Braunen Zwerg, dann ergäbe sich ein messbarer Effekt. Würden sich die Bindungskräfte des Braunen Zwergs durch eine Störung seiner nur schwach gebundenen Umlaufbahn verändern, hätte dies auch einen Einfluss auf die Umlaufbahn der Erde. Sie könnte sich zusammenziehen oder ausdehnen, abhängig von den jeweiligen Veränderungen ihrer Bindungskräfte.[1]

Der Dunkelstern hat wahrscheinlich ein Gewicht von mehreren Jupitermassen, und wir dürfen nicht vergessen, dass der Jupiter mehr Masse aufweist als alle anderen Planeten im Sonnensystem zusammen. Das bedeutet, dass die Gesamtmasse des Planetensystems ein Vielfaches dessen ist, womit wir gewöhnlich arbeiten, und dass der Dunkelstern selbst den größten Teil der planetarischen Gesamtmasse ausmacht. Und dies bedeutet wiederum, dass hinsichtlich der Gesamtenergie des Sonnensystems eine wichtige Beziehung zwischen dem Dunkelstern und den anderen Planeten besteht; in Anlehnung an Einstein entspräche diese Thematik der wissenschaftlichen Debatte um die Lichtgeschwindigkeit. Eine kleine Veränderung der Umlaufbahn des Dunkelsterns genügt, und der Rest der Planeten erführe einen kräftigen und beobachtbaren Ruck als Folge davon!

Da die Umlaufbahn des Doppelsterns außerhalb des Sonnensystems liegt, ist er nicht sehr stark an die Sonne gebunden und unterliegt von daher eher äußeren Einflüssen. Obgleich wir nicht sagen sollten, dass sein Orbit »instabil« ist, ist er doch wie die Kometen eindeutig veränderlich.

Wenn wir davon ausgehen, dass eine Störung oder Änderung in der Umlaufbahn des Dunkelsterns nicht so stark ist, dass er Richtung Sonne oder vollständig aus dem Sonnensystem geschleudert wird, bleibt es doch eine Tatsache, dass die restlichen Planeten von jeglicher Änderung dieser Art beeinflusst würden. Der Grund dafür ist, dass die Masse des Dunkelsterns so groß ist, dass – auch wenn er seine Bahn in einer weit entfernten Umlaufbahn zieht – er immer noch eine herausragende Rolle bei der Neuformierung der Orbitalenergien der anderen Planeten spielen würde, um die Gesamtenergie des Systems zu erhalten.

So können wir zu Recht davon ausgehen, dass sich die Umlaufbahnen der Planeten als Reaktion auf Störungen durch den Dunkelstern gemeinsam ausdehnen oder zusammenziehen. Würde sich die Umlaufbahn des Dunkelsterns zusammenziehen, dann käme es zu einer Ausdehnung der Umlaufbahn der Erde, was zur Folge hätte, dass sich das Erdenjahr verlängerte und der Planet abkühlte. Dies würde zur selben Zeit auch mit allen anderen Planeten, Asteroiden und Kometen geschehen, da, wie wir bereits sahen, das ganze System auf Veränderungen in der Umlaufbahn des Dunkelsterns reagiert. Es käme zu einer kleinen, aber kollektiven Migration von Masse.

Würde der Dunkelstern im umgekehrten Fall in eine weiter ausgedehnte Umlaufbahn gelenkt werden, käme es zu einer Kontraktion der Umlaufbahnen aller uns bekannten Planeten und anderer Objekte im Sonnensystem. Auf allen Planeten wäre es etwas wärmer, und das jeweilige »Jahr«, also die Umlaufzeit jedes Himmelskörpers, wäre kürzer. Leser, die mit Mythen und Legenden vertraut sind, in denen davon die Rede ist, dass das Jahr Kalendertage hinzugewinnt oder verliert, werden hier mit Sicherheit eine Augenbraue hochziehen. So gern ich mich bei diesem Stand der Dinge weiter in dieses Thema vertiefen würde – eine genauere Untersuchung solcher Mythen und Legenden bleibt wohl am besten einem zukünftigen Buch vorbehalten.

Wir wissen, dass das globale Klimasystem der Erde sehr komplex und höchstwahrscheinlich auch recht fragil ist. Ich glaube, dass selbst eine geringfügige Änderung der Umlaufzeit der Erde um nur wenige Tage ausreichen würde, um größere Klimaveränderungen als Reaktion darauf auszulösen. Das ist auch der Grund, warum ich denke, dass der Dunkelstern für bestimmte Aspekte des Phänomens genannt »Eiszeiten« verantwortlich sein könnte.

Eiszeiten und Zwischeneiszeiten

Wir sind alle mit dem Begriff »Eiszeit« vertraut. Nach unserem gewöhnlichen Verständnis bezieht er sich auf eine prähistorische Zeitperiode, als ein Großteil der nördlichen Hemisphäre mit Kontinentaleis bedeckt war. Diese Eiszeit erstreckte sich über einen Zeitraum von mehreren Hunderttausend Jahren und führte zur Auslöschung vieler Lebensformen – auch solcher, die sich in ihrer Entwicklung den damaligen extremen Wetterbedingungen angepasst hatten. Dies als Zusammenfassung dessen, was uns im Allgemeinen über die Eiszeiten bekannt ist.

Die jüngste Eiszeit war die letzte in einer ganzen Reihe vorangegangener Eiszeiten, die im Verlauf der letzten vier Millionen Jahre kamen und gingen. Diese Eiszeiten und Zwischeneiszeiten scheinen sich zyklisch innerhalb eines Zeitraums von 100.000 Jahren zu ereignen. In den 1960er-Jahren fanden Wissenschaftler Nachweise dafür, dass dieser Zyklus auf das Pleistozän einen beherrschenden Einfluss ausübte.[5] Und dieser Zyklus verlangte nach einer Erklärung.

Die ersten Überlegungen zur Möglichkeit zyklischer Eiszeiten stellte man schon im 18. Jahrhundert an, doch wurde ihnen wenig Aufmerksamkeit geschenkt. Sie dienten ursprünglich zur Erklärung des Phänomens der ungleichmäßigen und merkwürdigen Verteilung von Find-

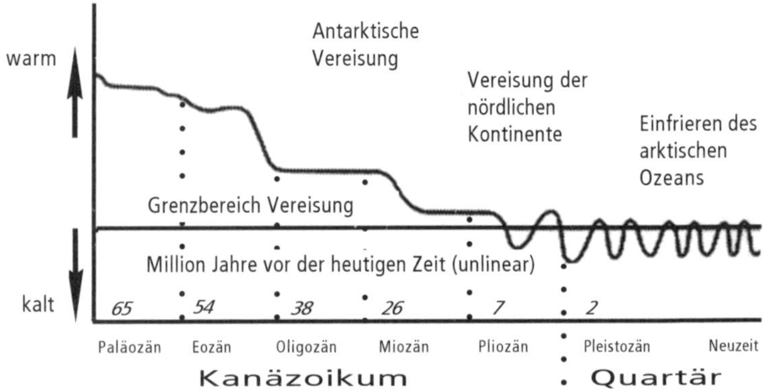

Die schrittweise Abkühlung der Erdoberfläche vom Paläozän (vor 65 Millionen Jahren) bis zum Pleistozän. Der Beginn der jüngsten Eiszeitepoche vor 3,5 bis 4 Millionen Jahren hätte durch Veränderungen in der Umlaufbahn des Dunkelsterns ausgelöst worden sein können. Träfe dies zu, dann stünde die Frage, ob wir uns gegenwärtig am Ende einer Eiszeit befinden oder lediglich eine Zwischeneiszeit durchleben, in direktem Bezug zur möglichen Existenz eines solchen sub-stellaren Himmelskörpers.

lingen (Gesteinsblöcken) an Stellen auf dem europäischen Kontinent, wo sie sich geologisch gar nicht gebildet haben konnten.

Im 19. Jahrhundert nahm man die Sache schon etwas ernster, als der schweizerische Paläontologe und Geologe Louis Agassiz das Konzept der zyklisch auftretenden Eiszeiten wieder aufgriff.

Dieser Ansatz wurde von Anfang an mit astronomischen Zyklen assoziiert, doch um die Thematik als solche rankten sich damals starke Kontroversen. Es brauchte eine ganze Zeit, bis die Vorstellung von Eiszeiten allgemein akzeptiert wurde, und sogar noch länger, bis eine Beziehung zwischen Eiszeiten und Zwischeneiszeiten hergestellt wurde. Der Grund war wohl, dass der Zyklus in sich selbst ziemlich komplex ist und andere kleinere Muster klimatischer Veränderungen in sich birgt.

Das Milankowitsch-Modell

Die Beziehung der Eiszeiten zur Bewegung der Erde durch das Sonnensystem wurde erstmals vom serbischen Astrophysiker und Mathematiker Milutin Milankowitsch postuliert. Er untersuchte, wie Veränderungen in der Neigung der Erdachse, die Präzession (vgl. Kap. 2 und 4) und die Exzentrizität der Umlaufbahn mit Klimaveränderungen über einen Zeitraum von vielen Tausenden von Jahren zusammenhängen könnten. Dafür schuf er ein theoretisches Modell, um einen Bezug zwischen klimatischen und astronomischen Einflüssen herzustellen. Doch Einzelheiten seines Modells konnten erst einem Test unterzogen werden, als Datierungstechniken entwickelt worden waren, die ein genaues Bild klimatischer Veränderungen über die Jahrtausende hinweg lieferten.

Dies nahm viele Jahre Zeit in Anspruch, und in der Zwischenzeit wurde das Milankowitsch-Modell von den meisten Wissenschaftlern verworfen. In den 1970er-Jahren wurden experimentelle Techniken entwickelt, die hinreichend detaillierte quantitative Daten lieferten, um Milankowitschs Hypothese angemessen zu überprüfen. Man entdeckte, dass die Datierung klimatischer Veränderungen mit der Komplexität der von ihm gemutmaßten astronomischen Zyklen im Einklang stand.[5]

Der größere 100.000-Jahre-Zyklus, der mit Veränderungen in der Exzentrizität der Umlaufbahn der Erde in Verbindung steht, ist gespickt mit Zeitperioden dramatischer Veränderungen. Diese können plötzlich und extrem sein. Die geologischen Aufzeichnungen der Erde haben uns geholfen zu erkennen, dass sich das Klima auf unserem Planeten auf dramatische Weise – und oft ohne Vorwarnung – verändert.

So haben zum Beispiel in Grönland durchgeführte Eiskernbohrungen gezeigt, dass es gegen Ende der letzten Eiszeit vor etwa 15.000 Jahren eine Zeit gab, als Eisdecken von der Größe eines Kontinents in weniger als einem Jahrzehnt schmolzen und auseinander fielen. Dann kühlte sich das Klima wieder ab und durchlief ein Muster von Schwankungen und Veränderungen, bevor sich die Gletscher schließlich vollständig zurückzogen.[6]

Forschungsarbeiten, die in der Antarktis durchgeführt wurden, zeigten, dass sich das Gewicht der kontinentalen Eisdecke vor ungefähr 14.000 Jahren drastisch veränderte, was im westlichen Marie-Byrd-Land und im Gebiet des Ross-Schelfs zu starken tektonischen Deformationen geführt hatte. Dies hätte durch Trennung und Anhebung der Erdkruste, verursacht durch einen isostatischen Ausgleich nach dem letzten Vergletscherungsmaximum, herbeigeführt werden können.[7] Wie wir sehen können, erfolgten über eine ähnliche Zeitspanne in beiden Hemisphären drastische Klimaveränderungen, und Wissenschaftler gehen davon aus, dass sich das Auftreten und Abebben der Eiszeiten auf globaler Ebene abspielt.[8]

Der Zyklus der Eiszeiten und Zwischeneiszeiten unterliegt Schwankungen mit einem komplexen Rhythmus, der abhängig von der veränderlichen Exzentrizität der Erdumlaufbahn ist, ebenso wie von der Achsneigung und der Präzession. Es existiert sogar ein relativ kleiner Effekt, der auf Veränderungen im Schwerkrafteinfluss der anderen Planeten auf die Erde zurückzuführen ist! Wieder einmal stellen wir fest, wie fragil unser Planet ist, wenn solche scheinbar belanglosen Variablen solch dramatische Effekte auf das globale Klima haben können. Nun sollte es auch klar sein, weshalb ich behaupten kann, dass Veränderungen in der Umlaufbahn des Dunkelsterns sogar noch dramatischere Gleichgewichtsstörungen im Gesamtsystem herbeiführen könnten.

Eines muss ich hier noch klarstellen: Der Dunkelstern beeinflusst diesen Milankowitsch-Zyklus nicht. Ich gehe nicht davon aus, dass es sich bei ihm um einen weiteren Ursachefaktor in einem bereits bekannten Muster klimatischer Veränderungen in Verbindung mit der Bewegung der Erde im Sonnensystem handelt. Was ich festzustellen versuche, ist, ob der Dunkelstern vielleicht der eigentliche Grund sein könnte, warum diese Eiszeiten überhaupt auftreten.

Eiszeitepochen

Den größten Teil der Zeit ihrer geologischen Geschichte hatte die Erde keine Eiskappen. Tatsächlich war der Planet über unglaublich lange Zeiträume – hunderte Millionen von Jahren – eisfrei.

Während dieser eisfreien Zeiten unterlag die Erde vermutlich immer noch Veränderungen in ihrer Eigenrotation und Umlaufbahn. Höchstwahrscheinlich war die Exzentrizität ihres Orbits genauso veränderlich. Auch der Neigungswinkel der Erdachse veränderte sich weiterhin im Laufe der Zeit. Ihre Präzession, die Kreiselbewegung um ihre eigene Achse, fand ebenfalls immer noch statt. Selbst der Schwerkrafteinfluss der anderen Planeten muss noch eine Rolle gespielt haben. Mit anderen Worten: Die vielfältigen Faktoren, die den Milankowitsch-Zyklus bestimmten, waren immer noch vorhanden.

Doch aus irgendeinem unerfindlichen Grund gab es auf der Erde über hunderte Millionen von Jahren kein Eis. Die weltweite Wärmeperiode während dieser ausgedehnten Zeitspannen wurde allerdings gelegentlich von Zeiten intensiver Kälte unterbrochen – die so genannten Eiszeitepochen.

Die jüngste dieser Epochen, die vor etwa vier Millionen Jahren begann und vor 10.000 Jahren endete, war unterteilt in eine Reihe von Zeitperioden von Vergletscherung und zwischenzeitlichen Wärmeperioden, die mit dem Milankowitsch-Zyklus in Beziehung stehen. Wenn wir also von der »letzten Eiszeit« sprechen, beziehen wir uns in Wirklichkeit auf die letzte in einer ganzen Reihe von Eiszeiten, die die Eiszeitepoche insgesamt bildeten.

Es ist möglich, dass die Eiszeitepoche überhaupt noch nicht zu Ende ist und unser Planet auf dramatische Weise eine neue Eiszeit erfahren könnte, die ein weiterer Teil des übergeordneten Zyklus der Eiszeitepoche ist. Vielleicht erleben wir im Moment nur eine warme Zwischeneiszeit – ein beunruhigender Gedanke.

Wissenschaftler können immer noch keine eindeutige Lösung dafür liefern, warum sich Eiszeitepochen über solch lange Zeiträume überhaupt ereignen; immerhin gab es die meiste Zeit der letzten etwa eine Milliarde Jahre kein Dauereis auf diesem Planeten. Es scheint sogar so, als ob die Eiszeit, die vor 600 Millionen Jahren auftrat, so ausgedehnt und weitläufig war, dass der ganze Planet unter ihrem Einfluss stand – was einige Wissenschaftler als »Schneeball Erde« bezeichneten. Vor und einige Zeit nach dieser extremen Zeitperiode fast vollständiger Vereisung und Vergletscherung gab es auf unserem Planeten überhaupt kein Eis. Und doch sind die Gründe für diese massiven Schwankungen des Erdklimas immer noch nicht ganz nachvollziehbar.[9]

Wir befinden uns gegenwärtig seit vier Millionen Jahren in einer dieser Abkühlungsperioden, die manchmal einhundert Millionen Jahre oder länger dauern. Unser gegenwärtiges Zeitalter scheint eine Periode nachlassender Vereisung zu sein – ein Vorgang, den wir durch unsere eigene Umweltzerstörung noch beschleunigen. Die Wissenschaft versteht die Gründe für das Anwachsen und Schrumpfen der Gletscher während einer Eiszeit recht gut – auch dass diese von verschiedenen Orbitalfaktoren abhängig sind. Doch warum solch extrem lange Kälteperioden überhaupt auftreten, ist noch völlig unklar.

Im Zeitraum der letzten eine Milliarde Jahre traten längere Eiszeiten in den folgenden geologischen Zeitaltern auf:

1. *Während des späten Pro-terozoikums (vor 800 bis 600 Millionen Jahren);*
2. *im Ordovizium und im Silur (vor etwa 460 bis 430 Millionen Jahren);*
3. *im mittleren und oberen Karbon und im Perm (vor etwa 350 bis 250 Millionen Jahren);*
4. *im späten Neogen und im Quartär (die letzten vier Millionen Jahre).*

Berggletscher

Bei ihrem Versuch nachzuvollziehen, warum diese langen Perioden der Vereisung überhaupt auftreten, untersuchen Wissenschaftler eine Reihe von Ursachefaktoren, einschließlich der Kontinentaldrift, der Anhebung tektonischer Platten, der Verringerung des CO_2-Gehalts in der Atmosphäre und potentieller Veränderungen in der Umlaufbahn der Erde. Der Mechanismus der Plattentektonik trägt zur Bildung ausgedehnter Eiskappen bei, indem er vorübergehend riesige Landmassen in großer Höhe über dem Meeresspiegel formt, auf denen sich Eis absetzen kann. Die darauffolgende Bildung großer Eisdecken scheint durch positive Rückkopplungsmechanismen beschleunigt worden zu sein, denn diese Eisdekken reflektieren aufgrund ihrer Helligkeit mehr Sonnenlicht, und die fehlende Absorption der Sonnenstrahlung trägt zusätzlich zur allgemeinen Abkühlung des Planeten bei. Einige Wissenschaftler verweisen hinsichtlich der Ursachefaktoren auch auf Veränderungen der Erdumlaufbahn um die Sonne, besonders in Bezug auf die Exzentrizität des Orbits, die Neigung der Rotationsachse und die Richtung, in die der Nordpol weist.[10]

Doch diese Erklärungen sind genau dieselben, wie sie auch schon zur Erklärung des Milankowitsch-Zyklus herangezogen wurden. Bei der Untersuchung der Gründe für die langen Eiszeitepochen werden diese Erklärungen allerdings überstrapaziert. Die Lösungen für das Problem dieser merkwürdigen Klimaschwankungen finden wir nur auf einer anderen Ebene, nämlich wenn wir nach äußeren Einflüssen Ausschau halten, die gegenwärtig nicht mehr vorhanden sind.

Es existiert kein bekannter Mechanismus, der erklären könnte, warum die Erde für Hunderte Millionen von Jahren in Eis gehüllt und dann für ähnlich lange Zeitperioden wiederum vollkommen eisfrei war; es ist fast so, als ob die Erde in eine neue Umlaufbahn eingeschwenkt wäre.

Das Undenkbare denken

Zu Beginn dieses Kapitels untersuchten wir die orbitalen Bindungskräfte und stellten fest, dass sowohl Astronomen als auch Physiker sehr vertraut mit der Vorstellung sind, dass die Umlaufbahnen der Planeten energetisch in einem wechselseitigen Abhängigkeitsverhältnis stehen und nicht nur die Schwerkraft für Wechselwirkungen verantwortlich ist. Und wie wir schon feststellten, würde die Verlagerung der Umlaufbahn eines massiven Himmelskörpers zwangsläufig auch Verlagerungen der Umlaufbahnen der anderen Planeten im selben System herbeiführen.

Die Tatsache, dass die hier vorgestellte Theorie eine tatsächliche Migration der Erde in eine andere Umlaufbahn bedingt, scheint dem Startpunkt der Umlaufbahn des Zwillingssterns künstliche Grenzen gesetzt zu haben – zumindest in den Köpfen der Befürworter der »Nemesis«-

Theorie. Doch aus den in diesem Buch zusammengetragenen Belegen geht hervor, dass solch eine Migration der Erde durchaus möglich ist; tatsächlich ist dieses Phänomen für das Verständnis der Geschichte unseres Planeten sogar von entscheidender Bedeutung.

Ein größerer Schlüssel ist die Tatsache, dass es auf diesem Planeten viel zu viel Wasser gibt – verglichen mit der theoretischen Situation, die sich aus dem gegenwärtigen Aufenthaltsort der Erde ergibt. Und dann ist da noch das mysteriöse Kommen und Gehen der Eiszeitepochen. Ich bin mir ziemlich sicher, dass Wissenschaftler, die sich mit diesen Problemen beschäftigen, zumindest die Möglichkeit berücksichtigt haben müssen, dass sich die Umlaufbahn der Erde zu bestimmten Zeiten in der Geschichte des Sonnensystems verlagert hat.

Da es jedoch gegenwärtig keinen rational erklärbaren Mechanismus gibt, mit dem dies möglich wäre, wird die dem gesunden Menschenverstand entsprechende Lösung zurückgestellt und stattdessen werden weit komplexere und aufwändigere Modelle zur Erklärung herangezogen. Doch die Existenz des Dunkelsterns schafft einen praktikablen und gleichzeitig dramatischen Ursachefaktor, der uns gestatten sollte, hier zur Abwechslung mal etwas quer zu denken.

Ich gehe davon aus, dass noch mehr Beweise zur Unterstützung dieser Hypothese auftauchen werden, wenn sich unser Wissen um Herkunft, Wesen und Natur der Himmelskörper in den nächsten Jahren erweitert. Das zukünftige Studium der Geologie der anderen terrestrischen Planeten wird weitere Beweise für Katastrophen und Kataklysmen auf anderen Planeten als der Erde erbringen – und ich wette, dass sich auf ihnen dieselben geologischen Grenzschichten wie auf unserem Planeten finden lassen werden. Schließlich werden alle Planeten beeinflusst, wenn sich die planetarischen Bindungskräfte als Folge eines »Phasenwechsels« in der Umlaufbahn des Dunkelsterns verändern. Bestimmte örtliche Gegebenheiten auf den jeweiligen Planeten könnten zu unterschiedlichen physikalischen Manifestationen des Effekts führen, doch der *Zeitpunkt* seines Auftretens wäre zwangsläufig überall derselbe.

In diesem Fall kann ich eine wissenschaftliche Prognose stellen, die auf meiner Hypothese beruht: Epochale Grenzschichtveränderungen auf dem Mars und der Venus werden zeitlich mit denen auf unserem Planeten zusammenfallen, wie etwa der Perm-Trias-Grenze, der präkambrisch-kambrischen Explosion oder dem »letzten großen Bombardement« bzw. »lunarem Kataklysmus«. Weitere große geologische und klimatische Umwälzungen auf diesen Planeten werden ebenfalls zeitlich mit den Veränderungen auf unserem Planeten zusammenfallen, einschließlich geologischer Markierungspunkte außerirdischen Ursprungs, die dem plötzlichen Beginn terrestrischer Eiszeitepochen von langer Zeitdauer zeitlich entsprechen.

Als Beispiel: Werden die Muster der Ausdehnung und Schrumpfung der Eisdecken entlang der verschiedenen Epochen auf Mars und Erde identisch sein, was ihr zeitliches Auftreten betrifft? War der Mars also vor mehr als vier Millionen Jahren mehr oder weniger genauso warm wie die Erde? Ging er zur selben Zeit wie die Erde durch eine vier Millionen Jahre lange Zeitperiode starker Vereisung? Wenn sich die Erde langsam aber stetig erwärmt – wird sich auf dem Mars ein ähnliches Muster zeigen, das die Oberfläche des Planeten für bestimmte Lebensformen vielleicht bewohnbarer macht?

Polverschiebungen

Einige Forscher warteten mit ziemlich radikalen Ideen zur Erklärung der Anomalien hinsichtlich der Eiszeitepochen auf. So zitiert zum Beispiel Graham Hancock in seinem Buch »Die Spur der Götter« die Theorien von Charles Hapgood zu einer »Verschiebung der Erdkruste«. Belege für einen plötzlichen Klimawandel zu prähistorischen Zeiten sind nicht neu, doch vielleicht sind sich viele Menschen nicht bewusst, wie groß die Anzahl von entdeckten Anomalien ist, die auf diese extrem plötzliche Veränderung hinweisen. Zwei Beispiele: »Blitzgefrorene Mammuts in Nordsibirien und Alaska, und dreißig Meter hohe Obstbäume im Dauerfrost weit innerhalb des nördlichen Polarkreises, wo nichts wächst.«[11]

Weitere Belege für Katastrophen und Kataklysmen in Zeitperioden dramatischer Klimaveränderungen finden sich auch in anderen Quellen.[12] Bei dieser Theorie geht es im Wesentlichen um eine Bewegung der Erdkruste als Ganzes, auch genannt Lithosphäre, um den Erdkern. Ihr plötzliches bzw. sprunghaftes Auftreten hätte katastrophale Folgen, und die kanadischen Forscher Rand und Rose Flem-Ath haben viele Belege aus Geologie und Mythologie zusammengetragen, um ihre These zu untermauern, dass die letzte Eiszeit im 11. Jahrtausend v. Chr. ihr plötzliches Ende fand.[12, 13, 14] Natürlich ist diese Vorstellung, dass die gesamte Erdkruste auf solch katastrophale Weise rotieren könnte, schon ziemlich unkonventionell. Es könnte sein, dass der Milankowitsch-Zyklus eine schlüssigere Erklärung für die Probleme liefert, die Hancock und andere aufgeworfen haben, denn das Milankowitsch-Modell stimmt mit den Mustern zyklischer Wechsel zwischen Eiszeiten und Zwischeneiszeiten innerhalb der letzten Epoche überein.

Doch sind alle diese Veränderungen wirklich von so apokalyptischer Natur wie die, die vor etwa 11.000 Jahren aufgezeichnet wurden? Markiert dies einen völlig andersartigen Übergang zu einer neuen, anhaltend wärmeren Zeitperiode? Oder war es nur eine von vielen schrittweisen Anpassungen des Weltklimas, während die Erde in eine andere Phase des Milankowitsch-Zyklus eintrat, wie vorherzusehen war?

Die große Frage

Was mich hier wirklich interessiert, ist die Frage, ob das katastrophale Ende der letzten Eiszeit vor etwa 11.000 Jahren den Übergang zu einer neuen Zwischeneiszeit markierte, oder ob dies das katastrophale Ende der Jahrmillionen langen Eiszeitepoche als Ganzes war. Sollte Letzteres zutreffen, was angesichts der vielen Belege dafür wahrscheinlich ist, dann sollte das Ende der gesamten, vier Millionen Jahre andauernden Eiszeitepoche uns letztendlich an einen Punkt führen, an dem das gesamte Eis der Erde im Laufe der Zeit verschwindet und die globale Erwärmung den ganzen Planeten fest in ihrem Griff hat.

Die Eiskappen würden dann wieder der Vergangenheit angehören, und die durchschnittliche Temperatur der Erde würde sich wieder in einen Bereich hochbewegen, in dem die Saurier ursprünglich gediehen – selbst an den Polen der Erde! Auch das ist ein beunruhigender Gedanke.

Diese komplexen Themen sind nicht neu. Bevor sich die wissenschaftliche Gemeinde und unsere Gesellschaft über die Folgen einer beschleunigten globalen Erwärmung bewusst wurden, war der allgemeine Konsens, dass die Erde sich wahrscheinlich wieder abkühlen würde. Man ging davon aus, dass es sich beim gegenwärtigen Zeitpunkt um eine Zwischeneiszeit handelt – eine von vielen innerhalb der drei bis vier Millionen Jahre langen Eiszeitepoche. Diese Zwischeneiszeitperioden wurden einzig und allein anhand der Milankowitsch-

Zyklen bestimmt. Da frühere Zwischeneiszeiten sich nach einer Dauer von ungefähr 10.000 Jahren dem Ende zuneigten, ging man davon aus, dass die Gletscher heutzutage wieder wachsen sollten.

Doch kürzliche Forschungsarbeiten haben aufgezeigt, dass dies auf keinen Fall eine »normale« Zwischeneiszeit ist. In Wirklichkeit hat sich die Temperatur auf unserer Erde langsam aber stetig erhöht, obwohl sie sich schon längst wieder verringert haben sollte. Einige Forscher vermuten, dass diese Abkehr vom normalen Muster des Klimawandels, der direkt mit dem Milankowitsch-Zyklus in Bezug gesetzt wird, schon 6000 v. Chr. begann. Schon vor 8.000 Jahren waren die Konzentrationen von Kohlendioxid und Methan in der Atmosphäre anormal hoch, woran sich seitdem nichts geändert hat.

Obwohl die Ursache unbekannt ist, scheint es doch klar, dass das allgemeine Prinzip des Milankowitsch-Zyklus, der unser globales Klima vier Millionen Jahre lang bestimmt hat, keine Anwendung mehr findet. Diese Veränderung fällt zeitlich mit dem Aufkommen der menschlichen Zivilisation zusammen und wurde mit der Erfindung und Verbreitung der Landwirtschaft in Verbindung gebracht.[16] Doch wir sollten uns auch daran erinnern, dass sich Eiszeitepochen auch zuvor schon ihren jeweiligen Enden zugeneigt haben. Zu jenen Zeiten existierte die Menschheit noch nicht auf diesem Planeten.

Fazit: Solch große Umwälzungen im Erdklima verlangen Lösungen, die mit dem Platz der Erde im Kosmos zu tun haben.

Unsere Geologen verfügen über ziemlich detaillierte Aufzeichnungen der Erdgeschichte, die uns zeigen, dass das Klima durch die Zeitalter hindurch unglaublich instabil war, und dass sich atemberaubende Umwälzungen in nur wenigen Jahren oder Jahrzehnten ereigneten. Dies fügt einem bereits chaotischen Bild der gegenwärtigen globalen Klimaveränderungen noch mehr Ungewissheit hinzu. Diese Ungewissheit bedeutet, dass Wissenschaftler nicht vorhersagen können, ob die Erde sich stetig weiter erwärmt, bis es zu einem außer Kontrolle geratenden Treibhauseffekt kommt, oder ob es Selbstregulierungsmechanismen hinsichtlich der Klimabalance gibt – oder ob wir letztendlich auf dem Weg in eine neue Eiszeit sind.

Darum ist es so wichtig herauszufinden, ob es einen Dunkelstern gibt, der die Sonne umkreist. Wenn das so ist, woran ich fest glaube, dann ist seine Gegenwart in meinen Augen der Ursachefaktor für das

Kommen und Gehen von Eiszeitepochen. Um es einfach auszudrücken: Die Entfernung der Erde von der Sonne sollte nicht länger als eine Konstante, sondern als eine Variable angesehen werden. Über hunderte Millionen von Jahren war sie der Sonne nah genug, um sämtliches Eis von der Oberfläche dieses Planeten zu verbannen.

Vielleicht kehren wir nun zu solchen Zeiten zurück. Während der Eiszeitepochen umkreiste die Erde die Sonne in einem etwas größeren Abstand.

Dies führte zur Bildung der kontinentalen Gletscher, was nur durch Schwankungen und Exzentrizitäten in der Erdumlaufbahn unterbrochen wurde.

Der Grund, warum sich der Orbitalradius der Erde verändert, hat mit der Instabilität der nur schwach gebundenen Umlaufbahn des Dunkelsterns zu tun. Die Energien der Umlaufbahnen aller Planeten im Sonnensystem sind zwangsläufig miteinander verflochten, und der Dunkelstern hält den Schlüssel zu allem. Wenn sich die Erde nun nach einer vier Millionen Jahre langen Eiszeitepoche wieder erwärmt, ist es logisch und nahe liegend anzunehmen, dass sich auf dem Mars dieselbe Erwärmung nach dieser Epoche vollzieht. Dies könnte die kürzlich entdeckten Nachweise für die einstige Existenz fließenden Wassers auf dem Roten Planeten erklären.

Die Venus sollte sich ebenso erwärmen, und vielleicht waren die klimatischen Bedingungen auf diesem inneren Planeten zur Zeit dieser »kälteren Epoche« nicht ganz so extrem. (Man sollte jedoch nicht das Wort »Eis« mit der Venus in Verbindung bringen; eine »kältere« Zeitperiode auf diesem höllisch heißen Planeten würde nur bedeuten, den Temperaturregler an diesem riesigen Ofen etwas herunterzudrehen.)

Wenn wir die letzte Eiszeitepoche vollständig hinter uns gelassen haben, statt nur eine Zwischeneiszeit zu durchleben, dann lässt sich dies direkt auf eine kürzlich erfolgte Veränderung in der Umlaufbahn des Dunkelsterns zurückführen. Die Folgen dieser Veränderung sind beträchtlich. Es würde bedeuten, dass die Eiskappen unseres Planeten einer ziemlichen Gefahr ausgesetzt sind. Hinzu kommen unsere eigenen menschlichen Aktivitäten in den letzten einhundert Jahren, seitdem das Industriezeitalter seinen Anfang nahm. Wenn die Polkappen abschmelzen, werden die Küstenregionen und alle mehr oder weniger auf Meereshöhe gelegenen Landmassen dauerhaft überflutet, was zu einem gewissen Zeitpunkt – vielleicht schon bald – katastrophale Ausmaße annehmen könnte.

Unser Planet als Ganzes wird sich noch viel mehr erwärmen – egal, ob wir nun durch Ausstoß von Treibhausgasen zu diesem Effekt beitragen oder nicht. Dies ist eine sehr ernste Situation. Ihre Hintergründe und Ursachen zu verstehen hängt vollkommen von der Entdeckung des Zwillingssterns der Sonne ab. Wir haben keine Zeit mehr zu verschwenden.

Quellen

1. *J. Hills: »The Passage of a ›Nemesis‹-like Object through the Planetary System«, The Astronomical Journal, 90, 1985, S. 1876*
2. *Korrespondenz mit Dr. Daniel Whitmire und Dr. John Matese, 5.3.2001; Abdruck mit freundlicher Genehmigung.*
3. *B. Greene, »The Elegant Universe«, Jonathan Cape, 1999*
4. *Korrespondenz mit Dr. R. Fitzpatrick, 29.1.2002*
5. *J. & M. Gribbin: »Ice Age«, Allen Lane, Penguin Press, 2001*
6. *A. Grayson (Hrsg.): »Equinox: The Earth, in »Ice Warriors« von P. Simons, Channel 4 Books, 2000, S. 126f*
7. *»Scientists See Earth Move in Antarctica«, Jet Propulsion Laboratory, http://geodynamics.jpl.nasa.gov/antarctica/mblproject.html, 14.12.2000*
8. *M. Edwards: »Glacial Records Depict Ice Age Climate In Sync Worldwide«, National Science Foundation, 24.3.2004. Dank an James Monds.*
9. *»Snowball Earth«, Horizon, ausgestrahlt von BBC 2 am 22.2.2001*
10. *»Ice Ages«, Illinois State Museum, http://www.museum.state.il.us/exhibits/ice_ages.*
11. *G. Hancock: »Die Spur der Götter«, Lübbe, 1995*
12. *D.S. Allan, J.B. Delair: »When the Earth Nearly Died«, Gateway Books, 1995, S. 16*
13. *R & R. Flem-Ath: »Atlantis and the Earth's Shifting Crust«, http://www.flem-ath.com/del1.htm*
14. *R & R. Flem-Ath: »When the Sky Fell«, Stoddart, Canada, 1995*
15. *R. Flem-Ath, C. Wilson: »The Atlantis Blueprint«, Warner, 2001*
16. *W. Ruddiman, »How Did Humans First Alter Global Climate?«, Scientific American, Bd. 292, Nr. 3, März 2005, S. 34ff*

Kapitel 15

Ist dies unsere Nemesis?

In diesem Buch habe ich meine eigenen Thesen zum Phänomen des Dunkelsterns dargestellt. Ich habe dies in seinen geschichtlichen Bezug gesetzt und mich dabei auf verschiedene andere Ideen zum Planeten X gestützt, die unter Wissenschaftlern und in der allgemeinen Öffentlichkeit erörtert wurden. Meine Vorstellung des Dunkelsterns ist dem Konzept des »Nemesis«-Sterns sehr ähnlich – zumindest was seine stellaren Eigenschaften betrifft. Mein Dunkelstern befindet sich jedoch am unteren Ende der Bandbreite von Objekten, die Nemesis sein könnten.

Mitte der 1980er-Jahre war die Vorstellung eines Zwillingssterns namens »Nemesis« eine sensationelle Neuigkeit. Die Diskussion um seine mögliche Existenz füllte zu jener Zeit die Seiten angesehener Wissenschaftsmagazine. Das Thema hatte es einmal sogar auf die Titelseite des *Time*-Magazins geschafft.[1] Die Berichterstattung in den Medien war nicht unbedingt immer freundlich und unvoreingenommen, was wohl daran lag, dass die Idee einerseits so spekulativ erschien, andererseits aber auch eine enorme Tragweite hatte, sollte die Existenz dieses Himmelskörpers bestätigt werden.

Mitunter frage ich mich, ob Menschen sich überhaupt mit dem Gedanken anfreunden können, dass Wissenschaftler imstande wären, durch ihre astronomischen Untersuchungen apokalyptische Ereignisse vorherzusagen. Vielleicht zieht dies die Naturwissenschaften in den Bereich der Religion, vor allem in die kontroverse christliche Vorstellung von »Armageddon«. Dies ist ein Bereich, mit dem die meisten Wissenschaftler eigentlich lieber nichts zu tun haben wollen. Es wundert also kaum, dass viele Wissenschaftler zu jener Zeit für die »Nemesis«-Theorie nur Hohn und Spott übrig hatten.

Dr. Richard Muller, einer der ersten Wissenschaftler, die mit der »Nemesis«-These hervortraten[2], ist immer noch der Auffassung, dass – trotz einer weit verbreiteten falschen Vorstellung, dass die »Nemesis«-These widerlegt wurde – dieser hypothetische Ansatz nach wie vor brauchbar und realistisch ist. Er räumt ein, dass die Umlaufbahn von

Nemesis gegenwärtig instabil wäre. Doch ihre Veränderlichkeit im Verlauf der Zeit liefert eine Antwort auf dieses Problem, denn wie Dr. Mullers Kollege, der Astronom Piet Hut zeigte, betrug seine Lebensspanne zum Zeitpunkt der Entstehung des Sonnensystems sechs Milliarden Jahre.[1]

Ich glaube, dass Dr. Muller mit seiner Behauptung richtig liegt, dass der »Fall Nemesis« immer noch offen ist. Und tatsächlich hat unser erst kürzlich erlangtes Wissen über Braune Zwerge die Debatte wieder angefacht. Meiner Ansicht nach ist Nemesis ein sehr kleiner Brauner Zwerg und nicht ein erheblich größerer Roter Zwerg, wie ursprünglich vermutet. Dies macht es leichter, auf Fragen nach den Gründen für seine bisher nicht erfolgte Entdeckung einzugehen.

Doch an dieser Stelle enden auch schon die Übereinstimmungen zwischen meinen Thesen und denen der »Nemesis«-Theoretiker. Ich glaube nicht, dass eine Umlaufzeit von 26 oder 30 Millionen Jahren die Antwort ist. Stattdessen gehe ich von einem schwerkraftmäßig viel enger gebundenen Objekt als möglichem »Kandidaten« aus. Eine Umlaufzeit in der Größenordnung von tausenden statt Millionen von Jahren ergibt einfach mehr Sinn.

Es scheint mir, als ob der von Raup und Sepkoski postulierte Auslöschungszyklus bisher nicht nachgewiesen wurde[3], denn die Daten, auf die sich die beiden Wissenschaftler dabei beziehen, decken nur eine sehr schmale Bandbreite von Möglichkeiten ab. Vielleicht stellt sich ihre These eines Tages als korrekt heraus, wenn wir weitere Erkenntnisse zur Kraterbildung auf anderen Planeten gewonnen haben. Ich würde jedoch nicht die Nemesis/Dunkelstern-These zur Gänze auf die Ergebnisse dieser beiden Wissenschaftler zurückführen. Das angeblich zyklische Muster von Kometeneinschlägen könnte eine statistische Illusion sein, einschneidende Veränderungen auf unserem Planeten jedoch nicht.

In Kapitel 14 äußerte ich die Vermutung, dass die Veränderlichkeit der Umlaufbahn des Dunkelsterns in sich selbst ein Ursachefaktor für viele Naturkatastrophen war. Die Natur seiner nur schwach gebundenen exzentrischen Umlaufbahn führt im Laufe der Zeit zu Veränderungen, die erhebliche Auswirkungen auf Klima und Leben auf diesem Planeten haben. Ich hoffe, dass dieser Ansatz helfen könnte, die Nemesis-Debatte auf ein neues tragfähiges Fundament zu stellen. Schließlich steht so viel auf dem Spiel wie kaum je zuvor. Es sind Veränderungen auf dem Planeten Erde im Gange, die dringend einer Erklärung bedürfen.

Eine Katastrophe der neueren Zeit

Die Menschheit zeigt eine erstaunliche Neigung, sich selbst Verletzungen zuzufügen. Doch unsere Zerstörungswut ist nichts im Vergleich zu der Art von Katastrophen, die sich in der Natur abspielen. Der Tsunami, der durch die Verschiebung tektonischer Platten unter dem Indischen Ozean am 26. Dezember 2004 ausgelöst wurde, tötete hunderttausende von Menschen in den benachbarten Küstenregionen. Die durch diese Katastrophe ausgelöste Notlage schien das Mitgefühl der gesamten Weltbevölkerung zu wecken: Die Öffentlichkeit brachte Milliardensummen auf und blamierte damit Regierungen, deren erste Reaktionen auf die Katastrophe alles andere als angemessen waren.

Die Ursache dieser Tragödie erinnert uns wieder einmal daran, wie fragil unser Leben auf diesem Planeten ist, und wie leicht wir alle von ähnlichen Katastrophen bedroht werden könnten. Seit Jahrzehnten behaupten Katastrophisten, dass es in prähistorischen Zeiten immer wieder zu Zerstörungen und Verwüstungen unseres Planeten gekommen war. Sie fragen sich, ob unser Aufstieg vom Steinzeitmenschen zum zivilisierten Weltbürger vielleicht nicht so glatt verlief, wie es in unseren Geschichtsbüchern beschrieben wird. Viele haben sich auch gefragt, ob unser Fortschritt eher sprunghaft als schrittweise erfolgt ist, und ob unsere menschlichen Vorfahren wiederholt Opfer von Naturkatastrophen waren, die unseren ganzen Planeten in Mitleidenschaft gezogen hatten.

Die letzte dieser größeren Naturkatastrophen hatte verheerende Auswirkungen auf die Küstenregionen am Rand des Epizentrums dieses Seebebens, das auf der Richter-Skala die Stärke 9,1 erreichte. Die Verschiebung der tektonischen Platten gegeneinander verursachte im Indischen Ozean einen Tsunami mit bis zu zwölf Meter hohen Wellen, der einige Stunden nach Ausbruch des Bebens enorme Verwüstungen auf den Inseln und an den Küstenstreifen in der weiteren Region anrichtete. Man kann sich kaum ein schlimmeres Katastrophenszenario vorstellen.

Doch es gab in den geschichtlichen Aufzeichnungen schon erheblich größere Tsunamis, deren Flutwellen noch viel größere Landstriche unter Wasser setzten.

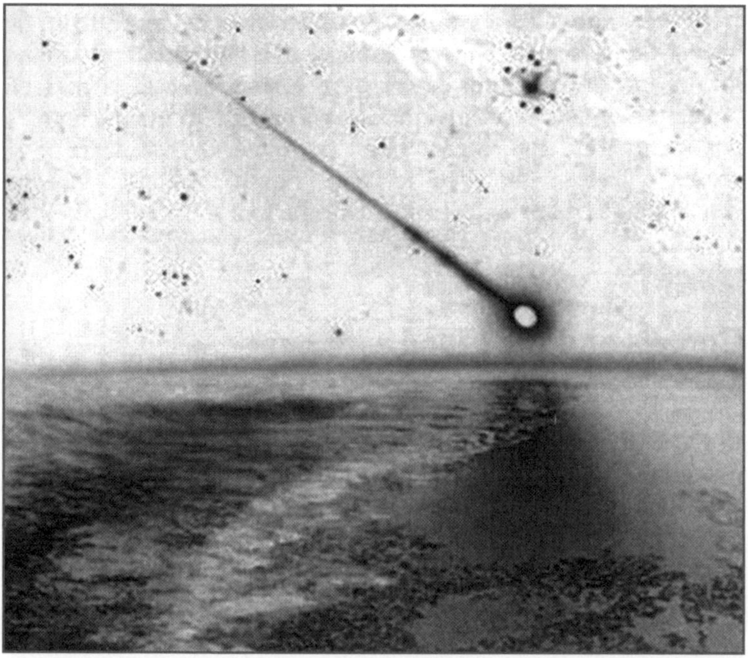

Naturkatastrophen wie Seebeben und Einschläge von Asteroiden oder Meteoriten führen uns immer wieder vor Augen, wie fragil das Leben auf dem Planeten Erde ist.

Es ist eine Tatsache, dass die Menschen sich schon immer bevorzugt an Küstenregionen niedergelassen haben. Hier ist der Boden fruchtbarer, die Tierwelt mannigfaltiger und die klimatischen Bedingungen gewöhnlich nicht so extrem wie weiter landeinwärts. Doch leider ist hier auch das Risiko größer, dass Seebeben und aus ihnen resultierende Flutwellen diese Landstriche von Zeit zu Zeit heimsuchen und verwüsten.

Viele haben sich gefragt: Ist es möglich, dass zu früheren Zeiten ein globaler Tsunami eine weltweite Naturkatastrophe ausgelöst haben könnte? Es hätte sich dabei um eine wirklich sehr große Welle handeln müssen, die die Folge eines äußerst starken Seebebens gewesen wäre. Das Epizentrum dieses Bebens hätte sich an einer Stelle befinden müssen, von wo aus die Flutwelle sich durch alle Ozeane hätte ausbreiten können, ohne auf größere Landmassen zu treffen. Dies wäre nur möglich gewesen, wenn sich das Epizentrum in den südlichen

Weltmeeren in der Nähe der Antarktis befunden hätte. Und der wahrscheinlichste Auslöser einer solchen Katastrophe wäre der Einschlag eines Kometen in den Ozean gewesen.

Vor 2,15 Millionen Jahren schlug ein Asteroid mit einem Durchmesser von über einem Kilometer in der südöstlichen Region des Pazifischen Ozeans ein. Geologen und Ozeanographen konnten am Meeresboden in dieser Region Hinweise auf einen solchen Einschlag finden: Der Meeresgrund ist an dieser Stelle über Hunderte von Quadratkilometern Zerstörungen ausgesetzt gewesen.[4, 5, 6] Der verheerende Einschlag löste eine Riesenwelle aus, die nach nur fünf Stunden etwa siebzig Meter hoch war. Sie bewegte sich vom Punkt des Einschlags mit der Geschwindigkeit eines Düsenflugzeugs durch den Pazifik und Südatlantik und verwüstete die Küstenregionen von Australien, Asien und Südwestafrika.

Kometen und die Sintflut

In dem von der britischen Regierung finanzierten und im Jahre 2000 veröffentlichten »Report of the Task Force on Potentially Hazardous Near-Earth Objects« [Task-Force-Bericht zu potentiell gefährlichen Himmelsobjekten in Erdnähe, d. Ü.][7] wird die statistische Bedrohung durch Tsunamis untersucht, die durch einen Asteroideneinschlag ausgelöst werden. Die tragischen Ereignisse vom 26. Dezember 2004 haben die Möglichkeit solcher Naturkatastrophen wieder in unseren Blickpunkt gerückt.

Rund um die Welt gibt es viele Sintflut-Mythen und -Legenden. Die biblische Geschichte von Noah ist nicht nur in der Levante weit verbreitet, sondern rund um die Welt. Das Buch Henoch, die älteste bekannte apokalyptische Schrift, identifiziert sieben brennende Sterne mit der Sintflut.[8] Vielleicht waren sie Teil eines Kometenschwarms oder des beobachtbaren Phänomens »Nibiru« – oder der Dunkelstern. Solch eine Assoziation lässt bei mir die Alarmglocken läuten.

Wissenschaftler scheinen jedoch überwiegend nicht zu glauben, dass sich zu prähistorischen Zeiten eine weltweite Katastrophe dieser Art ereignet hat, die zur Auslöschung vieler Lebensformen führte. Und doch sind Mythen und Legenden mit Bezug auf eine solche Katastrophe so weit und unter so vielen unterschiedlichen Kulturen verbreitet, dass gewiss etwas Wahres an diesen Überlieferungen dran ist. Viele Wissenschaftler erwidern darauf, dass solch ein weltumspannendes Ereignis nicht stattgefunden haben könnte, ohne gewisse Nachweise dafür zu hinterlassen.

Es liegt allerdings gerade in der Natur solcher plötzlichen Sintfluten, dass sich lange Zeit nach dem Ereignis kaum noch Spuren der Verwüstungen zeigen. Die Zerstörung wurde buchstäblich »weggewaschen« oder tief unter Schlamm und Sand begraben.

Einer der überraschendsten Medienberichte im Zusammenhang mit der Tsunami-Katastrophe vom 26. Dezember 2004 war die Reaktion eines Stammes auf der westlichsten Insel der Andamanen, North Sentinel Island, auf das Seebeben. Der gesamte, etwa fünfhundert Männer, Frauen und Kinder zählende Stamm überlebte den Tsunami, indem er unmittelbar nach dem Seebeben die Küstenregionen verließ und sich in höher gelegene Gebiete in Sicherheit brachte. Die indischstämmige Journalistin und Autorin Madhusree Mukerjee, die sich seit vielen Jahren mit den Ureinwohnern der Andamanen beschäftigt, sprach mit Stammesangehörigen über ihre weitsichtige Reaktion. Sie erklärten, dass sie die Küstenregionen vor Eintreffen der Flutwelle verlassen hatten, weil ihre Vorväter sie entsprechend gewarnt hatten; in ihren Überlieferungen raten sie dem Stamm, unmittelbar nach einem Erdbeben höher gelegene Gebiete aufzusuchen oder – wenn man einmal auf dem Meer ist – weiter hinauszufahren.[9] Der Stamm beherzigte den Rat und sicherte so sein Überleben.

Diese bemerkenswerte Geschichte zeigt, wie wichtig mündliche Überlieferungen und Lehren für jede Kultur sind. Tsunamis sind Beispiele

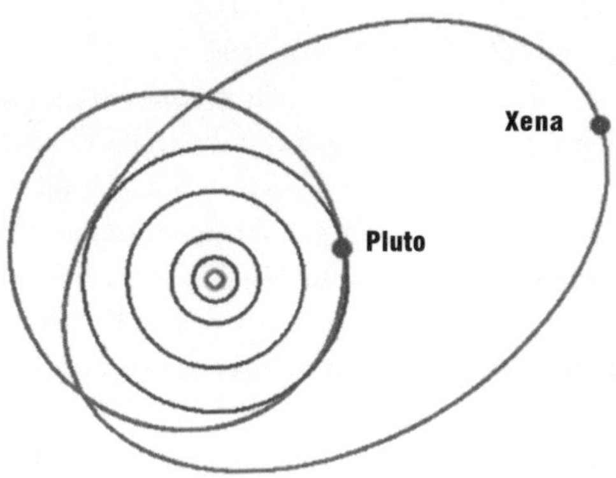

Die exzentrischen, sich schneidenden Umlaufbahnen von Pluto und Xena

für seltene Naturkatastrophen, doch dieser primitive Stamm beherzigte die Warnungen seiner Vorväter hinsichtlich der Folgen eines Erdbebens, die sich über Jahre erstrecken können. Der »moderne Mensch« hat die Warnungen seiner Urahnen vor bestimmten Naturkatastrophen schon seit langer Zeit als »Unsinn« abgetan. Durch ihre begrenzte Sichtweise hat unsere moderne Gesellschaft die allgegenwärtigen Gefahren ignoriert und dem Wissen, das unsere Vorväter an uns weitergereicht haben, in törichter Weise den Rücken gekehrt.

Hieraus sollten wir unsere Lektionen lernen. In den uns überlieferten Schriften aus antiken Zeiten und den mündlichen Überlieferungen vieler Stämme findet sich ein großes Ausmaß an Weisheit. Diese Lehren und Überlieferungen können zwar nicht unsere Wissenschaft ersetzen, doch sie können und sollten Bestandteil unseres heutigen Wissensschatzes sein und bleiben.

Fast alle Götternamen sind vergeben

Dieser Mangel an Interesse an unseren prähistorischen Wurzeln und den Mythen, die zu jenen Zeiten reichlich vorhanden waren, findet eine weitere Entsprechung in der neuzeitlichen Jagd nach Planeten jenseits von Neptun. Als Astronomen begannen, die Kleinplaneten und Asteroiden im Sonnensystem zu katalogisieren, gaben sie jedem von ihnen einen Namen. Diese Namen leiteten sich von den Pantheons der klassischen Götter und Göttinnen ab, so auch die bekannteren Namen der Planeten wie Mars und Jupiter. Da jedoch die Zahl bekannter kleinerer Himmelskörper im Sonnensystem im Laufe der Zeit stetig anwuchs, ging den Wissenschaftlern der »Vorrat« an verfügbaren Göttern und Göttinnen langsam aus.

Das Problem verschärft sich noch, wenn man es mit einem möglichen größeren Planeten zu tun hat, für den der Name eines »größeren« Gottes erforderlich ist. Kürzlich stellte sich dieses Problem erneut, als im Edgeworth-Kuiper-Gürtel verschiedene Objekte entdeckt wurden, deren Größen sogar an den Planeten Pluto heranreichen. Mittlerweile werden auch Götternamen aus den Pantheons anderer Religionen zur Bezeichnung dieser Objekte benutzt, wie Sie am Beispiel von »Sedna« bereits sahen. Doch wenn wir einen Planeten entdecken sollten, der größer als Pluto ist, sollte dann dieser Planet nicht nach einem Gott oder einer Göttin der klassischen griechischen oder römischen Mythologie benannt werden?

Die Entdeckung eines »tatsächlichen« zehnten Planeten hat dieses Problem kürzlich aufgeworfen und für weitere Kontroversen in der Planet X-Debatte gesorgt. Der Planet mit der offiziellen Bezeichnung *2003 UB313* wurde von Dr. Mike Brown und seinen Kollegen mithilfe des Samuel-Oschin-Teleskops am Palomar-Observatorium in der Nähe von San Diego, Kalifornien, USA, entdeckt.[10] Es ist das am weitesten entfernte Objekt, das im Sonnensystem gesichtet wurde und befindet sich gegenwärtig in einer Entfernung von nahezu 100 AE.

Einen Planeten in solch großer Entfernung überhaupt zu entdecken, ist unglaublich schwierig. Tatsächlich kann er mit dem leistungsstarken Spitzer-Infrarotteleskop trotz detaillierten Wissens um seinen Aufenthaltsort noch nicht identifiziert werden. Dass den Astronomen seine Entdeckung überhaupt geglückt ist, verdanken sie dem hohen Reflexionsgrad seiner mit Eis bedeckten Oberfläche, ohne die er mit Sicherheit verborgen geblieben wäre.

Auch dieses sehr große EKB-Objekt hat eine elliptische Umlaufbahn, die sich mit den Umlaufbahnen mehrerer anderer kürzlich entdeckter kleinerer Objekte schneidet. Standen diese EKBOs mit ihren exzentrischen Orbits noch unter einem anderen Einfluss als dem des mächtigen Neptun? Es scheint plausibel, das anzunehmen.

Der gegenwärtige Trend bei den Entdeckungen deutet darauf hin, dass weitere große Objekte mit an Sicherheit grenzender Wahrscheinlichkeit kurz vor ihrer Entdeckung stehen – jedes mit einer eigenen exzentrischen Umlaufbahn. Die elliptischen Orbits dieser EKBOs scheinen der Grund zu sein, warum solch große planetenartige Objekte bisher so schwer zu entdecken waren. Dies ist natürlich auch der Grund, warum der Dunkelstern bisher unentdeckt geblieben ist – zumindest bis jetzt.

2003 UB313 ist nicht nur größer als Pluto, sondern auch ein Planet mit ähnlichen Merkmalen. Man könnte ihn zu Recht als »Zehnten Planeten des Sonnensystems« bezeichnen.

Bis jetzt hat *2003 UB313* jedoch noch keinen offiziellen (Götter-) Namen erhalten.[11] Es scheint, als ob die Entdecker für diesen Planeten den Namen »Xena« (»Kriegerprinzessin«) vorgeschlagen haben – nach der gleichnamigen US-amerikanischen Fantasy-Fernsehserie. Dieser Namensvorschlag bricht mit der Tradition der bisherigen Planetenbezeichnungen und wird unter professionellen Astronomen mit

Sicherheit für heftige Kontroversen sorgen. Mir persönlich gefällt der Name. Er hat einen bestimmten Klang an sich und vermittelt den Eindruck des Aufbruchs in eine neue Richtung – wie es ja auch bei der Planet X-Forschung der Fall ist. Doch ich bin mir nicht so sicher, ob er bei den für die endgültige Entscheidung zuständigen Behörden auf breite Akzeptanz stoßen wird.

Die verantwortlichen Damen und Herren könnten sogar entscheiden, dass »Xena« – obwohl größer als Pluto – eigentlich doch kein »echter« zehnter Planet ist, und dass die Verleihung eines eher trivialen Namens seine symbolische Bedeutung herabwürdigt. Je nach philosophischer Einstellung zur Namensgebung von Planeten könnte es sich also herausstellen, dass der nicht-klassische Name »Xena« letztendlich doch eine brauchbare und zweckdienliche Bezeichnung ist ...

Der Name, der schließlich irgendwann dem Objekt *2003 UB313* gegeben wird, wird davon abhängen, ob es als einer der größeren oder als Kleinplanet klassifiziert wird. Da er größer als Pluto ist, sollte man denken, dass es darüber keine Meinungsverschiedenheiten geben sollte. Schließlich hält man ja auch verbissen an dem Status von Pluto als einem der »Hauptplaneten« fest.

Doch die Entdeckung von »Xena« könnte die erste von vielen weiteren sein. Wenn jeder runde Fels- oder Eisbrocken im EKB, der größer als Pluto ist, demnächst allerdings als Planet klassifiziert wird, dann könnten wir schon in wenigen Jahren in eine Situation geraten, in der wissenschaftliche Publikationen praktisch Dutzende von »Planeten« im Sonnensystem auflisten müssen! Das Dilemma der Astronomen ist unübersehbar.

Geheimhaltung und Astronomie

Vielleicht haben Sie sich schon einmal gefragt, warum Astronomen die Entdeckung eines brandneuen Planeten bekannt geben, obwohl sie gar nicht in der Position sind, ihm einen ordentlichen Namen zu geben. Die technische Bezeichnung *2003 UB313* weist auf seine ursprüngliche Entdeckung im Jahre 2003 hin, noch bevor Sedna entdeckt wurde, dessen Bezeichnung *2003 VB12* ist. Dass es sich bei diesem neuen EKB-Objekt tatsächlich um einen eigenständigen Planeten handelte, wurde jedoch erst am 8. Januar 2005 entdeckt. Von diesem Zeitpunkt an arbeiteten Mike Brown und sein Team mit mindestens zwei verschiedenen Teleskopen, um die hieb- und stichfesten Beweise zu sammeln, die zur Veröffentlichung erforderlich waren.

In dieser Zeit hielten sie ihre Entdeckung geheim. Die technischen Informationen zu »Xena« waren allerdings in Computer-Datenbanken des Forschungsteams gespeichert, und irgendwann sickerte es durch, dass diese »sicheren« Daten tatsächlich für jede Person mit ausreichenden technischen Kenntnissen übers Internet verfügbar waren.

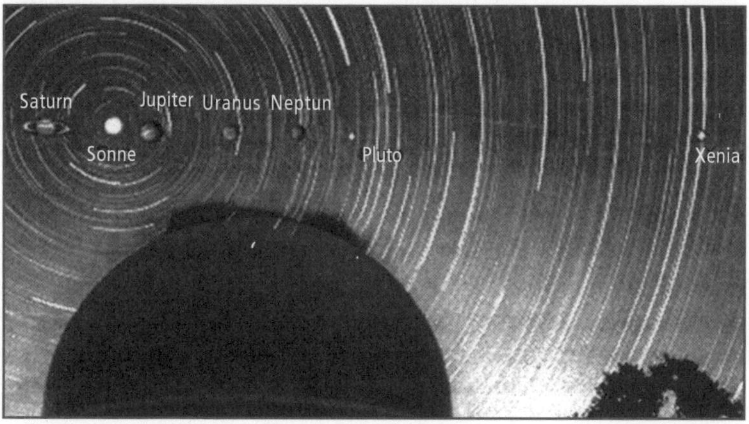

Dr. Mike Brown entdeckte dann zu seinem Entsetzen, dass jemand tatsächlich heimlich auf die Datenbank zugegriffen hatte. Und das bedeutete, dass eine Person mit astronomischem Hintergrundwissen sich mühelos rückwärts durch die vorhandenen Daten arbeiten und Xena »als Erster entdecken« konnte, noch bevor Dr. Browns Team Gelegenheit gehabt hätte, seine Entdeckung bekannt zu machen. Mike Brown war deshalb gezwungen, seine Entdeckungen vorzeitig zu veröffentlichen, was der Entdeckung als solcher sicher ein wenig die Show stahl.[12]

Da »Xena« schon achtzehn Monate vor der Bekanntgabe seiner Existenz von den Astronomen katalogisiert worden war, könnte man glauben, dass sämtliche astronomischen Entdeckungen absichtlich vor der Öffentlichkeit geheim gehalten werden. Ist dies so? Taucht zum Beispiel Nibiru in irgendeiner Datenbank auf? Und wird seine Existenz nur deshalb nicht bekannt gegeben, weil irgendeine Forschergruppe sich über seine Natur und Klassifizierung immer noch den Kopf zerbricht? Werden wir bezüglich Planet X etwa im Ungewissen gelassen?

Solche Überlegungen sind alles andere als wirklichkeitsfremd, doch die hierbei zu berücksichtigenden Faktoren sind zugegebenermaßen recht komplex.

Die Veröffentlichung von Informationen zu Entdeckungen neuer EKBOs ist ziemlich problematisch. Neue Lichtpunkte auf Fotografien eines bestimmten Himmelsabschnitts zu entdecken und genug Daten zusammenzutragen, um Orbits und Größen neuer Objekte zu bestimmen, sind zwei völlig verschiedene Dinge. Mitunter ist es sogar schwierig, einmal entdeckte und identifizierte Objekte erneut zu finden.

Angesichts der Leistungsstärke der heutzutage benutzten astronomischen Instrumente ist dies zunächst sicher schwer zu glauben. Man muss sich jedoch vergegenwärtigen, dass diese Objekte so klein und weit entfernt sind, dass die Astronomen mit ihren Teleskopen an die äußerste Grenze des Auflösungsvermögens des Instruments gehen müssen, um sie überhaupt ausfindig zu machen. Dazu kommen andere Faktoren wie sich stetig verändernde atmosphärische Umstände usw. Manche potentiellen Objekte werden einmal gesehen – und dann nie wieder. Doch ohne systematisch aufgezeichnete Beobachtungen über einen längeren Zeitraum lässt sich der Bahnverlauf eines Objekts nicht bestimmen, und von der »Entdeckung« eines möglichen Planeten kann bis dahin keine Rede sein. Am Rande des Auflösungsvermögens unserer Teleskope könnte ein »echter« Planet kurz aufblitzen und wieder verschwinden.

Hinzu kommt noch, dass die seitliche Bewegung eines Objektes am Himmel umso geringfügiger ist, je weiter es entfernt ist, weil seine Umlaufzeit entsprechend länger ist. Dies erklärt vielleicht auch, warum es so schwer ist, ein Nemesis-Objekt genau zu lokalisieren. Seine Seitwärtsbewegung am Himmel erfolgt so langsam, dass es leicht mit einem Fixstern im Hintergrund verwechselt und so falsch klassifiziert werden könnte.

Schließlich weisen auch die Fixsterne eine dynamische Eigenbewegung auf; sie rotieren um das galaktische Zentrum wie Pferdchen auf einem Kinderkarussell. Nichts in diesem Universum verharrt in vollkommener Bewegungslosigkeit. Die Bestimmung von relativen Entfernungen im All ist also nicht ganz so einfach, wie man vielleicht glauben mag. Wie wir bereits in einem früheren Kapitel feststellten, könnten sogar die Wärmesignaturen, die Objekte auf Infrarotfilm hinterlassen, nicht so leicht zu verifizieren sein, wie man denken könnte, und viele Objekte wurden zwar lokalisiert, aber nicht wirklich als solche identifiziert oder weiter erforscht.

Es könnte also sein, dass solch ein Objekt ursprünglich im Jahre 2003 klassifiziert wurde, doch es bräuchte vielleicht einige weitere Jahre sorgfältiger Arbeit, um genügend Daten zusammenzutragen, die es Wissenschaftlern und der allgemeinen Öffentlichkeit dann gestatten, das Objekt als neuen Planeten zu akzeptieren. Wissenschaftler, die versuchen, hier hastig vorzustürmen und den Vorgang zu beschleunigen, laufen Gefahr, ihren Ruf zu schädigen.

Trotz der beschriebenen Umstände ist das Thema der Geheimhaltung jedoch noch nicht vom Tisch. Selbst wenn wir die schwierigen Bedingungen wissenschaftlicher Arbeit hier nachvollziehen können, die hieb- und stichfeste Beweise erforderlich macht, bevor ein entsprechender Artikel in einem Wissenschaftsjournal veröffentlicht werden kann, bleibt es doch eine Tatsache, dass die Entdeckung neuer Planeten im Sonnensystem vorübergehend geheim gehalten wird.

Dies wäre sicher auch in Ordnung, wenn die Entdeckung von Planet X nur von rein akademischem Interesse wäre. Es gibt jedoch einen Aspekt, der über das rein Wissenschaftliche hinausreicht. Es gibt so viele unterschiedliche Vorstellungen zu Bedeutung und Stellenwert des Planeten X, dass es schwierig wäre, sie hier alle im Detail aufzuführen, doch es lohnt sich, sich hier einen kurzen Überblick zu verschaffen.

Die Konsequenzen der Entdeckung

Auf dem Höhepunkt der Planet X-Kontroverse im Jahre 2003 behaupteten viele Forscher, dass der Periheldurchgang von Planet X zu verheerenden globalen Zerstörungen führen könnte. Der wahrscheinlichste Auslöser solcher Katastrophen, so die Forscher, wären Kometenschauer von biblischen Dimensionen. Planet X führt ein komplettes System von Kometen, Asteroiden und sogar Monden und Planeten mit sich. Trotz der riesigen Ausmaße des Sonnensystems stellt solch eine enorme Anzahl potentieller »Projektile« für uns eine starke Bedrohung dar.

Doch nicht nur die Kometen stellen eine Gefahr dar. Eine weitere Möglichkeit ist, dass die Strahlungsaktivität der Sonne als Folge der Gegenwart des Planeten X unter den anderen Planeten des Sonnensystems zunimmt. Gigantische magnetische Stürme auf der Oberfläche der Sonne würden zum Zusammenbruch unserer globalen Kommunikationsnetze führen und das Klima unseres Planeten weiter aufheizen. Es könnte sein, dass sich die magnetischen Pole unseres Planeten umkehren oder sich zumindest auf dramatische Weise verschieben, und die Folgen, die dies für das Leben auf diesem Planeten hätte, sind noch nicht absehbar. Eine weitere Möglichkeit ist, dass die auf der Erde auftreffenden Kometen gefährliche Viren mit sich führen, die sich dann wie eine tödliche Plage in der Atmosphäre unseres Planeten verbreiten können.

Aus diesen und weiteren Gründen, so behaupten Schwarzseher und Untergangspropheten, sollten wir rechtzeitig Vorkehrungen treffen, um »das Ende der Welt« abzuwenden.

Wenn Sie die potentielle Geheimhaltung um die Entdeckung des Planeten X in diesen Kontext setzen, ist leicht zu erkennen, wie sich hier eine handfeste Verschwörungstheorie bilden kann. Gehen wir für einen Moment davon aus, dass die Regierung sich der Existenz von Nibiru sehr wohl bewusst ist. Nehmen wir außerdem an, dass sie auch die Gefahr erkennt, die von solch einem Himmelskörper ausgeht. Nun, zweifellos wäre es das oberste Gebot, eine Massenpanik in der Bevölkerung unter allen Umständen zu vermeiden, wenn sich herausstellen sollte, dass die oben aufgeführten Schlimmstfall-Szenarien der Wahrheit entsprächen. Für Sie ist es sicher genauso nachvollziehbar wie für mich, dass die Bekanntmachung der Entdeckung des Planeten X und die sich daraus ergebenden Angst erregenden Implikationen von Regierungsbehörden unter allen Umständen unterdrückt würden.

In diesem Fall befänden sich Astronomen, die auf der Jagd nach diesem Objekt sind, in einer ziemlich prekären Situation. Ihre Forschungsdaten werden gesammelt und in Computerdateien abgelegt. Eifrige Regierungsbeauftragte könnten Aktivitäten auf diesen Computern überwachen und nach dem »Einen Großen« Ausschau halten, wobei sie mehr als genug Zeit hätten zu handeln, bevor es überhaupt zu einer öffentlichen Bekanntmachung kommt. Schließlich veröffentlichen die Wissenschaftler ihre Daten nicht ohne vorherige gründliche Überprüfung, die Monate beansprucht. Dies würde den Behörden den zeitlichen Vorsprung geben, um rechtzeitig eine Massenpanik abzuwenden.

Bei solch extremen paranoiden Auswüchsen seitens der Behörden könnte man zu der Vermutung kommen, dass Dr. Mike Browns »Hacker«

ein offizieller Vertreter der Regierung gewesen sein könnte …

Natürlich liest sich dies alles wie das Drehbuch zu einem schlechten Science-Fiction-Film. Könnte dies wirklich alles möglich sein? Nun, das hängt von der Natur des Planeten X ab. Wenn es ein terrestrischer Planet ist, der sich während seines Perihels durch den Asteroidengürtel bewegt, wie es Zecharia Sitchin in seinen Werken beschreibt, dann könnte er wirklich eine Gefahr darstellen. Doch gegenwärtig muss er so weit von seinem Perihel entfernt sein, dass zwischen dem Zeitpunkt seiner Entdeckung und seinem tatsächlichen Periheldurchgang viele, viele Jahre liegen, was uns genügend Vorwarnzeit geben sollte. Solch ein Objekt braucht für seine Bewegung um die Sonne eben eine Menge Zeit – und wird nicht einfach von heute auf morgen an unserer »Türschwelle« erscheinen.

Sollte Planet X ein größeres Objekt sein – eher in der Nemesis-Größenordnung –, wäre es nicht so wahrscheinlich, dass er eine unmittelbare Gefahr darstellte. Doch über einen längeren Zeitraum könnte sein indirekter Einfluss auf unseren Planeten genauso nachteilig sein. Allein die Größe dieses Dunkelsterns im Verhältnis zu den anderen Planeten im Sonnensystem bedeutet, dass er der »Hüter der Machtbalance« zwischen den Planeten und der Sonne ist.

Selbst über große Entfernungen hinweg könnte er durch Änderungen in seiner Umlaufbahn oder Bewegung durch die verschiedenen Schichten des solaren Magnetfeldes einen spürbaren Einfluss auf unseren Planeten ausüben. Er könnte sogar, wie schon angesprochen, bei seiner Durchquerung des EKB Kometenschwärme mit sich bringen – mit jetzt noch unabsehbaren Folgen. Ich wies an früherer Stelle schon darauf hin, dass die Lücke im EKB das Resultat des Durchzugs eines solchen Himmelskörpers gewesen sein könnte, wobei unser Planet vielleicht der Leidtragende früherer Kometen-Fallouts gewesen war. Ein Beispiel dafür wäre das »letzte große Bombardement« vor 3,9 Milliarden Jahren.

Ich glaube, dass dieser Dunkelstern der Schlüssel zu langzeitlichen Klimaveränderungen auf der Erde ist, und dass die Veränderungen, die wir zur Zeit auf unserem Planeten erleben, symptomatisch für die Neuausrichtung dieser kosmischen Machtbalance sein könnten. Dies mag in sich selbst nicht allzu bedrohlich für unsere Welt erscheinen – zumindest nicht im Vergleich zum Szenario eines Kometenbombardements. Hier steht jedoch noch eine andere Machtbalance auf dem Spiel.

Seit Jahrzehnten wurde der Weltenergiebedarf zum größten Teil durch Öl gedeckt, und dieser Bedarf erhöht sich mit der weltweiten industriellen Entwicklung noch weiter. Die damit einhergehende unaufhaltsame Erhöhung des Ausstoßes von Treibhausgasen bedeutet, dass wir in absehbarer Zeit einen Geschmack davon bekommen könnten, wie es sich anfühlt, auf der Venus zu leben. Dies ist eines der Politik- und Umweltthemen, an dem sich die Geister scheiden.

Doch das Weltklima ist keine stabile Konstante und war es auch nie. Es schwankt zwischen starken Extremen hin und her – vom »Schneeball Erde« bis zu den Dinosauriern, die einst die Pole bewohnten. Diese Veränderungen hatten zu jener Zeit natürlich nichts mit dem übermäßigen Verbrauch fossiler Brennstoffe zu tun. Dies ist zumindest ein Punkt, über den Gewissheit herrscht.

Es sind eher naturgegebene Mechanismen, die die Furcht einflößenden klimatischen Veränderungen auf der Erde bestimmen, und dasselbe scheint auch für die anderen Planeten im Sonnensystem zu gelten. Wenn der Schlüssel zu diesem Mysterium der Dunkelstern ist, dann hätte seine Entdeckung große Auswirkungen auf die Diskussion rund um den Klimawandel, und vielleicht erhielten wir dann einen Gesamteindruck von den tatsächlichen Einflussfaktoren.

Eine weitere Konsequenz, die sich aus seiner Entdeckung ergäbe, könnte für Regierungsbehörden von Interesse sein. Wenn der Dunkelstern tatsächlich ein wesentlicher Bestandteil antiker Mythen und Legenden ist, wird seine Entdeckung bei Vertretern und Angehörigen aller Religionen tief greifende Fragen aufwerfen. Sie wird unsere Sichtweise von uns selbst und unserem Platz im Kosmos von Grund auf ändern.

Dies könnte viele Jahre, vielleicht sogar Generationen brauchen, doch es käme zu einem völlig neuen Verständnis unserer eigenen Ursprünge als menschliche Spezies, genauso wie wir viele Quellen unseres religiösen Glaubens hinterfragen würden. Die vielen Mythen, mit denen wir unser ganzes Leben lang systematisch sowohl von der Gesellschaft als auch von uns ans Herz gewachsenen religiösen und weltanschaulichen Organisationen »gefüttert« wurden, würden schließlich entzaubert und verworfen. Doch es würde uns nicht leicht fallen, sie aufzugeben – das steht fest.

Die hier gerade aufgeführten Überlegungen könnten sich letztendlich für unsere Zukunft im Vergleich zur globalen Erwärmung oder möglichen Kometeneinschlägen als viel wichtiger herausstellen.

In gewisser Weise leben wir in paranoiden Zeiten, und die vorübergehende Instabilität, die sich aus einer solch umwälzenden Entdeckung wie der des Dunkelsterns sicher ergäbe, würde von Regierungen, deren Nerven sowieso schon oft blank liegen, nicht unbedingt mit offenen Armen willkommen geheißen werden.

Ähnlich wie die Wissenschaftler, die nichts Böses ahnend am Manhattan-Projekt gearbeitet hatten, könnten die Astronomen heutzutage in ein Spiel verwickelt sein, dessen Ausgang ihre Hoffnungen und Ängste weit übersteigt. Vielleicht könnte die wissenschaftliche Sorgfalt und Verschwiegenheit, mit der sie vorgehen, als nützlicher »Stoßdämpfer« dienen und ihnen gestatten, die weiteren Konsequenzen ihrer Entdeckungen rechtzeitig abzuschätzen.

Mythos und Realität

In diesem Buch haben wir die wissenschaftlichen Anhaltspunkte untersucht, die die These eines verborgenen Zwillingssterns der Sonne stützen. Ich habe eine neue Version der älteren Nemesis-Theorie vorgelegt, nach der sich solch ein Himmelskörper in größerer Nähe zum Sonnensystem befinden könnte. Meine Dunkelstern-Theorie ist ein Kompromiss zwischen dem Nemesis-Konzept und den eher traditionellen Ansätzen zur Existenz eines Planeten X jenseits von Pluto.

Dies hat uns gestattet, auch wissenschaftliche Erkenntnisse zu berücksichtigen, die die moderne Astronomie bei der Untersuchung des Edgeworth-Kuiper-Gürtels gewonnen hatte, wonach die so genannte Kuiper-Lücke das Resultat des Durchzugs eines massiven Himmelskörpers gewesen sein könnte. Die Beweise dafür häufen sich. Aus der Arbeit von Alice Quillen scheint hervorzugehen, dass die Trunkierung des EKB auf die Aktivitäten eines Planeten von der Größe des Jupiter oder sogar noch größer in weit zurückliegender Vergangenheit zurückzuführen ist. Ich behaupte, dass dieser Planet immer noch die Sonne umkreist.

Sollte ich Recht haben, dann ist der Dunkelstern nicht einfach nur ein weiterer Planet in den Tiefen des Sonnensystems. Allein seine Größe, Masse und die bizarre Natur seiner Umlaufbahn bedeuten, dass er einen erheblichen Einfluss auf unsere Welt ausübt. Er könnte sich als Schlüssel zum Verständnis der extremen klimatischen Veränderungen auf unserem

Planeten über die Jahrmillionen hinweg erweisen. Er könnte uns helfen zu erklären, warum es den Anschein hat, dass die Planeten des Sonnensystems einschließlich unseres eigenen sich erwärmen. Dies könnte dazu führen, dass wir unser gesamtes Verständnis der Hintergründe der globalen Erwärmung neu überdenken müssten, ebenso wie das unmittelbar bevorstehende klimatische Schicksal unseres Planeten.

Sollte der Dunkelstern außerdem während seines Periheldurchgangs sichtbar werden – aufgrund der Verstärkung seiner Strahlungsaktivität beim Durchgang durch das ausgedehnte Magnetfeld der Sonne, dann könnte sein Erscheinungsbild am Nachthimmel uns das fehlende Bindeglied zum Verständnis eines Großteils der ältesten Mythen und Legenden der Welt liefern. Die Entdeckung der wahren Natur des sichtbaren Phänomens genannt »Nibiru« würde den anderen von Zecharia Sitchin hervorgebrachten Ideen mehr Glaubwürdigkeit verleihen.

Am Anfang des Buchs betonte ich meinen Wunsch, Mythos und wissenschaftliche Realität erfolgreich zusammenzuführen. Was die Deutung von Mythen betrifft, habe ich mich in diesem Buch auf die Arbeiten von Zecharia Sitchin konzentriert und untersucht, wie sich seine Theorien vielleicht wissenschaftlich nachvollziehen lassen könnten – auch und gerade mit unseren neu gewonnenen Erkenntnissen zur Entwicklung des Sonnensystems. Es würde den Rahmen dieses Buches sprengen, die verschiedenen anderen Quellen von Mythen und Legenden eingehender zu untersuchen, die auf die Existenz eines bisher unentdeckten Planeten in unserem Sonnensystem hindeuten könnten. Mit Sicherheit gibt es dabei eine Fülle an Material zu berücksichtigen – vor allem im weiten Bereich esoterischer Studien.

Solch eine Untersuchung ist ein größeres Unterfangen und bedarf eines gewissenhaften Studiums der Komplexität von Mythen und Legenden. Doch es ist ein äußerst viel versprechendes Studium, und ich hoffe, meine Ergebnisse eines Tages in einem weiteren Buch veröffentlichen zu können. So gilt mein Interesse vor allem einer möglichen Verbindung zwischen esoterischem Symbolismus und der Existenz eines verborgenen Zwillingssterns. Studien in dieser Richtung haben viele potentielle Einblicke in das Geheimwissen um den Dunkelstern geliefert.

Zecharia Sitchins Thesen gehen von einem mutmaßlichen zehnten Planeten aus, der sich auf einer stark elliptischen Umlaufbahn bewegt. Er erwähnte auch, dass unsere Spezies vor langer Zeit von Göttern aus Fleisch und Blut genetisch manipuliert worden sein soll, die von ihrem Heimatplaneten Nibiru zur Erde kamen. Angeblich fanden sie damals unsere affenähnlichen Vorfahren vor und machten aus ihnen mithilfe genetischer Manipulation intelligente Sklaven, die dann nach ihrer Pfeife tanzten. Wir sind, so scheint es, die Nachkommen der Wesen, mit denen diese Experimente durchgeführt wurden – unserem Schicksal überlassen, nachdem die Sintflut dabei versagte, unsere Spezies komplett auszulöschen.

Es scheint mir, als ob die evolutionäre Entwicklung unserer Spezies über die letzten Millionen Jahre Hand in Hand mit der letzten Eiszeitepoche geht, die sich jetzt ihrem Ende zuneigen könnte – oder auch nicht. Die Diskussionen um die Evolution der menschlichen Spezies sind vielschichtig und bergen oft Zündstoff für Konflikte.[13, 14, 15]

Man könnte behaupten, die Evolution zum heutigen Homo Sapiens wäre das Ergebnis einer natürlichen Entwicklung, die die Folge der Konfrontation mit einer Eiszeit und ihren Konsequenzen war. Schließlich fiel der Beginn der Entwicklung der »modernen« menschlichen Zivilisation vor etwa 100.000 Jahren zeitlich mit der letzten Eiszeit zusammen – und das weitere Blühen und Gedeihen dieser Zivilisation mit der gegenwärtigen Zwischeneiszeit (wenn die gegenwärtige Wärmeperiode tatsächlich das ist).

Doch in diesem Zusammenhang ist auch der folgende Gedanke interessant: Wenn die Eiszeitepoche vor vier Milliarden Jahren wegen einer Änderung in der Umlaufbahn des Dunkelsterns ihren Anfang genommen hätte, dann hätte dies auch die Anunnaki in unser Sonnensystem führen können. Warum? Nun, wir stellten bereits fest: Wenn die Erde und die anderen Planeten sich von der Sonne etwas weiter wegbewegt haben, dann muss der Dunkelstern seinerseits sich auf das Sonnensystem zubewegt haben, um die Energiebilanz im Gesamtsystem auszugleichen. Dies bedeutet, dass sich der Planet Nibiru zum ersten Mal seit vielen Millionen Jahren in die planetarische Zone des Sonnensystems hineinbewegt haben könnte.

Dies ist, ich gebe zu, eine im wahrsten Sinne des Wortes »fantastische« Behauptung, und eher nüchtern-wissenschaftlich orientierte Leser würden sich wohl gegen solche Mutmaßungen sperren. Solch eine Reaktion ist vollkommen verständlich; sie ist wahrscheinlich auch der Grund, weshalb die meisten Mainstream-Astronomen die Planet X-Debatte eher gern meiden.

Sollte der Dunkelstern eines fernen Tages aber tatsächlich entdeckt werden, wären die Verbindungen zwischen ihm und unserer eigenen Herkunft als Spezies eines der wichtigsten und bedeutungsvollsten Zukunftsthemen der Menschheit – und vielleicht sogar entscheidend für unser weiteres Überleben. Es steht tatsächlich eine Menge auf dem Spiel.

Quellen

1 *P. Dauber, R. Muller: »The Three Big Bangs: Comet Crashes, Exploding Stars and the Creation of the Universe«, Addison Wesley, 1996, Kap. 8*
2 *R. Muller: »Nemesis – The Death Star«, Weidenfield & Nicholson, 1988*
3 *D. Raup: »Der schwarze Stern – Wie die Dinosaurier starben. Der Streit um die Nemesis-Hypothese«, Rowohlt, 1990*
4 *R. Grieve in Ann NY Acad Sci, Vol. 822, 1997, S. 338*
Kyte et al: »New evidence on the size and possible effects of a late Pliocene oceanic impact«, Science, 241, 1998, S. 63ff
5 *S. Ward, E. Asphaug: »Asteroid Impact Tsunami – A Probabilistic Hazard Assessment«, zur Veröffentlichung bei Icarus eingereicht im Jahr 2000*
6 *S. Ward, E. Asphaug: »Impact Tsunami – Eltanin«, eingereicht zur Veröffentlichung bei Deep Sea Research – Oceanic Impacts, 2000*
7 *»Report of the Task Force on Potentially Hazardous Near-Earth Objects«, U.K. Government, British National Space Centre, Sept. 2000, S. 18*
8 *C. Knight, R. Lomas: »Uriel's Machine«, Arrow, 2000, S. 95ff*
9 *M. Mukerjee: »The Scarred Earth«, Scientific American, 292, Nr. 3, März 2005, S. 8 ff*
10 *D. Tytell: »Astronomers Discover ›Tenth Planet‹«, Sky and Telescope, 29.7.2005, http://skyandtelescope.com/news/article_1560_1.asp*
11 *R. McKie: »The Little Rock Causing a Galactic Storm«, The Observer, 31.07.2005*
12 *M. Brown (CalTech): »Astronomers at Palomar Observatory Discover a Tenth Planet Beyond Pluto«, http://www.gps.caltech.edu/%7Embrown/planetlila/index.html. Dank an Mattia Galiazzo.*
13 *M. Behe: »Darwin's Black Box«, Touchstone, 1996*
14 *A. Walker, P. Shipman: »The Wisdom of Bones«, Weidenfield & Nicholson, 1996*
15 *L. Pye: »Everything You Know Is Wrong«, Adamu Press, 1997*

Namens- und Stichwortverzeichnis